Access 2010 数据库原理及应用

段雪丽　史迎春　刘利平　主编

化学工业出版社
·北京·

本书全面介绍了使用 Access 2010 创建数据库、创建数据库的各种对象（包括表、查询、窗体、报表、宏和模块）、VBA 编程、DAO 编程和 ADO 编程的方法。同时 Access 2010 兼容并改进扩充了 Access 2003 的基本功能，因此本书内容也覆盖了全国计算机等级考试二级 Access 数据库程序设计考试大纲（部分二级公共基础知识除外）的基本内容。同时，本书配套有实验指导书《Access 2010 数据库原理及应用实验指导与习题》（ISBN：978-7-122-21123-1），可供读者进一步巩固学习。

本书适用于应用型、技能型人才培养的各类教育使用，也可作为参加"全国计算机等级考试二级 Access 数据库程序设计"科目考试的考生的参考书，还可作为各层次 Access 用户的自学参考书。

图书在版编目（CIP）数据

Access 2010 数据库原理及应用 / 段雪丽，史迎春，刘利平主编. —北京：化学工业出版社，2014.8（2017.8 重印）
ISBN 978-7-122-21129-3

Ⅰ. ①A… Ⅱ. ①段… ②史… ③刘… Ⅲ. ①关系数据库系统 Ⅳ. ①TP311.138

中国版本图书馆 CIP 数据核字（2014）第 142450 号

责任编辑：宋　薇　　装帧设计：张　辉
责任校对：吴　静

出版发行：化学工业出版社（北京市东城区青年湖南街 13 号　邮政编码 100011）
印　　装：大厂聚鑫印刷有限责任公司
787mm×1092mm　1/16　印张 17　字数 440 千字　　2017 年 8 月北京第 1 版第 5 次印刷

购书咨询：010-64518888（传真：010-64519686）　　售后服务：010-64518899
网　　址：http: // www. cip. com. cn
凡购买本书，如有缺损质量问题，本社销售中心负责调换。

定　　价：39.80 元

前 言

Access 2010 是办公自动化软件 Office 2010 的系列组件之一，目前它已经成为世界上流行的桌面数据库管理系统，其功能强大、界面友好、操作简单、易学易用，主要应用于中小型企业的数据库系统。

为了适应数据库应用系统开发的需求，提高学生信息处理的水平，本书由具有多年数据库教学经验的教师，在调查社会实践中应用 Access 数据库所需要的各方面内容后，精心编写而成，适合高等院校应用型人才培养的需要。本书内容的组织以培养学生的应用能力为主要目标，理论与实践并重，通过实例深入浅出地讲解，使学生能够比较熟练地应用数据库的相关知识和技术去解决实际问题。

全书共分 10 章。第 1 章介绍数据库系统的基本概念和关系数据库的基本理论，以及 Access 2010 数据库系统的概述，这是学习 Access 的必备知识；第 2 章～第 6 章分别介绍了 Access 2010 数据库中的表、查询、窗体、报表、宏的创建与使用；第 7 章介绍了模块概念及创建模块，VBA 程序设计基础，程序流程控制，VBA 面向对象的程序设计；第 8 章介绍了 VBA 数据库编程，包括数据库引擎及接口、数据库访问对象等；第 9 章介绍了数据库管理与维护，包括数据库属性设置、数据库压缩与修复、数据库备份与还原、数据库加密、数据库导入导出及其他数据库安全维护；第 10 章通过“图书管理系统”综合实例介绍了开发一个小型数据库应用系统的一般方法和步骤。每章均有小结、练习题和配套的实验。练习题和实验紧扣全国计算机等级考试（二级）Access 数据库程序设计考试大纲。

本书配套有对应的实验指导教材《Access 2010 数据库原理及应用实验指导与习题》（ISBN：978-7-122-21123-1），强化读者对所学知识的熟练应用。本书的教学课件，可登录化学工业出版社教学资源网（http://www.cipedu.com.cn）下载。

为了弥补课本内容的局限性，本书还配有计算机教学辅助平台（www.5ic.net.cn），该平台为教师教学和学生学习提供了练习系统和考试系统。平台上还发布有与教学相关的电子资源，以形成对图书的有益补充。需要使用该计算机教学辅助平台的老师或同学，可以发送 email 到tougao5ic@126.com，与编辑取得联系。真诚期待得到您对本书编写和教学辅助平台建设的意见和建议。

本书由段雪丽、史迎春、刘利平任主编，刘佩贤、邵芬红、朱丽娟任副主编，参与编写工作的还有云彩霞、李珊、李丽芬、马睿、邵兰洁、张玉英、刘淑艳、刘继超、李靖等同志。莫德举、王道恒等专家也对本书的编写给予了大力的支持与帮助，在此一并表示衷心感谢。

限于编写时间和水平，书中若有不妥之处，敬请广大读者批评指正。

编　者

2014 年 8 月

目 录

第1章

数据库基础知识

在当今社会，计算机应用涉足各个领域，人们的日常生活和工作与计算机的关系愈加密切，而数据库的建设规模、数据库信息量的大小和使用频率已经成为衡量一个国家一个企业的信息化程度的重要标志。因此，掌握数据库的基本知识及数据库的应用技术不仅是计算机相关专业的基本技能，也是非计算机专业必备的技能。

本章主要介绍数据库的一些基本概念，包括数据库基础知识、关系数据库、数据库设计等，并简单介绍了 Microsoft Access 数据库管理系统。

1.1 数据库概述

数据库技术作为计算机应用的一个重要领域，已经被我们广泛地应用于日常的各项工作当中。数据库技术是应数据管理任务的需要而产生的，数据库是为了实现一定的目的按某种规则组织起来的数据的集合，比如图书馆借书、银行取款、学生信息管理等都会接触到数据库。数据库技术作为信息系统的核心和基础，正被广泛应用。

1.1.1 数据库的发展史

数据库技术是因数据管理任务的需要而产生的。在应用需求的推动下，在计算机硬件、软件发展的基础上，数据库技术经历了人工管理阶段、文件系统阶段和数据库系统阶段。

1．人工管理阶段

20 世纪 50 年代中期以前，计算机主要用于科学计算，当时的硬件状况是外存储器只有纸带、卡片、磁带，没有磁盘等直接存取的外部设备；软件状况是没有操作系统，没有管理数据的专门软件；数据处理方式是批处理。这一时期，数据以何种结构和方法存取，以及以何种方式输入和输出完全由程序设计人员负责。我们把这个阶段称为人工管理阶段。

此阶段数据管理的特点是：数据不进行长期保存；数据由应用程序自己管理，没有专门的数据管理软件；数据不共享；数据不具有独立性，数据的逻辑结构或物理结构发生变化后，必须对应用程序进行相应的修改，加重了程序员的负担。

2．文件系统阶段

20 世纪 50 年代后期到 60 年代中期，计算机应用范围逐渐扩大，不仅应用于科学计算，还大量应用于管理。这时硬件方面已经有了磁盘、磁鼓等直接存储设备；软件方面出现了高级语言和操作系统，操作系统中有了专门的数据管理软件，称为文件系统；数据处理方式上不仅有批处理，还能够实现联机实时处理。我们把这个阶段称为文件系统阶段。

用文件系统管理数据的特点：数据可以长期保存；由文件系统管理数据，从而使应用程序与数据之间有了一定的独立性，程序员可以不必过多地考虑物理细节，将精力集中于算法。

但是在文件系统中，一个（或一组）文件基本上对应于一个应用程序，当不同的应用程序具有部分相同的数据时，也必须建立各自的文件，数据的共享性差，冗余度大；由于数据在文件内的存储结构和它对应的应用程序之间存在着严格的依赖关系，所以当改变文件内的数据结构时，也必须改变对应的应用程序，数据的独立性差。

3．数据库系统阶段

20 世纪 60 年代后期以来，计算机的应用范围越来越广泛，这时硬件已有大容量磁盘，硬件价格下降；软件价格则上升，为编制和维护系统软件及应用程序所需的成本相对增加；在处理方式上，联机实时处理要求更多，并开始提出和考虑分布处理。在这种背景下，以文件系统作为数据管理手段已经不能满足应用的需求，于是为解决多用户、多应用共享数据的需求，使数据为尽可能多地应用服务，数据库技术便应运而生，出现了统一管理数据的专门软件系统——数据库管理系统。

随着计算机科学和技术的发展，数据库技术与通信技术、面向对象技术、多媒体技术、人工智能技术、并行计算技术等相互渗透与相互结合，使数据库系统产生了新的发展，成为当代数据库技术发展的主要特征。

例如，数据库技术与网络通信技术相结合产生了分布式数据库系统。20 世纪 70 年代之前，数据库系统多是集中式的，网络技术的发展为数据库提供了分布式运行的环境——从主机到终端体系结构发展到客户/服务器（Client/Server，C/S）系统结构。

数据库技术与面向对象程序设计技术相结合产生了面向对象数据库系统。面向对象数据库系统吸收了面向对象程序设计方法的核心概念和基本思想，采用面向对象的观点来描述现实世界实体（对象）的逻辑组织、对象之间的限制和联系等。它克服了传统数据库的局限性，能够自然地存储复杂的数据对象以及这些对象之间的复杂关系，从而大幅度地提高了数据库管理效率，降低了用户使用的复杂性。因此，面向对象数据库技术成为继数据库技术之后的新一代数据管理技术。

数据库技术还与多媒体技术相结合产生了多媒体数据库系统；与人工智能技术相结合产生了知识库系统和主动数据库系统；与移动通信技术相结合产生了移动数据库系统；与网络技术相结合产生了 Web 数据库系统等。

1.1.2　数据库的基本概念

了解了数据库技术的发展历程之后，下面了解一下数据库的相关概念和数据库系统的组成。

（1）数据。

数据（Data）是指存储在某一种媒体上的能够识别的物理符号。数据包括两个方面：

① 描述事物特性的数据内容；

② 存储在某一种媒体上的数据形式。数据不仅包括数字、字母、文字和其他特殊字符等组成的文本数据，还包括图形、图像、动画、影像和声音等多媒体数据。

（2）数据库。

数据库（DataBase，DB）顾名思义，就是存放数据的仓库。只不过这个仓库是在计算机存储设备上，而且数据是按一定的格式存放的。我们可以将其定义为，数据库是为了实现一定的目的按某种规则组织起来的数据的集合。它不仅包括描述事物的数据本身，还包括相关事物之间的联系。数据库中的数据不只是面向某一项特定的应用，而是面向多种应用，可以被多个用户、多个应用程序共享。例如，学生成绩数据库可以让老师登成绩，也可以让学生查成绩，不同的用户权限不同。

（3）数据库应用系统。

数据库应用系统（DataBase Application System，DBAS）是指系统开发人员利用数据库系统资源开发的面向某一类实际应用的软件系统，如学生成绩管理系统、财务管理系统、人事管理系统、图书管理系统、生产管理系统等，都是以数据库为基础和核心的计算机应用系统。数据库应用系统主要面向的是最终用户。

（4）数据库管理系统。

数据库管理系统（DataBase Management System，DBMS）是指位于用户与操作系统之间的，为数据库的建立、使用和维护而配置的数据管理软件，数据库在建立、使用和维护时由数据库管理系统统一管理和控制。数据库管理系统在系统层次中的位置如图 1-1 所示。

不同的 DBMS 要求的硬件资源、软件环境是不同的，其功能与性能也存在着差异。一般来说，DBMS 的功能主要包括以下 6 方面。

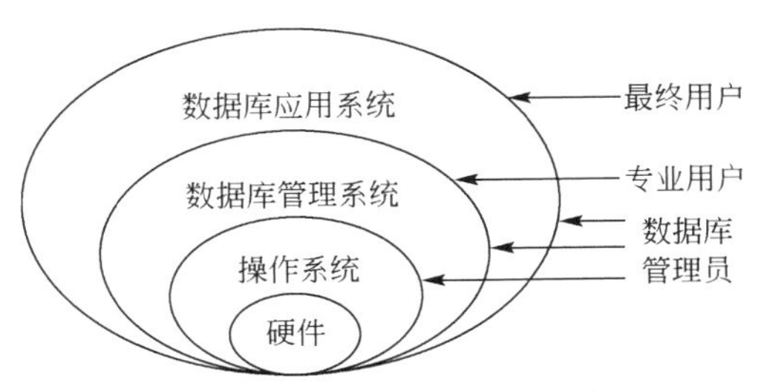

图 1-1　数据库管理系统层次示意图

① 数据定义，包括定义构成数据库的结构，定义有关的约束条件（例如，为保证数据库中的数据具有正确语义而定义的完整性规则，为保证数据库安全而定义的用户口令和存取权限等）。

② 数据操纵，包括数据的检索、插入、修改、删除等基本操作。

③ 数据库运行管理，包括对数据库进行并发控制、安全性检查、完整性约束条件的检查和执行，以及对数据库的内部维护等。

④ 数据组织、存储和管理，提高存储空间利用率及操作的时间效率。

⑤ 数据库的建立和维护，包括数据的输入与转换，数据库的转储与恢复，数据库的重组与重构、性能的监视与分析等。

⑥ 数据通信接口，可以提供与其他软件进行通信的功能。

（5）数据库管理员。

数据库管理员（DataBase Administrator，DBA）是指在专门的管理机构使用数据库管理系统管理数据库的人员，主要决定数据库中的数据和结构；决定数据库的存储结构和存储策略；保证数据库的完整性和安全性；监控数据库的运行和使用；负责数据库的改造、升级和重组等。

（6）数据库系统。

数据库系统（DataBase System，DBS）是指在计算机系统中引入数据库后的系统，一般由硬件系统、数据库、数据库管理系统及其相关软件、应用系统、数据库管理员和用户组成。

1.1.3　常用数据库管理系统

目前市场上有很多数据库管理系统，比较流行的数据库管理系统产品主要是 Oracle、IBM、Microsoft 和 Sybase、MySQL 等公司的产品，以下介绍常用的几种数据库管理系统。

（1）Oracle。

Oracle 是当今最大的数据库厂商 Oracle 公司的数据库产品。它是世界上第一个商品化的关系型数据库管理系统，也是第一个推出与数据库结合的、应用第四代语言开发工具开发的数据库产品。Oracle 数据库采用标准 SQL 语言，支持多种数据类型，提供面向对象操作的数据支持，支持 UNIX、VMS、Windows、OS/2 等多种平台。当前 Oracle 最新版本为 Oracle 11g，但使用最广的产品为 Oracle 10g。

（2）DB2。

DB2 是 IBM 公司于 1983 年推出的一个商业化关系数据库管理系统，20 世纪 80 年代初期，DB2 主要运行在大型主机平台上。从 20 世纪 80 年代中期到 90 年代初，DB2 已发展到中型机、小型机以及微机平台，可以运行在各种不同的操作系统平台上，如 UNIX、VMS、Windows、OS/2 等。DB2 在金融系统应用较多。

（3）Sybase。

Sybase 是 Sybase 公司发布的关系数据库产品。Sybase 公司成立于 1984 年，于 1987 年 5 月推出了关系数据库 Sybase SQL Server 1.0。该公司首先提出了客户机/服务器的思想，并率先在 Sybase SQL Server 中实现。现在，Sybase 可以运行在不同的操作系统平台上，如 UNIX、VMS、Windows、Netware 等。作为网络数据库，Sybase 采用开放的体系结构，支持网络环境下各节点数据库的互相访问。Sybase 拥有数据库开发工具 PowerBuilder，能够快速开发出基于客户机/服务器工作模式、Web 工作模式的图形化数据库应用程序。

（4）Microsoft SQL Server。

Microsoft SQL Server 是微软公司推出的应用于 Windows 操作系统上的关系数据库产品。Microsoft SQL Server 是 Microsoft 公司从 Sybase 公司购买技术而开发的产品，与 Sybase 数据库完全兼容，它支持客户机/服务器结构。

Microsoft SQL Server 只支持 Windows 操作平台。它不提供直接的客户开发工具和平台，只提供 ODBC 和 DB-Library 两个接口。ODBC 接口是一个开放的、标准的访问数据库的接口，允许程序员在多种软件平台上使用第三方的开发工具；DB-Library 是用 C 语言开发的 API，供程序员访问 Microsoft SQL Server。

（5）MySQL。

MySQL 是一个开放源码的小型关联式数据库管理系统，开发者为瑞典MySQL AB公司。MySQL 被广泛地应用在Internet上的中小型网站中。由于其体积小、速度快、总体拥有成本低，尤其是开放源码这一特点，许多中小型网站为了降低网站成本而选择了 MySQL 作为网站数据库。

（6）Microsoft Office Access。

Microsoft Office Access 是微软把数据库引擎的图形用户界面和软件开发工具结合在一起的一个数据库管理系统。它是微软Office 的一个成员，在包括专业版和更高版本的 Office 版本里面被单独出售。2012 年 12 月 4 日，最新的微软Office Access 2013 在微软 Office 2013 里发布，微软 Office Access 2010 是前一个版本。小型企业、大公司的部门常用来进行数据分析和软件开发。

1.1.4 数据库系统的特点

用数据库系统管理数据比用文件系统具有明显的优势，从文件系统到数据库系统，标志着数据管理技术的飞跃。数据库系统的主要特点如下。

（1）数据结构化。数据库系统实现了整体数据的结构化，这是数据库的主要特征之一，也是数据库系统与文件系统的本质区别。在数据库系统中，数据不再针对某一应用，而是面向全组织；不但数据内部是结构化的，而且整体是结构化的，数据之间是具有联系的。

（2）数据的共享性高，冗余度低，易扩充。数据库系统从整体角度描述数据，使数据不再面向某个应用而是面向整个系统，因此数据可以被多个用户、多个应用共享使用。数据共享可以大大减少数据冗余，节约存储空间。数据共享还能够避免数据之间的不相容性与不一致性。

数据面向整个系统，是有结构的数据，不仅可以被多个应用共享使用，还容易增加新的应用。这使数据库系统弹性大，易于扩充，可以适应各种用户的要求，可以选取整体数据的各种子集用于不同的应用系统。当应用需求改变或增加时，只要重新选取不同的子集或加上一部分数据，便可以满足新的需求。

（3）数据的独立性高。在数据库系统中，数据是由数据库管理系统进行统一管理的，应用程序只用简单的逻辑结构来操作数据，无需考虑数据在存储器上的物理位置与结构，实现了应用程序与数据的总体逻辑结构、物理存储结构之间的独立，从而简化了应用程序的编制，大大减少了应用程序的维护和修改成本。

（4）数据由数据库管理系统统一管理和控制。数据库可以被多个用户或应用程序共享，数据的存取往往是并发的，即多个用户可以同时使用同一个数据库。为此，数据库管理系统还提供了数据的安全性保护、数据的完整性检查、并发控制和数据库恢复等几方面的数据控制功能。

1.2　概念模型与数据模型

模型（Model）是现实世界的特征和抽象。比如，一架设计的航模飞机、一辆汽车模型，都是具体的事物模型。要将现实世界中的模型转变为机器能够识别的形式，必须经过两次抽象，先将现实世界抽象为概念世界（或叫信息世界），然后再将概念世界转为机器世界（即计算机上某一 DBMS 支持的数据模型）。

1.2.1　概念模型

为了更好地将现实世界中的事物在计算机世界中表达出来，人们使用概念模型描述信息世界中的万物。概念模型也称为信息模型，它是根据人们的需要对现实世界中的事物以及事物之间的联系进行抽象而建立起来的模型，是从现实世界过渡到机器世界的中间层。概念模型主要表示数据的逻辑特性，即只是在概念上表示数据库中将存储什么信息，而不管这些信息在数据库中怎么实现。因此，它是从用户的角度对现实世界建立的数据模型，和 DBMS 及计算机都无关。

1．概念模型的基本术语

（1）实体：客观存在并可相互区别的事物。实体可以是具体的人、事、物，也可以是抽象的概念或联系。例如，一名学生、一个部门、一门课程、学生的一次选课、部门的一次招聘、老师与学院的工作关系等都是实体。

（2）实体的属性：实体所具有的某一特性。一个实体可以由若干个属性来刻画。例如，“学生”实体有“学号”、“姓名”、“性别”、“出生日期”等属性。

（3）实体型：属性值的集合表示一个实体，属性的集合表示一种实体的类型，即实体型。例如，学生（学号、姓名、性别、出生日期、专业、入学日期）就是一个实体型。

（4）实体集：同一类型的实体集合。例如，全体学生就是一个实体集。在 Access 中，用“表”存放同一类实体，即实体集。表中包含的“字段就是实体的属性，表中的每一条记录表示一个实体。”

（5）域：属性的取值范围。例如，性别这个属性的域就是“男”和“女”这两个值构成的集合。

（6）关键字：唯一标识实体的属性或属性组合。例如，“学号”就是“学生”这一实体的关键字。

（7）联系：实体之间的对应关系，反映了现实世界中事物之间的相互关联。这些关联同时也制约着实体属性的取值方式与范围。下面以“班级”表和“学生”表为例说明，见表 1-1 和表 1-2。

表 1-1 “班级”表

班级号	班级名	QQ 群号
J1301	计科 1301 班	1595621
J1302	计科 1302 班	7908321
J1303	计科 1303 班	1902793

表 1-2 “学生”表

学号	姓名	性别	班级号
2013 J1301001	王丽	女	J1301
2013 J1302001	刘小军	男	J1302
2013 J1302002	陈明明	男	J1302
2013 J1303003	李晓燕	女	J1303

假如问及刘小军在那个班，可以检索“学生”表中的“姓名”属性，得到刘小军的班号是“J1302”。至于“J1302”究竟是哪个班，就必须再次查找“班级”表，得知“J1302”代表计科 1302 班。可见，实体集（数据表）之间是有联系的，“学生”表依赖于“班级”表，而“班级号”是联系两个实体集的纽带，离开了“班级”表，学生的信息不完整。

（8）实体的联系方式

实体间的联系有一对一、一对多和多对多三种类型：Access 中，一对一的联系表现为主表中的每一条记录只与相关表中的一条记录相关联。例如，一个班级只有一个班长，一对多（1: N）和多对多（M: N）3 种。例如，一名学生可以选择多门课程，一门课程也可以被多名学生选择，所以学生和课程之间就是多对多的联系。

2．概念模型的表示方法

概念模型应该能够方便、准确地表示出信息世界中的常用概念，表示方法很多，其中最为著名的是 P.P.S.Chen 于 1976 年提出的实体—联系方法（Entity-Relationship Approach）。该方法用 E-R 图来描述现实世界的概念模型。

E-R 图提供了表示实体型、属性和联系的方法。

（1）实体型：用矩形表示，矩形框内写明实体名。

（2）属性：用椭圆形表示，并用无向边将其与相应的实体型连接起来。

（3）联系：用菱形表示，菱形框内写明联系名，并用无向边分别与有关实体型联系起来。

图 1-2 所示为学生和课程这两个实体以及彼此之间的联系。

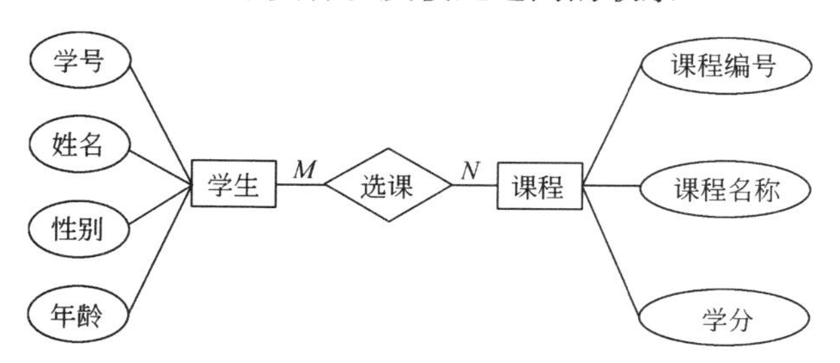

图 1-2　学生和课程联系示例

1.2.2 数据模型

1．数据模型

数据模型是对客观事物及其联系的数据描述，是对数据库中数据逻辑结果的描述，把信息世界数据抽象为机器世界数据。每个数据库管理系统都是基于某种数据模型的。

2．数据模型的三要素

数据模型所描述的内容包括三个部分：数据结构、数据操作、数据约束。

（1）数据结构：数据模型中的数据结构主要描述数据的类型、内容、性质以及数据间的联系等。数据结构是数据模型的基础，数据操作和约束都建立在数据结构上。不同的数据结构具有不同的操作和约束。

（2）数据操作：数据模型中数据操作主要描述在相应的数据结构上的操作类型和操作方式。

（3）数据约束：数据模型中的数据约束主要描述数据结构内数据间的语法、词义联系、他们之间的制约和依存关系，以及数据动态变化的规则，以保证数据的正确、有效和相容。

不同的数据模型在这三方面的表现不同。

3．常用的数据模型

目前常用的数据模型根据其结构不同分为层次数据模型、网状数据模型和关系数据模型。

（1）层次数据模型。层次数据模型是数据库系统中最早出现的数据模型，用树形结构表示各类实体以及实体间的联系。层次数据库系统采用层次数据模型作为数据的组织方式，其典型代表是 1968 年 IBM 公司推出的 IMS（Information Management System）数据库管理系统，曾得到广泛的使用。

在数据库中，把满足以下两个条件的数据模型称为层次模型。

- 有且只有一个结点没有双亲结点，这个结点称为“根结点”。
- 根以外的其他结点有且只有一个双亲结点。

如图 1-3 所示为学院教师学生之间的层次数据模型。

层次数据模型的数据结构比较简单清晰，查询效率高，对具有一对多的层次关系的描述非常自然、直观、容易理解，这是层次数据库的突出优点。

（2）网状数据模型。在现实世界中事物之间的联系更多的是非层次的，用层次数据模型表示很不直接，网状数据模型则可以克服这一弊病。

在数据库中，把满足以下两个条件的数据模型称为网状数据模型。

- 允许一个以上的结点无双亲结点。
- 一个结点可以有多于一个的双亲结点。

例如，一名学生可以选修若干门课程，一门课程也可以被若干名学生选修，它们之间的网状数据模型如图 1-4 所示。

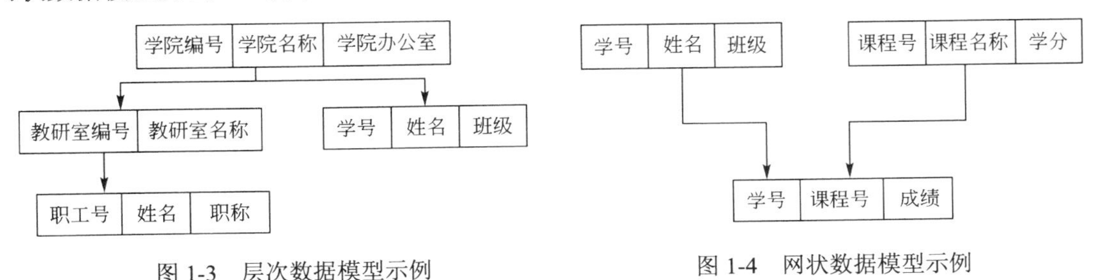

图 1-3 层次数据模型示例

图 1-4 网状数据模型示例

网状数据库系统采用网状数据模型作为数据的组织方式，其典型代表是DBTG系统，也称CODASYL系统，这是20世纪70年代数据系统语言研究会（Conference On Data System Language，CODASYL）下属的数据库任务组（DataBase Task Group，DBTG）提出的一个系统方案，它提出的基本概念、方法和技术具有普遍意义，对网状数据库系统的研制和发展具有重大的影响。

网状数据模型能够更为直接地描述现实世界，具有良好的性能，存取效率较高；但其结构复杂，不利于用户掌握和使用。

（3）关系数据模型。关系数据模型是目前最重要的一种数据模型。关系数据库系统采用关系数据模型作为数据的组织方式，1970年美国IBM公司San Jose研究室的研究员E.F.Codd首次提出了数据库系统的关系模型，开创了数据库关系方法和关系数据理论的研究，为数据库技术奠定了理论基础。20世纪80年代以来的数据库管理系统几乎都支持关系数据模型，非关系系统的产品也大都加上了关系接口。

关系数据模型是建立在严格的数学概念基础上的，其概念单一，无论实体还是实体之间的联系都用关系（即表）来表示，每一个关系就是一张二维表，使描述实体的数据本身能够自然地反映出它们之间的联系。关系数据模型的数据结构简单、清晰，用户易懂易用，并具有更高的数据独立性和更好的安全保密性。我们将在1.3节结合Access进行详细介绍。

1.3 关系数据库

关系数据库系统是支持关系数据模型的数据库系统。30多年来，关系数据库系统的研究和开发取得了辉煌的成就，目前我们所使用的数据库系统大都是关系数据库系统，如Qracle、SQL Server、MySQL、FoxPro、Access等。本节将结合Access介绍关系数据库的相关概念。

1.3.1 关系术语

现将关系中涉及的主要术语介绍如下。

（1）关系：一个关系就是一个二维表，每一个关系有一个关系名。对关系的描述称为关系模式，一个关系模式对应一个关系的结构。其格式为：关系名（属性名1，属性名2，……，属性名*n*）。在Access中表示为表结构：表名（字段名1，字段名2，……，字段名*n*），如学生信息表（学号，姓名，性别，年龄）。

（2）元组：在一个二维表（一个具体关系）中，水平方向的行称为元组，每一行是一个元组。元组对应表中的一个具体记录。例如，学生信息表中可以包含多条学生的记录（元组）。

（3）属性：二维表中垂直方向的列称为属性，每一列有一个属性名。在Access中，属性表示为字段名。例如，学生信息表中包含学生的“学号”、“姓名”、“性别”、“出生日期”等多个属性。

（4）域：属性的取值范围，即不同元组对同一个属性的取值所限定的范围。与前面实体属性的域基本相同。

（5）关键字（主键）：其值能唯一地标识一个元组的属性或属性的组合。关键字的诸属性称为主属性。在学生信息表中，每个学生的学号都不相同，学号就可以作为关键字来唯一标识学生的信息。

（6）外部关键字（外键）：如果表中的一个属性不是本表的关键字，而是另外一个表的关键字，那么这个属性就是外关键字。例如，在成绩表（学号，课程编号，成绩）中，“学号”不是其关键字，而是学生信息表的关键字，所以“学号”就是成绩表的外关键字。

（7）关系模式：对关系的描述，由关系名及其所有属性名组成的集合。

关系模式的描述格式：关系名（属性 1，属性 2，……）。

例如：表 1-3 的关系模式为学生信息（学号，姓名，宿舍，联系电话，QQ）。

表 1-3　描述学生信息的关系模型

学　号	姓　名	宿　舍	联系电话	QQ
120105129	李伟	橘苑 0501	13924498560	55273718
120401078	王平	梅苑 0208	15952647826	26489631

1.3.2　关系的特点

关系数据模型看起来很简单，但并不是说我们可以把日常所用的任何一张表格或数据都按照一个关系存放在数据库系统中。在关系数据模型中，对关系有一定的要求，必须具备以下特点。

（1）关系必须规范化。所谓规范化，是指关系数据模型中的每一个关系都必须满足一定的要求，最基本的要求是每个属性都必须是不可分割的数据单元，即表中不能再包含表。我们将在 1.3.3 小节中详细介绍关系模式的规范化规则。

（2）在同一个关系中不能出现相同的属性名，即同一个表中不能有重名的字段。

（3）关系中不允许有所有属性值完全相同的元组，即冗余数据。

（4）在一个关系中元组的次序无关紧要，任意交换两行的位置并不影响数据的实际含义。

（5）在一个关系中列的次序也无关紧要，任意交换两列的位置也不影响数据的实际含义。

1.3.3　关系的规范化

关系模式的规范化用于数据库的设计过程中，一个好的数据库应该没有冗余、查询效率较高，其检验标准就是著名的范式规则。根据满足的约束条件确定满足哪个范式，满足最低要求的是第一范式（1NF），符合 1NF 而又进一步满足一些约束条件的是第二范式（2NF），第三范式（3NF）的要求最高。

（1）第一范式。

关系中的每一个属性都是不可再分的基本数据项，即属性本身不可再包含其他属性，属性的值也不可包含多个数据。

例如，在学生信息表关系中，我们要保存学生的联系方式，如表 1-4 所示，“联系方式”属性中还包含了“电话”、“E-mail”、“QQ”属性，在“电话”属性中某些学生保存了多个电话，这些都不满足第一范式（1NF）的基本要求。我们可以对其进行分割，让每一个属性都是不可再分的基本数据项，如表 1-5 所示。

表 1-4　不满足第一范式的“学生信息表”

学　号	姓　名	联 系 方 式		
		电话	E-mail	QQ
060105129	李伟	3376238、13924498560	ghhhs@163.com	55273718
090401078	王平	15952647826	wpku@sohu.com	26489631

表 1-5　满足第一范式的“学生信息表”

学　号	姓　名	宿 舍 电 话	手　机	E-mail	QQ
060105129	李伟	3376238	13924498560	ghhhs@163.com	55273718
090401078	王平		15952647826	wpku@sohu.com	26489631

（2）第二范式。

满足第一范式，并且表中所有非主属性完全依赖于主键。

若在关系 R 中，两个元组在 X 属性（组）上的值相等，那么在 Y 属性（组）上的值必定相等，称 X 函数确定 Y 或 Y 函数依赖于 X，记作 X→Y。若在关系 R 中，X→Y，并且对于 X 的任何一个真子集 X′，都有 X′↛Y，则称 Y 对 X 完全函数依赖，否则称为 Y 对 X 部分函数依赖。

例如，在成绩表（学号，课程编号，课程名称，学分，成绩）关系中，（学号，课程编号）共同作为主键，而“课程名称”和“学分”只依赖于“课程编号”，跟“学号”无关，即非主属性“课程名称”和“学分”不完全依赖于主键（学号，课程编号），该关系不满足第二范式（2NF）。我们可以根据其依赖关系把原表拆分成两个表，分别是课程信息表（课程编号，课程名称，学分）和成绩表（学号，课程编号，成绩）。这样，课程信息表和成绩表两个表都是满足第二范式。

（3）第三范式。

在满足第二范式的前提下，一个表的所有非主属性均不传递依赖于主键。

若在关系 R 中，X→Y（Y 不是 X 的子集），Y↛X，Y→Z，那么 X→Z，称 Z 对 X 传递函数依赖。

例如，在表 1-6 所示的学生信息表中，“姓名”和“学院编号”直接依赖于主键“学号”，而“学院名称”和“学院办公室”跟“学号”无关，它们直接依赖于“学院编号”，从而形成了传递依赖，不满足第三范式（3NF）。解决方法是把表 1-6 拆成学生信息表（学号，姓名，学院编号）和学院（学院编号，学院名称，学院办公室）两个表。

表 1-6　不满足第三范式的“学生信息表”

学　号	姓　名	学院编号	学院名称	学院办公室
060105129	李伟	01	理工	A001
090401078	王平	04	文法	A004

范式表示的是关系模式规范化程度；根据满足的约束条件确定满足哪个范式，满足最低要求的是第一范式（1NF）；符合 1NF 而又进一步满足一些约束条件的是第二范式（2NF），以此类推。关系模式的规范化过程是通过对关系模式的分解来实现的，把低一级的关系模式分解为若干个高一级的关系模式，依此分解而达到最高级的规范化程度，但是这种分解不是唯一的。

分解一个关系模式可以得到不同关系模式的集合，也就是说分解方法不是唯一的，但是分解后的数据库必须能够表达原来数据库的全部信息。实际上，分解时并不是说范式越高越好。因为凡是越高，关系表达的信息越单纯，查询数据就得做连接运算，这个开销也是很大。

规范化时考虑的几个问题：

- 确定关系中的所有属性中，哪些是主属性，哪些是非主属性。
- 确定所有的候选关键字。
- 选择主键。
- 找出属性间的函数依赖关系。
- 根据应用特点确定规范化到哪个范式。
- 分解必须注意不能丢失信息。
- 分解后的关系尽量相互独立，即一个关系内容的修改不要影响到分解出来的别的关系。

1.3.4 关系的完整性规则

关系的完整性规则是为了保证数据库中数据的正确性和相容性，对关系模型提出的某种约束条件，任何关系模式在任何时刻都应该满足这些约束条件。

关系模型中有 3 类完整性约束：实体完整性、参照完整性和用户定义的完整性。其中，实体完整性和参照完整性是必须满足的，由关系系统自动支持。用户定义的完整性体现了具体应用领域需要遵循的约束条件。

（1）实体完整性。

实体完整性规则是针对基本关系而言的，一个基本表通常对应现实世界的一个实体集。现实世界中的实体是可区分的，即它们具有某种唯一性标识，相应地，关系模型中以主键作为唯一性标识。主键中的属性即主属性，如果取空值，就说明存在某个不可标识的实体，即存在不可区分的实体，这与现实世界相矛盾，所以主属性不能取空值，即实体完整性规则。

实体完整性规则：若属性 A 是基本关系 R 的主属性，则 A 不能取空值。

按照实体完整性规则，关系中的所有主属性都不能取空值，而不仅仅是主键整体不能取空值。例如，在表示学生成绩（学号，课程编号，成绩）的关系中，“学号”和“课程编号”组合起来作为主键，“学号”和“课程编号”都是成绩这个关系的主属性，都不能为空，而不仅仅是“学号，课程编号”整体不能为空。

引申实体完整性，主键不能取重复值。

（2）参照完整性。

现实世界中的实体之间往往存在着某种联系，在关系模型中实体及实体间的联系都是用关系来描述的，这样就存在着关系与关系间的引用。在引用的时候必须取基本表中已经存在的值，由此引出参照的引用规则，即参照完整性规则，用来定义外键与主键之间的引用关系。

参照完整性规则：若属性（或属性组）F 是基本关系 R 的外键，它与基本关系 S 的主键 Ks 相对应（基本关系 R 和 S 不一定是不同的关系），则对于 R 中每个元组在 F 上的值必须取空值（F 的每个属性值均为空值）或者等于 S 中某个元组的主键值。

其中，称基本关系 R 为参照关系，基本关系 S 为被参照关系或目标关系。

例如，在成绩表（学号，课程编号，成绩）和学生信息表（学号，姓名，性别，出生日期）中，“学号”在“成绩表”关系中作为外键，同时又是“学生信息表”关系中的主键，其取值只能是“学生信息表”中“学号”的值之一或者为空值。

（3）用户定义的完整性。

实体完整性和参照完整性适用于任何关系数据库系统，它们主要是针对关系的主键和外键取值必须有效而做出的约束。除此之外，不同的关系数据库系统根据其应用环境的不同往往还需要一些特殊的约束条件，即用户定义的完整性。用户定义的完整性是针对某一具体关系数据库系统的约束条件，反映某一具体应用所涉及的数据必须满足的语义要求。例如，可以在“成绩表”关系中规定“成绩”的属性值不得大于 100。

1.3.5 关系运算

在对关系数据库进行查询时，为了找到我们需要的数据，常常需要对关系进行一定的运算。关系运算的对象是关系，运算结果也是关系。

关系运算有两种，一种是传统的集合运算，另一种是专门的关系运算。

（1）传统的集合运算。

传统的关系运算包括并、差、交等，其运算是从关系的“水平”方向（行的角度）来进行。运算的两个关系必须具有相同的关系模式，即元组有相同的结构。设有两个相同关系结构的关系R和S，它们的并、差、交运算如下。

① 并：由属于R或属于S的元组组成的集合。

例如，两个班的学生记录分别存放在两个关系R1、R2中，这两个关系的结构完全相同，将两个班的学生记录合并到一个关系R中，即对这两个关系进行并运算。

② 差：由属于R但不属于S的元组组成的集合，即差运算的结果是从R中去掉S中也有的元组。

例如，选修C语言和VB的学生记录分别存放在关系R、S中，我们要查找选修了C语言而没有选修VB的学生记录，就应该进行差运算。

③ 交：由既属于R又属于S的元组组成的集合，交运算的结果是R和S的共同元组。

例如，选修C语言和VB的学生记录分别存放在关系R、S中，我们要查找既选修了C语言，又选修了VB的学生记录，就应该进行交运算。

（2）专门的关系运算。

专门的关系运算包括选择、投影、联接等，其运算不仅涉及行还涉及列。

① 选择：从关系中找出满足条件的元组的操作。选择是从行的角度进行运算。选择的条件表达式的基本形式为XθY，θ表示运算符，包括比较运算符（<，<=，>，>=，=，≠）和逻辑运算符（∧，∨，¬）。X和Y可以是属性、常量或简单函数。属性名可以用它的序号或者它在关系中列的位置来代替。若条件表达式中存在常量，则必须用英文引号将常量括起来。表达式的值为真的元组将被选取。例如，要从学生信息表中选择性别为“男”的学生记录就属于选择操作。

② 投影：从关系中找出需要的属性组成新的关系。投影是从列的角度进行运算，新关系的属性往往比原关系的属性个数少，也有可能取消某些元组，因为取消了某些属性列后可能出现重复行，应取消这些完全相同的行。例如，从学生信息表中找出学生姓名就属于投影操作。

③ 联接：关系的横向结合，按照给定的联接条件，将第一个关系中的所有元组逐个与第二个关系中的所有元组进行联接，生成一个新的关系。

选择和投影运算的操作对象只是一个表，相当于对一个二维表进行切割，联接运算把两个表作为操作对象。如果需要联接两个以上的表，就应当进行两两联接。

在联接运算中，也有两种最为重要也最为常用的联接，一种是等值联接，一种是自然联接。

在联接运算中，按照属性值对应相等的条件进行的联接操作称为等值联接；将等值联接中的重复属性去掉的联接称为自然联接，它是一种特殊的等值联接，也是最常用的联接。例如，把“学生信息表”和“成绩表”这两个关系按照学号相等进行联接操作就属于等值联接，因为不会有重复记录，所以也可以称为自然联接。

1.4 数据库设计步骤

数据库应用系统与其他计算机应用系统相比，一般具有数据量庞大、数据保存时间长、数据关联比较复杂、用户要求多样化等特点。数据库设计的目标是为用户和各种应用系统提供一个信息基础设施和高效率的运行环境，包括提高数据的存取效率、数据库存储空间的利用率、数据库系统运行管理的效率等。本节我们主要介绍Access数据库的设计原则和设计步骤。

（1）设计原则。

为了合理组织数据，应遵循以下基本原则。

① 关系数据库的设计应遵循概念单一化的原则，一个表只描述一个实体或实体间的联系。

② 避免在表之间出现重复字段。除了保证表中与其他表进行联系的外部关键字之外，应尽量避免在表之间出现重复字段，目的是减少数据冗余，以免在插入、删除和更新数据时出现数据不一致现象。

③ 表中的字段必须是原始数据和基本数据元素，尽量不要包括通过计算得来的“二次数据”或多项数据的组合。

④ 用外部关键字保证有关联的表之间的联系。表之间的联系用外部关键字来维系，设计的表结构合理，不仅可以存储所需要的实体信息，还可以反映实体之间客观存在的联系。

（2）设计步骤。

按照规范设计的原则，用 Access 创建一个良好的数据库一般需要以下几个步骤。

① 需求分析：确定数据库的用途和建立数据库的目的，这有助于确定该数据库中保存哪些信息。

② 查找和组织所需的信息 ：收集可能希望在数据库中记录的各种信息，如学号和学生姓名。

③ 确定需要的表：可以着手将需求信息划分成多个独立的实体，每个实体可以设计为数据库中的一个表，如学生表、课程表等。 每个主题即构成一个表。

④ 确定所需字段：确定希望在每个表中存储哪些信息。每个项将成为一个字段，每个表中应保存哪些字段，并作为列显示在表中。例如，“雇员”表中可能包含“姓氏”和“聘用日期”等字段。

⑤ 指定主键：选择每个表的主键。主键是一个用于唯一标识每个行的列。例如，主键可以为“学号”或“课程编号”。

⑥ 确定联系：对每个表进行分析，确定一个表中的数据和其他表中的数据有何联系。根据需要，将字段添加到表中或创建新表，以便清楚地表达这些关系。

⑦ 优化设计：对设计进一步分析，分析设计中是否存在错误；创建表并在表中添加几条示例数据记录，考察能否从表中得到想要的结果；根据需要对设计进行调整。

⑧ 应用规范化规则：应用数据规范化规则，以确定表的结构是否正确。根据需要对表进行调整。

Access 在创建数据库时对原设计方案进行修改很容易，可是在数据库中载入大量数据或报表之后再进行修改就很困难了，所以在开发应用系统之前应确保数据库的设计方案合理。

1.5 Access 2010 数据库系统概述

Access 2010 是 Microsoft 公司最新推出的 Office 2010 办公软件套装中的一员，是目前使用最广泛的关系数据库系统之一。经过 Office 2000～2003 阶段的改进，Office 受到人们的青睐，从 Office 2007 开始，Office 又进入一个新的发展阶段。

Access 2010 不仅继承和发扬了以前版本的界面友好、易学易用、开发简单、接口灵活等特点，而且功能和用户界面也发生了巨大的变化。适合于中小型企业的数据库管理应用，是典型的新一代桌面数据库管理系统。

1.5.1 Access 2010 的运行环境

1．启动 Access 2010

与 Office 2010 中的其他组件一样，我们在使用 Access 时首先需要启动 Access 2010，打开需要的数据库，然后再进行其他操作。

启动 Access 的方法一般有 3 种。

（1）单击桌面左下角的"开始"按钮，从弹出的菜单中选择"程序"命令，然后在弹出的子菜单中选择"Microsoft Office"命令，此时又弹出下一级子菜单，选择"Microsoft Access 2010"应用程序即可启动 Access 2010。

（2）在桌面上建立一个 Access 2010 快捷图标，双击桌面上的 Access 2010 快捷图标也可以启动 Access 2010。

（3）在"我的电脑"或"Windows 资源管理器"窗口中双击需要打开的 Access 数据库，就会在启动 Access 2010 的同时打开该数据库。

2．Access 2010 的用户界面

成功启动 Access 2010 之后我们可以看到 Access 2010 的用户首界面，Access 2010 以全新的用户界面展现出来，如图 1-5 所示。我们看到的是 Microsoft Office Backstage 视图，从该视图可以获取有关当前数据库的信息、创建新数据库、打开现有数据库或者查看来自 Office.com 的特色内容。当选择新建空数据库或空白 Web 数据库或者在选择某种模板之后，就可以进入工作界面。

图 1-5　Access 2010 的用户首界面 1

Access 2010 的用户界面发生了重大变化。和 Windows 其他应用程序一样整个界面包括标题栏、选项卡、功能区、导航栏、数据库对象窗口、状态栏及帮助等部分，如图 1-6 所示。用户界面有三个主要的组件：功能区、导航窗格和 Microsoft Office Backstage 视图。

功能区：是一个包含多组命令且横跨程序窗口顶部的带状选项卡区域。

Microsoft Office Backstage 视图：是功能区的"文件"选项卡上显示的命令集合。

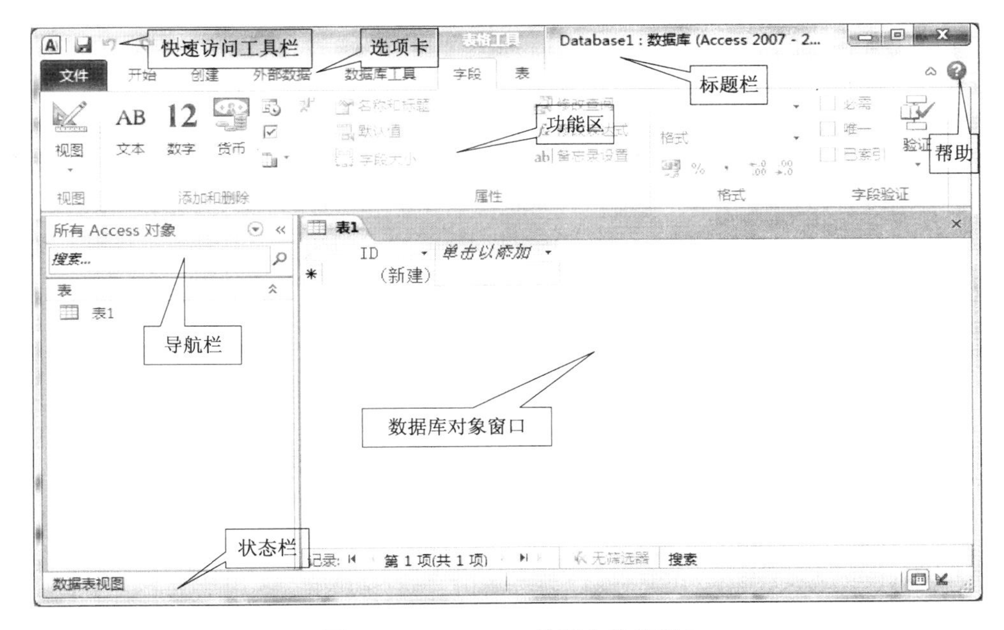

图 1-6　Access 2010 的用户首界面 2

导航窗格：是 Access 程序窗口左侧的窗格，可以在其中使用数据库对象。

这三个元素提供了供用户创建和使用数据库的环境。

（1）功能区。打开数据库时，功能区显示在 Access 主窗口的顶部，同时显示了活动命令选项卡中的命令。

功能区为命令提供了一个集中的区域，功能区有多个选项卡组成，这些选项卡上有多个按钮组。功能区含有 3 个部分：将相关常用命令分组在一起的命令选项卡；只在使用时才出现的上下文选项卡；以及快速访问工具栏（可以自定义的小工具栏，可将常用的命令放入其中）。如图 1-7 所示。

图 1-7　Access 2010 的功能区

功能区是菜单和工具栏的主要替代部分，并提供了 Access 2010 中主要的命令界面。功能区的主要优势之一是，将通常需要使用菜单、工具栏、任务窗格和其他用户界面组件才能显示的任务或入口点集中在一个地方显示。因此，只需在一个位置查找命令，而不用四处查找命令。

① 命令选项卡。功能区由一系列包含命令的命令选项卡组成。在 Access 2010 中，主要的命令选项卡包括“文件”、“开始”、“创建”、“外部数据”和“数据库工具”。每个选项卡都包含多组相关命令，这些命令组展现了其他一些新的 UI 元素（例如样式库，它是一种新的控件类型，能够以可视方式表示选择）。选择了命令选项卡之后，可以浏览该选项卡中可用的命令。

“开始”选项卡包括“视图”等7个组，如图1-8所示。可以执行的常用操作包括：选择不同的视图；从剪贴板复制和粘贴；设置当前的字体特性；设置当前的字体对齐方式；对备注字段应用格式文本格式；使用记录（刷新、新建、保存、删除、汇总、拼写检查及更多）；对记录进行排序和筛选；查找记录。当打开不同的数据库对象时，这些组的显示有所不同。每个组都有两种状态：可用和不可用。可用状态时图标和字体是黑色的可选的，不可用状态时图标和字体是灰色的。当对象处于不同视图时，组的状态是不同的。当没有打开数据表之前，选项卡上所有命令按钮都是灰色不可用状态。

图1-8 “开始”选项卡

“创建”选项卡包括“模板”等6个组，如图1-9所示。可执行的操作包括：插入新的空白表；使用表模板创建新表；在SharePoint网站上创建列表，在链接至新创建的列表的当前数据库中创建表；在设计视图中创建新的空白表；基于活动表或查询创建新窗体；创建新的数据透视表或图表；基于活动表或查询创建新报表；创建新的查询、宏、模块或类模块。Access中所有对象都从这里创建。

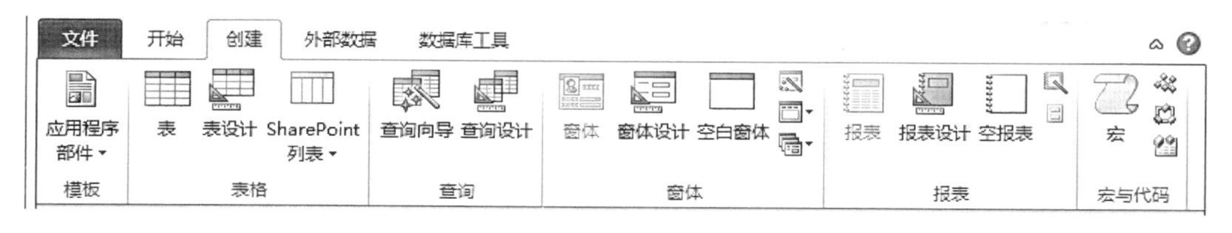

图1-9 “创建”选项卡

“外部数据”选项卡包括“导入并链接”等3个组，如图1-10所示。可执行的操作包括：导入或链接到外部数据；导出数据；通过电子邮件收集和更新数据；创建保存的导入和保存的导出；运行链接表管理器。通过这个选项卡可以完成内外部数据交换的管理及操作。

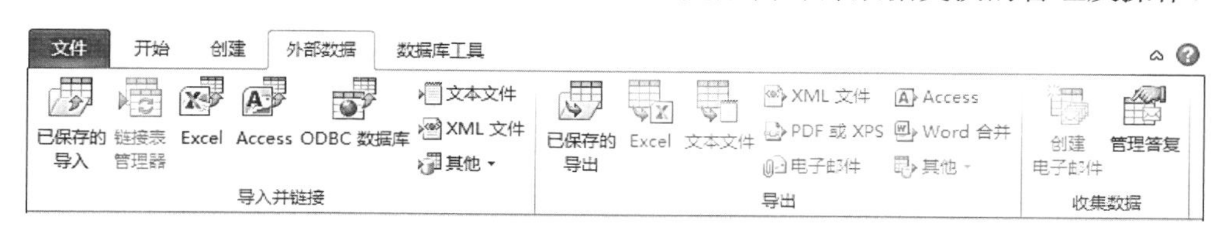

图1-10 “外部数据”选项卡

“数据库工具”选项卡包括“工具”等6个命令组，如图1-11所示。可执行的操作包括：将部分或全部数据库移至新的或现有SharePoint网站；启动Visual Basic编辑器或运行宏；创建和查看表关系；显示/隐藏对象相关性；运行数据库文档或分析性能；将数据移至Microsoft SQL Server或Access（仅限于表）数据库；管理Access加载项；创建或编辑Visual Basic for Applications（VBA）模块。该选项卡中的命令是Access提供的一个管理数据库后台工具。

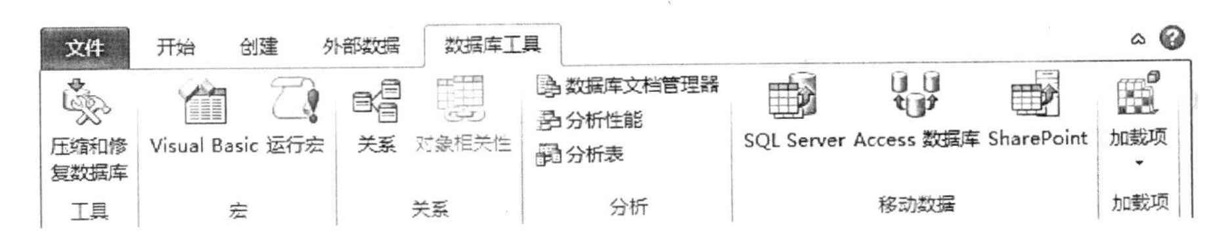

图 1-11 “数据库工具”选项卡

② 上下文选项卡。除前面所述标准命令选项卡之外，Access 2010 还有上下文命令选项卡。这是一种新的 Office 用户界面元素。根据上下文（即，进行操作的对象以及正在执行的操作）的不同，标准命令选项卡旁边可能会出现一个或多个上下文命令选项卡。例如，如果在设计视图中打开一个表，则在“数据库工具”选项卡旁边将显示一个“表格工具”的上下文选项卡，如图 1-12 所示。这种上下文命令选项卡根据所选对象不同而弹出或关闭，智能化的功能，方便用户操作。例如，打开“创建”选项卡中的“窗体设计”命令，出现了“窗体设计工具”上下文选项卡，如图 1-13 所示。

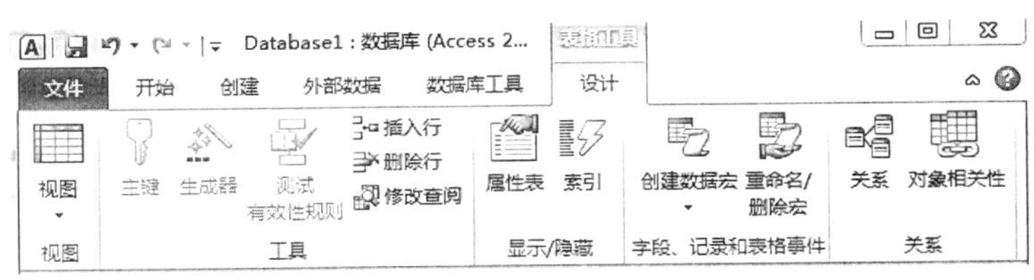

图 1-12 “表格工具”上下文选项卡

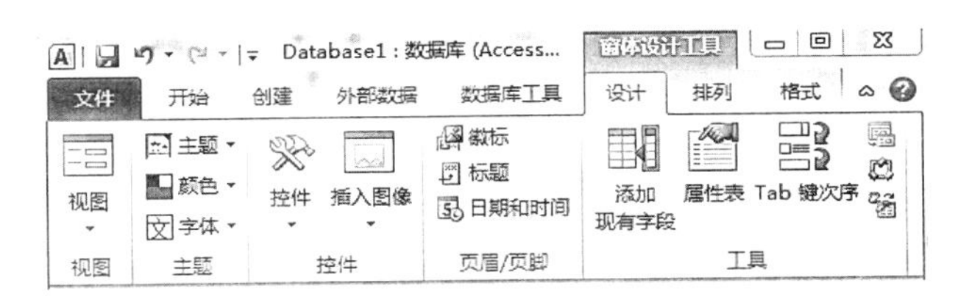

图 1-13 “窗体设计工具”上下文选项卡

③ 快速访问工具栏。快速访问工具栏是与功能区相邻的工具栏，通过快速访问工具栏，只需一次单击即可访问命令。默认命令集包括“保存”、“撤消”和“恢复”，可以自定义快速访问工具栏，将常用的其他命令包含在内。还可以修改该工具栏的位置，以及将其从默认的小尺寸更改为大尺寸。系统默认的快速访问工具栏位于整个窗口的左上角，用户可通过自定义快速访问工具栏右侧的 按钮进行切换，如图 1-14 所示。

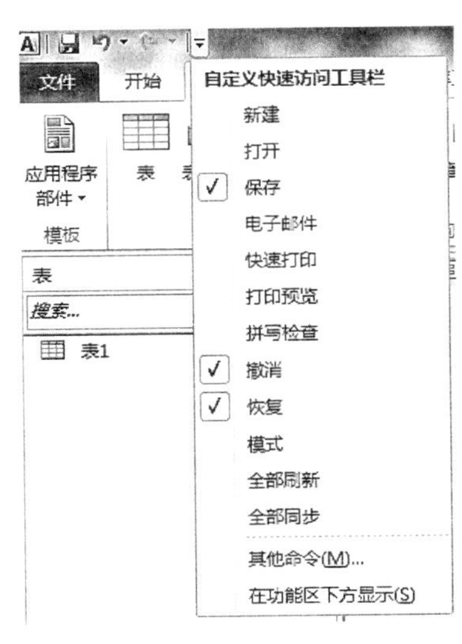

图 1-14 快速访问工具栏

（2）Microsoft Office Backstage 视图。Backstage 视图是 Access 2010 中的新功能。占据功能区上的“文件”选项卡，包含应用于整个数据库的命令和信息（如“压缩和修复”），以及早期版本中“文件”菜单的命令（如“打印”）。在打开 Access 但未打开数据库时可以看到 Backstage 视图，如图 1-5 所示，也可以在打开数据库后从功能区的“文件”选项卡看到 Backstage 视图，如图 1-15 所示的文件选项卡。在 Backstage 视图中，可以创建新数据库、打开现有数据库、压缩和修复数据库、加密数据库、发布数据库等很多很多文件和数据库维护任务。

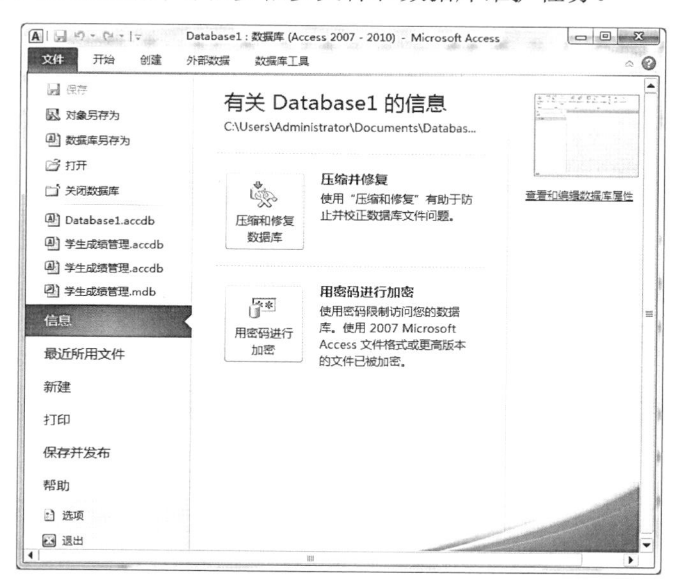

图 1-15 "文件"选项卡

若要从 Backstage 视图快速返回到文档，单击"开始"选项卡或按键盘上的 Esc。

（3）导航窗格。在打开数据库或创建新数据库时，数据库对象的名称将显示在导航窗格中。数据库对象包括表、查询、窗体、报表、宏和模块。导航窗格取代了早期版本的 Access 中所用的数据库窗口。导航窗格将数据库对象归纳组织，并且是打开或更改数据库对象设计的主要方式。例如，如果要在数据表视图中将行添加到表，则可以从导航窗格中打开该表。

导航窗格按类别和组进行组织对象。可以从多种组织选项中进行选择，还可以在导航窗格中创建自己的自定义组织方案。导航窗格显示数据库中的所有对象，单击窗格上部的⊙按钮，可以显示分组列表，如图 1-16 所示。默认情况下，新数据库使用"对象类型"类别，该类别包含对应于各种数据库对象的组。在导航窗格中鼠标右键单击任何对象就能打开相应快捷菜单，从中选择任务以执行某个操作，如图 1-17 所示。

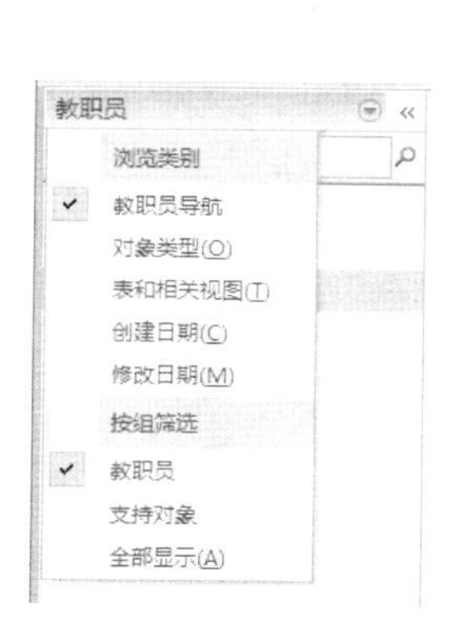

图 1-16 导航窗格中的分组列表

图 1-17 导航窗格右键单击的快捷菜单

（4）工作区。对象工作区是用来设计、编辑、修改、显示及运行对象的区域。对 Access 所有的对象进行操作都是在工作区中进行的，操作结果也显示在工作区。

（5）标题栏。标题栏位于整个窗口的最上方，显示了当前打开的数据库名称及软件版本环境（Access 2007-2010）Microsoft Access，标题栏最右端有 3 个按钮，分别是最小化窗口按钮、最大化或恢复窗口按钮和关闭按钮。

（6）状态栏。与早期版本 Access 一样，Access 2010 中也会在窗口底部显示状态栏。状态栏具有两项标准功能：视图/窗口切换和缩放。可以使用状态栏上的可用控件，在可用视图之间快速切换活动窗口。

1.5.2 Access 2010 六大对象

Access 数据库系统通过各种对象来管理数据。Access 2007 之前版本的系统包含 7 个对象：表、查询、窗体、报表、页、宏和模块。Access 2010 中包含 6 个对象：表、查询、窗体、报表、宏和模块，Access 的主要功能就是通过这六大数据对象来完成的。在打开的 Access 数据库的窗口左侧的导航窗格中会显示这些对象名称，如图 1-18 所示。

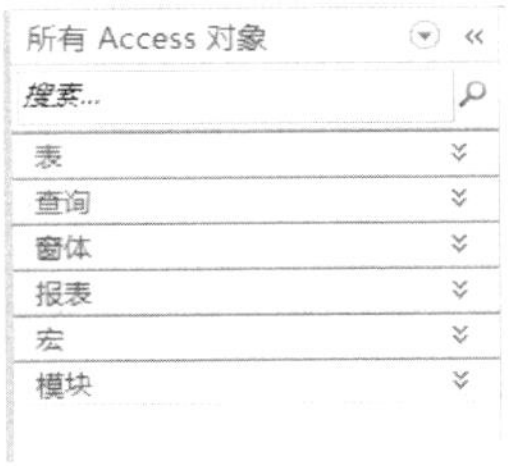

图 1-18 Access 数据库对象

（1）表：表是数据库中最基本的组成单位，是创建其他几种对象的基础。表由记录组成，记录由字段组成，表用来存储数据库的数据，故又称为数据表，数据表是数据库中存储数据的唯一单位，将各种信息分门别类地存放在各种数据表中。Access 允许一个数据库中包含多个表，通过在表之间建立关系，可以将不同表中的数据联系起来。表在外观上与 Excel 电子表格相似，二者都是以行和列存储数据的，这样就可以很容易将 Excel 电子表格数据导入到数据库表中。

（2）查询：查询是对数据库中特定信息的查找。Access 中的查询可以对数据库中的一个表或多个表中存储的数据信息进行查找、统计、排序、计算。查询结果称为结果集，是符合查询条件的记录集合，结果集以二维表的形式显示出来，但它只是一种虚拟表，不会用来存储数据，而是按照一定的条件或准则从一个或多个表中映射出的虚拟视图。当我们改变“表”中的数据时，“查询”中的数据也会发生改变，计算的结果也会发生改变。

（3）窗体：窗体提供了一种方便浏览、输入及更改数据的窗口。其数据源可以是表或查询；通过在窗体中插入按钮，可以控制数据库程序的执行过程；还可以创建子窗体显示与其相关联的表的内容。可以说窗体是数据库与用户进行交互的最好界面。可以使用各种图形化的工具和向导快速地制作出用来显示和操作数据的窗体。

（4）报表：报表的功能是将数据库中的数据分类汇总，然后打印出来，以便分析。我们可以在一个表或查询的基础上创建报表，也可以在多个表或查询的基础上创建报表。利用报表不仅可以创建计算字段，还可以对记录进行分组，以便计算出各组数据的汇总结果。在报表中可以控制显示的字段、每个对象的大小和显示方式，并可以按照所需的方式来显示相应的内容。

（5）宏：可以将宏看做是一种简化的编程语言，利用宏可以在不编写任何代码的情况下实现一定的交互功能，比如单击某个按钮就可以执行相关的动作。Microsoft Office 提供的所有工具中都提供了宏的功能，宏实际上是一系列操作的集合，其中每个操作都能实现特定的功能。通过宏，可以实现的功能有：打开/关闭数据库表、窗体，打印表格和执行查询；弹出提示信息对话框，显示警告；实现数据的输入和输出；在数据库启动时执行操作等；筛选查找数据记录。

（6）模块：模块是 Access 数据库中最复杂也是功能最强大的一种对象，因为它是一种可编程的功能模块。在 Access 中，使用其内置的 Visual Basic for Application 来建立和编辑模块对象，一个模块对象一般是一组相关功能的集合。

Access 的各个对象之间并不是互不相干的，如图 1-19 所示。其中，表是数据库的核心与基础，它存放着数据库中的全部数据信息。报表、查询和窗体都是从数据表中获得数据信息，以实现用户某一特定的需要，如查找、计算、编辑修改等。窗体可以提供一种良好的用户操作界面，通过它可以直接或间接调用宏或模块，并执行查询、打印、预览、计算等功能。值得注意的是，Access 2010 中，不再有数据访问页对象，如果希望在 Web 上部署数据输入窗体并在 Access 中存储所生成的数据，则需要将数据库部署到 Microsoft Windows SharePoint Services 3.0 服务器上，使用 Windows SharePoint Services 所提供的工具实现所要求的功能。

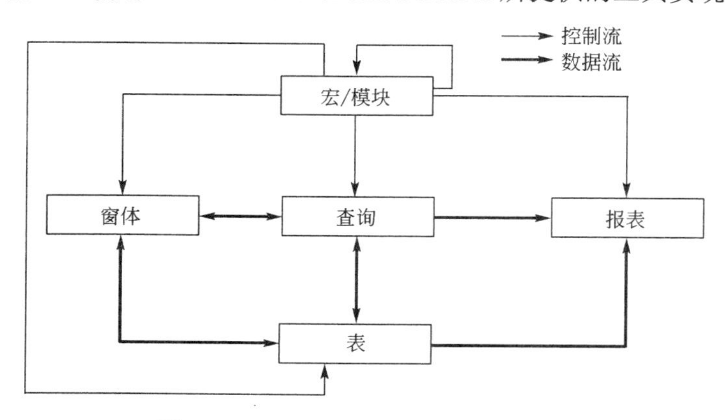

图 1-19　Access 数据库对象之间的关系

1.5.3　Access 2010 的特点

Access 2010 作为目前应用最为广泛的数据库管理系统之一，无论对于专业的数据库设计人员还是非专业的用户来说，它所提供的各种工具都非常实用、方便，同时还具有高效的数据处理能力。Access 2010 的主要特点如下。

（1）简单易学，灵活方便。Access 2010 中针对常见工作而设计了全新数据库模板，因此可以利用这些模板，也可以从 Office.com 下载更多的模板，并且加以自定义，设计出满足自己需求的数据库系统。

（2）广泛支持各种数据类型。除了基本数据类型外，Access 2010 还支持 OLE（Object Linking and Embedding）数据和 XML（Extensible Markup Language）数据，从而大大地提高了可管理的数据的类型。

（3）方便快捷的图形化界面。Access 是一个可视化工具，与 Windows 一样，操作只要使用鼠标进行拖放即可，直观方便。系统还提供了各种对象的生成器及相应的向导，使得操作简单。

（4）与 Office 中的其他组件高度集成。作为 Office 2010 的组件之一，不但保持了统一的 Office 2010 界面风格，还提供了与其他组件共享数据和协同工作的能力，通过连接表方式打开 Excel 文件、格式化文本文件等与 Office 集成实现无缝连接，从而大大提高了 Office 2010 的整体性能。Access2010 可以只用来存放数据库，也可以作为一个客户端开发工具来进行数据库应用系统的开发。

（5）提供了大量的内置函数与宏。Access 2010 提供了一个全新的宏设计器，比以前版本的宏设计视图更直观更方便。大量的内置函数与宏，使数据库开发人员，甚至是不懂编程语言的开发人员都可以快速地以一种无代码的方式实现各种复杂数据的操作与管理任务。

（6）功能强大的集成开发环境。Access 2010 内置了功能强大且简单易用的 VBA（Visual Basic for Application）集成开发环境，从而使数据库开发人员无须安装并使用其他独立的开发工具便可以轻松地为数据库开发各种高级的功能。

（7）增强的网络功能。Access 2010 增强了通过 Web 网络共享数据库的功能，还提供了一种将数据库应用程序作为 Access Web 应用程序部署到 SharePoint 服务器的新方法。SharePoint Service 是用以做企业门户网站以及内部协同办公的基于 Web 的平台，它和 MS Office 紧密结合在一起，提供功能强大的包含文档、数据管理在内的各类信息管理。

Microsoft Access 2010 的特点，就在于使用简便。Access 2010 让用户充分运用信息的力量。即便不是数据库专家，一样可以大显神通。同时，透过新增加的网络数据库功能，在追踪与共享数据，或是利用数据制作报表时，将可更加方便快捷，网页浏览器在哪里，数据就会在哪里。

小　　结

本章我们通过介绍数据库的一些基础知识，包括数据的发展史、数据库的基本概念、数据模型、关系数据库、数据库系统的设计步骤等，让大家对数据库有了基本的了解，最后我们介绍了 Access 2010 数据库系统的运行环境、界面组成、六大对象及数据库的特点，为后续章节中 Access 数据库的应用做好了准备。

练　习　题

一、选择题

1. 在数据管理技术发展的 3 个阶段中，数据共享最好的是（　　）。

A. 人工管理阶段　　B. 文件系统阶段

C. 数据库系统阶段　　D. 3 个阶段相同

2. 下列关于数据库系统的叙述中正确的是（　　）。

A. 数据库中只存在数据项之间的联系

B. 数据库的数据项之间和记录之间都存在联系

C. 数据库的数据项之间无联系，记录之间存在联系

D. 数据库的数据项之间和记录之间都不存在联系

3. 用二维表来表示实体及实体之间联系的数据模型是（　　）。

A. 实体—联系模型　　B. 层次模型

C. 网状模型　　D. 关系模型

4. 在超市营业过程中，每个时段要安排一个班组上岗值班，每个收款口要配备两名收款员配合工作，共同使用一套收款设备为顾客服务，在超市数据库中，实体之间属于一对一关系的是（　　）。

A. “顾客”与“收款口”之间的关系　　B. “收款口”与“收款员”的关系

C. “班组”与“收款员”的关系　　D. “收款口”与“设备”的关系

5. 设有表示学生选课的 3 张表，学生 S（学号，姓名，性别，年龄，身份证号），课程 C（课

号，课名），选课 SC（学号，课号，成绩），则表 SC 的关键字（键或码）为（　　）。

A. 课号，成绩　　B. 学号，成绩
C. 学号，课号　　D. 学号，姓名，成绩

6. 下列属于 Access 对象的是（　　）。

A. 文件　　B. 数据
C. 记录　　D. 查询

7. 在关系运算中，选择运算的含义是（　　）。

A. 在基本表中，选择满足条件的元组组成一个新的关系
B. 在基本表中，选择需要的属性组成一个新的关系
C. 在基本表中，选择满足条件的元组和属性组成一个新的关系
D. 以上 3 种说法均是正确的

8. 在教师表中，找出职称为“教授”的教师，所采用的关系运算是（　　）。

A. 选择　　B. 投影
C. 联接　　D. 自然联接

9. 为了合理组织数据，应遵从的设计原则是（　　）。

A. “一事一地”原则，即一个表描述一个实体或实体间的一种联系
B. 表中的字段必须是原始数据和基本数据元素，并避免在之间出现重复字段
C. 用外部关键字保证有关联的表之间的联系
D. 以上各条原则都包括

10. Access 数据库具有很多特点，下列叙述中不是 Access 特点的是（　　）。

A. Access 数据库可以保存多种数据类型，包括多媒体数据
B. Access 可以通过编写应用程序来操作数据库中的数据
C. Access 可以支持 Internet/Intranet 应用
D. Access 作为网状数据库模型支持客户机/服务器应用系统

11. 在数据库的六大对象中，用于存储数据的数据库对象是（　　），用于和用户进行交互的数据库对象是（　　）。

A. 表　　B. 查询
C. 窗体　　D. 报表

12. 在 Access 2010 中，随着打开数据库对象的不同而不同的操作区域称为（　　）。

A. 命令选项卡　　B. 上下文命令选项卡
C. 导航窗格　　D. 工具栏

13. Access 2010 停止了对数据访问页的支持，转而大大增强的协同工作是通过（　　）来实现的。

A. 数据选项卡
B. SharePoint 网站
C. Microsoft 在线帮助
D. Outlook 新闻组

14. 新版本的 Access 2010 的默认数据库格式是（　　）。

A. MDB　　B. ACCDB
C. ACCDE　　D. MDE

二、填空题

1. 数据模型不仅表示反映事物本身的数据，而且表示________。

2. 实体与实体之间的联系有3种，分别是________、________和________。

3. 表中一个字段不是本表的主关键字，而是另外一个表的主关键字或候选关键字，这个字段称为________ 。

4. 在关系运算中，要从关系模式中指定若干属性组成新的关系，该关系运算称为________。

5. 在Access中建立的数据库文件的扩展名是________。

三、设计题

设计一个学生成绩管理系统的概念模型，并用E-R图表示各实体之间的关系。

（1）学生成绩管理系统中包括实体有：学生、课程、成绩。

（2）实体之间的关系是：学生可以选课，可以查看成绩。

（3）确定每个实体的属性:【学生】实体的属性有学号、姓名、性别、专业、入学日期;【课程】实体的属性有课程编号、课程名称、学分;【成绩】实体的属性有学号、课程编号、成绩。

第2章

创建 Access 数据库和表

通过第 1 章的学习，我们已经了解了数据库的基础知识，知道了 Access 是目前使用非常广泛的关系数据库系统之一，它具有界面友好、易学易用、开发简单、接口灵活等特点。本章我们首先介绍 Access 数据库的创建方法，然后详细介绍 Access 数据库的第一个对象表的创建和操作。

2.1 使用 Access 2010 创建数据库

在创建数据库之前，我们最好先建立一个自己的文件夹，便于以后的管理。因为 Access 2010 提供了完全图形化的用户界面和丰富的向导，使用它创建数据库非常容易，一般有两种方法：第 1 种是先创建一个空数据库，然后再向其中添加表、查询、窗体、报表等对象；第 2 种是使用“数据库模板”，利用系统提供的模板来创建所需的表、窗体和报表，可以使用样本模板，也可以使用网上的资源，从 Office.com 网站上搜索所需的模板。

2.1.1 创建空数据库

第 1 章中我们介绍了 Access 2010 的启动和退出，接下来我们就以创建“学生成绩管理”数据库为例来介绍创建数据库的方法。

【例 2-1】 创建“学生成绩管理”数据库，将其保存在 E 盘 Access 文件夹下。

（1）启动 Access 2010，选择“文件”菜单下的“新建”→“空数据库”命令，如图 2-1 所示。

图 2-1 “空数据库”窗口

（2）单击窗口右下方文件名文本框后面的按钮，打开“文件新建数据库”对话框，指定数据库文件的存储位置，并在文件名文本框中输入“学生成绩管理”，如图 2-2 所示，单击“确定”按钮。

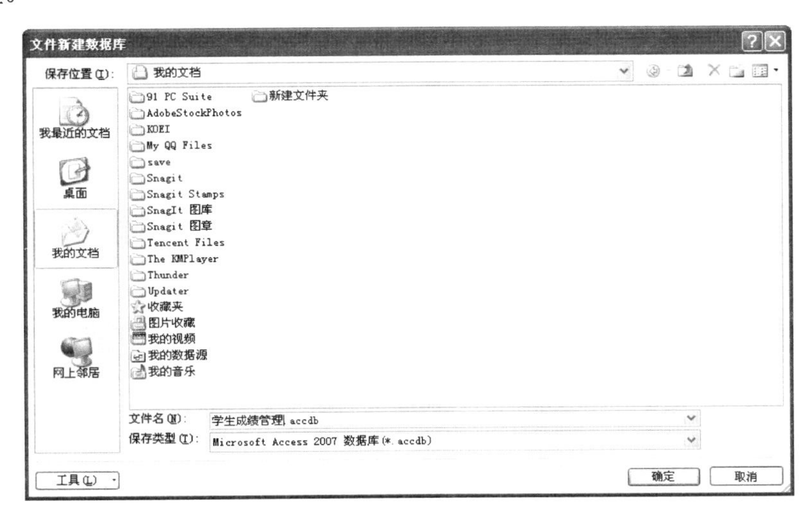

图 2-2 “文件新建数据库”对话框

（3）单击 Access 窗口右下方的“创建”按钮这样就成功创建了一个空数据库文件，Access 会自动打开创建好的数据库窗口，并添加一个新表“表 1”，如图 2-3 所示，接下来我们便可以向该数据库中添加表、查询、窗体、报表等数据库对象了。

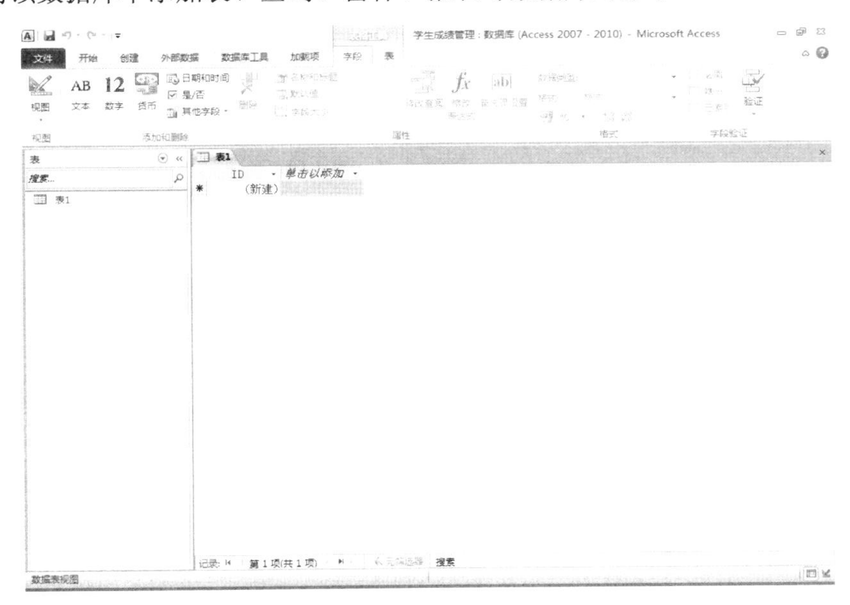

图 2-3 “学生成绩管理”数据库窗口

2.1.2 使用模板创建数据库

Access 2010 主页中还提供了一些基本的数据库模板，利用这些模板可以方便、快速地创建数据库。如果所选的模板不完全满足要求，我们可以在创建好的数据库上进一步修改。

【例 2-2】 使用“数据库模板”创建“学生”数据库。

（1）同创建空数据库一样，启动 Access 2010，单击“文件”菜单下的“新建”→“样本模板”命令，这时会看到所有可用的样本模板，如图 2-4 所示。

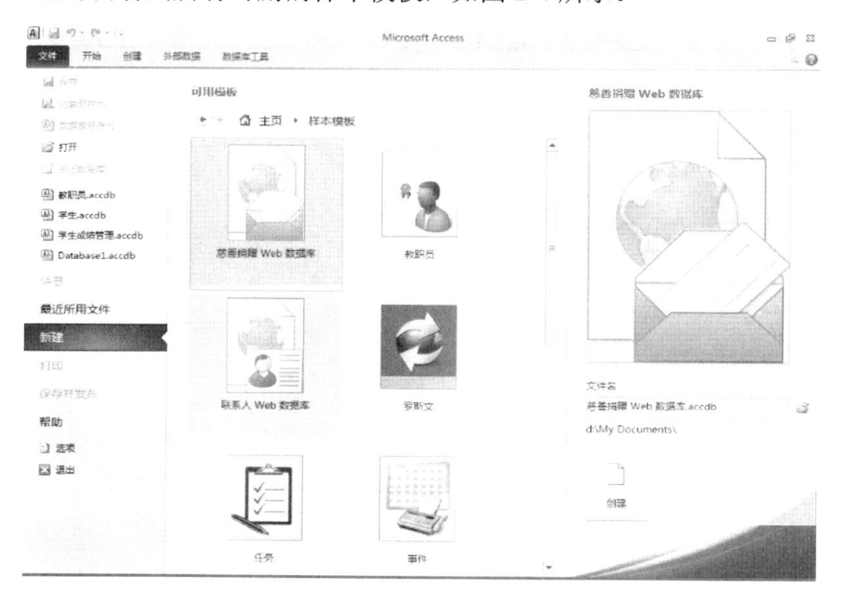

图 2-4 “样本模板”窗口

（2）从中选择与我们所需要创建数据库相似的模板，在这我们选择“学生”模板，设置好保存路径，单击“创建”按钮即可打开创建好的“学生”模板数据库，如图 2-5 所示。

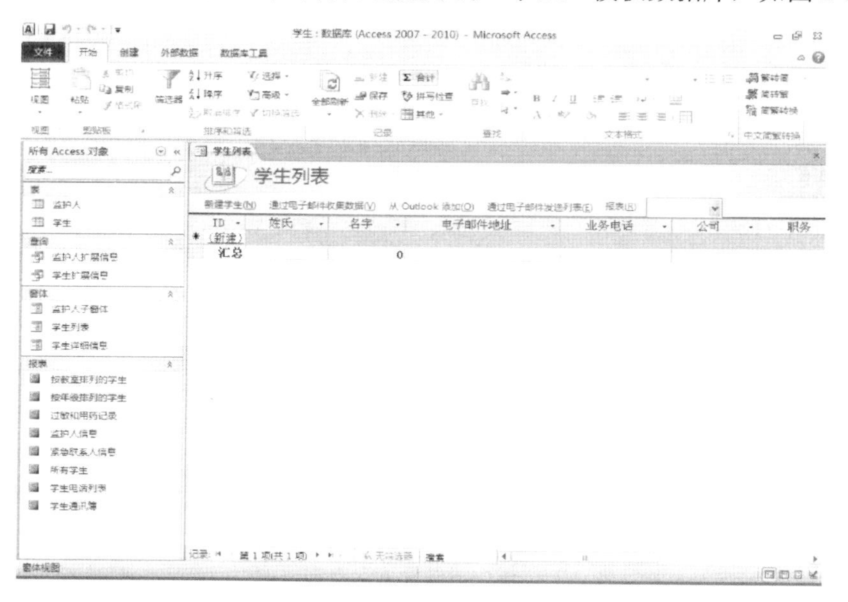

图 2-5 “学生”模板数据库

由于使用“数据库模板”创建的数据库和我们需要的内容可能不完全相同，因此使用“数据库模板”创建数据库之后我们还可以根据需要对其进行适当的修改，具体修改方法我们将在后续章节进行讲解。

2.2 表的基本概念

表是具有结构的相同主题的数据集合。它是 Access 数据库的基础，是存储和管理数据的对象，也是数据库其他对象的操作依据。一个 Access 数据库系统可以包含多张表，每一张表都存储一组相对独立而完整的信息。表之间可以建立关系，以便于构造出一个相关联的整体架构。

Access 中的表是由表结构和表内容两部分构成的。在对表操作时，是对表结构和表内容分别进行操作。

2.2.1 表的结构

表的结构是指数据表的框架，主要包括表名和字段属性两部分。

1. 表名

表名是该表存储在磁盘上的唯一标识，也可以理解为是用户访问数据的唯一标识。

2. 字段属性

字段属性即表的组织形式，包括字段的名称以及类型属性、常规属性和查阅属性。

（1）字段名称。数据表中的一列称为一个字段，每一个字段具有唯一的名字，被称为字段名称。

在 Access 中字段的命名规则如下。

- 长度为 1～64 个字符。
- 可以包含字母、汉字、数字、空格和其他字符，但不能以空格开头。
- 不能包含句号、惊叹号、方括号和单引号。

（2）类型属性。数据表中的同一列数据必须具有共同的数据特征，称为字段的数据类型。Access 2010 提供了丰富的数据类型支持，如表 2-1 所示，包括文本、备注、数字、日期/时间、货币、自动编号、是/否、OLE 对象、超链接和查阅向导。

表 2-1　字段的数据类型

数据类型	使用数据
文本	文本或文本和数字的组合，以及不需要计算的数字，如电话号码、学号等。文本是数据的默认类型
备注	长文本或文本和数字的组合
数字	用来存储数学计算的数字数据，可进一步设置特定的数字类型
日期/时间	用来存储日期、时间或日期和时间的组合
货币	数字型的特殊类型，用来存储货币数据或用于计算的数值数据，向货币型字段输入数据时，不必输入美元符号和千位分隔符，Access 会自动显示这些符号，并会添加两位小数
自动编号	用来给记录指定唯一的顺序号，每次向表中添加新记录时，Access 会自动插入一个唯一的顺序号（每次递增 1）或随机数，自动编号字段的值不能变更，每个表只能包含一个自动编号型字段
是/否	是针对只包含两种不同取值的字段而设置的，可显示为 Yes/No、True/False、On/Off
OLE 对象	Access 表中链接或嵌入的对象，如 Excel 表格、Word 文档、图形、声音或其他二进制数据
超链接	文本或以文本形式存储的字符与数字的组合，用作超链接地址
查阅向导	使字段可以使用列表框或组合框从一个表或值列表中选择需要的数据

（3）常规属性。用于对已指定数据类型的字段作进一步的说明，包括字段大小、格式、小数位数、输入掩码、标题、默认值、有效性规则和有效性文本、必填字段、允许空字符串、索引、Unicode 压缩、输入法模式和智能标记。

（4）查阅属性。用于改变数据输入的方式，对于一些取值固定的字段，可以在“查阅”选项卡中将该字段的显示由文本框改为列表框或组合框。这样可以减轻数据录入的强度，也杜绝了非法数据的进入。

关于字段属性的具体设置方法我们将在创建表的过程中进行详细的介绍。

2.2.2 表的视图

在 Access 数据库中，表具有 4 种视图，分别是设计视图、数据表视图、数据透视表视图和数据透视图视图。

1．设计视图

表的设计视图用于建立和修改表结构，如图 2-6 所示，可以在设计视图中定义表的字段，并为表指定主键。

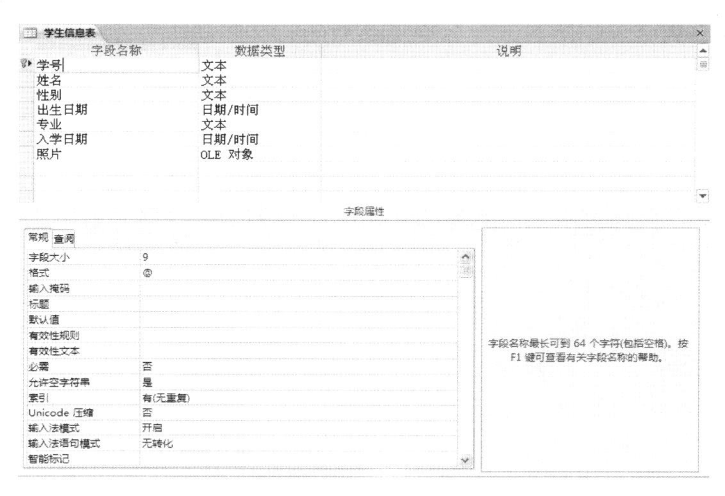

图 2-6　表的设计视图

2．数据表视图

数据表视图主要用于向表中输入数据或查看表中的数据，如图 2-7 所示，也可以使用数据表视图建立表结构，并在数据表视图中对表中的数据进行排序和筛选等操作。

图 2-7　表的数据表视图

3．数据透视表视图

数据透视表视图以数据透视表的形式来对表中的数据进行汇总，如图 2-8 所示。使用数据透视表拖动字段和项或者通过显示或隐藏字段下拉列表中的项来查看和分析数据。

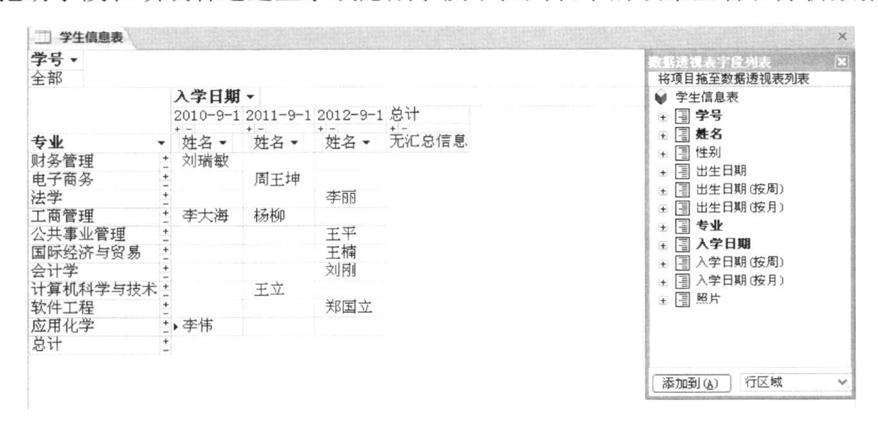

图 2-8　表的数据透视表视图

4．数据透视图视图

数据透视图视图以图形的方式来显示和分析数据表或窗体中的数据，如图 2-9 所示。使用数据透视图视图，可以通过拖动字段和项或者通过显示或隐藏字段下拉列表中的项来查看和分析数据。

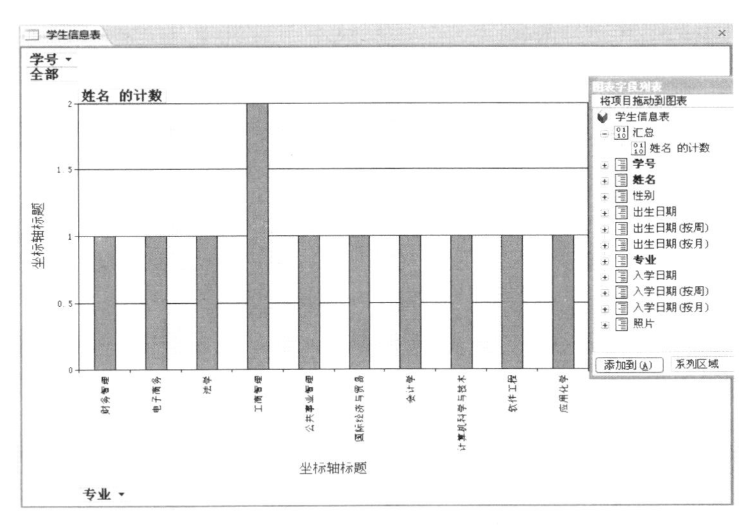

图 2-9　表的数据透视图视图

2.3　表的创建

Access 数据库创建好之后，就可以向其中添加表了。Access 2010 提供了 3 种创建表的方法：

（1）直接插入一个新表；

（2）使用设计视图创建表；

（3）从其他数据源导入或链接表。

下面我们以“学生成绩管理”数据库为例分别进行介绍。

2.3.1　直接插入新表

直接插入新表是在表的数据表视图中直接添加字段和数据。

【例 2-3】 通过输入数据创建“课程信息表”，其结构如表 2-2 所示。

表 2-2　“课程信息表”结构

字 段 名	数 据 类 型	说　明	字 段 大 小
课程编号	文本	主键	4
课程名称	文本		15
学分	数字		单精度型

（1）打开“学生成绩管理”数据库，单击“创建”选项卡的“表格”组中的“表”按钮，这时将创建了新表“表 1”，并在数据表视图中打开它，如图 2-10 所示。

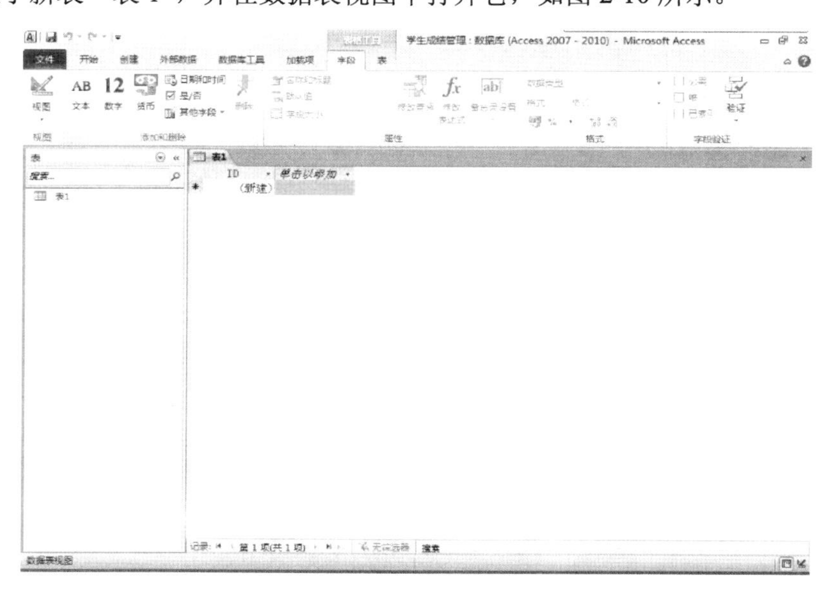

图 2-10　新表窗口

（2）在新创建的“表 1”数据表视图中我们可以看到本表包含一个“ID”字段，此字段是系统自动添加的，数据类型为“自动编号”，并且为新表的主键。我们可以根据需要修改该字段的数据字段名称和字段属性。双击“ID”字段名称或者单击“属性”选项组中的“名称和标题”按钮即可修改字段名称，选中“ID”字段列，在“格式”选项组的“数据类型”组合框中即可修改该字段的数据类型。

（3）单击第一列字段后面的“单击以添加”按钮选择所添加字段的数据类型或者单击“添加和删除”选项组中相应的数据类型，即可添加新的字段，重复第（2）步操作，完成该表所有字段的添加。创建好的数据表每一行代表一条记录，每一列代表一个字段，我们只需按照这种格式输入数据即可，如图 2-11 所示。

（4）单击快速访问工具栏上的“保存”按钮，弹出“另存为”对话框，在文本框中输入“课程信息表”，单击“确定”按钮即可创建好“课程信息表”。

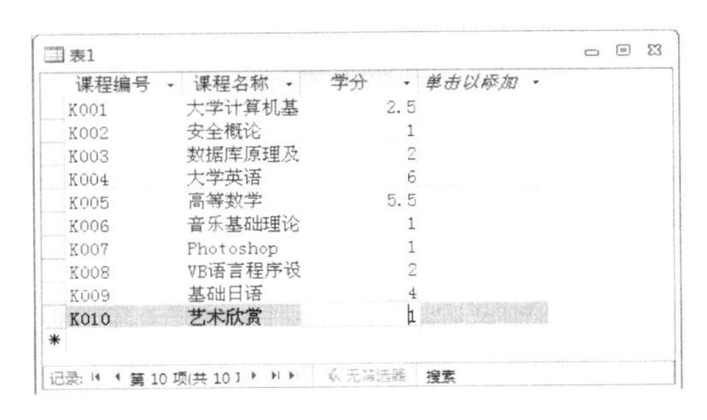

图 2-11　创建好的“表 1”

如果表中的数据为 OLE 对象，则不能直接输入，需要单击右键，选择“插入对象”打开相应的对话框，选择新建相应的对象类型或文件的路径“确定”即可。

说明　图片本身在数据表中并不显示。若要浏览某条记录的照片，打开数据表视图之后，双击该记录的“照片”字段，系统将运行“画图”、“Microsoft Photo Editor”或“Windows 图片和传真浏览器”等应用程序打开照片。

2.3.2　使用设计视图创建表

使用设计视图创建表是最常用的方法，可以创建出最符合要求、最节省空间的表结构。

【例 2-4】 使用设计视图创建“学生信息表”，其结构如表 2-3 所示。

表 2-3　“学生信息表”结构

字　段　名	数 据 类 型	说　　明	字 段 大 小
学号	文本	主键	9
姓名	文本		5
性别	文本		1
出生日期	日期/时间		
专业	文本		10
入学日期	日期/时间		
照片	OLE 对象		

（1）打开“学生成绩管理”数据库，单击“创建”选项卡的“表格”组中的“表设计”按钮，进入表的设计视图，如图 2-12 所示。

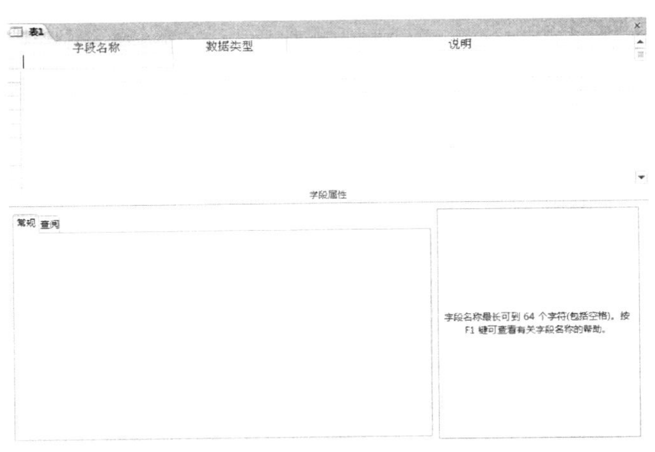

图 2-12　表的设计视图

表的设计视图分为上、下两部分。上半部分是字段输入区，从左至右分别为字段选定器、字段名称列、数据类型列和说明列。字段选定器用来选定某一字段；“字段名称”用来说明字段的名称；“数据类型”用来说明该字段的数据类型；“说明”便于数据库管理员了解字段的含义，不会对数据库的建立和运行有任何的影响。下半部分是字段属性区，用于设置当前字段的属性值。

（2）根据表 2-3 在字段输入区依次输入字段名称，并分别设置数据类型，再输入字段说明。单击数据类型列，并单击其右侧的下三角按钮，会弹出 Access 所提供的数据类型列表，从中选择字段所需的数据类型即可，如图 2-13 所示。

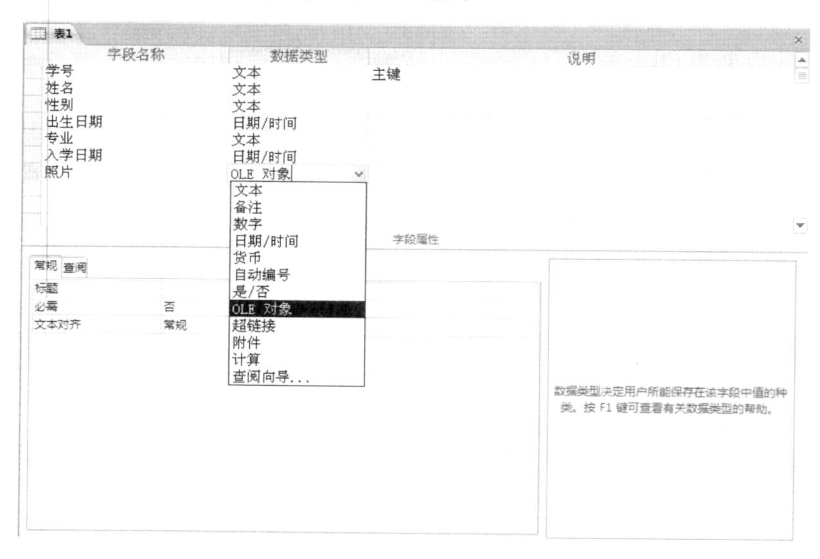

图 2-13 在设计视图中添加字段

（3）在表的设计中，除了定义字段之外，指定主键也是很重要的一步。主键是表中能够唯一标识记录的字段，可以是一个字段，也可以是多个字段的组合。虽然在 Access 中可以创建不包含主键的表，但是由于设置了主键的表有利于搜索数据和建立关系，因此我们应该尽可能地为每个表建立一个合适的主键。

在“学生信息表”中，“学号”可以唯一标识学生信息，被设置为主键。单击“学号”字段的字段选定器，选定“学号”字段，再单击“设计”选项卡上的“主键”按钮，“学号”字段的字段选定器上就会出现“主键”图标，表明该字段是主键字段（如果主键是多个字段，要先按住 Ctrl 键，再单击作为主键字段的字段选定器，同时选定多个字段，再单击工具栏上的“主键”图标）。

图 2-14 “另存为”对话框

（4）单击快速访问工具栏上的“保存”按钮，弹出“另存为”对话框，如图 2-14 所示，在文本框中输入“学生信息表”，单击“确定”按钮，我们就可以看到创建好的“学生信息表”。

2.3.3 通过导入创建表

Access 可以实现各类不同数据文档的格式转换，这样，我们就可以使用其他应用程序的数据（如 Excel 工作簿），同时 Excel 等其他软件也可以使用转换后的 Access 数据表，实现数据资源的共享。

1．导入

所谓导入，就是将符合 Access 输入/输出协议的任一类型的表导入到 Access 数据库的表中，并与外部数据断绝联系。这意味着导入操作完成之后，即使外部数据源的数据发生变化，也不会影响已经导入的数据。可以导入的表类型包括 Access 数据库中的表、Excel、Louts 和 DBASE 等数据库应用程序所创建的表以及 HTML 文档等。

导入数据的操作是在导入向导的指引下逐步完成的，从不同的数据源导入数据，Access 将启动与之对应的导入向导。

【例 2-5】 将 Excel 文件“成绩表.xls”中的数据导入到“学生成绩管理”数据库的“成绩表”中。

（1）打开“学生成绩管理”数据库，单击“外部数据”选项卡里面“导入并链接”里面的“导入 Excel 电子表格”按钮，打开“获取外部数据-Excel 电子表格”对话框，如图 2-15 所示。

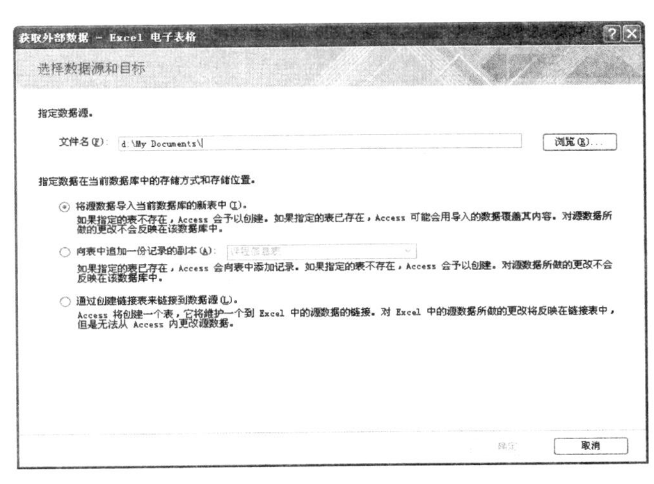

图 2-15 “获取外部数据-Excel 电子表格”对话框

（2）单击指定数据源“文件名”文本框后面的“浏览”按钮，选择 Excel 数据源的存储路径，并指定数据在当前数据库中的存储方式和存储位置，本例我们选择第一个选项，单击“确定”按钮打开“导入数据表向导”对话框的第一个页面，如图 2-16 所示。

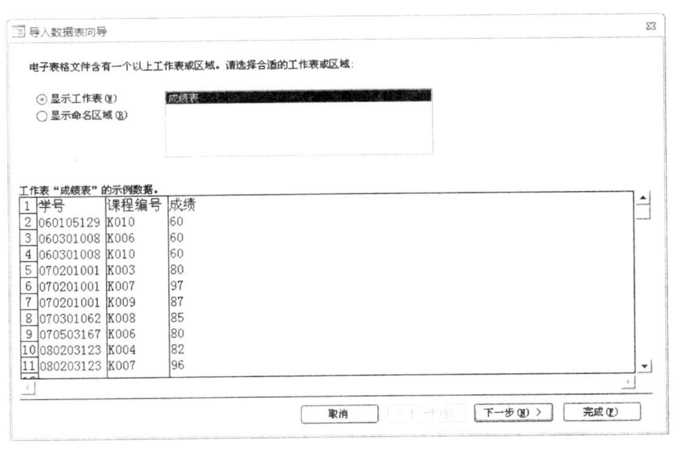

图 2-16 “导入数据表向导”对话框 1

（3）该对话框列出了所要导入表的内容，采用默认的“显示工作表”单选项，单击“下一步”按钮，进入“导入数据表向导”对话框的第二个页面，如图 2-17 所示。

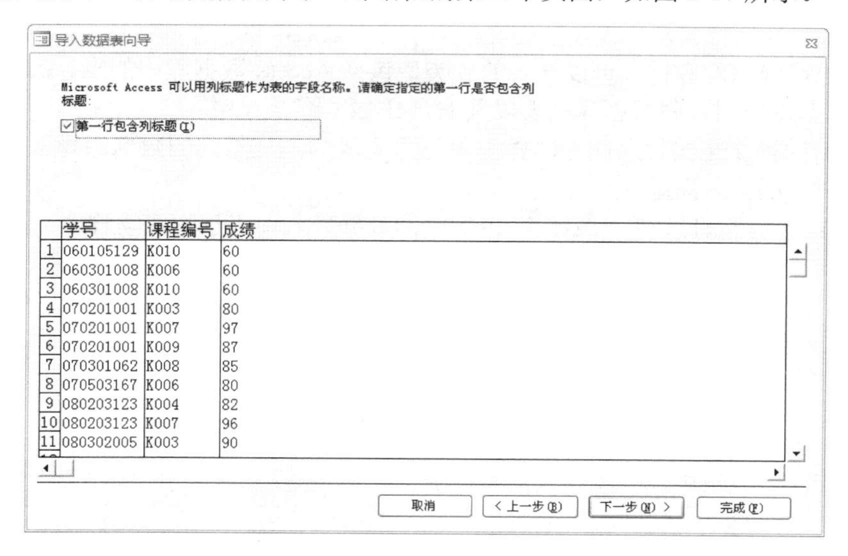

图 2-17 “导入数据表向导”对话框 2

（4）保持默认选项“第一行包含列标题”，即让“学号”、“课程编号”和“成绩”作为数据表的字段名，单击“下一步”按钮，打开“导入数据表向导”对话框的第三个页面，如图 2-18 所示。

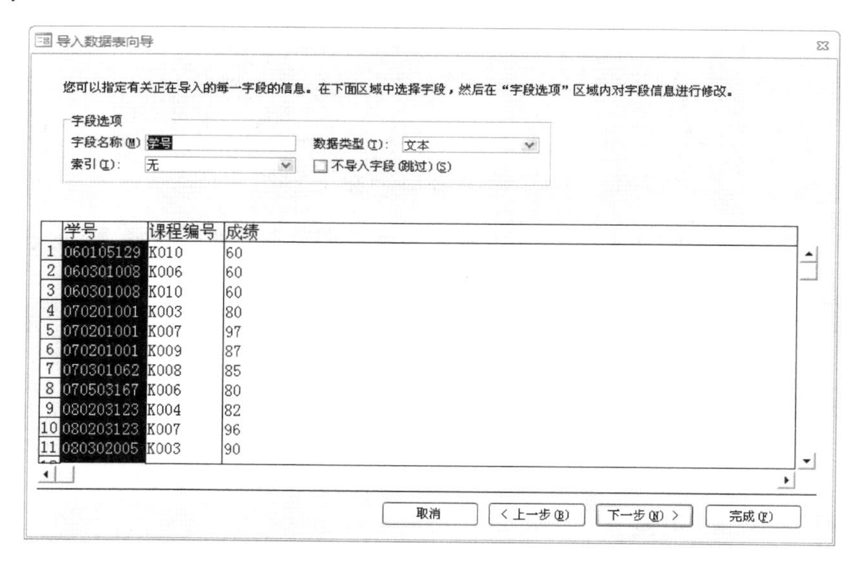

图 2-18 “导入数据表向导”对话框 3

（5）该对话框是对表中的各字段设置索引，我们可以根据需要进行设置，然后单击“下一步”按钮进入“导入数据表向导”对话框的第四个页面，如图 2-19 所示。

（6）该对话框可以对表进行主键的设置，系统共提供了 3 个选项，如果选择“让 Access 添加主键”，系统将会自动给表添加一个“ID”字段，字段的数据类型为“自动编号”；如果选择“我自己选择主键”，便可以选择表中的唯一一个字段作为主键；如果选择“不要主键”，我们可以在表导入完之后进入设计视图再设置主键。在这我们选择“不要主键”，单击“下一步”按钮进入“导入数据表向导”对话框的最后一个页面，如图 2-20 所示。

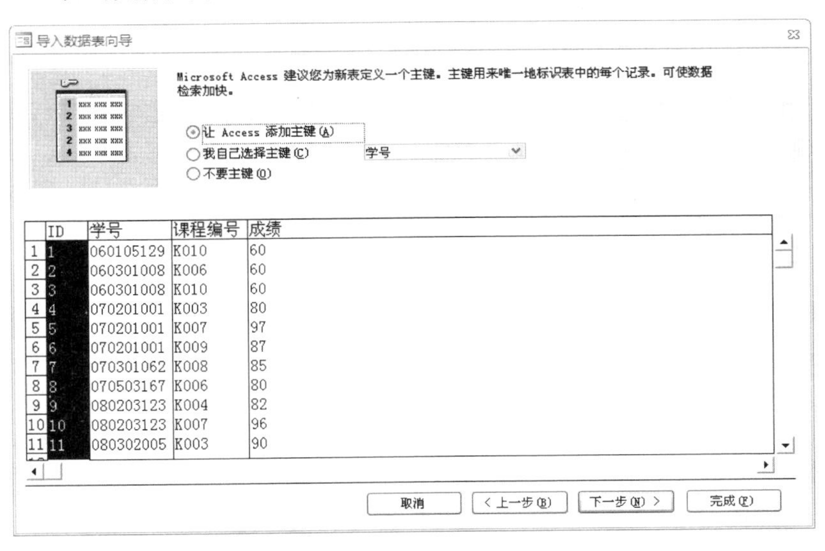

	ID	学号	课程编号	成绩
1	1	060105129	K010	60
2	2	060301008	K006	60
3	3	060301008	K010	60
4	4	070201001	K003	80
5	5	070201001	K007	97
6	6	070201001	K009	87
7	7	070301062	K008	85
8	8	070503167	K006	80
9	9	080203123	K004	82
10	10	080203123	K007	96
11	11	080302005	K003	90

图 2-19 “导入数据表向导”对话框 4

图 2-20 “导入数据表向导”对话框 5

（7）确定好创建的表的名称，单击“完成”按钮即可完成表的导入操作。

2．链接表

链接表是指在 Access 数据库中形成一个链接表对象，每次在数据库中操作数据时，都是即时从外部数据源获取数据。这意味着链接的数据并未与外部数据源断开，而是随着外部数据源数据的变动而变动。

链接表的操作与导入数据的操作非常相似，都是在向导的引导下完成的。只不过是在图 2-15 所示“获取外部数据-Excel 电子表格”对话框中指定数据在当前数据库中的存储方式和存储位置时选择第三个选项即可，在此不再重述。

链接表的图标与一般表的图标不相同，明显带有数据源的特征，表明它仅仅是一个链接对象，本身并没有数据。因此在 Access 数据库中通过链接对象对数据所做的任何修改实质上都是在修改外部数据源中的数据；同样在外部数据源对数据所做的任何改动也会通过该链接对象直接反映到 Access 数据库中。一旦外部的数据源被删除或改名，在 Access 中打开链接表时将会出现出错信息提示框，如图 2-21 所示。

图 2-21　失去外部数据源时出错信息提示框

3. 导出

导出是导入的逆过程，是指将 Access 中的数据表转换成其他应用程序的表的过程。方法也非常简单，只需在 Access 数据库窗口中选定要导出的表，选择“外部数据”选项卡里“导出”里面的文件类型，弹出如图 2-22 所示的“导出”对话框，选择要保存导出表的位置以及文件格式，单击“确定”按钮即可。

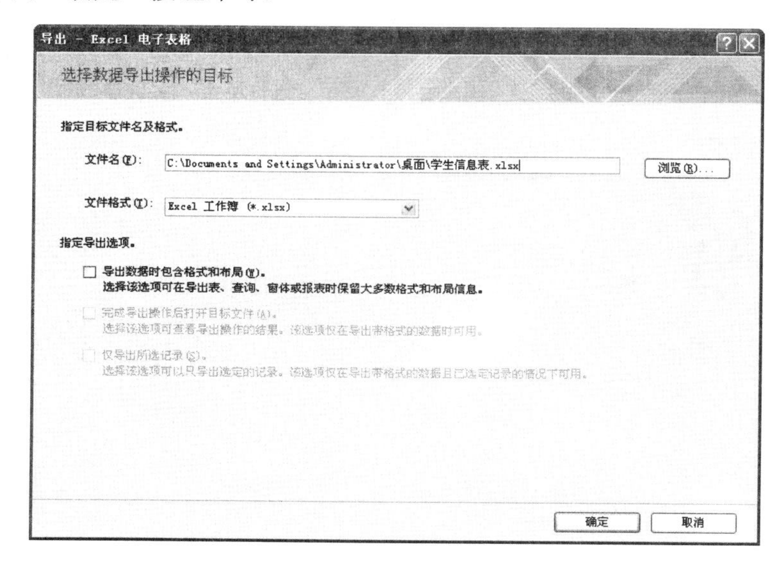

图 2-22　“导出”对话框

2.3.4　设置字段属性

建立了基本的表结构后往往还需要在设计视图中对表中字段的属性进行进一步的设置。字段属性表示字段所具有的特性，它定义了字段数据的保存、处理或显示。每个字段的属性取决于该字段的数据类型。“字段属性”区中的属性是针对具体字段而言的，要改变字段的属性，需要先单击该字段所在行，然后在“字段属性”区对该字段的属性进行设置和修改。

1. 字段大小

通过“字段大小”属性，可以控制字段使用的空间大小。该属性只适用于数据类型为“文本”、“数字”和“自动编号”的字段。

对于“文本”型字段，其字段大小的取值范围是 0～255，默认值为 50，我们可以在字段大小属性框中输入取值范围内的整数；对于“数字”和“自动编号”型字段，可以单击该属性框右侧的下三角按钮，从下拉列表中选择一种类型，“数字”型字段大小可设置为“字节”、“整型”、“长整型”、“单精度型”、“双精度型”、“同步复制 ID”和“小数”，其具体取值范围如表 2-4 所示；“自动编号”型字段大小可设置为“长整型”或“同步复制 ID”。

表 2-4 “数字”型字段的“字段大小”

数字类型	值的范围	小数位数	存储量
字节	0～255	无	1 个字节
整型	−32768～32767	无	2 个字节
长整型	−2147483648～2147483647	无	4 个字节
单精度型	负值：−3.402823E38～−1.401298E−45 正值：1.401298E−45～3.402823E38	7	4 个字节
双精度型	负值：−1.79769313486231E308～− 4.94065645841247E−324 正值：4.94065645841247E−324～1.79769313486231E308	15	8 个字节
同步复制 ID	全局唯一标识符，系统自动为该字段设置值，该值在全世界范围内唯一	N/A	16 个字节
小数	-10^{28}～$10^{28}-1$	28	12 个字节

【例 2-6】 根据表 2-2、表 2-3、表 2-5 所给的数据表结构设置表中字段的字段大小。

表 2-5 “成绩表”结构

字段名	数据类型	说明	字段大小
学号	文本	主键	9
课程编号	文本	主键	4
成绩	数字		字节

（1）打开“学生成绩管理”数据库，双击打开要设置的表，并切换到设计视图。

（2）选择要设置字段属性的字段，在字段属性区“字段大小”属性框中按要求进行设置。依次设置各字段即可。

说明 如果两个表之间创建了关系，那么要先删除表间关系才能设置字段大小。如果文本字段中已经有数据，那么减小字段大小有可能会丢失数据，系统将自动截去超长的字符。如果在数字字段中包含小数，那么将字段大小设置为整数时，系统将自动将数据取整。

2．格式

“格式”属性定义“数字”和“货币”、“日期/时间”、“文本”和“备注”、“是/否”数据类型的打印方式和显示方式。

【例 2-7】 将“学生信息表”中“出生日期”和“入学日期”字段的格式设置为“短日期”。

（1）打开“学生成绩管理”数据库，双击打开“学生信息表”，切换到设计视图。

（2）单击“出生日期”字段所在行，在字段属性区显示该字段的所有属性，单击“格式”属性框右侧的下三角按钮，从下拉列表中选择“短日期”，如图 2-23 所示。

（3）利用上述方法设置“入学日期”的字段格式为“短日期”。

对于“数字”型和“是/否”型字段，我们可以采取的格式分别如图 2-24 和图 2-25 所示。

利用“格式”属性可以使数据的显示统一美观，需要注意的是“格式”属性只影响数据的显示格式，并不影响其在表中存储的内容。

3．小数位数

“小数位数”用于指定“数字”或“货币”类型最多支持的小数位数，它只影响显示的小数位数，不影响所保存的小数位数。

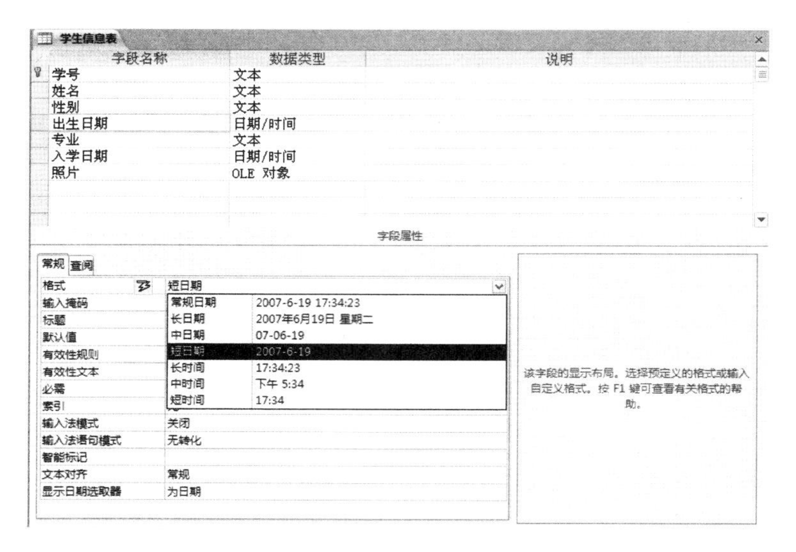

图 2-23 “日期/时间”型字段的格式

常规数字	3456.789
货币	¥3,456.79
欧元	€3,456.79
固定	3456.79
标准	3,456.79
百分比	123.00%
科学记数	3.46E+03

图 2-24 “数字”型字段可采取的格式

真/假	True
是/否	Yes
开/关	On

图 2-25 “是/否”型字段可采取的格式

4. 输入掩码

“输入掩码”是用于指定输入数据时的格式，以方便数据输入，并减少差错。“文本”、“数字”、“日期/时间”、“货币”类型的字段都可以定义“输入掩码”，但是 Access 只为“文本”和“日期/时间”型字段提供输入掩码向导，其他数据类型只能使用字符直接定义“输入掩码”属性。“输入掩码”属性所用字符及说明如表 2-6 所示。

表 2-6 “输入掩码”属性所用字符及说明

字　符	说　明
0	数字（0～9，必须输入，不允许加号[+]与减号[–]）
9	数字或空格（非必须输入，不允许加号和减号）
#	数字或空格（非必须输入；在“编辑”模式下空格显示为空白，但是在保存数据时空白将删除；允许加号和减号）
L	字母（A～Z，必须输入）
?	字母（A～Z，可选输入）
A	字母或数字（必须输入）
a	字母或数字（可选输入）
&	任一字符或空格（必须输入）
C	任一字符或空格（可选输入）
. , : ; - /	小数点占位符及千位、日期与时间的分隔符（实际的字符将根据 Windows“控制面板”中“区域设置属性”对话框中的设置而定）
<	将所有字符转换为小写
>	将所有字符转换为大写
!	使输入掩码从右到左显示，而不是从左到右显示；输入掩码中的字符始终都是从左到右填入；可以在输入掩码中的任何地方包括感叹号
\	接下来的字符以字面字符显示（例如，\A 只显示为 A）

【例 2-8】 为“课程信息表”中“课程编号”设置输入掩码，要求“课程编号”的第 1 个字符必须是大写字符“K”，后面 3 位必须为数字，比如“K001”。

（1）打开“学生成绩管理”数据库，双击打开“课程信息表”，切换到设计视图。

（2）选择“课程编号”字段，单击字段属性区中“输入掩码”属性框右侧的…按钮，打开“输入掩码向导”第一个对话框，如图 2-26 所示。

（3）“输入掩码向导”提供了一些常用的输入掩码格式，我们可以根据需要在列表框中进行选择。如果没有现成的输入掩码可套用，那么可以单击“编辑列表”按钮，弹出“自定义‘输入掩码向导’”对话框，如图 2-27 所示。

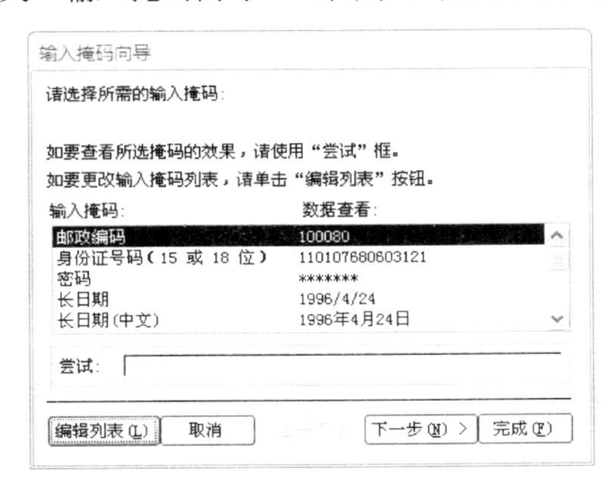

图 2-26 “输入掩码向导”第一个对话框

图 2-27 “自定义‘输入掩码向导’”对话框

（4）单击该对话框下端的记录浏览按钮 第 1 项(共 5 项) 上的 按钮，新建一个掩码，并设置新掩码格式，如图 2-28 所示。

（5）单击“关闭”按钮返回，单击“完成”按钮完成“输入掩码”属性的设置。

当然也可以直接在“输入掩码”属性框中使用字符进行定义。例如，定义“学生信息表”中的“学号”字段的“输入掩码”属性，要求必须为 9 位数字，我们直接在“输入掩码”属性框中输入“000000000”即可。

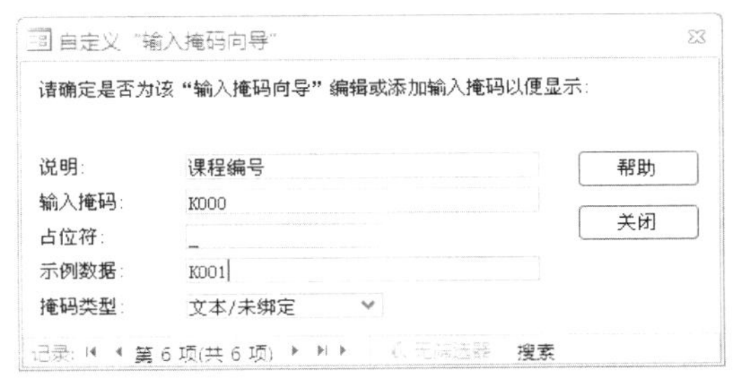

图 2-28 设置“课程编号”输入掩码格式

5．标题

“标题”属性用于指定在数据表视图或窗体中显示该字段时所用的标题，为字段指定标题有利于指明字段的含义。

6．默认值

“默认值”属性用来指定在添加新记录时，如果不输入任何数据，该字段会自动填充的一个值，减少输入的工作量。例如，在“学生信息表”中我们可以将“性别”字段的默认值设定为“男”，这样每添加一条新记录时，其性别自动为“男”，如果性别是“女”，就将其修改为“女”。

7．有效性规则和有效性文本

有效性规则用于限定该字段的取值范围，在关系型数据库理论中被称为域完整性规则或用户自定义完整性规则；有效性文本是一段文字，当有违反有效性规则的数据输入时，系统将会用对话框提示出错，对话框上的提示文字就是有效性文本的内容。

字段有效性规则的设置是用“条件表达式”来实现的。Access 数据库的条件表达式是常量、变量（包括字段名变量、控件和属性等）和函数通过运算符连接起来的有意义的式子，它至少包括一个运算符和一个操作数。

（1）常量。预先定义好的、固定不变的数据，包括字符常量、数字常量、时间常量、逻辑常量和空值常量，如表 2-7 所示。

表 2-7 常量的表示方法

常量类型	举例	说明
字符常量	“Access”、“数据库”、“2010-3-24”	需要用英文双引号括起来
数字常量	1234、−5.8、1.3e4	有整数、小数、指数几种形式
时间常量	#2009-8-21#、#10:21#	需要用“#”键分隔
逻辑常量	True（真）、False（假）	只有两个值
空值常量	Null	适用于各种数据类型

（2）变量。用于存储可以改变的数据。变量名的命名规则是：以字母开头的不超过 255 个字符的字符串，用字母、数字、汉字和下划线均可，但不能用标点符号、空格和类型声明字符。变量类型有字符串、数字、日期/时间、货币等几种。Access 中的变量有内存变量、字段变量、属性和控件等。

在条件表达式中使用字段变量时必须用方括号[ ]括起来，如[学号]、[姓名]等。如果是不同表中的同名字段变量，就必须将表名写在字段名之前，也用[]括起来，并用!隔开。例如，“[成绩表]![学号]”表示成绩表中的学号字段。

（3）函数。预定义的功能模块，其书写形式为“函数名（参数列表）”。函数可以返回对参数列表中的值进行特定处理后的结果。Access 中内置了大量的函数，下面给出一些常用的统计函数和日期/时间函数，如表 2-8 所示。在统计函数中，参数列表一般是字符表达式，可以是一个字段名，也可以是一个包含字段名的表达式，但是所包含字段应该是数字数据类型的字段。日期/时间函数的参数一般是日期/时间型的数据。

表 2-8 常用函数说明

函数	说明
Sum(字符表达式)	返回字符表达式中值的总和
Avg(字符表达式)	返回字符表达式中值的平均值
Count(字符表达式)	返回字符表达式中值的个数，即统计记录个数
Max(字符表达式)	返回字符表达式中值中的最大值
Min(字符表达式)	返回字符表达式中值中的最小值
Day(date)	返回日期参数的日
Month(date)	返回日期参数的月
Year(date)	返回日期参数的年
Weekday(date)	返回日期参数对应的星期数
Hour(date)	返回日期参数的小时值
Date()	返回当前系统日期
Now()	返回当前系统日期和时间

（4）运算符。用于将常量、变量以及函数组合成一个表达式的符号。每一个运算符都代表一种特定的运算，表 2-9 所示为 Access 表达式中支持的运算符。

在表达式中可以使用各种运算符，这些运算符相互之间有一定的优先次序，使用括号可以改变运算符的优先次序。各类运算符的优先次序为：算术运算符最高，然后是关系运算符，最后是逻辑运算符。

表 2-9　运算符说明

分　类	运　算　符	说　　明
算术运算符	^	乘方
	*和/	乘和除
	\和 Mod	整除（取整）和取余
	+和−	加和减（“−”也可以是负号运算符）
关系运算符	=、>、<、>=、<=和<>	比较运算，比较结果为逻辑值
逻辑运算符	Not	逻辑非
	And	逻辑与
	Or	逻辑或
	Xor	逻辑异或
	Eqv	逻辑同
	Imp	逻辑蕴含
连接运算符	&	连接两个字符串，如果操作数是数字，那么&会将数字转化为字符串后再连接，并在原数字前后各加一个空格
	+	连接两个字符串，不能将数字转换为字符串
特殊运算符	Between...And...	指定值的匹配范围
	Like	指定值的匹配条件
	In	指定匹配值的集合
	Is	指定一个值是 Null 或 Not Null
	Not	指定不匹配的值

【例 2-9】 设置“成绩表”中的“成绩”字段的有效性规则，要求成绩只能在 0～100 之间。

（1）打开“学生成绩管理”数据库，双击打开“成绩表”，切换到设计视图。

（2）选择“成绩”字段，在字段属性区“有效性规则”属性框中输入条件表达式“Between 0 And 100”或者“>=0 And <=100”（也可单击属性框右侧的[...]按钮，打开表达式生成器，在这里直接选择表达式中需要的成分，见图 2-29），在有效性文本属性框中输入“成绩只能在 0～100 之间！”，如图 2-30 所示。

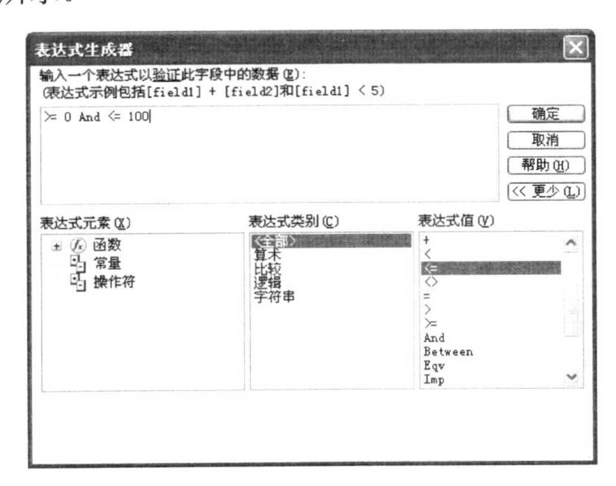

图 2-29　表达式生成器

（3）单击“保存”按钮，转换到数据表视图，在成绩字段中输入 101，Access 会自动弹出“提示出错”对话框，如图 2-31 所示。

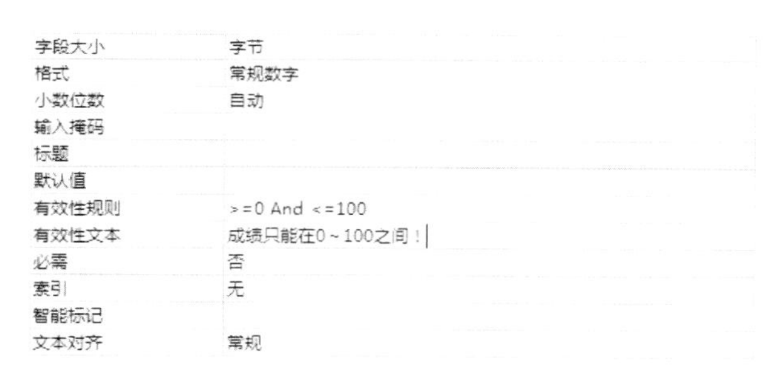

图 2-30 “成绩”有效性规则和有效性文本的设置

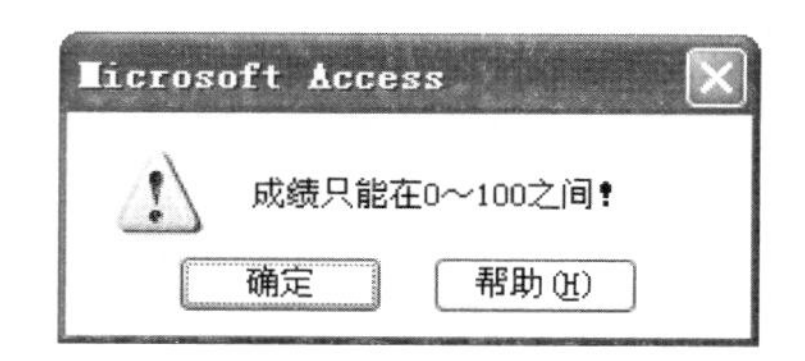

图 2-31 “提示出错”对话框

8. 必填字段

“必填字段”属性指定该字段是否必须输入数据，该属性默认值为“否”，如果设置为“是”，则该字段不允许出现空值。例如，在“学生信息表”中，可以将“学号”、“姓名”字段的“必填字段”属性设置为“是”。

9. 允许空字符串

该属性用于文本类型的字段，设置是否允许输入空字符，默认值为“是”，表示可以是空值，否则设置为“否”。例如，在“学生信息表”中，可以将“学号”、“姓名”字段的“允许空字符串”属性设置为“否”。

10. 索引

“索引”属性设置该字段是否进行索引以及索引的方式，单击“索引”属性框右侧的下三角按钮可以看到，索引方式包括“无”、“有（有重复）”和“有（无重复）”3 种。

索引可加快数据的查询和排序的速度，但也会使表的更新速度变慢。可以创建单字段的索引，也可以创建多个字段的索引。在设置主键的同时都为其建立了索引。

要为某字段建立单字段索引，只需打开表的设计视图，在该字段属性区“索引”属性框的下拉列表中选择创建索引的方式即可。多字段索引的创建方法可以通过下面的例题来说明。

【例 2-10】 建立“学生信息表”中的“姓名、性别”字段的多字段索引。

（1）打开“学生信息表”的设计视图。

（2）单击工具栏上的索引按钮，打开“索引”对话框，如图 2-32 所示。我们可以看到在设置主键时系统已经自动为“学号”字段建立了索引。

（3）在主键索引的下一行，将“索引名称”设置为“姓名+性别”。

（4）在“姓名+性别”索引的“字段名称”列，单击下三角按钮，选择第 1 索引字段名“姓名”，在“排序次序”列选择“升序”。

（5）保持下一行的“索引名称”列为空，单击“字段名称”列的下三角按钮，选择第 2 索引字段名“性别”，在“排序次序”列选择“升序”，如图 2-33 所示。

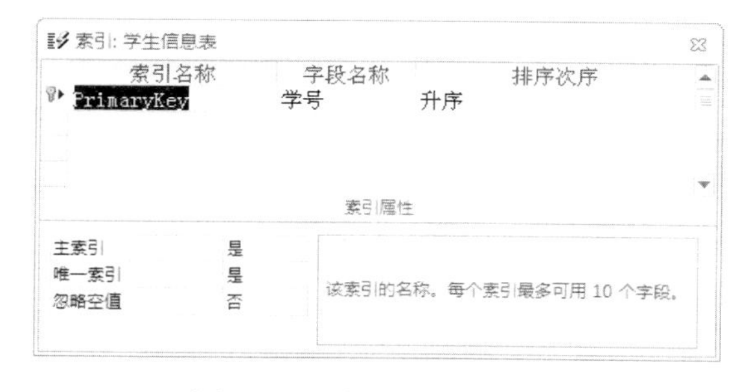

图 2-32 “索引”对话框

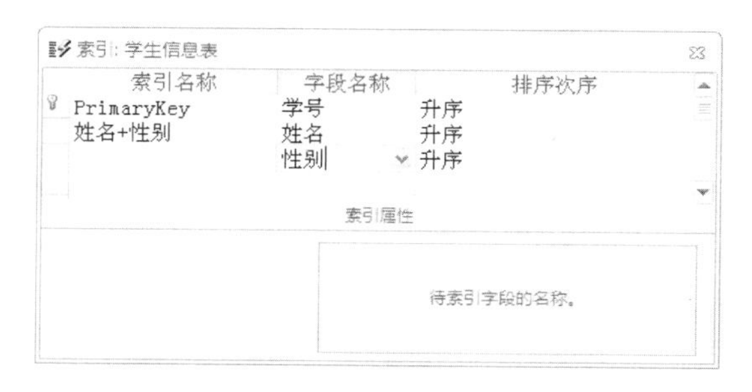

图 2-33 “姓名+性别”索引

（6）关闭“索引”对话框，完成索引的创建。

11．Unicode 压缩

“Unicode 压缩”是为了减少存储空间而增加的功能，默认值为“是”。

12．输入法模式

该属性主要决定是否需要使用汉字输入法。对于主要存储汉字数据的字段，可将其“输入法模式”设置为“开启”，其他类型的字段中该属性可设置为“关闭”。

13．智能标记

智能标记是指被识别和标记为特殊类型的数据，该属性设置是否显示智能标记。

14．查阅属性

查阅属性的设置是在字段属性区“查阅”选项卡中，主要包括设置显示控件、行来源类型和行来源来改变数据的输入方式，减轻输入强度，提高输入效率。

【例 2-11】 设置“成绩表”中“学号”字段的查阅属性，要求用下拉列表的形式来输入和修改“学号”。

（1）打开“成绩表”的设计视图。

（2）切换字段属性区到“查阅”选项卡。

（3）选定“学号”字段，单击“显示控件”属性的下三角按钮，选择“列表框”选项。

（4）设置“行来源类型”属性为“表/查询”、“行来源”属性为“学生信息表”，如图 2-34 所示。

（5）保存后，切换到数据表视图，即可通过下拉列表的形式输入或修改“学号”字段，如图 2-35 所示。

图 2-34 “学号”字段查阅属性的设置

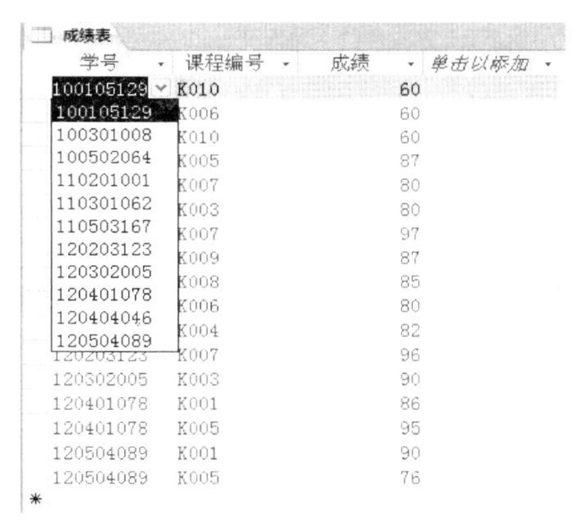

图 2-35 通过下拉列表的形式输入或修改“学号”字段

【例 2-12】 设置“学生信息表”中“性别”字段的查阅属性，要求用下拉列表的形式来输入和修改“性别”。

（1）打开“学生信息表”的设计视图。

（2）切换字段属性区到“查阅”选项卡。

（3）选定“性别”字段，单击“显示控件”属性的下三角按钮，选择“组合框”选项。

（4）设置“行来源类型”为“值列表”，并在“行来源”属性框中输入“男；女”，如图 2-36 所示。

（5）保存后，切换到数据表视图，即可用下拉列表的形式输入和修改“性别”。

图 2-36 “性别”字段查阅属性的设置

2.3.5 建立表之间的关系

在 Access 数据库中，创建了各种表之后，还要在各个表之间建立关系，然后才可以通过创建查询、窗体以及报表来显示从多个表中检索的信息。

关系是在两个表之间建立的联系，分为一对一、一对多和多对多 3 种。实际上，一对一的关系并不常用，通常将一对一关系的两个表合并成一个表，这样既不会出现重复信息，又便于查询；而任何多对多的关系都可以拆成多个一对多的关系。因此，在 Access 数据表中，表之间的关系都定义为一对多的关系，我们将一表称为主表，多表称为相关表。数据表之间的关系是通过公共属性实现的，关系的建立一般要实施参照完整性、级联更新和级联删除，以保证数据的完整性。

在 Access 2010 中，可以使用一种图形化的界面（“关系”窗口）来定义和管理表间的关系。

【例 2-13】 建立“学生信息表”、“成绩表”和“课程信息表”之间的关系。

通过分析可以知道，一个学生可以选多门课程，一门课程也可以被多个学生选择，所以“学生信息表”和“课程信息表”之间是“多对多”的关系，它们之间通过“成绩表”来连接。

（1）打开“学生成绩管理”数据库，选择“数据库工具”选项卡“关系”里面的“关系”按钮，弹出“关系”窗口，如图 2-37 所示。

（2）选择要创建关系的表，单击“添加”按钮，关闭“显示表”对话框。再需要添加表时，可以单击“关系”属性区里的“显示表”按钮，即可打开“显示表”对话框进行添加。添加完表的“关系”窗口，如图 2-38 所示。

（3）在“关系”窗口中，将“学生信息表”中的“学号”拖动到“成绩表”的“学号”字段上，“课程信息表”中的“课程编号”拖动到“成绩表”的“课程编号”字段上，在弹出的“编辑关系”对话框中依次选中“实施参照完整性”、“级联更新相关字段”、“级联删除相关记录”复选框，如图 2-39 所示，单击“创建”按钮保存即可完成 3 表关系的创建，如图 2-40 所示。

图 2-37 “关系”窗口

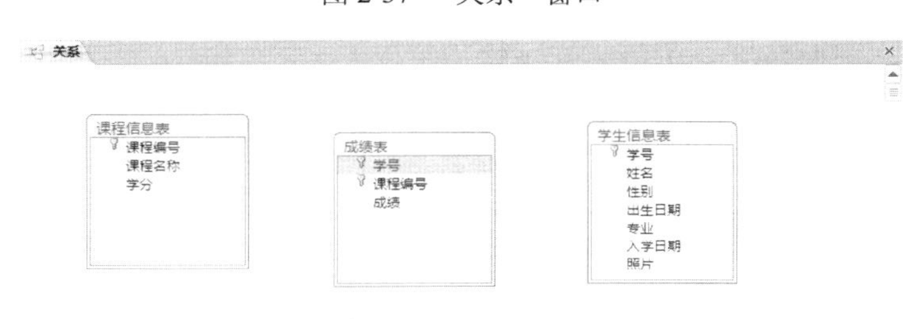

图 2-38 添加完表的“关系”窗口

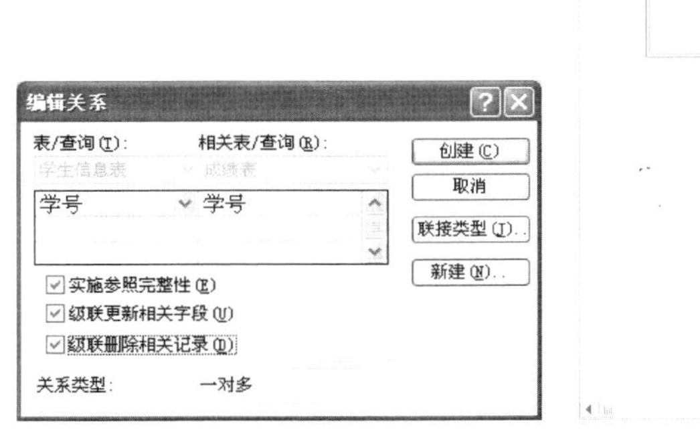

图 2-39 “编辑关系”对话框

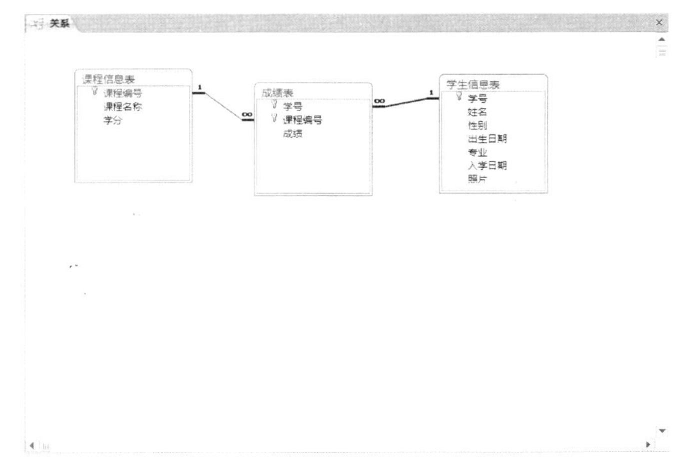

图 2-40 创建好的 3 表之间的关系

如果待建关系的两个表未设置主键，那么两个表的关系只能是“未定”。

在如图 2-39 所示的“编辑关系”对话框中可以看到有一个“联接类型”按钮，“联接类型”表明数据之间的关联方式。根据联接类型的不同，不匹配的记录可能被包含在内，也可能被排除在外。在 Access 数据库中创建基于相关表的查询时，设置的联接类型将用作默认值。

联接具有以下 3 种类型。

（1）内联接　只包含来自两张表的联接字段相等的那些记录。

（2）左外联接　包含主表中的所有记录和相关表中联接字段相等的那些记录。

（3）右外联接　包含相关表中的所有记录和主表中联接字段相等的那些记录。

在“编辑关系”对话框中单击“联接类型”按钮可以打开“联接属性”对话框，如图 2-41 所示，在这个对话框中可以对联接的类型进行编辑。

如果要删除已创建好的表间关系，就先在关系窗口中单击要删除的关系连线（此时连线会变粗），然后按 Delete 键，弹出“确实要从数据库中永久删除选中的关系吗？”对话框，如图 2-42 所示，单击“是”按钮即可。

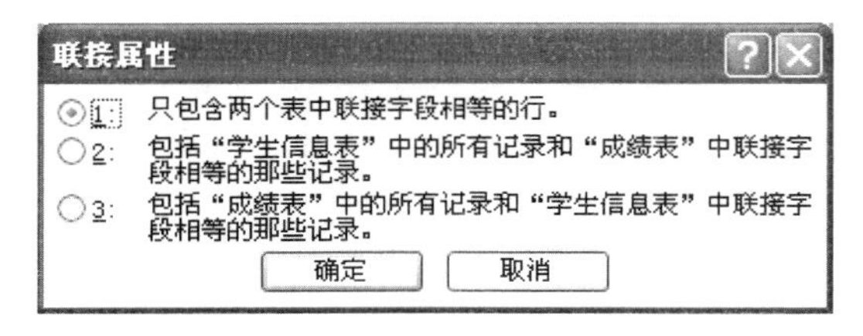

图 2-41　“联接属性”对话框

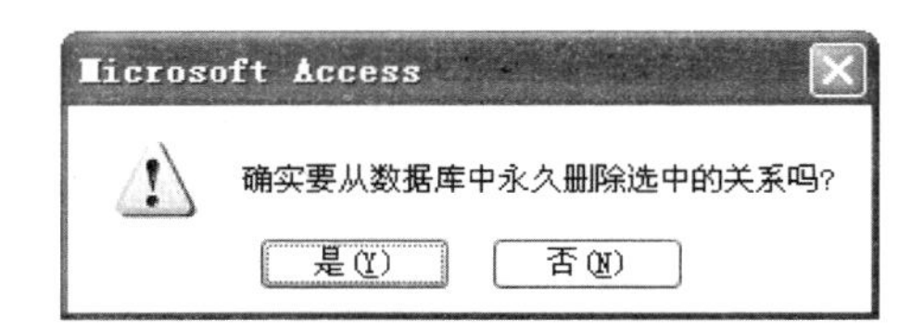

图 2-42　是否永久删除关系提示对话框

在为表建立了关系之后，Access 会自动在表的数据表视图中启用子数据表功能，打开主表，则多表的数据将以子数据表的形式呈现。例如，为“学生信息表”和“成绩表”创建了“一对多”的关系之后，打开“学生信息表”数据表视图，我们可以看到每个字段的左边都多了一个 **+** 标志，单击这个标志，展开子数据表，**+** 变成 **−**，如图 2-43 所示。若需展开所有记录的子数据表，可选择“格式”菜单下“子数据表|全部展开”命令；若需折叠所有展开的子数据表，可选择“格式”菜单下“子数据表|全部折叠”命令。

学生信息表

	学号	姓名	性别	出生日期	专业	入学日期	照片	单击以添加
+	100105129	李伟	男	1991-1-20	应用化学	2010-9-1	包	
+	100301008	李大海	男	1990-1-21	工商管理	2010-9-1	包	
−	100502064	刘瑞敏	女	1991-7-16	财务管理	2010-9-1		

	课程编号	成绩	单击以添加
	K005	87	
	K007	80	
*			

	学号	姓名	性别	出生日期	专业	入学日期	照片	单击以添加
+	110201001	王立	男	1992-1-19	计算机科学与	2011-9-1		
+	110301062	杨柳	女	1993-6-17	工商管理	2011-9-1		
+	110503167	周王坤	男	1993-4-19	电子商务	2011-9-1		
+	120203123	郑国立	男	1993-8-18	软件工程	2012-9-1		
+	120302005	刘刚	男	1994-1-17	会计学	2012-9-1		
+	120401078	王平	男	1994-9-16	公共事业管理	2012-9-1		
+	120404046	李丽	女	1993-9-17	法学	2012-9-1		
+	120504089	王楠	女	1994-10-16	国际经济与贸	2012-9-1		
*								

图 2-43　打开的“学生信息表”及其子数据表（成绩表）

2.4 维护表

在创建表的过程中，可能由于种种原因，使创建的表的结构不尽合理，或者需要对表的内容进一步修改和完善。为了使表结构更合理，内容更新、使用更有效，我们需要经常对表进行维护。

2.4.1 修改表的结构

对表结构的修改操作主要包括添加字段、修改字段、删除字段和重新设置主键。

1．添加字段

在表中添加一个新字段不会影响其他字段和现有数据，但利用该表创建的查询、窗体或报表中新字段不会自动加入，需要手动添加进去。

可以使用两种方法添加字段：第 1 种是用表的设计视图打开需要添加字段的表，将光标移动到要插入新字段的位置，单击“设计”选项卡“工具”里面的“插入行”按钮（或右击，选择快捷菜单中的“插入行”命令），在新行的“字段名称”列输入新字段名称，选择其数据类型；第 2 种是用数据表视图打开需要添加字段的表，单击“单击以添加”选择数据类型或单击“字段”选项卡“添加和删除”里面相应的数据类型以添加新的字段。

2．修改字段

修改字段包括修改字段的名称、数据类型、说明和属性等。在数据表视图“字段”选项卡中可以修改字段的名称、字段的数据类型、默认值和字段大小等部分属性，需要详细的设置字段的各项属性，可以切换到设计视图进行操作。具体方法与创建表时设置字段的数据类型和属性的方法类似，只需要把光标放在要修改的字段行即可。

3．删除字段

删除字段的方法与添加字段类似，也有两种方法：第 1 种是用表的设计视图打开需要删除字段的表，将光标移动到要删除字段的位置，单击“设计”选项卡“工具”里面的“删除行”按钮 删除行（或右击，选择快捷菜单中的“删除行”命令）；第 2 种是用数据表视图打开需要删除字段的表，选中要删除的字段列，选择“开始”选项卡“记录”里面的“删除”→“删除列”命令（或右击，选择快捷菜单中的“删除字段”命令）。

4．重新设置主键

如果表的主键定义的不合适，那么我们也可以重新设置主键。重新设置主键需要取消已定义的主键，再重新设置，操作步骤如下。

（1）使用设计视图打开需要重新设置主键的表。

（2）将光标放在主键字段所在的行，单击“设计”选项卡“工具”里的“主键”按钮，取消已定义的主键。

（3）将光标放在要设为主键的字段所在行，再单击“设计”选项卡“工具”里的“主键”按钮，该字段的字段选定器上就会出现“主键”图标，表明该字段是主键字段（如果主键是多个字段，要先按住 Ctrl 键，再依次单击作为主键字段的字段选定器，同时选定多个字段，再单击工具栏上的“主键”图标）。

2.4.2 编辑表的内容

编辑表的内容是为了确保表中数据的准确，使所建的表能够更加符合实际需要。编辑表的内容主要包括对记录的添加、修改和删除，在进行这些操作时首先需要定位和选择记录。

1. 定位记录

最简单的定位记录的方法是在该记录的任意处单击鼠标，此时记录选择器会呈现棕色。如果数据库中存储了大量记录，可以使用“记录定位器”上的导航按钮来定位到指定的记录上，如图 2-44 所示。

记录: ⏮ ◀ 第 15 项(共 17) ▶ ⏭ ▶*

图 2-44　记录定位器

- 单击⏮按钮可以定位到第 1 条记录。
- 单击◀按钮可以定位到上 1 条记录。
- 单击▶按钮可以定位到下 1 条记录。
- 单击⏭按钮可以定位到最后 1 条记录。
- 单击▶*按钮可以定位到新记录字段中，方便直接输入新记录。
- 如果要定位到指定的记录，就可以在记录编号框中输入该记录的编号，按 Enter 键。

2. 选择记录

要对一条记录进行操作，首先要选定它。选择记录的方法通常包括以下几种。

- 单击一条记录的记录选择器可选定该记录。
- 在记录选择器上拖动鼠标，可选定若干连续条记录。
- 按住 Shift 键单击某记录的记录选择器，可选定从插入点至该记录之间的全部记录。

3. 添加记录

要给表中添加记录时，需要首先打开数据表视图，将光标移动到表末有*标记的空白行，直接按照字段名称输入数据即可。

4. 修改记录

在数据表视图中修改记录数据的方法非常简单，只需要将光标移动到要修改数据的相应字段，删除错误数据，输入新的数据即可。要撤销对当前记录的修改，可以选择快速访问工具栏里的“撤销”命令↶。在修改数据时，只要将插入点移动到其他记录，数据库就会自动保存刚才修改的数据。

5. 删除记录

打开要删除记录的数据表视图，选定要删除的一条或多条记录，单击“开始”选项卡“记录”里面的“删除”按钮✕删除（或右击，选择快捷菜单中的“删除记录”命令），系统会弹出一个对话框来确认是否删除，如图 2-45 所示，单击“是”按钮即可删除选定的记录。被删除的记录是无法恢复的，因此我们需要谨慎操作。

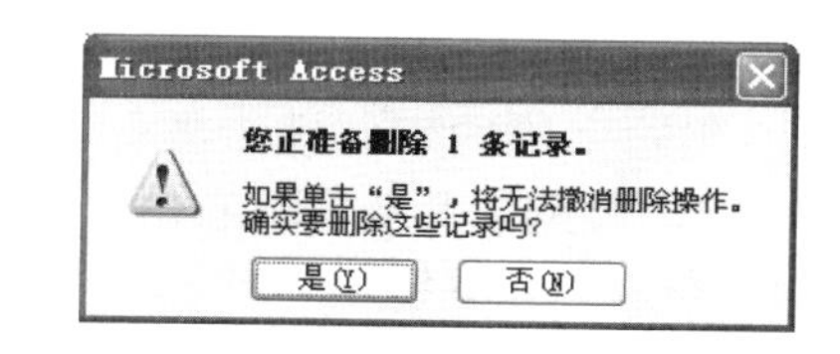

图 2-45　确认是否删除选定的记录提示对话框

说明　*在关系数据库中若表之间建立了关系，那么当修改和删除主表中的记录时，与它相关的记录也会被修改和删除，因此表中的记录一般不要轻易修改和删除。*

2.4.3　表的格式化

我们还可以在数据表视图中修改数据显示的格式，即表的格式化，包括设置数据表格式、设置字体、调整行高和列宽、冻结和解除冻结列、显示和隐藏列以及移动列等。

1. 设置数据表格式

打开数据表视图，在“开始”选项卡里的“文本格式”属性区右下角有个“设置数据表格式”按钮，单击打开“设置数据表格式”对话框，如图 2-46 所示。在该对话框中我们可以设置单元格效果、网格线显示方式、背景色、网格线颜色、边框和线条样式、表格显示的方向等，最后单击“确定”按钮即可完成对数据表格式的设置。

2．设置字体

打开数据表视图，在“开始”选项卡里的“文本格式”属性区可以对字体的属性进行设置，如字体、字形、字号、颜色、下划线等，与其他 Office 组件一样。

图 2-46 “设置数据表格式”对话框

3．调整行高和列宽

在 Access 中调整数据表行高和列宽的方法与 Excel 类似。打开数据表视图，将鼠标指针移动到两行或两列之间，当鼠标指针变成双向箭头时（↕或↔），拖动鼠标即可调整行高和列宽。双击两列之间的连接缝，则左边的列宽会自动设置为最合适的列宽。

要精确地设置行高和列宽，选择需要设置的行或列，右键单击选择快捷菜单里的“行高”或“列宽”命令，打开相应的对话框进行设置，如图 2-47 和图 2-48 所示。如果需要回到原始行高和列宽只需要选中“标准高度”和“标准宽度”复选框即可。

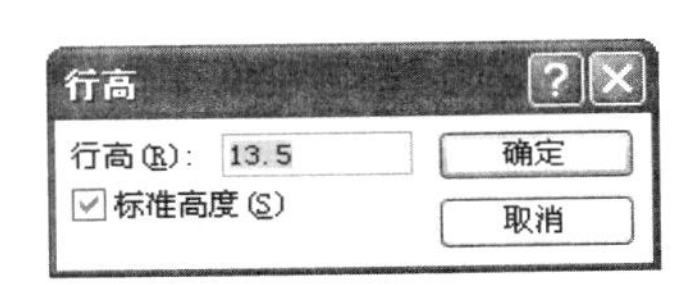

图 2-47 “行高”对话框

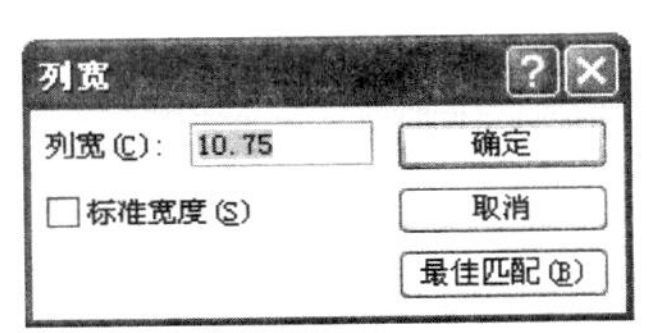

图 2-48 “列宽”对话框

4．冻结和解除冻结列

如果一个数据表的列很多或者列很宽，我们在输入数据的时候往往首尾不能兼顾，给核实数据带来不便，这时我们就可以使用冻结列功能，使某个或某几个字段始终显示在窗口的最左侧，方便查看。

打开数据表视图，选定需要冻结的列，右键快捷菜单选择“冻结字段”命令即可，冻结的列始终显示在窗口的最左侧。如果要解除冻结列，那么只需选择右键快捷菜单里的“取消冻结所有字段”命令即可。

5．显示和隐藏列

在数据表视图中，为了查看数据的方便，我们还可以暂时隐藏不需要的列，需要时再将其显示出来。方法与冻结列类似，选定要隐藏的列，选择右键快捷菜单里的“隐藏字段”命令。需要将隐藏的列显示出来时，再选择右键快捷菜单里的“取消隐藏字段”命令，弹出“取消隐藏列”对话框，如图 2-49 所示，在列表框中选中要显示的列的复选框，单击“关闭”按钮即可。

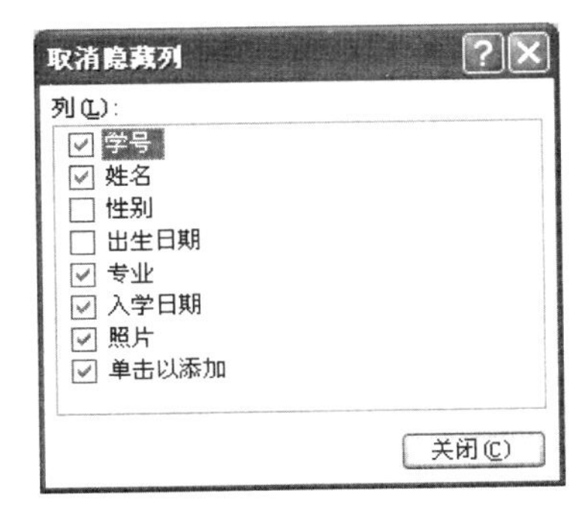

图 2-49 “取消隐藏列”对话框

6．移动列

默认情况下，数据表中字段列的顺序与创建字段的顺序相同，但有时为了查看数据的方便，我们也可以移动列的显示顺序。选定要移动的列，按住鼠标左键不放，将其拖动至要移动到的位置释放鼠标即可。

2.5 操作表

在表的使用过程中，我们经常会对表中的数据进行查找和替换、排序、筛选等操作，也会对创建好的表进行复制、改名、打印、删除等。

2.5.1 查找和替换数据

1. 查找数据

如果数据库中存储了大量的数据，那么我们需要查找某一数据时就比较困难了，这时我们可以使用 Access 提供的查找功能，提高查找的效率。

打开数据表视图，选择“开始”选项卡“查找”属性区里的“查找”命令，弹出“查找和替换”对话框，如图 2-50 所示。“查找内容”文本框用于输入需要查找的数据；“查找范围”是一个下拉列表框，可以选择查找范围是在当前字段中还是全表范围内查找；“匹配”下拉列表有 3 个选项，即“字段任何部分”、“整个字段”和“字段开头”，我们可以根据实际需要来选择；“搜索”下拉列表也有 3 个选项，即“向上”、“向下”和“全部”，用来决定查找数据的方向，减少搜索范围。

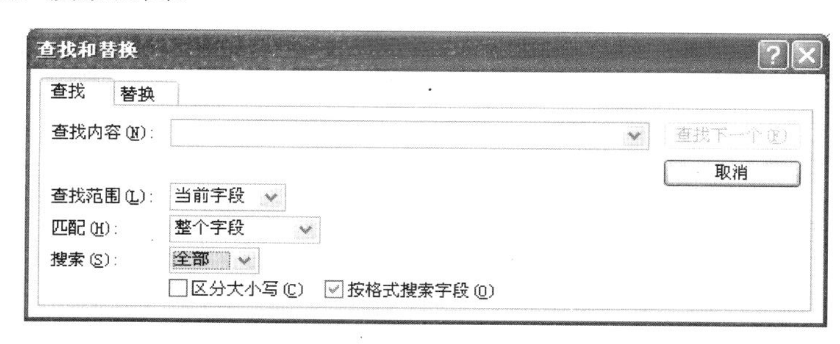

图 2-50 “查找和替换”对话框

我们可以在“查找内容”文本框中输入要查找的指定内容来进行搜索，但是如果我们对要查找的内容记忆不全，那么这时也可以使用通配符作为占位符来查找满足一定条件的数据。通配符的用法如表 2-10 所示。

表 2-10 通配符的用法

字　符	作　用	示　例
*	匹配任何数量的字符	ab*，可以找到 abd、abejjg，找不到 rabde
?	匹配任何单个字符	ab?，可以找到 abd，找不到 abejjg
[ ]	匹配[ ]内的任何单个字符	a[hj]b，可以找到 ahb 和 ajb，找不到 acb
!	被排除的字符	a[!hj]b，可以找到 acb，找不到 ahb 和 ajb
-	指定一个范围的字符	a[d-f]b，可以找到 adb、aeb、afb，找不到 ahb
#	匹配任何单个数字	a#b，可以找到 a7b、a0b、找不到 ah、a78b

【例 2-14】 查找“学生信息表”中姓“李”并且姓名只有两个字的学生记录。

（1）打开“学生信息表”数据表视图。

（2）将光标放在“姓名”字段列上，选择“开始”选项卡“查找”属性区里的“查找”命令，弹出“查找和替换”对话框，在“查找内容”文本框输入“李？”，查找范围为当前字段，匹配“整个字段”，搜索“全部”，如图 2-51 所示。

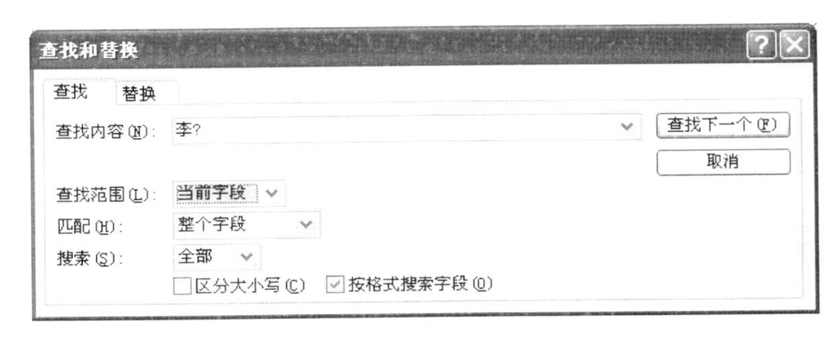

图 2-51　查找姓“李”并且姓名只有两个字的学生记录

（3）连续单击“查找下一个”按钮，依次找出全部指定内容。

（4）单击“取消”按钮或关闭窗口，结束查找。

说明　在 Access 中空值和空字符串的含义不同，若要查找空值，则可在查找文本框中输入 Null 进行查找；要查找空字符串则需要用双引号括起来，即在文本框中输入 “”（引号中间没有空格）。

2．替换数据

在操作数据时，如果需要修改多处相同的数据，就可以使用 Access 的替换功能，其方法与其他 Office 组件类似。打开数据表视图，选择“开始”选项卡“查找”属性区里的“替换”命令，或者切换到图 2-51 中的“替换”选项卡，它比“查找”选项卡多了一个“替换为”文本框。首先我们需要设置好要查找的内容，然后在“替换为”文本框中输入要替换的数据，单击“查找下一处”按钮，找到后再单击“替换”按钮，可依次进行替换。我们也可以直接单击“全部替换”按钮，系统将会弹出一个“您将不能撤销该替换操作”的提示对话框，如图 2-52 所示，单击“是”按钮即可完成“全部替换”操作。

图 2-52　不能撤销该替换操作提示

2.5.2　记录的排序

为了查看和查找数据方便，有时需要对表中的数据进行排序操作。Access 默认是按表的主关键字的值排序显示记录的，如果没有定义主关键字，那么按输入数据的先后顺序排列。我们可以在数据表视图中对记录进行排序以改变记录的显示顺序。对于不同的字段类型，排序规则有所不同，具体规则如下。

（1）英文按字母顺序排列，大小写视为相同，升序时按 A 到 Z 排列，降序时按 Z 到 A 排列。

（2）中文按拼音字母的顺序排列，升序时按 A 到 Z 排列，降序时按 Z 到 A 排列。

（3）数字按数字的大小排序，升序时从小到大排列，降序时从大到小排列。

（4）日期和时间字段按日期的先后顺序排序，升序时按从前向后的顺序排列，降序时按从后向前的顺序排列。

其中，有以下几点需要注意。

（1）对于文本型的字段，如果它的取值有数字，那么 Access 将数字视为字符串。因此排序是按 ASCII 码值的大小排列，而不是按数值本身的大小排列，如果希望按其数值大小排列，那么应该在较短的数字前面加零。如果希望文本字符串“4”、“7”、“13”按数值大小升序排列，那么应该将 3 个字符串改为“04”、“07”、“13”。

（2）按升序排列字段时，如果有记录的该字段值为空，那么将该记录排列在列表中的第1条。

（3）数据类型 OLE 对象的字段不能排序。

（4）排序后，排序次序将与表一起保存。

要对数据表中某个字段进行排序，首先打开它所在表的数据表视图，将光标放在该字段列，单击“开始”选项卡“排序和筛选”属性区的升序或降序按钮即可（也可右击，选择快捷菜单中的“升序”或“降序”命令）。如果要对多个字段进行排序，那么需要选定要排序的字段列，再单击升序或降序按钮，系统会从左到右先按第 1 个字段进行排序，当第 1 个字段有相同值时，再按第 2 个字段排序，以此类推。

若要取消对记录的排序，则单击“开始”选项卡“排序和筛选”属性区“取消排序”按钮取消排序即可。

使用数据表视图排序虽然简单，但是只能使排序的字段都按同一种次序排列，而且这些字段必须相邻，如果希望多个字段按不同的次序排序或者对多个不相邻的字段排序，就必须使用“高级筛选”窗口，我们将在 2.5.3 小节进一步详细介绍。

2.5.3 记录的筛选

使用数据表时，经常需要从众多的数据中挑选出一部分满足某种条件的数据进行处理。Access 提供了 3 种筛选记录的方法：选择筛选、按窗体筛选和高级筛选/排序。经过筛选后的表只显示满足条件的记录，而将那些不满足条件的记录隐藏起来。

1．选择筛选

“选择筛选”是一种最简单的筛选方法，单击“开始”选项卡“排序和筛选”属性区“选择”按钮后面的三角我们可以看到“选择筛选”的四个选项，分别为“等于”、“不等于”、“包含”或“不包含”某字段值，通过该按钮我们可以方便地进行单字段值的相关筛选操作。

【例 2-15】 在“学生信息表”中筛选出性别为“男”的学生记录。

（1）打开“学生信息表”的数据表视图。

（2）将光标放到“性别”字段值为“男”的任何一条记录的该字段上（如果筛选的条件数据不能直接看出来，那么可以先使用“查找”命令），选择“开始”选项卡“排序和筛选”属性区“选择”按钮下面的“等于‘男’”命令，所需的学生记录即被筛选出来。

【例 2-16】 在“学生信息表”中筛选出性别不为“男”的学生记录。

（1）打开“学生信息表”的数据表视图。

（2）将光标放到“性别”字段值为“男”的任何一条记录的该字段上（如果筛选的条件数据不能直接看出来，那么可以先使用“查找”命令），选择“开始”选项卡“排序和筛选”属性区“选择”按钮下面的“不等于‘男’”命令，所需的学生记录即被筛选出来。

2．按窗体筛选

“按窗体筛选”是一种快速的筛选方法，使用它筛选记录时，Access 将数据表变成一个记录，并且每个字段是一个下拉列表，我们可以从每个下拉列表中选取一个值作为筛选的内容。如果选择两个以上的值，还可以通过窗体底部的“或”标签来确定两个字段值之间的关系。

【例 2-17】 在“学生信息表”中筛选出“计算机科学与技术”的所有学生和“工商管理”专业的男学生记录。

（1）打开“学生信息表”的数据表视图。

（2）选择“开始”选项卡“排序和筛选”属性区“高级”按钮下面的“按窗体筛选”命

令，切换到“按窗体筛选”窗口。

（3）单击“专业”字段右侧的下三角按钮，从下拉列表中选择“计算机科学与技术”，如图 2-53 所示。

图 2-53　选择“计算机科学与技术”专业

（4）单击窗体底部的“或”标签，在“专业”字段的下拉列表中选择“工商管理”，在“性别”字段的下拉列表中选择“男”，如图 2-54 所示。

图 2-54　选择“工商管理”专业的“男”学生

（5）单击“开始”选项卡“排序和筛选”属性区“切换筛选”按钮 切换筛选 即可。

3．高级筛选/排序

“高级筛选”可进行复杂的筛选，挑选出符合多重条件的记录，还可以对筛选的结果进行排序。

【例 2-18】 在“学生信息表”中筛选出 1990 年以后出生的男学生记录，并按“专业”升序排列。

（1）打开“学生信息表”的数据表视图。

（2）选择“开始”选项卡“排序和筛选”属性区“高级”按钮下面的“高级筛选/排序”命令，打开“学生信息表筛选 1”窗口，如图 2-55 所示。

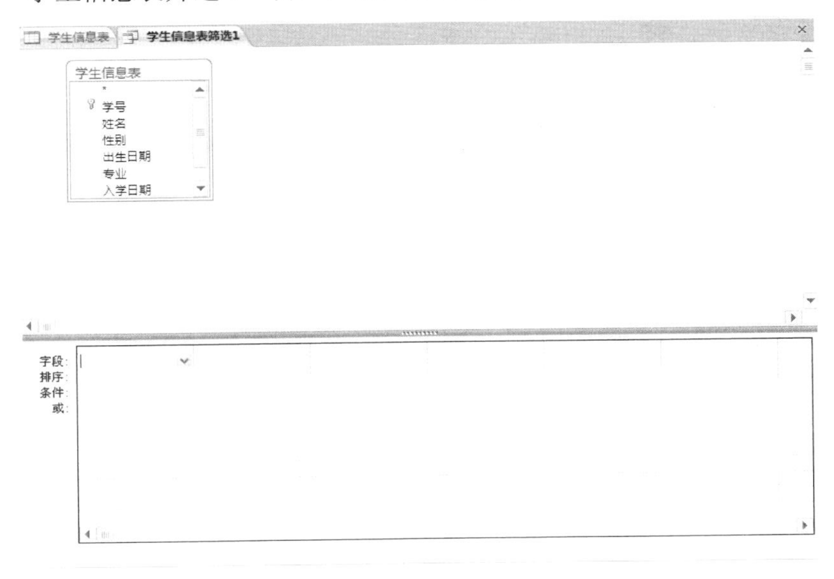

图 2-55　“学生信息表筛选 1”窗口

（3）单击设计网格中第 1 列“字段”行右侧的下三角按钮，从下拉列表中选择“性别”字段，利用同样的方法在第 2 列“字段”行上选择“出生日期”字段，在第 3 列“字段”行上选择“专业”字段。

（4）在“性别”的“条件”单元格中输入筛选条件“男”，在“出生日期”的“条件”单元格中输入筛选条件“>#1990-1-1#”，在“专业”的“排序”下拉列表中选择“升序”，如图 2-56 所示。

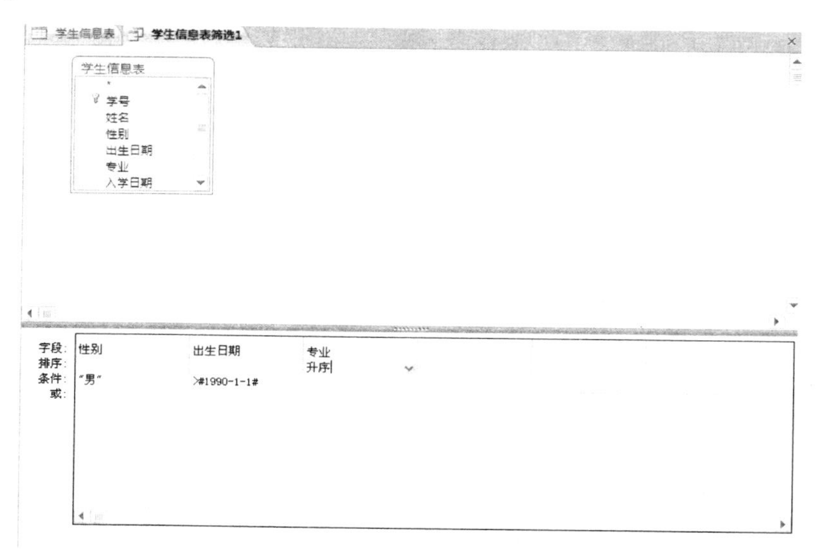

图 2-56 设置高级筛选/排序的条件

（5）单击“开始”选项卡“排序和筛选”属性区“切换筛选”按钮 切换筛选，即可得到筛选的结果，如图 2-57 所示。

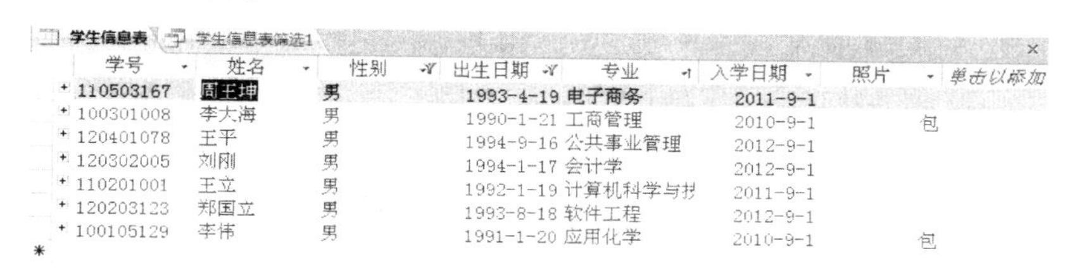

学号	姓名	性别	出生日期	专业	入学日期	照片	单击以添加
110503167	周王坤	男	1993-4-19	电子商务	2011-9-1		
100301008	李大海	男	1990-1-21	工商管理	2010-9-1	包	
120401078	王平	男	1994-9-16	公共事业管理	2012-9-1		
120302005	刘刚	男	1994-1-17	会计学	2012-9-1		
110201001	王立	男	1992-1-19	计算机科学与技	2011-9-1		
120203123	郑国立	男	1993-8-18	软件工程	2012-9-1		
100105129	李伟	男	1991-1-20	应用化学	2010-9-1	包	

图 2-57 高级筛选/排序的结果

2.5.4 表的复制、改名、打印和删除

除了对表中的数据进行操作之外，还可以对创建好的数据表进行复制、改名、打印和删

除等操作。

1．表的复制

同复制其他 Office 组件中的文件一样，我们也可以对创建好的数据表进行复制操作。最简捷的方法是按住 Ctrl 键，按住鼠标左键不放拖动要复制的表到空白处释放，即可在数据库窗口中创建一个表的副本。

另外，我们还可以右击要复制的表，从快捷菜单中选择“复制”命令，再在空白处选择快捷菜单中的“粘贴”命令，弹出“粘贴表方式”对话框，如图 2-58 所示，根据需要选择一种粘贴选项，在“表名称”文本框中输入表的名称，单击“确定”按钮即可完成表的复制操作。

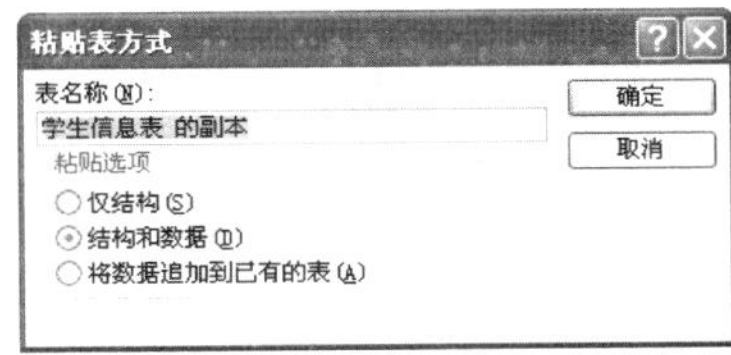

图 2-58 “粘贴表方式”对话框

使用“复制”、“粘贴”命令也可以方便地将一个表复制到另一个数据库中。

2．表的改名

修改表的名字与修改其他文件的名字方法类似，选定要改名的表后，右键单击快捷菜单中的“重命名”命令修改完成即可。如果待改名的数据表与其他表已建立关系，那么表间关系自动维持。

3．表的打印

在 Access 中打印表时需要先打开一个表或者在数据库窗口中选定一个表，单击“文件”菜单下“打印”命令，右侧窗口中即出现打印的三种选项，根据需要选择“快速打印”、“打印”或“打印预览”选项即可直接打印或设置打印选项或进行打印预览。在默认情况下，打印的内容包括记录、表标题、打印日期和页码。

如果选择“打印”选项，即可弹出“打印”对话框，如图 2-59 所示。在该对话框中可以选择打印机、确定打印范围和份数等。单击“设置”按钮，可弹出“页面设置”对话框，如图 2-60 所示，在该对话框中可设置页边距和是否要打印标题，取消打印标题，那么表标题、打印日期和页码将同时取消。

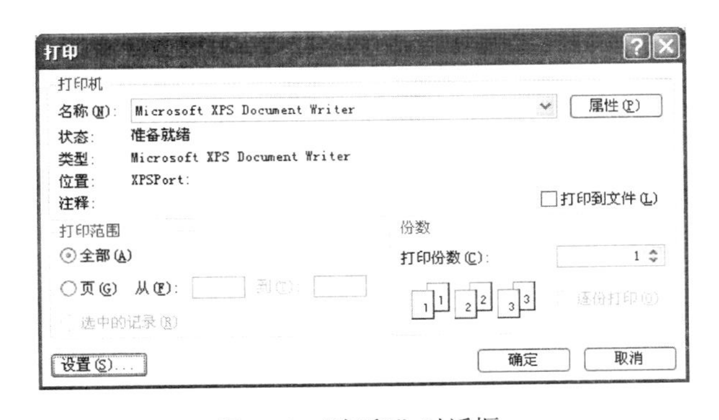

图 2-59 “打印”对话框

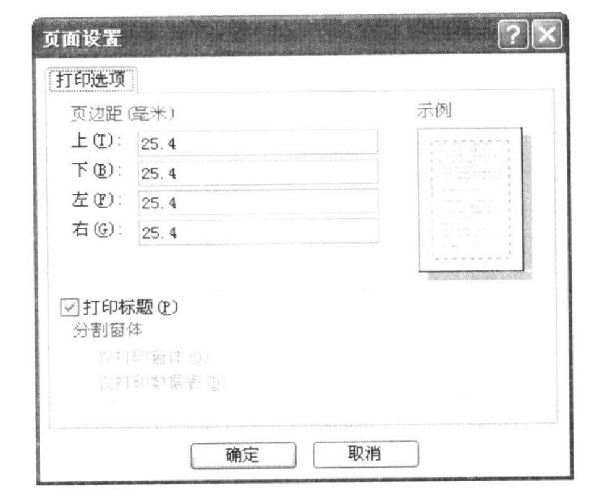

图 2-60 “页面设置”对话框

4．表的删除

在 Access 中要删除一个表，只需要选定该表，右击选择快捷菜单中的“删除”命令，或者直接按 Delete 键，在弹出的“确认删除”对话框中单击“是”按钮，即可删除数据表。被删除的数据表可以利用工具栏上的“撤销”按钮予以挽回。

如果待删除的表与其他表建立了关系，那么系统将会提示需要删除该表与其他表之间的关系之后才能删除数据表。

小　结

在 Access 数据库中，表是唯一存储数据的对象，是创建其他对象的基础。本章我们详细介绍了 Access 数据库的创建方法、表的基本概念以及创建表的方法，包括其字段属性的设置、数据的输入以及表间关系的建立，并简单介绍了表的维护和表的操作，为 Access 中其他对象的创建提供了数据基础。

实　验

【实验目的及要求】

1．掌握 Access 表对象创建的方法。

2．掌握表的相关维护和操作的方法。

【实验环境】

Windows 操作系统、Access 2010。

【实验内容】

1．创建“图书馆.mdb”数据库。

2．创建“读者信息表”，其表结构如表 2-11 所示，并输入如表 2-12 所示的记录。

表 2-11 “读者信息表”结构

字段名称	数据类型	字段大小	是否主键
读者编号	文本	6	是
读者姓名	文本	12	
性别	文本	1	
出生日期	日期/时间		
部门	文本	20	
联系电话	文本	12	

表 2-12 “读者信息表”记录

读者编号	读者姓名	性别	出生日期	部门	联系电话
D001	张海	男	1984-11-6	物理学院	6168111
D002	周宇欣	女	1984-5-31	信息学院	6168222
D003	江永清	男	1985-10-26	信息学院	6168333

3．创建“借阅信息表”，其表结构如表 2-13 所示，并输入如表 2-14 所示的记录。

表 2-13 “借阅信息表”结构

字段名称	数据类型	字段大小	是否主键
读者编号	文本	6	是
书籍编号	文本	6	是
借书日期	日期/时间		是
还书日期	日期/时间		

表 2-14 "借阅信息表"记录

读者编号	书籍编号	借书日期	还书日期
D001	S001	2004-10-12	2005-1-10
D002	S002	2005-4-9	
D003	S003	2005-3-25	2005-4-19
D001	S004	2004-11-30	
D003	S005	2004-12-20	

4. 为"读者信息表"的"联系电话"设置一个输入掩码，要求为 7 位数字，如"4758949"。

5. 设置有效性规则和有效性文本，使"读者信息表"中"性别"字段只能输入"男"或"女"，否则提示"性别只能为男或女！"。

6. 设置"借阅信息表"中"读者编号"的查阅属性为"列表框"，行来源类型为"表/查询"，行来源为"读者信息表"。

7. 调整"读者信息表"的外观，包括调整字段显示宽度和高度、设置数据表格式及改变字体显示。具体要求：（1）字体设置为红色楷书、倾斜、四号；（2）单元格效果设置为凹陷；（3）行高设置为 20，列宽设置为"最佳匹配"。

8. 从 Excel 中导入"书籍信息表"，并对表的结构进行修改，其表结构如表 2-15 所示。

表 2-15 "书籍信息表"结构

字段名称	数据类型	字段大小	是否主键
书籍编号	文本	6	是
书籍名称	文本	12	
出版社	文本	10	
书籍数量	数字	整型	

9. 创建"读者信息表"、"书籍信息表"和"借阅信息表"之间的一对多关系，并实施参照完整性。

10. 在"书籍信息表"中筛选出出版社为"邮电大学出版社"且书籍数量大于 5 的书籍信息。

练 习 题

一、选择题

1. 在 Access 数据库中，表的组成是（　　）。
   A. 字段和记录　　B. 查询和字段
   C. 记录和窗体　　D. 报表和字段
2. 如果字段内容为声音文件，那么该字段的数据类型应该定义为（　　）。
   A. 文本　　B. 备注
   C. 超级链接　　D. OLE 对象
3. 邮政编码是由 6 位数字组成的字符串，为邮政编码设置输入掩码，正确的是（　　）。
   A. 000000　　B. 999999
   C. CCCCCC　　D. LLLLLL
4. 在数据库中，建立索引的主要作用是（　　）。
   A. 节省存储空间　　B. 提高查询速度

C. 便于管理　　D. 防止数据丢失

5. 要求主表中没有相关记录时就不能将记录添加到相关表中，那么应该在表关系中设置（　　）。

A. 参照完整性　　B. 有效性规则

C. 输入掩码　　D. 级联更新相关字段

6. 在 Access 数据库的表设计视图中，不能进行的操作是（　　）。

A. 修改字段类型　　B. 设置索引

C. 增加字段　　D. 删除记录

7. 在 Access 的数据表中删除一条记录，被删除的记录（　　）。

A. 可以恢复到原来的位置　　B. 被恢复为最后一条记录

C. 被恢复为第一条记录　　D. 不能恢复

8. 假设一张表中的字段由左至右依次是 A、B、C、D、E、F，操作如下：先同时选中 B 和 C 字段列冻结，然后再选中字段列 E 冻结。冻结后表中的字段顺序由左至右依次是（　　）。

A. BCAEDF　　B. ADFBCE

C. BCEADF　　D. ABCEDF

9. 要在查找表达式中使用通配符通配一个数字字符，应该选用的通配符是（　　）。

A. *　　B. ?

C. !　　D. #

10. 当要挑选出符合多重条件的记录时，应该选用的筛选方法是（　　）。

A. 按选定内容筛选　　B. 按窗体筛选

C. 内容排除筛选　　D. 高级筛选

二、填空题

1. 表是数据库中最基本的________之一，也是数据库其他对象的________和操作基础。

2. 在 Access 数据库中，表具有 4 种视图，分别是________、________、________和数据透视图视图。

3. 在同一个数据库中的多张表，若想建立表间的关联关系，就必须为表建立________。

4. 在 Access 中，要在查找条件中与任意一个数字字符匹配，可使用的通配符是________。

5. Access 默认是按表的________的值排序显示记录的，如果没有定义________，就按输入数据的先后顺序排列。

第3章

查询及其应用

使用 Access 2010 可以容易地建立数据库，但是建立数据库，将数据正确地保存在数据库中并不是最终目的，最终目的是为了更好地使用它，通过对数据库的数据进行各种处理和分析，从中提取有用信息。查询是 Access 处理和分析数据的工具，它能够把多个表中的数据抽取出来，供使用者查看、更改和分析使用。为了更好地了解 Access 2010 的查询功能，本章将详细介绍查询的概念、各种查询的建立和使用方法。

3.1 查询概述

查询是 Access 2010 数据库中的一个重要对象。查询对象的实质是 SQL 命令。查询的目的就是为了能够从数据库中检索出记录，比如在一张表中筛选出符合某种条件的记录或把某两张表中的部分记录和字段组合在一起建立一张新表。需要注意的是，查询的执行结果在屏幕上以数据表的形式显示数据，但查询本身并不包含数据，因为它是在执行查询时即时生成的虚拟表。使用查询可以按不同的方式查看、更改和分析数据，也可以将查询作为窗体、报表、数据访问页的数据源。

Access 提供了查询向导、查询设计视图、SQL 视图等界面，用来生成查询对象。一些简单的查询可以在向导的帮助下完成；对于较复杂的查询要求，可以在查询设计视图中自定义完成，或者先用向导生成查询，再在设计视图中进行完善；更复杂的查询则可以在 SQL 视图中直接编写 SQL 命令实现。当然最强大的查询则是用 VBA 写程序直接访问数据表。

3.1.1 查询的功能

在设计一个数据库时，往往是把数据进行分类，并分别存放在多个表中。这样做虽然节省了空间，消除了数据冗余，但也增加了查看和使用数据的复杂性。尽管在数据表中能够进行查看、排序、筛选和更新等操作，但很多时候还需要从一个或者多个表中检索出符合条件的记录，以便进行相应的查看、计算等操作。查询实际上就是将这些分散的数据按照一定的条件集中起来，形成一个动态数据集。查询的基本功能包括以下 6 项。

（1）选择字段。

在查询中，可以只选择表中的部分字段。例如，建立一个查询，只显示“学生信息表”中的“学号”、“姓名”、“专业”字段。利用查询，可以通过选择一个表中的不同字段生成所需要的多个表。

（2）选择记录。

可以根据指定的条件查找所需的记录，并显示找到的记录。例如，建立一个查询，只显示“学生信息表”中“计算机科学与技术”专业的学生。

（3）编辑记录。

编辑记录主要包括添加记录、修改记录和删除记录等。在 Access 中，可以利用查询添加、修改和删除表中的记录。例如，将全体学生的成绩提高 10%。

（4）实现计算。

查询不仅可以找到满足条件的记录，还可以在查询过程中进行各种统计计算，例如，统计每门课程的平均分。另外，还可以建立一个计算字段，利用计算字段保存计算的结果。

（5）建立新表。

利用查询得到的结果可以建立一个新表。例如，将年龄在 20 岁以上的学生找出来，并存放在一个新表中。

（6）为窗体、报表提供数据。

为了从一个或多个表中选择合适的数据显示在报表或窗体中，可以先建立一个查询，然后将查询的结果作为窗体、报表的数据源。每一次打印报表或打开窗体时，该查询就从它的基表中检索出符合条件的最新记录。这样也提高了窗体、报表的使用效果。

3.1.2 查询的类型

在 Access 2010 中，按照查询的操作方式和结果将查询分为 5 种：选择查询、参数查询、交叉表查询、操作查询和 SQL 查询。

（1）选择查询。

选择查询是最常用的查询类型，是根据指定的查询条件从一个或者多个表中获取数据并显示结果。也可以使用选择查询对记录进行分组，并对记录进行总计、计数、平均以及其他类型的计算。选择查询可以使用户查看到自己需要的数据。如图 3-1 所示，我们可以从“学生信息表”中选择所需要的“学号”、“姓名”和“性别”字段。图 3-2 所示即为查询的结果。

图 3-1 选择查询的设计视图

（2）参数查询。

参数查询是一种利用对话框提示输入条件的查询。这种查询可以根据用户输入的条件来检索符合相应条件的记录，提高了查询灵活性。执行参数查询时，屏幕上会弹出一个对话框，提示输入的信息，如图 3-3 所示。

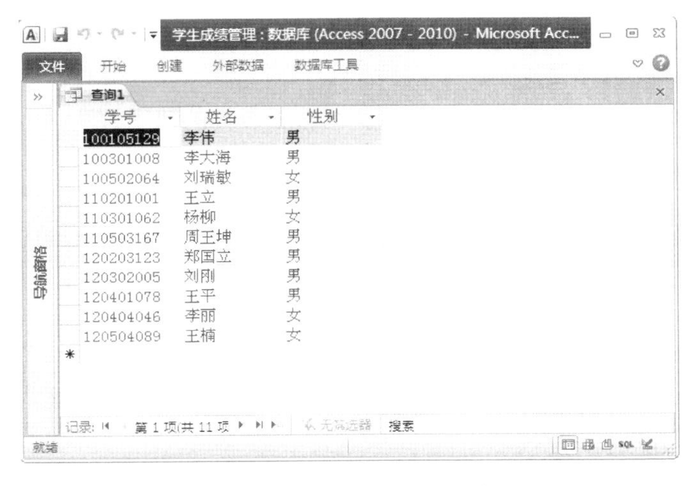

学号	姓名	性别
100105129	李伟	男
100301008	李大海	男
100502064	刘瑞敏	女
110201001	王立	男
110301062	杨柳	女
110503167	周王坤	男
120203123	郑国立	男
120302005	刘刚	男
120401078	王平	男
120404046	李丽	女
120504089	王楠	女

图 3-2　查询的数据表视图

（3）交叉表查询。

交叉表查询将来源于某个表或查询中的字段进行分组，一组列在数据表的左侧，一组列在数据表的上部，然后在行与列的交叉处显示表中某个字段统计值。交叉表就是利用了表的行与列来统计数据的，如图 3-4 所示。

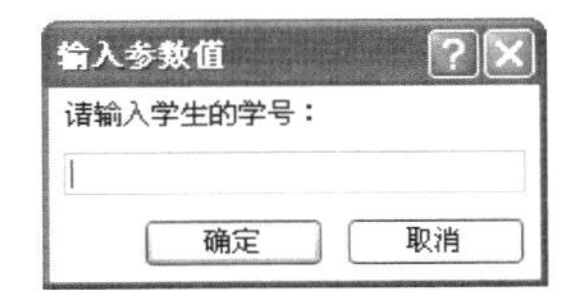

图 3-3　参数查询提示框

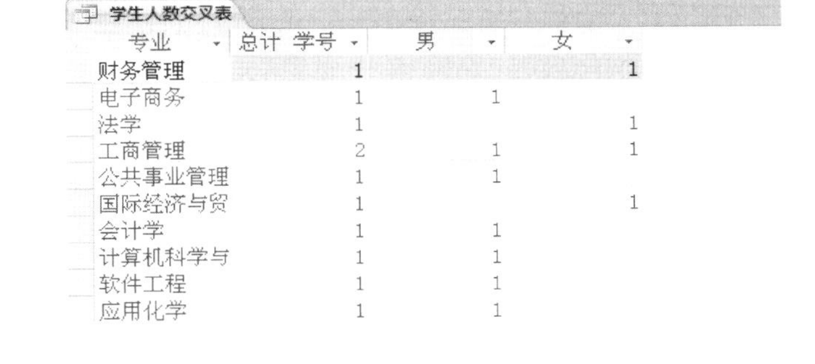

专业	总计 学号	男	女
财务管理	1		1
电子商务	1	1	
法学	1		1
工商管理	2	1	1
公共事业管理	1	1	
国际经济与贸	1		1
会计学	1	1	
计算机科学与	1	1	
软件工程	1	1	
应用化学	1	1	

图 3-4　交叉表查询

（4）操作查询。

操作查询与选择查询相似，都需要指定查询条件，但选择查询只是从表中获取符合条件的记录，并不对记录进行修改，而操作查询在一次查询操作中可以实现对所得结果进行编辑等操作。操作查询有 4 种：生成表查询、追加查询、更新查询和删除查询。我们将会在 3.7 节中详细介绍。

（5）SQL 查询。

SQL（Structured Query Language）查询就是使用 SQL 语句来创建的一种查询。与前面几种查询相比，SQL 查询更加灵活，但需要用户会使用 SQL 语句。SQL 查询主要包括 4 种：联合查询、传递查询、数据定义查询和子查询。

3.2　创建选择查询

根据指定的条件，从一个或者多个表中获取数据，这就是选择查询。在实际应用中，需要创建的选择查询是多种多样的，有的是带条件的，有的是不带条件的，只是简单地把表中的记录全部或部分字段显示出来。

我们将从带条件和不带条件这两方面来介绍选择查询的建立方法。

3.2.1 不带条件的查询

一般情况下，建立查询的方法有两种：查询向导和设计视图。查询向导可以有效地指导操作者顺利创建查询的工作，详细解释在创建过程中需要做的操作，并能显示最后的查询结果。查询设计视图不仅能够创建新的查询，可以修改已有的查询，还可以修改作为窗体、报表、数据访问页记录源的 SQL 语句。查询向导和设计视图在创建查询上各有特点，使用查询向导创建查询简单、方便，使用设计视图创建查询功能更丰富。所以在创建查询时应根据实际情况和需要进行选择。下面分别介绍如何使用这两种方法创建选择查询。

3.2.1.1 使用查询向导

使用查询向导创建查询分为两种情况：一种是对单一数据源的查询，另一种是对多个数据源的查询。

【例 3-1】 创建名为“学生部分信息”的查询，查找并显示“学生信息表”中学生的“学号”、“姓名”、“出生日期”、“专业”4 个字段。

操作步骤如下。

（1）在“学生成绩管理”数据库窗口中，单击“创建”选项卡上的“查询”组中的“查询向导”按钮，屏幕上就会弹出“新建查询”对话框，如图 3-5 所示。

（2）选择“简单查询向导”，单击确定后，就会弹出“简单查询向导”的第一个对话框，如图 3-6 所示。

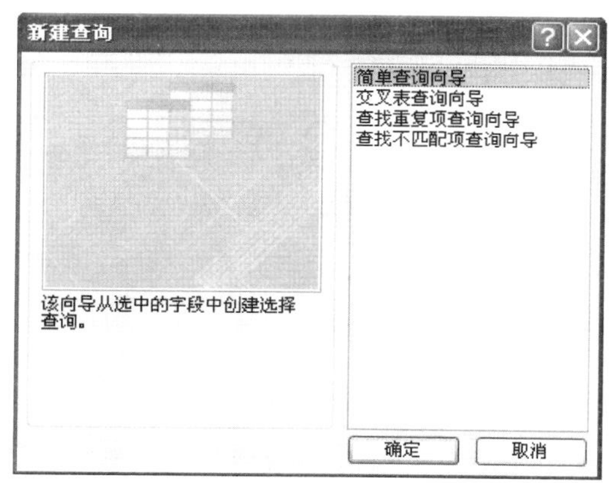
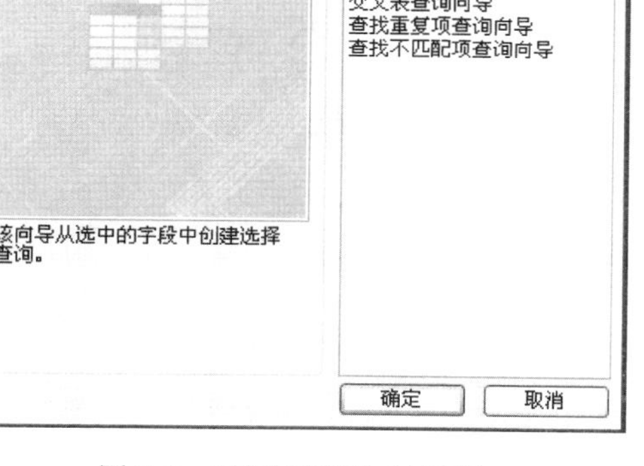

图 3-5 “新建查询”对话框

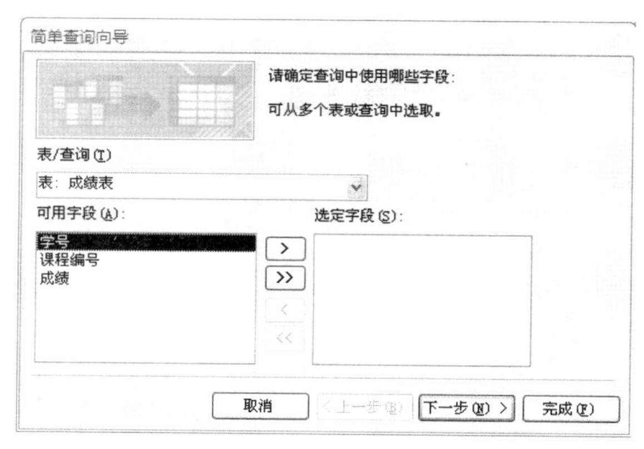

图 3-6 “简单查询向导”的第一个对话框

（3）在“简单查询向导”对话框中，单击“表/查询”下拉列表框，从显示的列表中选择“表：学生信息表”。这时“可用字段”列表框中显示了“学生信息表”中的全部字段，双击“学号”字段，这时该字段被添加到“选定的字段”列表框中，用同样的方法将“姓名”、“出生日期”、“专业”字段添加到“选定的字段”列表框中，如图 3-7 所示。

（4）添加完字段后，单击“下一步”按钮，打开下一个对话框。

（5）在该对话框“请为查询指定标题”文本框中输入“学生部分信息”。如果要打开查询查看结果，就选中“打开查询查看信息”单选按钮；如果要修改查询设计，就选中“修改查询设计”单选按钮。这里选中“打开查询查看信息”单选按钮，如图 3-8 所示。

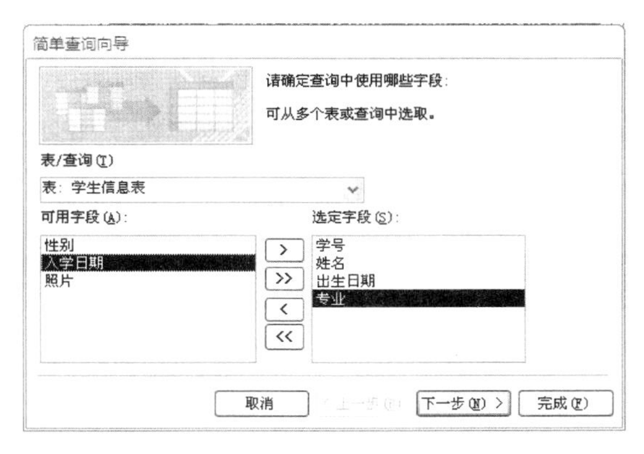

图 3-7　选定字段

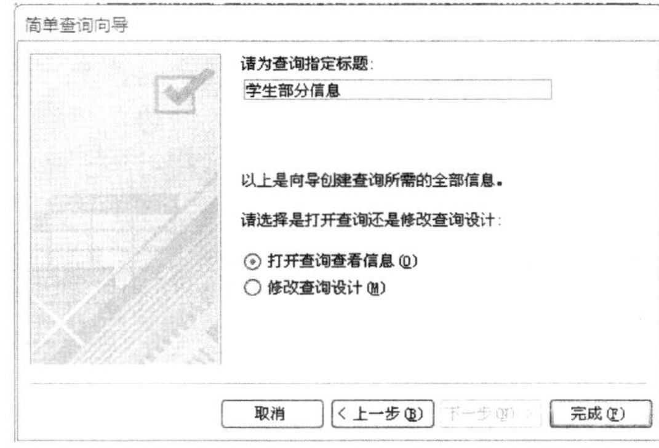

图 3-8　指定标题

（6）单击“完成”按钮，这时 Access 2010 就开始建立查询，并将查询结果显示在屏幕上，如图 3-9 所示。

图 3-9 中显示了“学生信息表”中的部分信息，【例 3-1】中的数据源就是一个表，但在实际工作中，需要检索的信息可能不在一个表中，而在多个表中，如下例所示。

【例 3-2】 创建名为“学生成绩”的查询，查找每个学生选课的成绩，显示“学号”、“姓名”、“课程名称”、“成绩”字段。

操作步骤如下。

（1）在“学生成绩管理”数据库窗口中，单击“创建”选项卡上的“查询”组中的“查询向导”按钮，屏幕上就会弹出新建查询对话框，选择简单查询向导，单击确定，屏幕上就会弹出“简单查询向导”的第一个对话框，如图 3-10 所示。

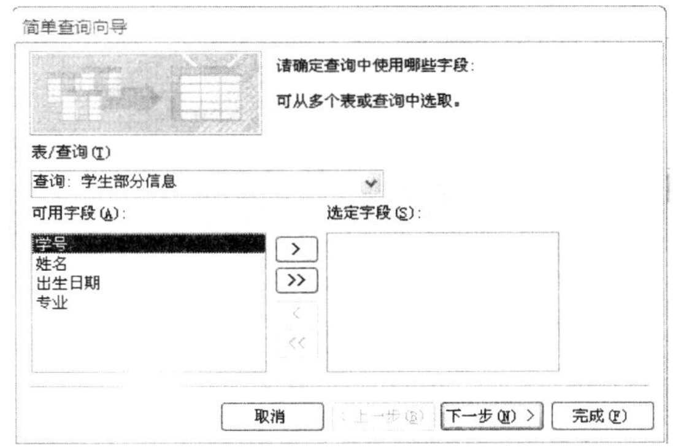

图 3-9　学生部分信息的查询结果　　　　图 3-10　“简单查询向导”的第一个对话框

（2）在“简单查询向导”的第一个对话框中，单击“表/查询”下拉列表框右侧的下三角按钮，从显示的列表中选择“学生信息表”。这时“可用字段”中显示了“学生信息表”中的全部字段，分别双击“学号”字段和“姓名”字段，将这两个字段添加到“选定的字段”列表框中。

（3）单击“表/查询”下拉列表框右侧的下三角按钮，从显示的列表中选择“课程信息表”，双击“课程名称”字段，将这个字段添加到“选定的字段”列表框中。

（4）单击“表/查询”下拉列表框右侧的下三角按钮，从显示的列表中选择“成绩表”，双击“成绩”字段，将这个字段添加到“选定的字段”列表框中，如图 3-11 所示。

（5）添加完字段后，单击“下一步”按钮，打开下一个对话框。

（6）在该对话框中，需要确定是建立“明细”查询还是“汇总”查询。选择“明细”单选按钮，查看详细信息；选择“汇总”单选按钮，则对一组或全部记录进行各种统计。这里选中“明细”单选按钮，如图 3-12 所示。然后单击“下一步”按钮，打开下一个对话框。

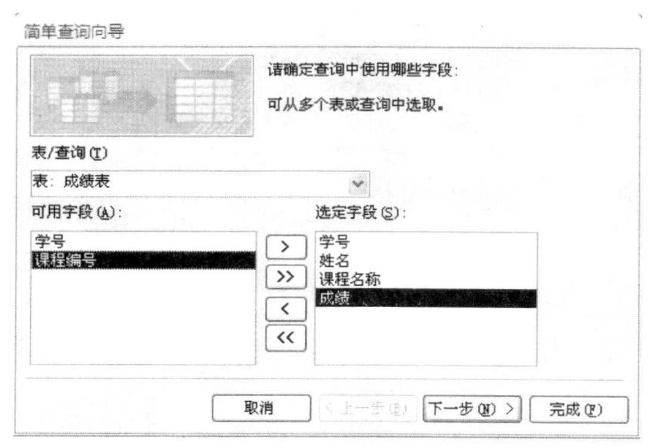

图 3-11　选定字段

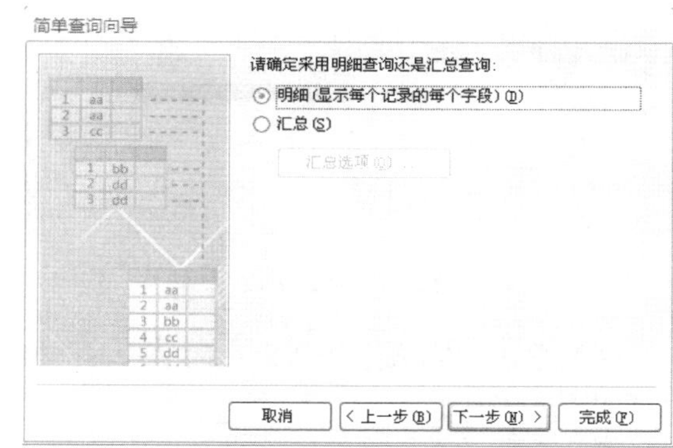

图 3-12　确定查询方式

（7）在该对话框“请为查询指定标题”文本框中输入“学生成绩”，然后选择“打开查询查看信息”单选按钮，如图 3-13 所示。

（8）单击“完成”按钮，这时 Access 2010 就开始建立查询，并将查询结果显示在屏幕上，如图 3-14 所示。

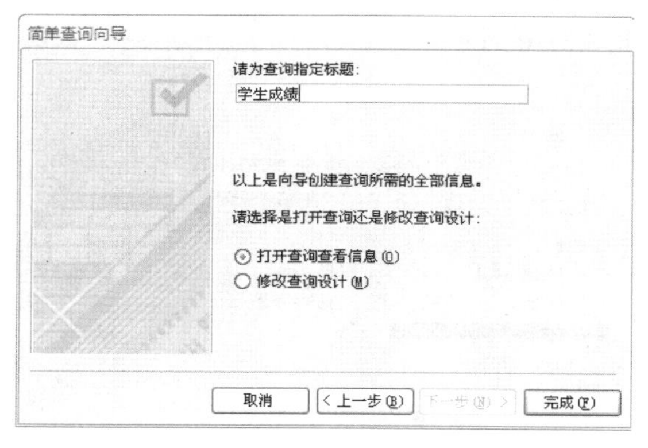

图 3-13　指定标题

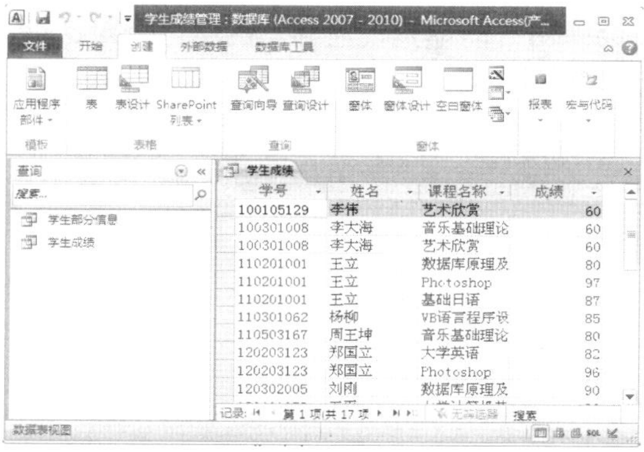

图 3-14　查询结果

3.2.1.2　使用设计视图

【例 3-3】 使用设计视图创建【例 3-2】所要建立的查询。

操作步骤如下。

（1）在“学生成绩管理”数据库窗口中，单击“创建”选项卡上的“查询”组中的“查询设计”按钮，屏幕上就会弹出“显示表”对话框，如图 3-15 所示，在“显示表”对话框中有“表”、“查询”、“两者都有”3 个选项卡。如果建立查询的数据源是来自于表，那么打开“表”选项卡；如果建立查询的数据源是来自于查询，则打开“查询”选项卡；如果建立查询的数据源是来自于表和已经建立的查询，就可以打开“两者都有”选项卡；这里我们选择“表”选项卡。

（2）双击“学生信息表”，这时“学生信息表”字段列表添加到查询设计视图的上半部分，然后分别双击“课程信息表”、“成绩表”，将“课程信息表”、“成绩表”字段列表添加到查询设计视图的上半部分窗口中，单击“关闭”按钮，关闭“显示表”对话框，如图 3-16 所示。

图 3-15 “显示表”对话框

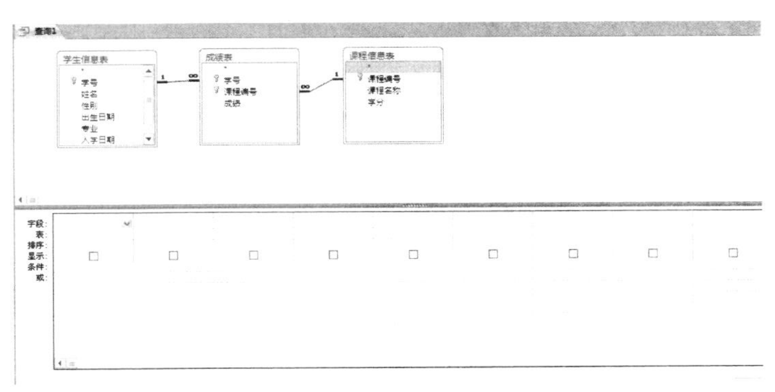

图 3-16 查询设计视图

查询的设计视图窗口分为两部分：上半部分为“字段列表”区，下半部分为“设计网格”区（其中，各行的作用如表 3-1 所示）。

表 3-1 查询“设计网格”中各行的作用

行 的 名 称	作 用
字段	设置定义查询对象时要选择表对象的哪些字段
表	设置字段的来源
总计	设置字段在查询中的运算方法
排序	定义字段的排序方式
显示	设置选择字段是否在数据表（查询结果）视图中显示出来
条件	设置字段的限制条件
或	设置或条件来限定记录的选择

说明 “总计”行在建立查询需要计算时才使用，单击“合计”按钮Σ将其显示出来，这点将在后面章节中详细介绍。

（3）在“字段”列表中选择字段放在“设计网格”的“字段”行上。选择字段的方法有 3 种：一种是双击选定字段；二是单击某字段，然后按住鼠标左键不放将其拖动到“设计网格”的“字段”行上；三是单击“设计网格”中“字段”行上要放置字段的列，然后单击右侧的下三角按钮，从下拉列表里选择需要的字段名称。这里分别双击“学生信息表”字段列表中的“学号”、“姓名”字段，“课程信息表”中的“课程名称”字段，“成绩表”中的“成绩”字段，将这些字段添加到“设计网格”区的“字段”行上，同时“表”行上显示了这些字段所在的表的名称，如图 3-17 所示。

从图 3-17 可以看出，在“设计网格”中的第 4 行是“显示”行，行上的每一列都有一个复选框，用来定义其对应的字段是否要在查询结果中显示出来。当选中复选框时（☑），表示在查询结果中显示这个字段。按照本题要求这些字段都需要显示，所以将这 4 个字段所对应的显示复选框全部选中。如果某个字段只作为判定条件而在查询结果中不显示，那么应使对应的复选框内变为空白（☐）。

（4）单击快速访问工具栏上的“保存”按钮，这时出现一个“另存为”对话框，在“查询名称”文本框中输入“学生成绩”，然后单击“确定”按钮。

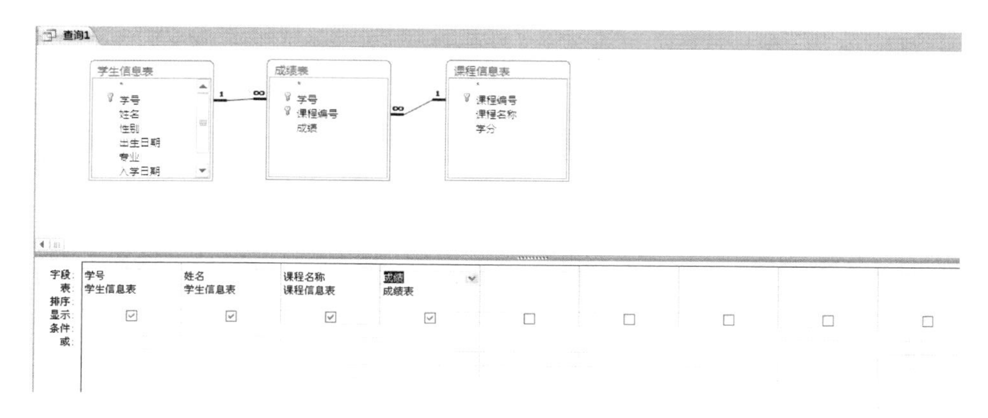

图 3-17　选择字段

（5）单击“设计”选项卡上的“结果”组中的“视图”按钮，或“执行”按钮，切换到“数据表”视图。这时可看到“学生成绩”查询的结果，如图 3-18 所示。

学生成绩

学号	姓名	课程名称	成绩
100105129	李伟	艺术欣赏	60
100301008	李大海	音乐基础理论	60
100301008	李大海	艺术欣赏	60
110201001	王立	数据库原理及	80
110201001	王立	Photoshop	97
110201001	王立	基础日语	87
110301062	杨柳	VB语言程序设	85
110503167	周王坤	音乐基础理论	80
120203123	郑国立	大学英语	82
120203123	郑国立	Photoshop	96
120302005	刘刚	数据库原理及	90
120401078	王平	大学计算机基	86
120401078	王平	高等数学	95
100502064	刘瑞敏	高等数学	87
100502064	刘瑞敏	Photoshop	80
120504089	王楠	大学计算机基	90
120504089	王楠	高等数学	76

图 3-18　“学生成绩”查询结果

3.2.2　带条件的查询

在建立查询的时候，使用查询条件可以使查询结果中仅包含满足查询条件的数据记录。查询条件是运算符、常量、字段值、函数以及字段名和属性等的任意组合，能够计算出一个结果。查询条件在建立带条件的查询时经常用到，因此了解条件的组成，掌握它的书写方法非常重要。第 2 章我们已经介绍过了表达式的使用，下面我们进一步举例说明，如表 3-2 所示。

表 3-2　表达式举例

字段名称	准　　则	功　　能
专业	“应用化学”	查询专业为“应用化学”的记录
专业	“应用化学” OR “工商管理”	查询专业为“应用化学”或者“工商管理”的记录
课程名称	Like “*基础*”	查询“课程名称”中含有“基础”的记录
姓名	In ("李伟", "刘刚") 或"李伟"OR"刘刚"	查询“姓名”为“李伟”或者“刘刚”的记录

续表

字段名称	准　　则	功　　能
姓名	NOT "李伟"	查询“姓名”不是“李伟”的记录
姓名	NOT "李*"	查询不姓“李”的记录
成绩	Between 60 And 70	查询成绩在60～70（含60和70分）之间的记录
入学时间	Between #2006-1-1# And #2009-12-12#	查询在2006年至2009年入学的记录
入学时间	Year([入学时间])=2008	查询2008年入学的记录
入学时间	Year([入学时间])=2008 And Month([入学时间])=9	查询2008年9月入学的记录
入学时间	Year([入学时间])>=2	查询2年前入学的记录
专业	IS null	查询还未分专业的学生记录

【例3-4】 创建名为“10级学生”的查询，查找2010年入学的学生的全部信息。

操作步骤如下。

（1）在“学生成绩管理”数据库窗口中，单击“创建”选项卡上的“查询”组中的“查询设计”按钮，屏幕上就会弹出“显示表”对话框，如图3-19所示。

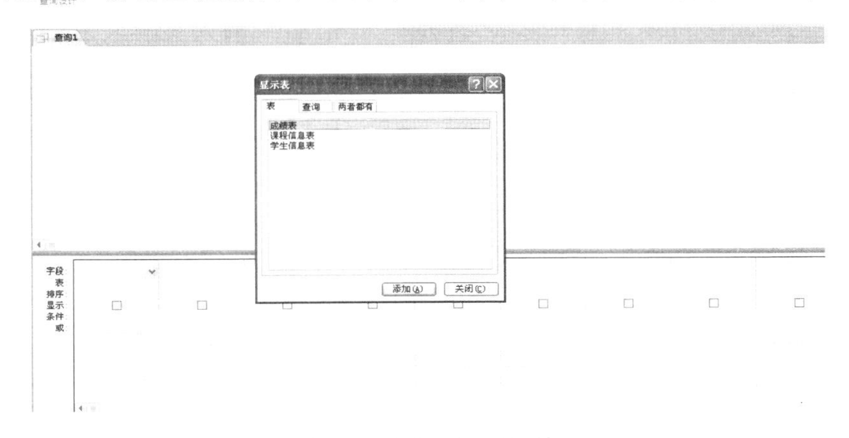

图3-19 “显示表”对话框

（2）在“显示表”对话框中单击“表”标签，双击“学生信息表”，然后单击“关闭”按钮，这时“学生信息表”被添加到设计视图的上半部窗口中。

（3）分别双击“学号”、“姓名”、“性别”、“出生日期”、“专业”、“入学日期”、“照片”字段，这时7个字段依次显示在“字段”行上的第1列至第7列，同时“表”行上显示了这些字段所在表的名称，如图3-20所示。

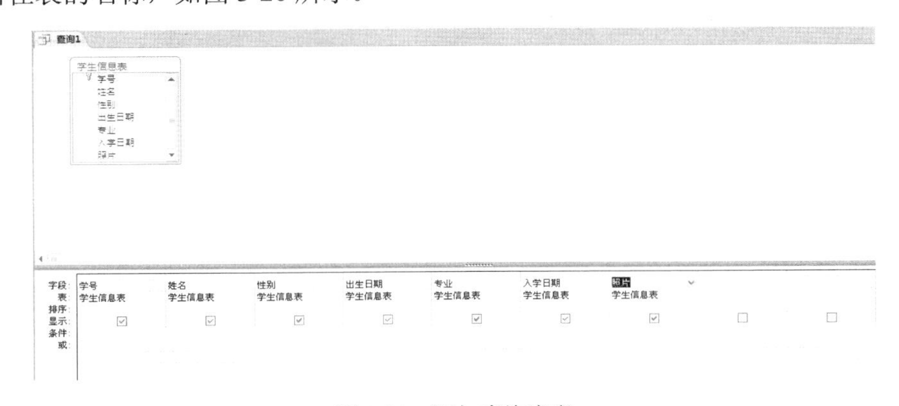

图3-20 添加查询字段

（4）在“入学日期”字段的“条件”单元格中输入条件：Year([入学日期])=2010，结果如图 3-21 所示。

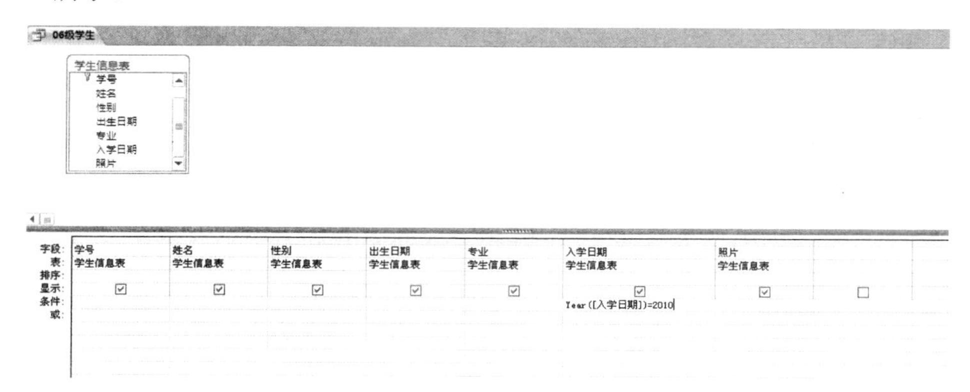

图 3-21　输入查询条件

也可以在“入学日期”字段的“条件”单元格中输入条件：Between#2010-1-1# And#2010-12-31#。

图 3-22　“另存为”对话框

（5）单击快速访问工具栏上的“保存”按钮，这时出现一个“另存为”对话框，如图 3-22 所示。在“查询名称”文本框里输入“10 级学生”，然后单击“确定”按钮。

（6）单击“设计”选项卡上的“结果”组中的“视图”按钮，或“执行”按钮，切换到数据表视图。这时可以看到“10 级学生”查询执行结果，如图 3-23 所示。

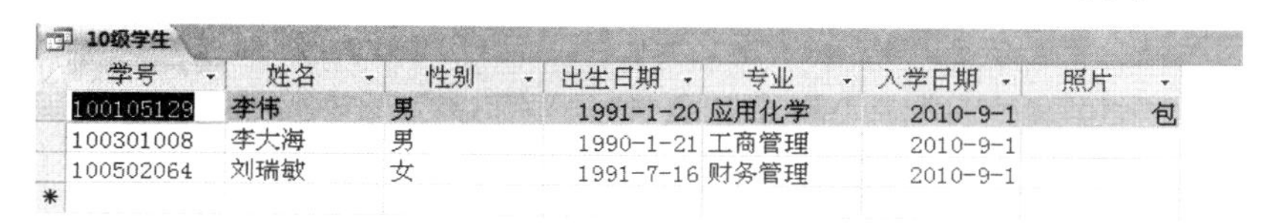

10级学生

学号	姓名	性别	出生日期	专业	入学日期	照片
100105129	李伟	男	1991-1-20	应用化学	2010-9-1	包
100301008	李大海	男	1990-1-21	工商管理	2010-9-1	
100502064	刘瑞敏	女	1991-7-16	财务管理	2010-9-1	

图 3-23　“10 级学生”查询执行结果

【例 3-5】 创建名为“10 级男学生”的查询，查找 2010 年入学的男学生的全部信息。前面的（1）～（4）步的操作步骤与【例 3-4】相同，这里不再赘述。（5）步以后的操作步骤如下。

（5）在“性别”字段的“条件”单元格内输入条件：“男”，结果如图 3-24 所示。

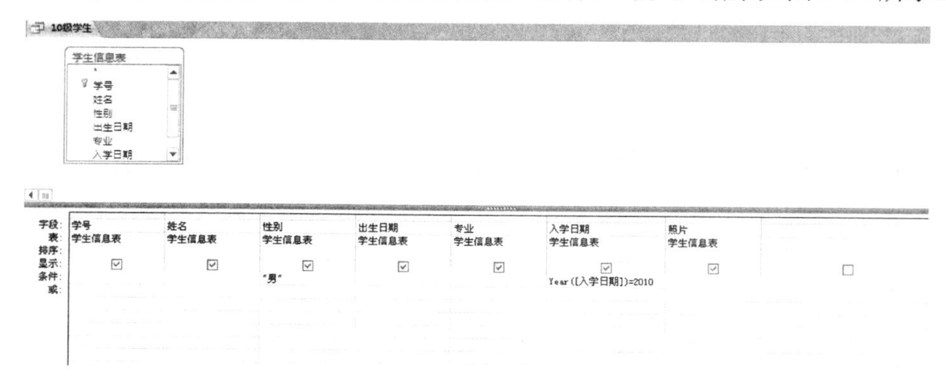

图 3-24　输入查询条件

在上面所建的查询中，查询条件是“2010 年入学的男学生”这个查询条件涉及两个字段，即“入学日期”和“性别”，要求这两个字段值都等于条件给定的值。为了找出符合这样条件的记录，Access 2010 规定，要将限定这两个字段值的条件均写在“条件”行上。这样在执行查询时，才能将两个字段值都等于条件给定值的记录查找出来。

图 3-25 “另存为”对话框

（6）单击快速访问工具栏上的“保存”按钮，这时出现一个“另存为”对话框，如图 3-25 所示。在“查询名称”文本框里输入“10 级男学生”，然后单击“确定”按钮。

（7）单击“设计”选项卡上的“结果”组中的“视图”按钮，或“执行”按钮，切换到数据表视图。这时可以看到“10 级男学生”查询执行结果，如图 3-26 所示。

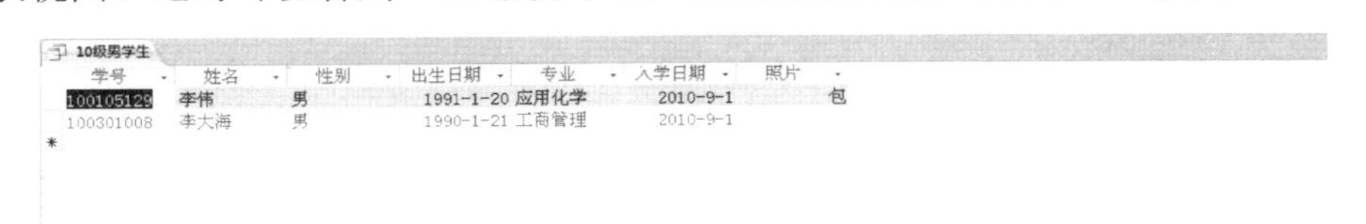

图 3-26 “10 级男学生”查询执行结果

3.3 创建参数查询

前面已经介绍了建立查询的基本方法，但是使用这些方法建立的查询无论是内容还是条件都是固定的，如果希望根据某些字段不同的值来查找记录，就需要不断地在设计视图中修改所建查询的条件，这样做很麻烦。为了更方便地进行查询，Access 2010 提供了参数查询。

参数查询是利用对话框，提示输入参数并检索符合所输参数的记录。可以建立一个参数提示的单参数查询，也可以建立多个参数提示的多参数查询。本节将详细介绍创建参数查询的方法。

3.3.1 单参数查询

创建单参数查询就是在字段中指定一个参数，在执行参数查询时输入一个参数值。

【例 3-6】 创建名为“按学号查找学生信息”的参数查询，显示某学生的全部信息。

操作步骤如下。

（1）在“学生成绩管理”数据库窗口中，单击“创建”选项卡上的“查询”组中的“查询设计”按钮，屏幕上就会弹出显示表对话框。

（2）在“显示表”对话框中单击“表”标签，双击“学生信息表”，然后单击“确定”按钮，这时“学生信息表”被添加到设计视图的上半部窗口中。

（3）分别双击“学号”、“姓名”、“性别”、“出生日期”、“专业”、“入学日期”、“照片”字段，这时 7 个字段依次显示在“字段”行上的第 1 列至第 7 列，同时“表”行上显示了这些字段所在表的名称，如图 3-27 所示。

（4）在“学号”字段的“条件”单元格中输入：[请输入学生的学号：]，结果如图 3-28 所示。

在“设计网格”中输入条件时，方括号内的内容即为查询运行时出现的参数对话框中的提示文本。尽管提示的文本可以包含查询字段的字段名，但是不能与字段名完全相同。

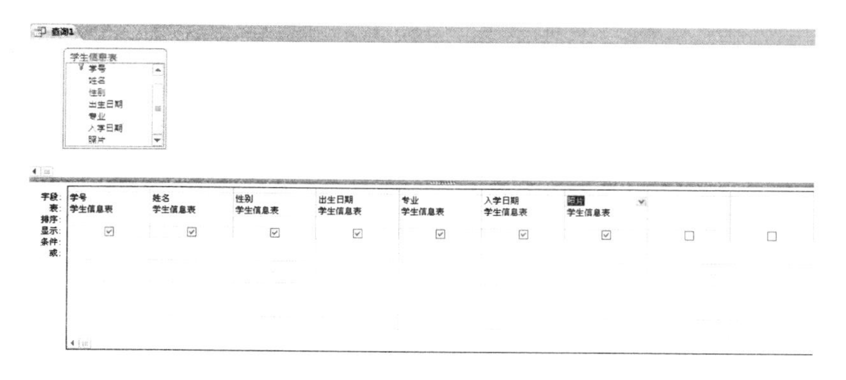

图 3-27　添加字段到网格设计区

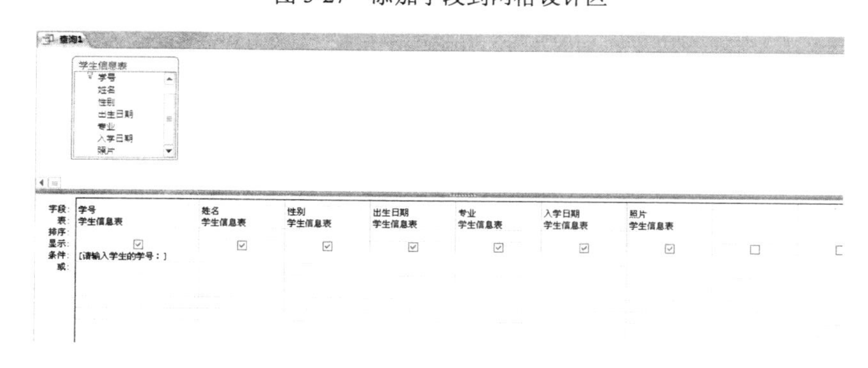

图 3-28　输入查询条件

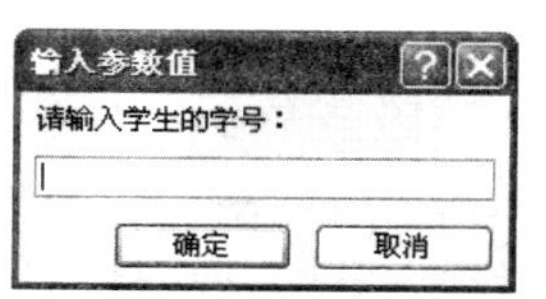

图 3-29 “输入参数值”对话框

（5）单击功能区内的“视图”按钮，或单击功能区内的“执行”按钮，这时屏幕上显示“输入参数值”对话框，如图 3-29 所示。

从图 3-29 中可以看出，对话框中的提示文字就是我们在“学号”字段的“条件”单元格中输入的内容。按照需要输入查询条件，如果条件有效，查询的结果就将显示出所有满足条件的记录，否则将不显示任何数据。

（6）在“请输入学生的学号：”文本框中输入学号“100105129”，然后单击“确定”按钮。这时就可以看到所建参数查询的结果，如图 3-30 所示。

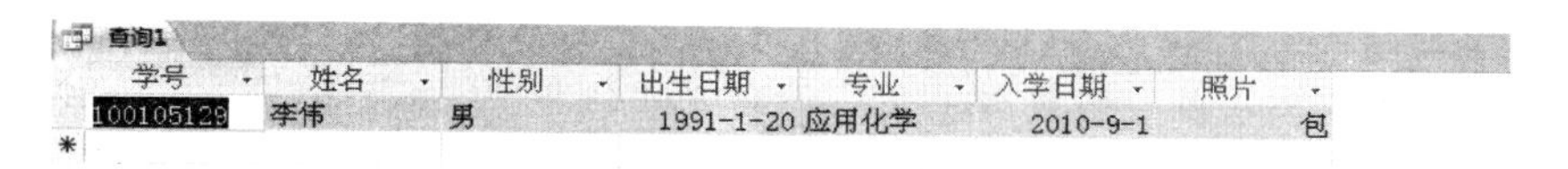

图 3-30　参数查询的结果

（7）单击快速访问工具栏上的“保存”按钮，会出现“另存为”对话框，在“查询名称”文本框中输入“按学号查找学生信息”，如图 3-31 所示。

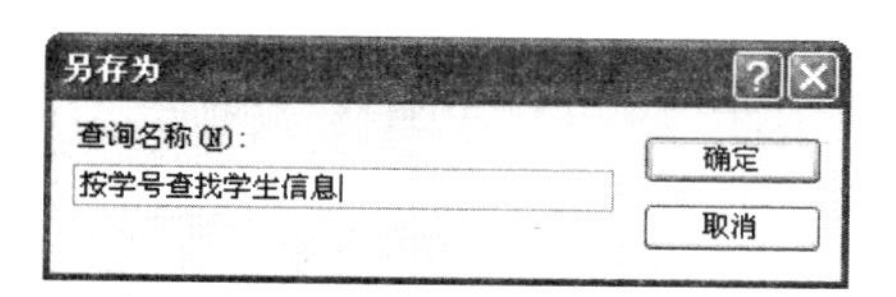

图 3-31 “另存为”对话框

（8）单击“确定”按钮，将此查询保存。

3.3.2 多参数查询

在 Access 2010 中，不仅可以建立单参数查询，还可以建立多参数查询，在执行多参数查询时，需要依次输入多个参数值。

【例 3-7】 创建名为“按专业课程查询”的查询，使其显示某专业某门课程的学生的姓名和成绩。

操作步骤如下。

（1）打开查询设计视图，并将“学生信息表”、“课程信息表”、“成绩表”3 个表添加到设计视图上半部分。

（2）在“字段”行的第 1 列至第 4 列显示“专业”、“课程名称”、“姓名”、“成绩”4 个字段，同时“表”行上显示了这些字段所在表的名称，如图 3-32 所示。

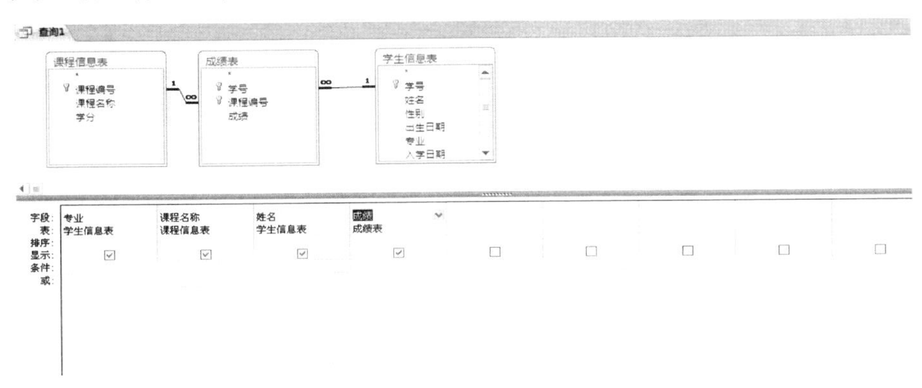

图 3-32 添加字段

（3）在“专业”字段的“条件”单元格中输入：[请输入专业：]。在“课程名称”字段的“条件”单元格中输入：[请输入课程名称：]，结果如图 3-33 所示。

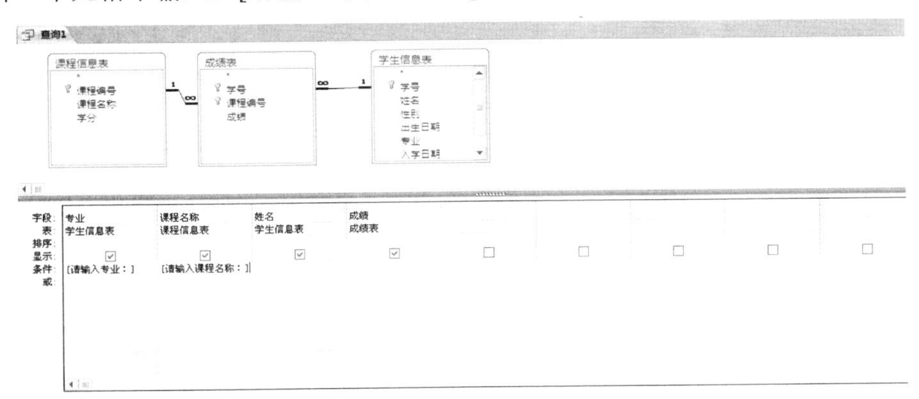

图 3-33 输入查询条件

（4）单击“设计”选项卡上的“结果”组中的“视图”按钮，或 “执行”按钮，这时屏幕上显示“输入参数值”的第一个对话框，如图 3-34 所示。

（5）在“请输入专业：”的文本框中输入“计算机科学与技术”，然后单击“确定”按钮。这时屏幕上又出现了另一个“输入参数值”对话框，如图 3-35 所示。

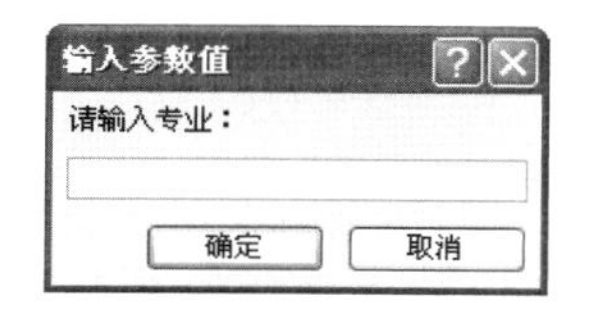

图 3-34　要求输入“专业”参数值

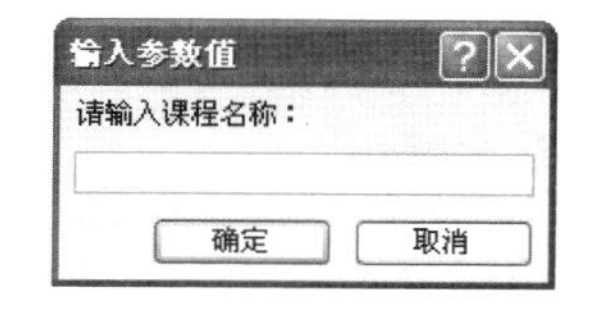

图 3-35　要求输入“课程名称”参数值

（6）在“请输入课程名称：”的文本框中输入“数据库原理及应用”，然后单击“确定”按钮。这时就可以看到相应的查询结果，如图 3-36 所示。

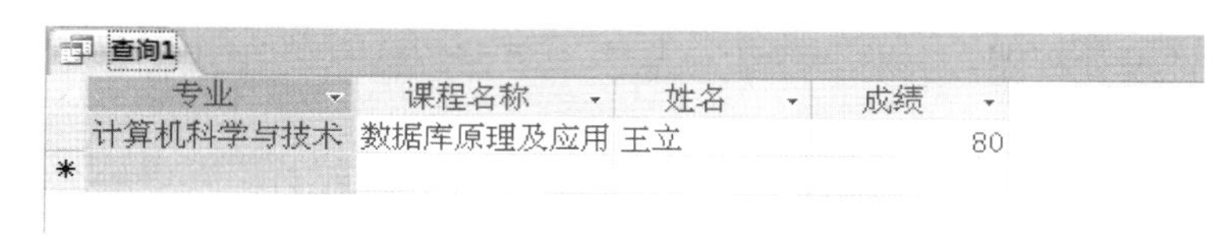

图 3-36　多参数查询结果

（7）单击快速访问工具栏上的“保存”按钮，在“查询名称”文本框中输入“按专业课程查询”，单击“确定”按钮即可。

【例 3-8】 创建名为“按成绩范围查询”的查询，使其显示成绩在某段分数之间的学生的姓名和课程名称。

操作步骤如下。

（1）打开查询设计视图，并将“学生信息表”、“课程信息表”、“成绩表”3 个表添加到设计视图上半部分。

（2）在“字段”行的第 1 列至第 3 列显示“姓名”、“课程名称”、“成绩”3 个字段，同时“表”行上显示了这些字段所在表的名称，如图 3-37 所示。

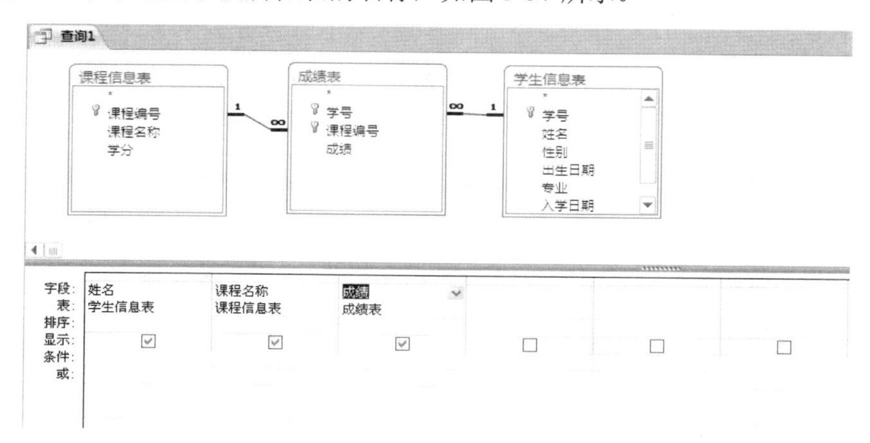

图 3-37　添加字段

（3）在“成绩”字段的“条件”单元格中输入：Between[请输入成绩的下限：]And[请输入成绩的上限：]，如图 3-38 所示。

（4）单击“设计”选项卡上的“结果”组中的“视图”按钮，或“执行”按钮，这时屏幕上显示“输入参数值”的第一个对话框，如图 3-39 所示。

（5）在“请输入成绩的下限：”文本框中输入“60”，然后单击“确定”按钮。这时屏幕上出现了另一个“输入参数值”的第二个对话框，如图 3-40 所示。

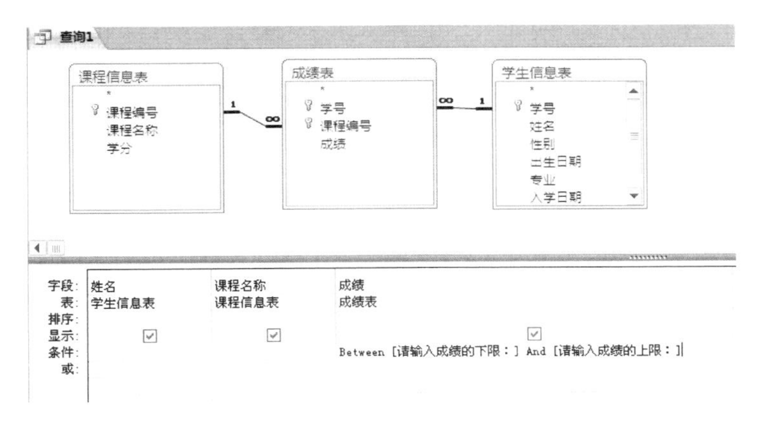

图 3-38　输入参数查询条件

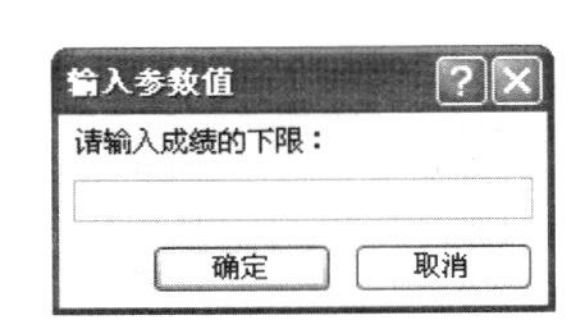

图 3-39　要求输入成绩的下限

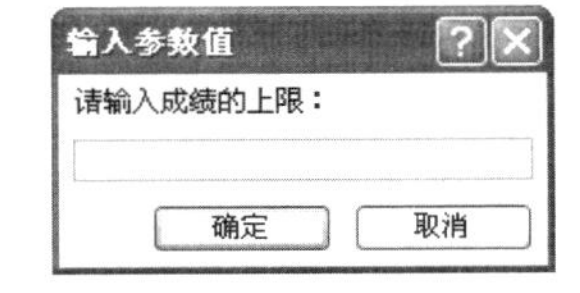

图 3-40　要求输入成绩的上限

（6）在“请输入成绩的上限：”文本框中输入“80”，然后单击“确定”按钮。这时就可以看到相应的查询结果，如图 3-41 所示。

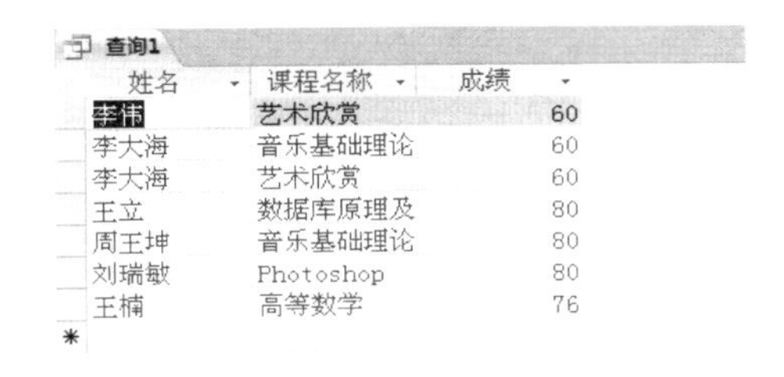

姓名	课程名称	成绩
李伟	艺术欣赏	60
李大海	音乐基础理论	60
李大海	艺术欣赏	60
王立	数据库原理及	80
周王坤	音乐基础理论	80
刘瑞敏	Photoshop	80
王楠	高等数学	76

图 3-41　多参数查询结果

（7）单击快速访问工具栏上的“保存”按钮，在“查询名称”文本框中输入“按成绩范围查询”，单击“确定”按钮即可。

3.4　在查询中进行计算

前面我们介绍的查询中只是获得了满足条件的记录，没有对记录进行更深入的分析和利用。在实际应用中，常常需要对查询的结果进行计算，例如，求和、求平均值等。Access 中提供了这些功能，下面介绍如何在查询的同时实现计算。

3.4.1　总计选项

单击功能区内的“总计”按钮 Σ，Access 2010 将自动显示设计网格中的“总计”行，对设计网格中的每个字段都可在“总计”行中选择总计项，对查询中的全部记录、一个或多个记录组进行计算。“总计”行中共有 12 个总计项，如表 3-3 所示。

表 3-3　总计选项

分　　类	名　　称	功　　能
聚合函数	分组（Group By）	指定进行数值汇总的分类字段
	总计（Sum）	求某字段的累加值
	平均值（Avg）	求某字段的平均值
	最小值（Min）	求某字段的最小值
	最大值（Max）	求某字段的最大值
	计数（Count）	求某字段中非空值数
	标准差（StDev）	求某字段值的标准偏差
	第一条记录（First）	求在表或查询中第一个记录的字段值
	最后一条记录（Last）	求在表或查询中最后一个记录的字段值
表达式	表达式（Expression）	创建表达式中包含统计函数的计算字段
限制条件	条件（Where）	指定不用于分组的字段条件
变量	变量（Var）	设置某字段为变量

3.4.2　总计查询

在建立查询时，有时可能更关心的是记录的统计结果，而不是表中的记录，比如说学校中有多少名学生。为了获取数据，需要使用 Access 2010 提供的总计查询功能。所谓总计查询，就是在成组的记录中完成一定计算的查询。可以通过设计视图中的“总计”行来实现。

【例 3-9】 创建名为“学生总数”的查询，统计学生人数。

操作步骤如下。

（1）在“学生成绩管理”数据库窗口中，单击“创建”选项卡上的“查询”组中的“查询设计”按钮，屏幕上就会显示“选择查询”设计视图，并显示一个“显示表”对话框。

（2）在“显示表”对话框中单击“表”标签，双击“学生信息表”，然后单击“关闭”按钮，这时“学生信息表”被添加到设计视图的上半部窗口中，关闭“显示表”对话框。

（3）双击“学号”字段，将其添加到字段行的第一列，单击“设计”选项卡上的“显示/隐藏”组中的“汇总”命令按钮，这时设计网格中出现“总计”行，并自动将“学号”字段的“总计”单元格设置为“Group By”，如图 3-42 所示。

（4）单击“学号”字段的“总计”单元格，并单击其右边的下三角按钮，然后从下拉列表中选择“计数”，如图 3-43 所示。

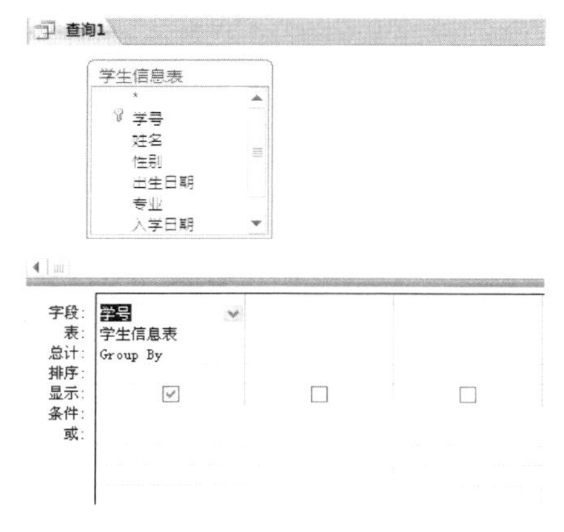

图 3-42　添加字段并进行总计计算

图 3-43　选择计数方式

（5）单击快速访问工具栏上的“保存”按钮，会出现“另存为”对话框，在“查询名称”文本框中输入“学生总数”。

（6）单击“设计”选项卡上的“结果”组中的“视图”按钮，或“执行”按钮，切换到数据表视图。这时可以看到“学生总数”查询执行结果，如图3-44所示。

【例3-10】 创建名为“2010年入学的学生总数”的查询，统计2010年入学的学生人数。

操作步骤如下。

（1）在“学生成绩管理”数据库窗口中，单击“创建”选项卡上的“查询”组中的“查询设计”按钮，屏幕上就会显示“选择查询”设计视图，并显示一个“显示表”对话框。

（2）在“显示表”对话框中单击“表”标签，双击“学生信息表”，然后单击“关闭”按钮，这时“学生信息表”被添加到设计视图的上半部窗口中，关闭“显示表”对话框。

（3）双击“学号”和“入学日期”字段，将其添加到字段行的第1列、第2列，单击“设计”选项卡上的“显示/隐藏”组中的“汇总”命令按钮，这时设计网格中出现“总计”行，并自动将“学号”和“入学日期”字段的“总计”单元格设置为“Group By”，如图3-45所示。

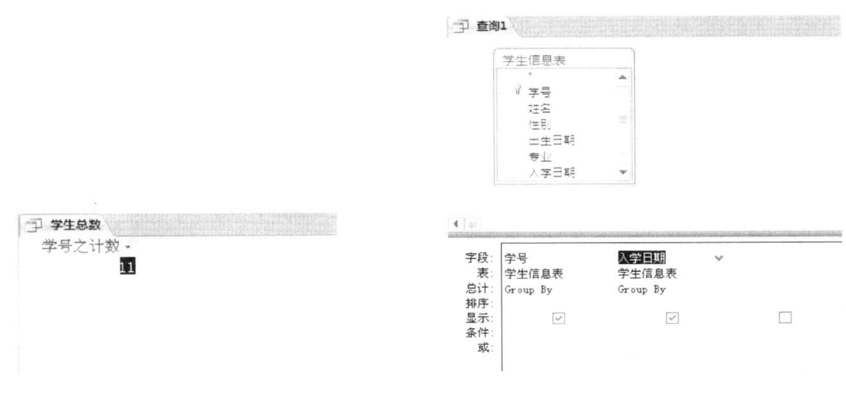

图3-44 “学生总数”查询执行结果　　　图3-45 添加查询字段

（4）单击“学号”字段的“总计”单元格，并单击其右边的下三角按钮，然后从下拉列表中选择“计数”，单击“入学日期”字段的“总计”单元格，并单击其右边的下三角按钮，然后从下拉列表中选择“Where”，并在“条件”行输入条件：Between#2010-1-1# and #2010-12-31#，如图3-46所示。

（5）单击快速访问工具栏上的“保存”按钮，会出现“另存为”对话框，在“查询名称”文本框中输入“2010年入学的学生总数”。

（6）单击“设计”选项卡上的“结果”组中的“视图”按钮，或“执行”按钮，切换到数据表视图。这时可以看到“2010年入学的学生总数”查询执行结果，如图3-47所示。

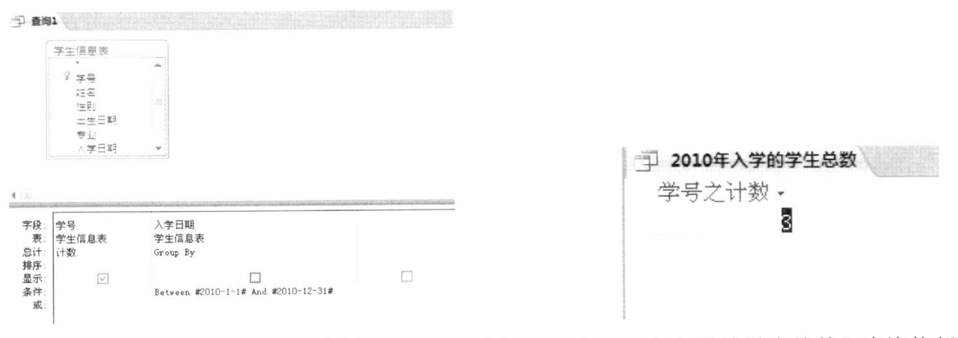

图3-46 输入查询条件　　　图3-47 “2010年入学的学生总数”查询执行结果

3.4.3 分组总计查询

分组总计查询的关键在于正确选择分组字段。执行分组汇总的结果是每组一条记录。

【例 3-11】 创建名为“男女学生人数”的查询，统计男女生各有多少人。

操作步骤如下。

（1）在“学生成绩管理”数据库窗口中，单击“创建”选项卡上的“查询”组中的“查询设计”按钮，屏幕上就会显示“选择查询”设计视图，并显示一个“显示表”对话框。

（2）在“显示表”对话框中单击“表”标签，双击“学生信息表”，然后单击“关闭”按钮，这时“学生信息表”被添加到设计视图的上半部窗口中，关闭“显示表”对话框。

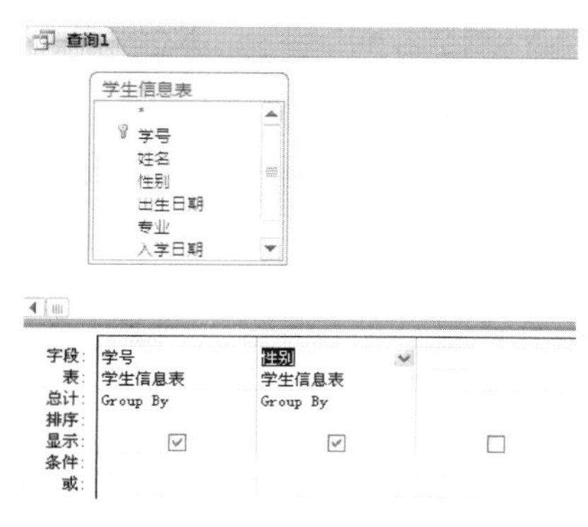

图 3-48　添加查询字段

（3）双击“学号”和“性别”字段，将其添加到字段行的第 1 列、第 2 列，单击“设计”选项卡上的“显示/隐藏”组中的“汇总”命令按钮，这时设计网格中出现“总计”行，并自动将“学号”和“性别”字段的“总计”单元格设置为“Group By”，如图 3-48 所示。

（4）单击“学号”字段的“总计”单元格，并单击其右边的下三角按钮，然后从下拉列表中选择“计数”，如图 3-49 所示。

（5）单击快速启动工具栏上的“保存”按钮，会出现“另存为”对话框，在“查询名称”文本框中输入“男女学生人数”。

（6）单击“设计”选项卡上的“结果”组中的“视图”按钮，或 “执行”按钮，切换到数据表视图。这时可以看到“男女学生人数”查询执行结果，如图 3-50 所示。

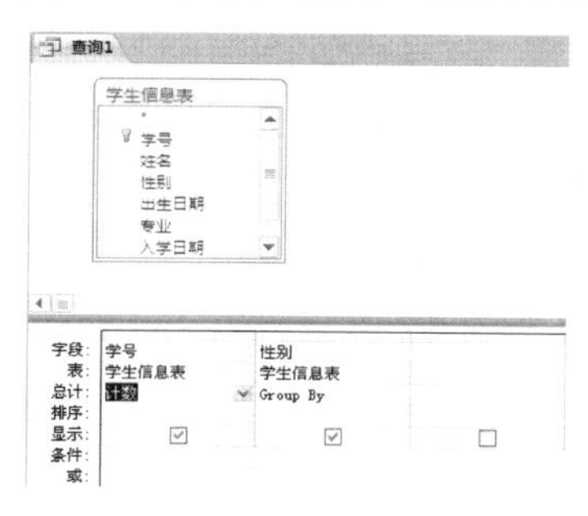

图 3-49　选择“计数”方式

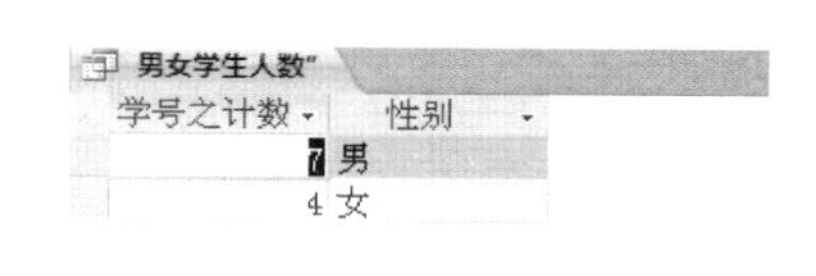

图 3-50　“男女学生人数”查询执行结果

3.4.4 添加计算字段

前面介绍了怎样利用总计项来进行汇总查询，但是有时查询的数据在表中没有相应的字段，或者用于计算的数据值来源于多个字段，这时就需要在设计网格中添加一个计算字段。例如，图 3-50 中的字段名“学号之计数”可读性差，可以修改一下这个计算字段的名字。计算字段是指根据一个或多个表中的一个或多个字段并使用表达式建立的新字段。计算字段不是数据表中真正的字段，其值由表达式计算而得，本身并不保存在表中。一旦表达式中引用的字段或值发生了变化，就必须再次执行查询，重新执行该字段的值。

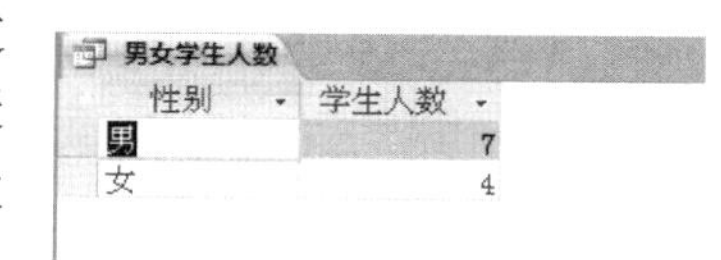

图 3-51　重命名后的查询结果

【例 3-12】 将【例 3-11】所建查询结果显示为图 3-51 所示，

操作步骤如下。

（1）在“学生成绩管理”数据库窗口中，单击“创建”选项卡上的“查询”组中的“查询设计”按钮，屏幕上就会显示“选择查询”设计视图，并显示一个“显示表”对话框。

（2）在“显示表”对话框中单击“表”标签，双击“学生信息表”，然后单击“确定”按钮，这时“学生信息表”被添加到设计视图的上半部窗口中，关闭“显示表”对话框。

（3）双击“性别”和“学号”字段，将其添加到字段行的第 1 列、第 2 列，单击“设计”选项卡上的“显示/隐藏”组中的“汇总”命令按钮，在“性别”字段的“总计”行选择“Group By”，“学号”字段的“总计”行选择“计数”，在第 2 列的单元格中输入：学生人数:学号，如图 3-52 所示。

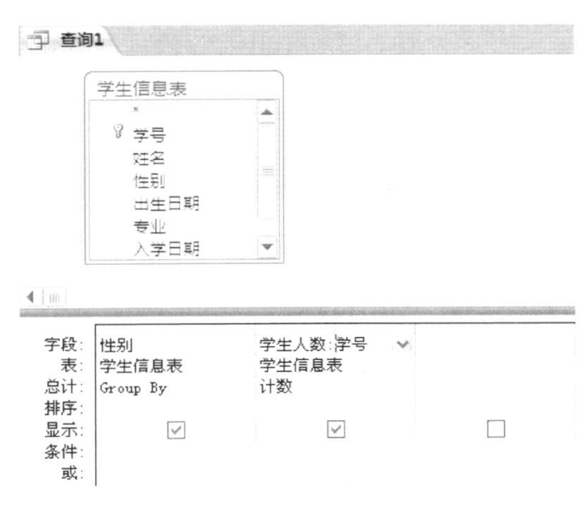

图 3-52　为计数字段重命名

（4）单击快速访问工具栏上的“保存”按钮，会出现“另存为”对话框，在“查询名称”文本框中输入“男女学生人数”。

（5）单击“设计”选项卡上的“结果”组中的“视图”按钮，或 “执行”按钮，切换到数据表视图。这时可以看到“男女学生人数”查询执行结果。

【例 3-13】 创建名为“入学几年”的查询，查找学生是几年级的。

说明　“学生信息表”中并没有学生入学几年的字段，只有“入学日期”字段，因此我们用现在的年份减去入学日期的年份就得出学生目前是几年级的，即“入学几年=2013-year([入学日期])”。

操作步骤如下。

（1）在“学生成绩管理”数据库窗口中，单击“创建”选项卡上的“查询”组中的“查询设计”按钮，屏幕上就会显示“选择查询”设计视图，并显示一个“显示表”对话框。

（2）在“显示表”对话框中单击“表”标签，双击“学生信息表”，然后单击“关闭”按钮，这时“学生信息表”被添加到设计视图的上半部窗口中，关闭“显示表”对话框。

（3）双击“学号”、“姓名”、“专业”、“入学日期”4 个字段，添加到设计网格的第 1 列至第 4 列，在第 4 列的“字段”单元格中输入“入学几年:2013-year([入学日期])”，如图 3-53 所示。

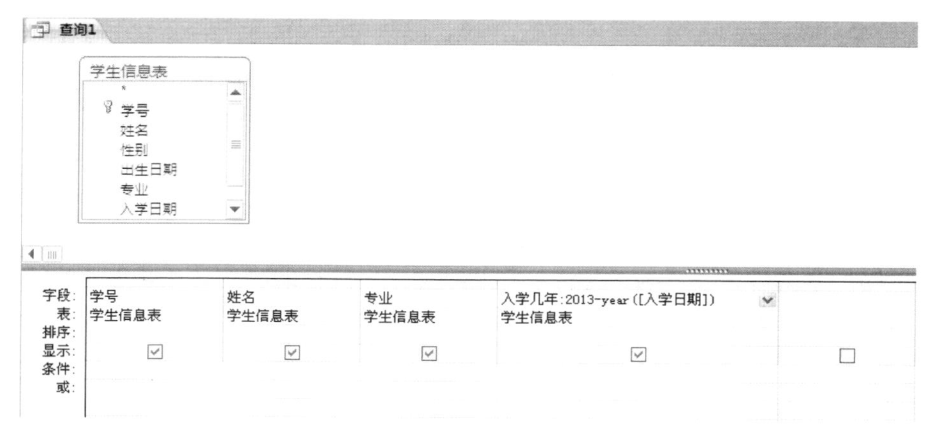

图 3-53　添加计数字段

（4）单击快速访问工具栏上的“保存”按钮，会出现“另存为”对话框，在“查询名称”文本框中输入“入学几年”。

（5）单击“设计”选项卡上的“结果”组中的“视图”按钮，或“执行”按钮，切换到数据表视图。这时可以看到“入学几年”查询执行结果，如图 3-54 所示。

入学几年

学号	姓名	专业	入学几年
100105129	李伟	应用化学	3
100301008	李大海	工商管理	3
100502064	刘瑞敏	财务管理	3
110201001	王立	计算机科学与	2
110301062	杨柳	工商管理	2
110503167	周王坤	电子商务	2
120203123	郑国立	软件工程	1
120302005	刘刚	会计学	1
120401078	王平	公共事业管理	1
120404046	李丽	法学	1
120504089	王楠	国际经济与贸	1
*			

图 3-54　“入学几年”查询执行结果

从图 3-54 可以看出，形式上“入学几年”字段与一般的数据表字段并无差别，但该数据并不保存在学生信息表中。本例中的计算字段表达式只适合在 2013 年计算学生的年级，到 2014 年就需要对表达式作修改，改进的方法是用日期/时间函数 Date()，再用 Year()函数从中取出年份，用 Year([Date])代替 2013，然后减去入学日期的年份，即 Year(Date())–Year([入学日期])。

3.5　创建交叉表查询

交叉表查询可利用查询向导创建，用于显示表中某个字段的汇总值，包括总计、计数和平均等，并将其分组，一组列在数据表的左侧，另一组列在数据表的上部。例如，想要查询每个学生每门课程的平均分，就需要用到交叉表查询来实现。交叉表查询运行的显示形式是数据表转置后形成的表，类似于 Excel 中的数据透视表。

【例 3-14】 创建名为“学生人数交叉表”的查询，查找每个专业不同性别的人数。

本题有两种方法，第一种方法为使用交叉表查询向导，第二种方法为使用设计视图。使用交叉表查询向导创建交叉表查询方法的操作步骤如下。

（1）单击“创建”选项卡上的“查询”组中的“查询向导”按钮，打开“新建查询”对话框，选择其中的“交叉表查询向导”，如图 3-55 所示。

（2）在“交叉表查询向导”对话框中选定“学生信息表”，如图 3-56 所示，单击“下一步”按钮。

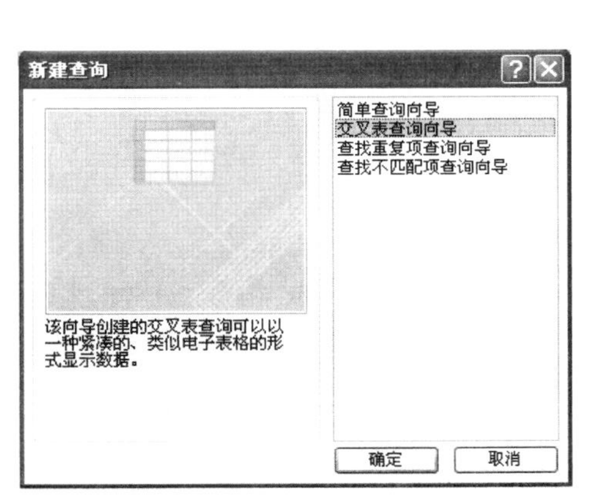

图 3-55 “新建查询”对话框

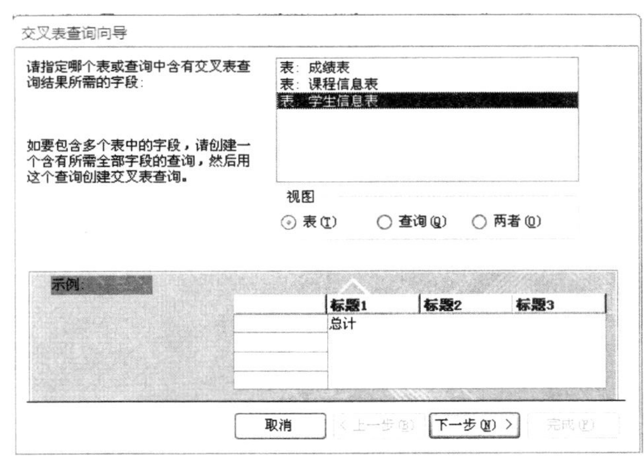

图 3-56 “交叉表查询向导”对话框

（3）选择交叉表的行标题，这里选择“专业”字段，单击 > 按钮将选定的字段移到右侧的“选定字段”列表框中，如图 3-57 所示，单击“下一步”按钮。注意，行标题最多可选 3 个。

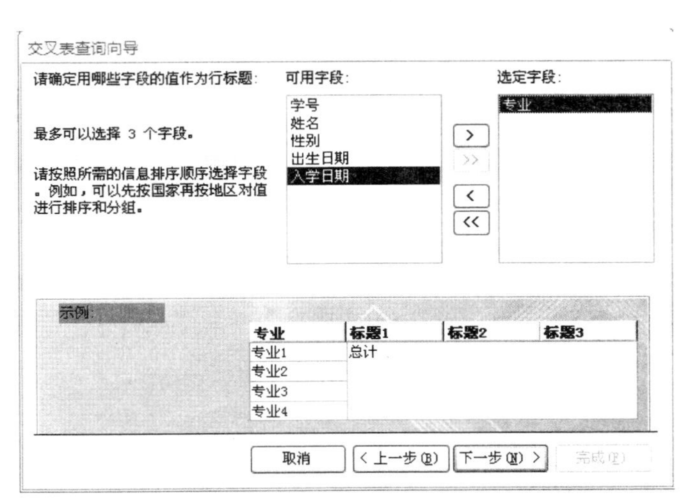

图 3-57 确定行标题字段

（4）选择交叉表的列标题，这里选择“性别”字段，如图 3-58 所示，单击“下一步”按钮。

（5）选择参与计算的字段，这里选择“学号”，计算方法是“计数”，同时包含各行小计，如图 3-59 所示，单击“下一步”按钮。

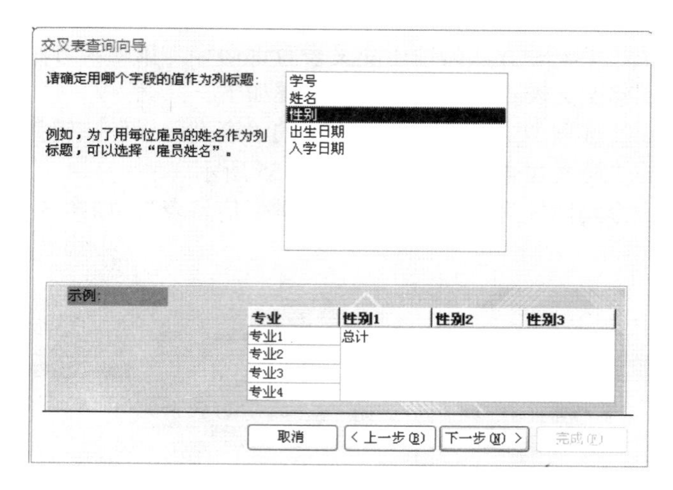

图 3-58　确定列标题字段

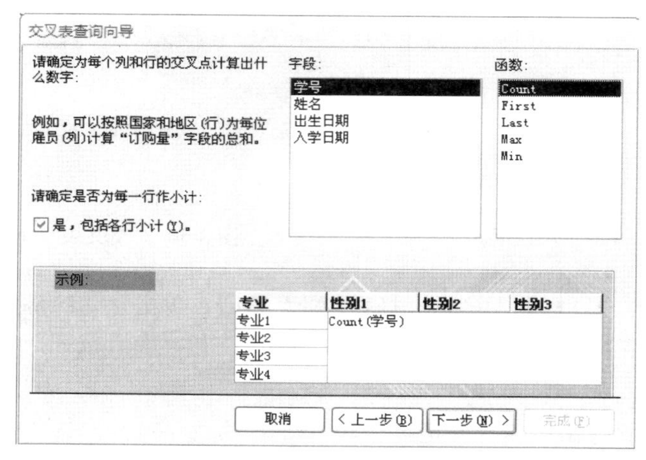

图 3-59　确定值字段

（6）交叉表向导的最后一个窗口要求命名交叉表，在“请指定查询的名称”文本框中输入“学生人数交叉表”，如图 3-60 所示。单击“完成”按钮，交叉表在生成后将自动打开，如图 3-61 所示。

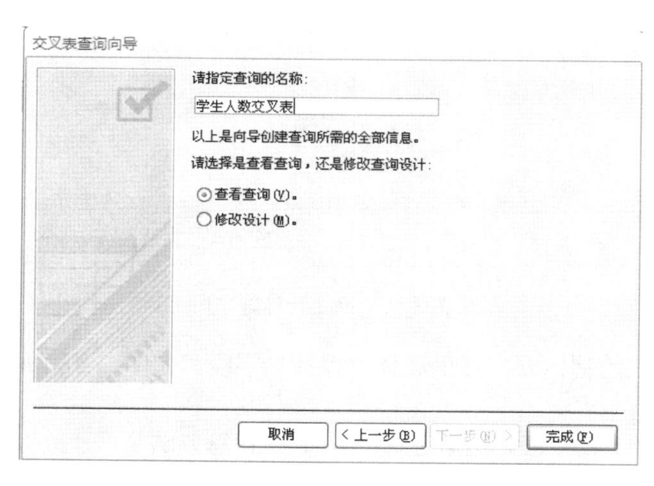

图 3-60　输入查询名称

学生人数交叉表

专业	总计 学号	男	女
财务管理	1		1
电子商务	1	1	
法学	1		1
工商管理	2	1	1
公共事业管理	1	1	
国际经济与贸	1		1
会计学	1	1	
计算机科学与	1	1	
软件工程	1	1	
应用化学	1	1	

图 3-61 “学生人数交叉表”查询执行结果

注意：在该交叉表中，原来的“专业”字段中的数据现在成了字段名，记录导航按钮上的第 1 项（共 10 项）指交叉表有 10 行内容，与数据表记录数无直接关系。

使用“交叉表查询向导”建立交叉表查询，所使用的字段必须来源于同一个表或同一个查询，这样在实际应用中就非常麻烦。如果使用的字段不在同一个表或查询中，最简单、灵活的方法是使用设计视图，在设计视图中可以自由地选择一个或多个表、选择一个或多个查询。

使用设计视图方法创建交叉表查询的操作步骤如下。

（1）在“学生成绩管理”数据库窗口中，单击“创建”选项卡上的“查询”组中的“查询设计”按钮，在“显示表”对话框中双击“学生信息表”，单击“关闭”按钮。

（2）单击“设计”选项卡上的“查询类型”组中的“交叉表”命令按钮，将“专业”、“性别”、“学号”3 个字段分别添加到“设计网格”的第 1～3 列中，在“学号”字段的“总计”单元格内选择“计数”选项，如图 3-62 所示。

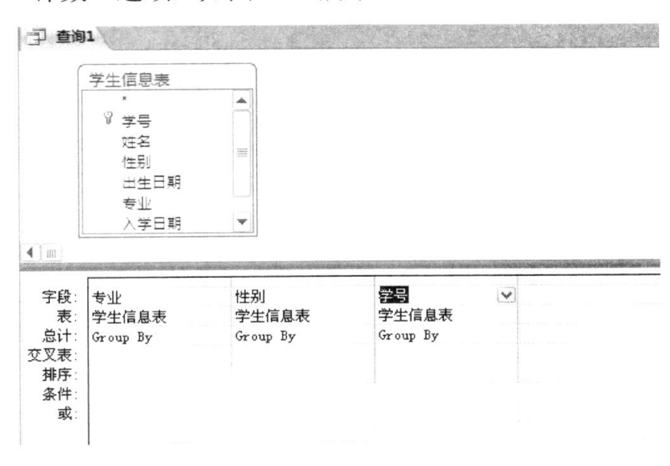

图 3-62 在设计视图中添加字段

（3）在“专业”字段的“交叉表”单元格内选择“行标题”选项，在“性别”字段的“交叉表”单元格内选择“列标题”选项，在“学号”字段的“交叉表”单元格内选择“值”选项，“总计”单元格内选择“计数”，如图 3-63 所示。

（4）单击快速访问工具栏上的“保存”按钮，会出现“另存为”对话框，在“查询名称”文本框中输入“学生人数交叉表”。

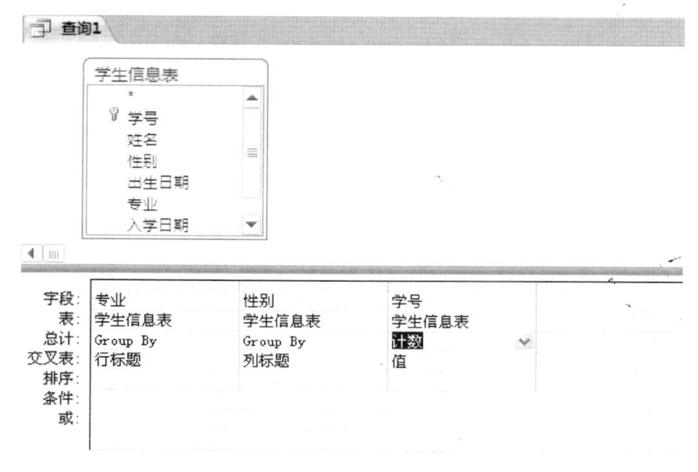

图 3-63　为每个字段设置行标题、列标题和值

（5）单击“设计”选项卡上的“结果”组中的“视图”按钮，或 “执行”按钮，切换到数据表视图。这时可以看到“学生人数交叉表”查询执行结果，如图 3-64 所示。

对于一个生成的交叉表，作为计算出来的值的小数位数较多时，可以右击该字段，在弹出的快捷菜单中选择“属性”命令，可在“常规”选项卡中的“格式”和“小数位数”文本框中设置参数，如图 3-65 所示。

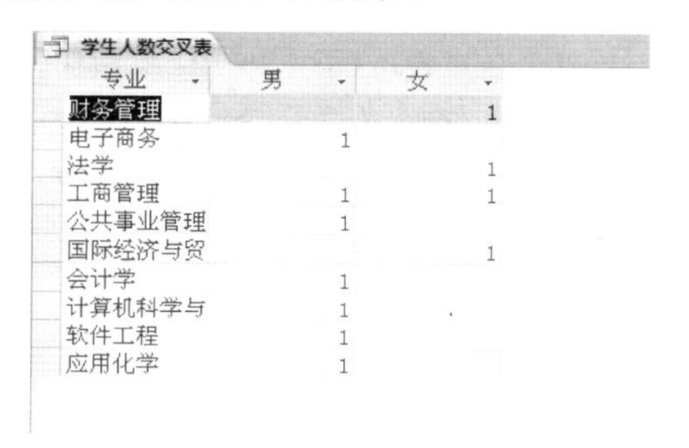

图 3-64　“学生人数交叉表”查询执行结果

图 3-65　在“字段属性”对话框中设置小数位数

【例 3-15】 创建名为“学生选课成绩交叉表”的查询，使其显示每个学生每门课程的成绩。

（1）在“学生成绩管理”数据库窗口中，单击“创建”选项卡上的“查询”组中的“查询设计”按钮，在“显示表”对话框中双击“学生信息表”，“课程信息表”、“成绩表”，然后单击“关闭”按钮。

（2）单击“设计”选项卡上的“查询类型”组中的“交叉表”命令按钮，双击“学生信息表”中的“姓名”字段、“课程信息表”中的“课程名称”字段、“成绩表”中的“成绩”字段，将这 3 个字段分别添加到“设计网格”的第 1～3 列中，在“成绩”字段的“总计”单元格内选择“First”选项，如图 3-66 所示。

（3）在“姓名”字段的“交叉表”单元格内选择“行标题”选项，在“课程名称”字段的“交叉表”单元格内选择“列标题”选项，在“成绩”字段的“交叉表”单元格内选择“值”选项，如图 3-67 所示。

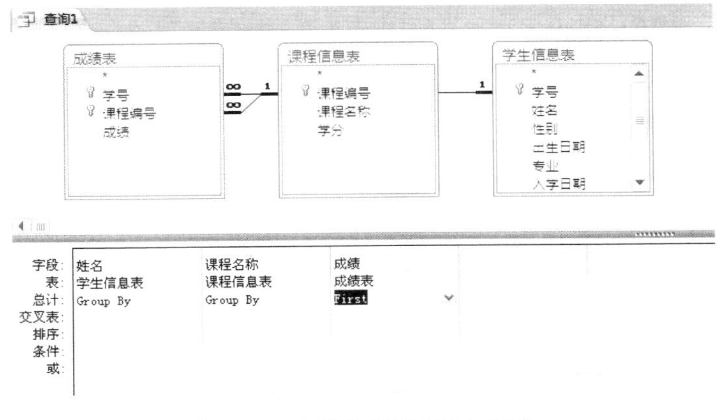

图 3-66 在设计视图中添加字段

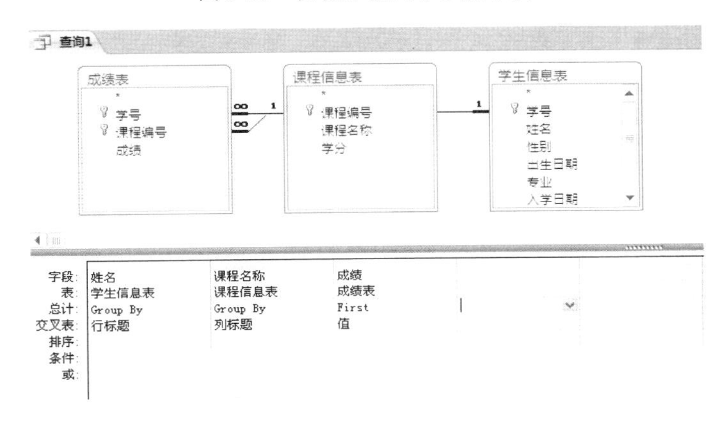

图 3-67 确定每个字段的交叉表行中的值

（4）单击快速访问工具栏上的“保存”按钮，会出现“另存为”对话框，在“查询名称”文本框中输入“学生选课成绩交叉表”。

（5）单击“设计”选项卡上的“结果”组中的“视图”按钮，或 “执行”按钮，切换到数据表视图。这时可以看到“学生选课成绩交叉表”查询执行结果，如图 3-68 所示。

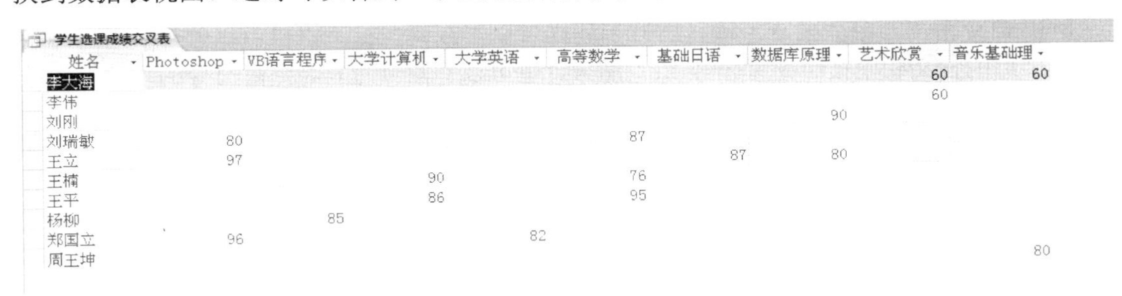

学生选课成绩交叉表

姓名	Photoshop	VB语言程序	大学计算机	大学英语	高等数学	基础日语	数据库原理	艺术欣赏	音乐基础理
李大海								60	60
李伟								60	
刘刚							90		
刘瑞敏	80				87				
王立	97					87	80		
王楠			90		76				
王平			86		95				
杨柳		85							
郑国立	96			82					
周王坤									80

图 3-68 “学生选课成绩交叉表”查询执行结果

3.6 创建 SQL 查询

查询的实质是 SQL 命令。前面我们介绍了使用向导和设计视图帮助用户建立查询，实质上这些查询仍以 SQL 命令的形式保存在数据库中，用户只需打开一个查询后，将视图切换到

SQL 视图就可以看到 SQL 代码。对于高级用户来说，比较复杂的查询应该直接使用 SQL 命令，这样可以完成查询向导无法完成或者设计视图难以完成的查询操作。

3.6.1 SQL 语言概述

SQL 的英文全称是 Structured Query Language，意思是结构化查询语言，它是一种数据库共享语言，可用于定义、查询、更新、管理关系型数据库系统。SQL 的最大特点是易学易用，它的 30 多个语句由近似自然语言的英语单词组成，是一种非过程语言，用户只需告诉 SQL 命令要做什么，不必关心怎样做。因此 SQL 的功能非常强大，一条简短的命令可达到通常一大段普通程序才能实现的功能。举例来说，要显示“学生信息表”中所有男学生的学号、姓名、专业，只要在 SQL 视图中输入下列 SQL 命令就可以实现：

```
SELECT 学号,姓名,专业
 FROM 学生信息表
 WHERE 性别="男"
```

本节讨论 SQL 的查询语句，查询语句为 SELECT，其基本格式为：

```
SELECT 字段列表
 [INTO 新表]
  FROM 记录源
   [WHERE <条件表达式>]
    [GROUP BY <分组表达式>]
     [HAVING  <条件表达式>]
      [ORDER BY 字段列表[ASC|DESC]]
```

在 SELECT 命令的语法格式中，基本部分是“SELECT 字段列表”和“FROM 记录源”，方括号（[ ]）中的内容为可选项，即根据需要可以使用，也可以不用。其中，SELECT 用于选择需要输出的字段，FROM 子句决定数据的来源，这里的记录源可以是数据表，也可以是已经建立的查询；WHERE 子句能决定哪些记录可以参数输出，即对数据进行筛选；GROUP BY 用于对记录源进行分组统计；HAVING 的作用有点类似于 WHERE，能对分组后的结果再行筛选；ORDER BY 子句可以将待显示的数据按照某些字段值的大小排序后输出。

SQL 命令对书写格式要求不高，所有子句既可以写在同一行上，也可以分行书写，并且大小写字母的含义相同；命令用分号“;”结束，也可以不写分号。为提高命令的可读性，可以采用分行书写并给予缩紧，同时用大写字母表示命令的关键字。下面用实例对 SELECT 命令的作用和各个子句逐一进行介绍。

3.6.2 基于单一记录源的查询

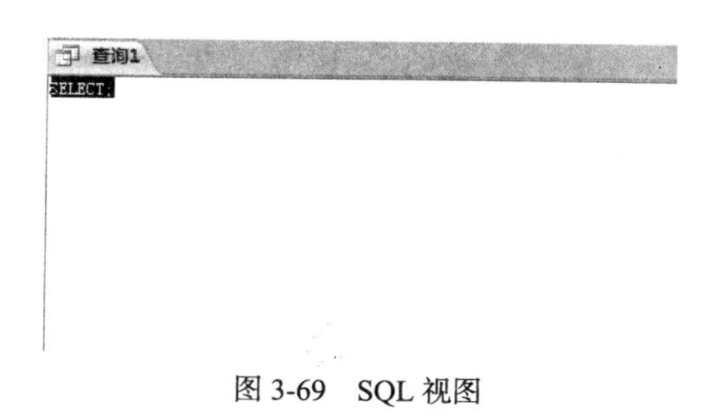

图 3-69　SQL 视图

单一记录源是指被查询的对象是一个表或者是一个已经存在的查询。

Access 没有提供直接进入 SQL 视图的方法，需要先进入查询设计视图（不选择表），再通过选择单击“设计”选项卡上的“结果”组中的“SQL 视图”按钮，进入如图 3-69 所示的 SQL 视图。

3.6.2.1 选取记录源的全部或部分字段

在 SELECT 命令中，可以用“*”表示记录源中的全部字段。记录源可以在 FROM 子句中指定。

【例 3-16】 输出学生信息表的全部字段，并将查询保存为“学生信息”。

（1）进入 SQL 视图，输入如下 SQL 命令：

```
SELECT *
FROM 学生信息表
```

（2）完成后单击“设计”选项卡上的“结果”组中的“执行”按钮，即显示图 3-70（a）所示的查询结果。

（3）将本查询保存为“学生信息”。

本查询显示的数据记录来源于“学生信息表”，这个结果与直接打开“学生信息表”数据表的情形完全相同，这是因为该查询显示了全部的记录和所有字段。单击“设计”选项卡上的“结果”组中的“视图”按钮下面的三角形，在出现的下拉菜单中选择 设计视图(D) 命令，可发现 SQL 命令自动形成相应的设计视图，如图 3-70（b）所示。

查询1

学号	姓名	性别	出生日期	专业	入学日期	照片
100105129	李伟	男	1991-1-20	应用化学	2010-9-1	包
100301008	李大海	男	1990-1-21	工商管理	2010-9-1	
100502064	刘瑞敏	女	1991-7-16	财务管理	2010-9-1	
110201001	王立	男	1992-1-19	计算机科学与	2011-9-1	
110301062	杨柳	女	1993-6-17	工商管理	2011-9-1	
110503167	周王坤	男	1993-4-19	电子商务	2011-9-1	
120203123	郑国立	男	1993-8-18	软件工程	2012-9-1	
120302005	刘刚	男	1994-1-17	会计学	2012-9-1	
120401078	王平	男	1994-9-16	公共事业管理	2012-9-1	
120404046	李丽	女	1993-9-17	法学	2012-9-1	
120504089	王楠	女	1994-10-16	国际经济与贸	2012-9-1	

（a）

（b）

图 3-70　SQL 命令执行结果与相应的查询设计视图

【例 3-17】 以【例 3-16】所建的“学生信息”查询为记录源，显示其中的“学号”、“姓名”、“性别”字段。

SQL 语句为：

```
SELECT 学号,姓名,性别
FROM 学生信息
```

说明

（1）字段名之间的逗号必须是英文字符，不能使用汉字或全角逗号。

（2）如果修改查询“学生信息”的名字，那么本查询总引用的记录源名也将自动更新。

（3）作为记录源的“学生信息”查询不能删除，否则 Access 将提示“Microsoft access 数据库引擎找不到输入表或查询‘学生信息’”，请确定它存在且其名称拼写正确。

（4）当真正的记录源“学生信息表”中的数据更新时，查询的执行结果也自动更新。

3.6.2.2　对记录进行选择

SQL 的查询命令用 WHERE 子句对记录进行选择。WHERE 根据某个表达式或某些字段的值过滤掉不符合条件的记录，类似于程序设计语言中的 IF 语句（条件语句）。

WHERE 的语法格式是：

```
WHERE <表达式> <关系运算符> <表达式>
```

【例 3-18】 查找 1991-1-1 以后出生的学生，显示其学号、姓名和出生日期。

查询命令为：

```
SELECT 学号,姓名,出生日期
FROM 学生信息表
WHERE 出生日期>#1/1/1990#
```

【例 3-19】 输出 1991-1-1 以后出生的男学生信息，显示其学号、姓名、性别和出生日期。

查询命令为：

```
SELECT 学号,姓名,性别,出生日期
 FROM 学生信息表
  WHERE 出生日期>#1/1/1990# AND 性别='男'
```

查询结果如图 3-71 所示。

【例 3-20】 找出所有姓李的学生，显示其学号、姓名、性别、出生日期和专业。

查询命令为：

```
SELECT 学号,姓名,性别,出生日期,专业
 FROM 学生信息表
  WHERE 姓名 LIKE '李*'
```

查询结果如图 3-72 所示。

查询1

学号	姓名	性别	出生日期
100105129	李伟	男	1991-1-20
100301008	李大海	男	1990-1-21
110201001	王立	男	1992-1-19
110503167	周王坤	男	1993-4-19
120203123	郑国立	男	1993-8-18
120302005	刘刚	男	1994-1-17
120401078	王平	男	1994-9-16
*			

图 3-71 【例 3-19】查询结果

查询1

学号	姓名	性别	出生日期	专业
100105129	李伟	男	1991-1-20	应用化学
100301008	李大海	男	1990-1-21	工商管理
120404046	李丽	女	1993-9-17	法学
*				

图 3-72 【例 3-20】查询结果

3.6.2.3　将记录排序输出

【例 3-21】 按性别的升序和学号的降序输出学生的全部信息。

查询命令为：

```
SELECT *
 FROM 学生信息表
  ORDER BY 性别,学号 DESC
```

查询结果如图 3-73 所示，从图中可以看出，记录的输出先按照性别排序，男同学在前，女同学在后（字符串的值从小到大），在相同的性别中再按学号从大到小排列输出。

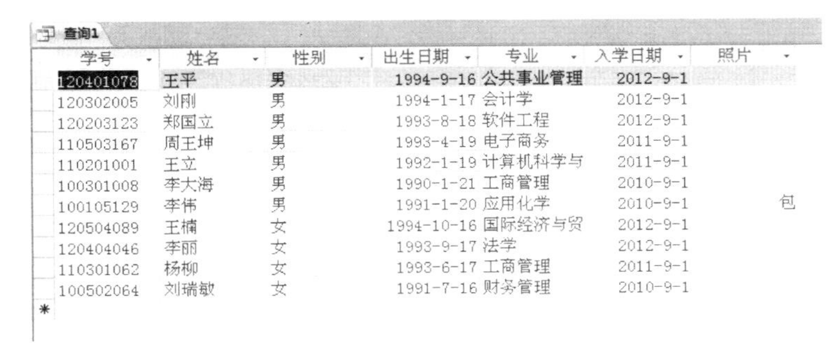

查询1

学号	姓名	性别	出生日期	专业	入学日期	照片
120401078	王平	男	1994-9-16	公共事业管理	2012-9-1	
120302005	刘刚	男	1994-1-17	会计学	2012-9-1	
120203123	郑国立	男	1993-8-18	软件工程	2012-9-1	
110503167	周王坤	男	1993-4-19	电子商务	2011-9-1	
110201001	王立	男	1992-1-19	计算机科学与	2011-9-1	
100301008	李大海	男	1990-1-21	工商管理	2010-9-1	
100105129	李伟	男	1991-1-20	应用化学	2010-9-1	包
120504089	王楠	女	1994-10-16	国际经济与贸	2012-9-1	
120404046	李丽	女	1993-9-17	法学	2012-9-1	
110301062	杨柳	女	1993-6-17	工商管理	2011-9-1	
100502064	刘瑞敏	女	1991-7-16	财务管理	2010-9-1	

图 3-73　按序输出查询结果

3.6.3　基于多个记录源的查询

在实际查询操作中，常常需要组合两个表或多个表中的字段，以输出完整的信息。例如，要输出每个学生（用姓名表示）每门课程（用课程名称表示）的成绩，3 个字段分别存放在 3 张表中，这就需要公共属性（字段）发挥连接两个表的纽带作用。

连接数据表的方式有两种，一种是用 WHERE 子句实现，另一种是通过 JOIN 子句实现。

3.6.3.1　用 WHERE 实现表间关系

【例 3-22】 输出每个学生（用姓名表示）每门课程（用课程名称表示）的成绩。

```
SELECT 姓名,课程名称,成绩
 FROM 学生信息表,课程信息表,成绩表
  WHERE 学生信息表.学号=成绩表.学号 AND 课程信息表.课程编号=成绩表.课程编号
```

查询结果如图 3-74 所示。

说明

（1）在 SQL 命令中，不同表的同名字段前要冠以表名以示区别。

（2）Access 允许字段名中保留空格，引用时需用[]括起来以表明完整的标识符，假定“学生信息表”中字段名“姓名”中间有两个空格，引用时应写成“学生信息表.[姓　名]”。

3.6.3.2　用 JOIN 实现表与表的连接

Microsoft Jet SQL 将 JOIN 分为内连接、左外连接和右外连接。内连接是最常用的连接形式，可以取代 WHERE 实现表间的连接。INNER JOIN 出现在 FROM 子句中，其格式为：

```
FROM <表 1> INNER JOIN <表 2> ON <条件表达式>
```

【例 3-23】 用 INNER JOIN 输出每个学生（用姓名表示）每门课程（用课程名称表示）的成绩。

命令如下：

```
SELECT 姓名,课程名称,成绩
FROM (学生信息表 INNER JOIN 成绩表 ON 学生信息表.学号=成绩表.学号) INNER JOIN 课程信息
      表 ON 成绩表.课程编号=课程信息表.课程编号
```

查询结果如图 3-75 所示。观察图 3-74 和图 3-75，两种组合不同表字段的差别在于 INNER JOIN 可以实现在数据表“一”方添加新的记录，WHERE 方式却不行（其添加新记录按钮▶*是灰色的）。不过在本例的“姓名”和“课程名称”中添加新名字时 Access 将报错，因为新记录没有提供学号和课程编号，作为主键的学号和课程编号是不允许出现空值的。

姓名	课程名称	成绩
李伟	艺术欣赏	60
李大海	音乐基础理论	60
李大海	艺术欣赏	60
王立	数据库原理及	80
王立	Photoshop	97
王立	基础日语	87
杨柳	VB语言程序设	85
周王坤	音乐基础理论	80
郑国立	大学英语	82
郑国立	Photoshop	96
刘刚	数据库原理及	90
王平	大学计算机基	86
王平	高等数学	95
刘瑞敏	高等数学	87
刘瑞敏	Photoshop	80
王楠	大学计算机基	90
王楠	高等数学	76

记录：第 1 项(共 17 项 无筛选器 搜索

图 3-74　使用 WHERE 实现表间关系查询结果

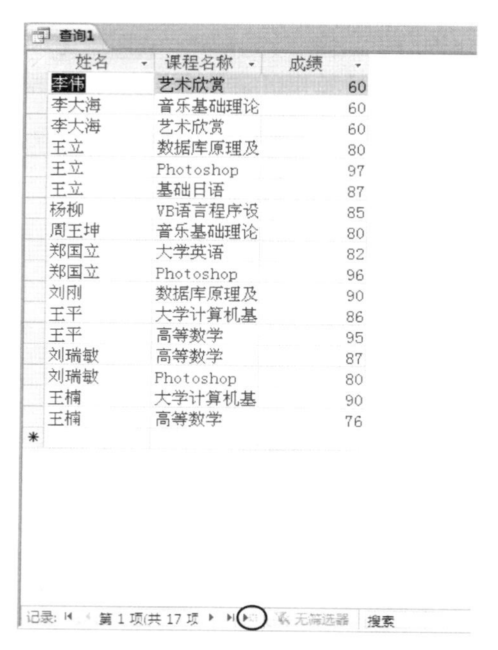

姓名	课程名称	成绩
李伟	艺术欣赏	60
李大海	音乐基础理论	60
李大海	艺术欣赏	60
王立	数据库原理及	80
王立	Photoshop	97
王立	基础日语	87
杨柳	VB语言程序设	85
周王坤	音乐基础理论	80
郑国立	大学英语	82
郑国立	Photoshop	96
刘刚	数据库原理及	90
王平	大学计算机基	86
王平	高等数学	95
刘瑞敏	高等数学	87
刘瑞敏	Photoshop	80
王楠	大学计算机基	90
王楠	高等数学	76

记录：第 1 项(共 17 项 无筛选器 搜索

图 3-75　使用 JOIN 实现表间关系查询结果

3.6.4　合计、汇总与计算

3.6.4.1　合计函数

Access 的合计函数也称为聚合函数、聚集函数或字段函数，这些函数用于完成各类统计操作。常用的合计函数有 COUNT 函数（计数）、SUM 函数（求和）、MAX 函数（求最大值）、MIN 函数（求最小值）和 AVG 函数（求平均值）。

（1）COUNT 函数。COUNT 函数用于统计符合条件的记录有多少。

【例 3-24】 统计 1990-1-1 以后出生的学生人数。

查询命令是：

```
SELECT  COUNT（学号）
 FROM 学生信息表
  WHERE 出生日期>#1/1/1990#
```

本例中，“学号”字段都可用作计数对象。注意：图 3-76（a）显示的结果中，输出的字段名为 Expr1000，表示该字段是一个函数的计算结果。为表明字段的含义，可以在 SELECT 中用 AS 子句为该列指定一个输出时的字段名，整个查询命令修改为：

```
SELECT  COUNT（学号）AS 符合条件的人数
 FROM 学生信息表
  WHERE 出生日期>#1/1/1990#
```

输出结果如图 3-76（b）所示。

（a）　　（b）

图 3-76　【例 3-24】查询结果

（2）SUM 函数。SUM 函数用于求和，参与求和的字段必须为数值类型。

【例 3-25】 求王楠同学的总成绩。

```
SELECT  SUM（成绩）AS 总分
 FROM 学生信息表,成绩表
  WHERE 学生信息表.学号=成绩表.学号 AND 姓名='王楠'
```

查询结果如图 3-77 所示。

（3）MAX 函数和 MIN 函数。这两个函数分别用于在指定的记录范围内找出具有最大值和最小值的字段。

【例 3-26】 求选修了 Photoshop 课程的最高分。

```
SELECT  MAX（成绩）AS 最高分
 FROM 课程信息表,成绩表
  WHERE 课程信息表.课程编号=成绩表.课程编号 AND 课程名称='Photoshop'
```

查询结果如图 3-78 所示。

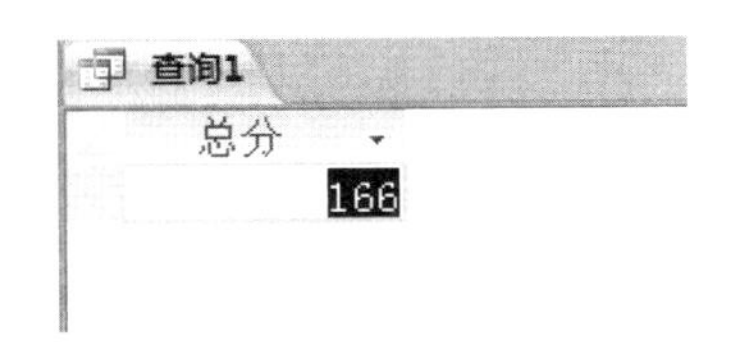

图 3-77 【例 3-25】查询结果

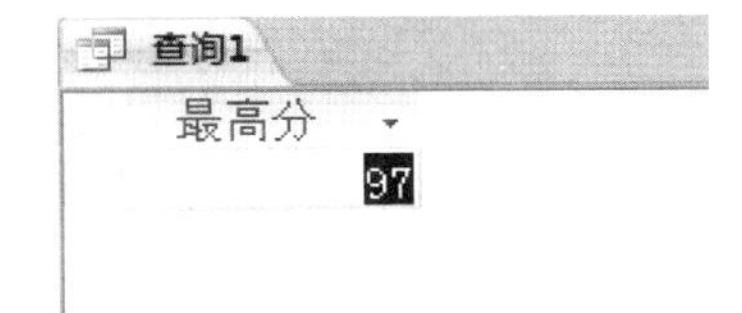

图 3-78 【例 3-26】查询结果

（4）AVG 函数。AVG 函数用于输出某个字段的平均值。

【例 3-27】 求"王立"所学课程的平均分。

```
SELECT  AVG（成绩）AS 平均分
 FROM 学生信息表,成绩表
  WHERE 学生信息表.学号=成绩表.学号 AND 姓名=王立
```

3.6.4.2 分组查询

GROUP BY 子句将输出记录分成若干组，以字段值相同的记录为一组，配合合计函数进行统计汇总操作，其语法格式为：

```
GROUP BY 分组表达式 1[,分组表达式 2[,…]]
```

【例 3-28】 统计男女学生人数。

```
SELECT  性别,COUNT（学号）AS 人数
 FROM 学生信息表
  GROUP BY 性别
```

输出结果如图 3-79 所示。

（1）使用 GROUP BY 子句进行分组时，显示的字段只能是参与分组的字段以及基于分组字段的合计函数计算结果，【例 3-28】按性别分组，输出的字段只能是"性别"，如果改成"姓名"字段，Access 将提示错误"试图执行的查询中不包含作为合计函数一部分的特定表达式'姓名'"。

（2）GROUP BY 子句总是出现在 SELECT 语句的最后。

3.6.4.3 HAVING 函数

HAVING 函数与 GROUP BY 子句联合使用，可以对分组后的结果作限制。

【例 3-29】 计算每位学生的课程平均分，对平均分超过 85 分的学生进行输出。

```
SELECT  学号,AVG（成绩）AS 平均分
 FROM 成绩表
  GROUP BY 学号
   HAVING  AVG（成绩）>85
```

输出结果如图 3-80 所示。

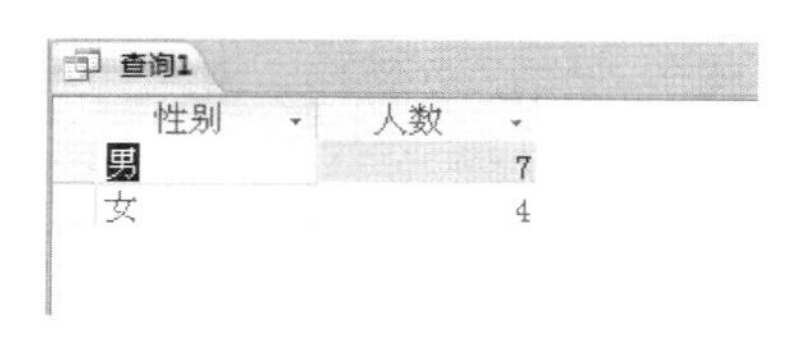

查询1

性别	人数
男	7
女	4

图 3-79 【例 3-28】查询结果

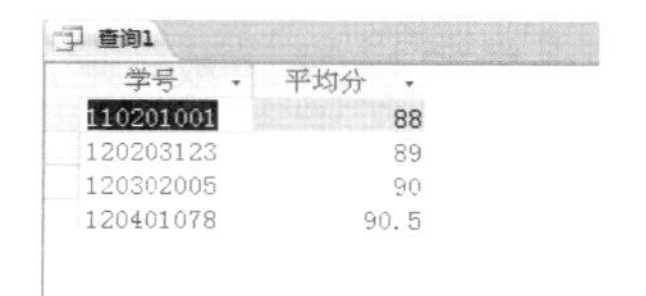

查询1

学号	平均分
110201001	88
120203123	89
120302005	90
120401078	90.5

图 3-80 【例 3-29】查询结果

3.6.4.4 计算列

计算列的实质是一个表达式，其使用方式如同一个字段。

【例 3-30】 显示入校时间已达两年的学生信息及在校年数。

```
SELECT  学号,姓名,性别,出生日期,专业,YEAR(NOW( ))-YEAR(入学日期) AS 在校年数
 FROM 学生信息表
  WHERE  YEAR(NOW( ))-YEAR(入学日期)>=2
```

NOW( )函数提供了当前系统日期和时间，YEAR( )函数用于从一个日期型数据中提取年份信息，表达式 YEAR(NOW( ))-YEAR(入学日期)的作用是计算两个年份相减的差。因为计算列没有意义明确的字段名，所以命令中用 AS 子句给表达式赋予一个列名。

3.6.5 嵌套查询

嵌套查询是较复杂的查询操作，它将第一次查询的结果作为第二次查询的条件。

【例 3-31】 查找高等数学成绩高于此课程平均分的学生及其分数。

```
SELECT  学生信息表.学号,姓名,课程名称,成绩
 FROM 学生信息表,课程信息表,成绩表
  WHERE  成绩>( SELECT  AVG(成绩)
               FROM 课程信息表,成绩表
               WHERE 课程信息表.课程编号=成绩表.课程编号 AND 课程名称='高等数学') AND
                     学生信息表.学号=成绩表.学号 AND 课程信息表.课程编号=成绩表.课程编
                     号 AND 课程名称='高等数学'
```

其中，“SELECT AVG(成绩) FROM 课程信息表，成绩表 WHERE 课程信息表.课程编号=成绩表.课程编号 AND 课程名称=‘高等数学’”首先被执行（称为内嵌套），计算出高等数学课程的平均分，结果将暂存；然后执行“SELECT 学生信息表.学号，姓名，课程名称，成绩 FROM 学生信息表，课程信息表，成绩表 WHERE 成绩>X AND 学生信息表.学号=成绩表.学号 AND 课程信息表.课程编号=成绩表.课程编号 AND 课程名称=‘高等数学’”（用 X 代表暂存的平均分），查找哪些人的高等数学成绩高于这个 X，这层查询可称为外嵌套。注意内嵌套是一个完整的、独立的查询，不要遗漏内嵌套的记录源。图 3-81 所示是本查询的输出结果。

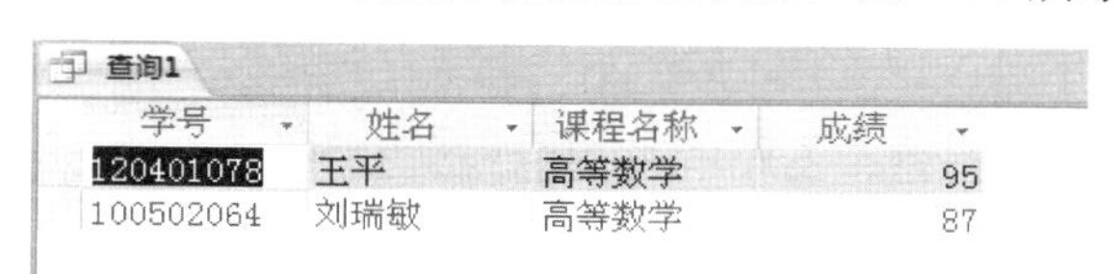

查询1

学号	姓名	课程名称	成绩
120401078	王平	高等数学	95
100502064	刘瑞敏	高等数学	87

图 3-81 【例 3-31】查询结果

3.7 创建操作查询

选择查询不更改源数据表中的数据，前面介绍的参数查询和交叉表查询都属于选择查询，对应于 SQL 语言中的 SELECT 语句。操作查询与选择查询的区别在于前者执行后并非显示结果，而是按某种规则更新字段值，删除表中记录，或者是将 SELECT 查询的结果生成一个新的数据表，也可以将 SELECT 的查询结果追加到另一个数据表中。

由于一个操作查询运行时可能会对数据库中的表作大量的修改，因此，为了避免因误操作而造成的不必要的修改，Access 2010 在数据库窗口中的每个操作查询的图标的右侧显示一个感叹号，以便引起操作者的注意。

3.7.1 生成表查询

生成表查询就是利用一个或多个表中的全部或部分数据创建新表。在 Access 中，从表中访问数据要比从查询中访问数据的速度快，所以如果经常要从几个表中提取数据，最好的方法就是使用 Access 提供的生成表查询，将从多个表中提取的数据组合起来生成一个新表后而永久保存。

【例 3-32】 将高等数学成绩在 90 分以上的学生信息存储到一个新表中。

操作步骤如下。

（1）打开查询设计视图，将“学生信息表”、“成绩表”和“课程信息表”添加到设计视图上半部分的窗口中。

（2）双击“学生信息表”中的“学号”、“姓名”、“性别”、“出生日期”、“专业”字段，将其添加到“设计网格”中“字段”行的第 1 列至第 5 列中。双击“课程信息表”中的“课程名称”字段，将该字段添加到“设计网格”中“字段”行的第 6 列。双击“成绩表”中的“成绩”字段，将该字段添加到“设计网格”中“字段”行的第 7 列。

（3）在“课程名称”字段的“条件”单元格内输入查询条件：“高等数学”。在“成绩”字段的“条件”单元格内输入查询条件：>=90。

（4）单击“设计”选项卡上的“查询类型”组中的“生成表”按钮，这时，屏幕上显示“生成表”对话框，如图 3-82 所示。

图 3-82 “生成表”对话框

（5）在“表名称”文本框中输入要创建的表名称“成绩在 90 分以上的学生信息”。然后选中“当前数据库”单选按钮，将新表放入当前打开的“学生成绩管理”数据库中。完成设置后，单击“确定”按钮。

（6）单击“设计”选项卡上的“结果”组中的“视图”按钮，预览“生成表查询”新建的表，如图 3-83 所示。如果不满意，可以再次单击“设计”选项卡上的“结果”组中的“视图”按钮，返回到设计视图，对查询进行所需的更改，直到满意为止。

（7）在设计视图中，单击“设计”选项卡上的“结果”组中的“运行”按钮，这时屏幕上显示一个对话框，如图 3-84 所示。

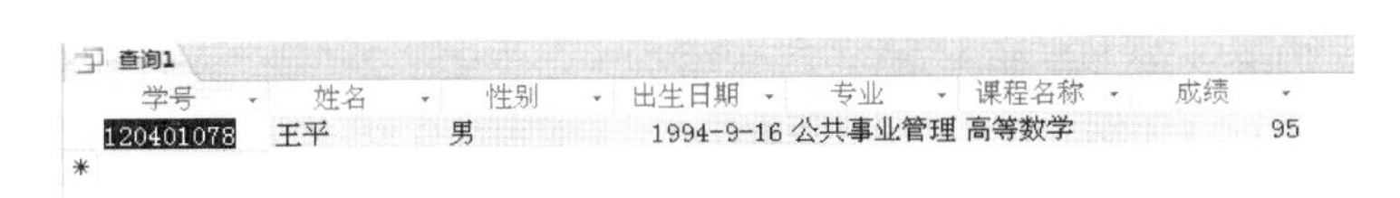

图 3-83 “生成表查询”新建的表

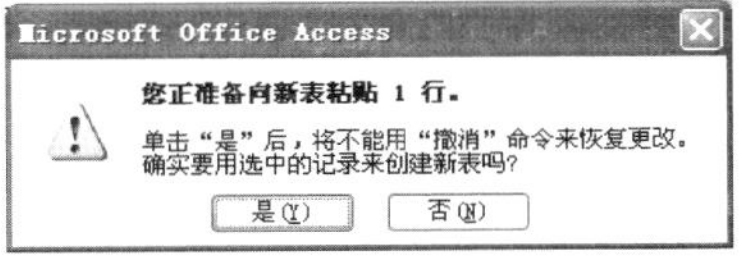

图 3-84 生成新表前的提示信息

（8）单击“是”按钮，Access 将开始建立“成绩在 90 分以上的学生信息”表，生成新表后不能撤销所作的更改；单击“否”按钮，不建立新表。这里单击“是”按钮。

（9）单击“保存”命令按钮，完成该生成表查询操作。

本例生成表查询对应的 SQL 代码是：

```
SELECT 学生信息表.学号，学生信息表.姓名，学生信息表.性别，学生信息表.出生日期,学生信息
        表.专业，课程信息表.课程名称，成绩表.成绩 INTO 成绩在 90 分以上的学生信息
FROM 课程信息表 INNER JOIN (学生信息表 INNER JOIN 成绩表 ON 学生信息表.学号 = 成绩
     表.学号) ON 课程信息表.课程编号 = 成绩表.课程编号
WHERE 课程信息表.课程名称="高等数学" AND 成绩表.成绩>=90
```

3.7.2 追加查询

追加查询就是将一个表中符合条件的部分或全部记录添加到另一个数据表中。

【例 3-33】 将其他科目成绩在 90 分以上的学生信息添加到“成绩在 90 分以上的学生信息”表中。

操作步骤如下。

（1）进入查询设计视图，在“显示表”对话框中选择“学生信息表”、“成绩表”、“课程信息表”。

（2）单击“设计”选项卡上的“查询类型”组中的“追加”按钮，在“追加”对话框的“表名称”下拉列表框中选择“成绩在 90 分以上的学生信息”表，如图 3-85 所示。单击“确定”按钮，关闭“追加”对话框。

图 3-85 在“追加”对话框中选择被追加表

（3）在查询设计视图中，逐一添加“学号”、“姓名”、“性别”、“出生日期”、“专业”、“课程名称”、“成绩”字段，“追加到”框将自动显示“成绩在 90 分以上的学生信息”表中相应的字段名、在“课程名称”字段条件单元格内输入条件：<>高等数学。在“成绩”字段条件单元格内输入条件：>=90。

（4）单击“设计”选项卡上的“结果”组中的“运行”按钮，执行查询。

（5）单击快速访问工具栏上的“保存”按钮保存该查询，完成追加操作。

打开“成绩在 90 分以上的学生信息”表，如图 3-86 所示，可观察到新增的记录。

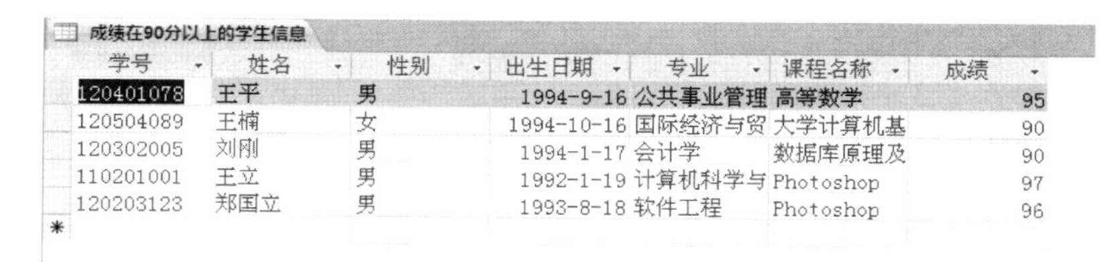

成绩在90分以上的学生信息

学号	姓名	性别	出生日期	专业	课程名称	成绩
120401078	王平	男	1994-9-16	公共事业管理	高等数学	95
120504089	王楠	女	1994-10-16	国际经济与贸	大学计算机基	90
120302005	刘刚	男	1994-1-17	会计学	数据库原理及	90
110201001	王立	男	1992-1-19	计算机科学与	Photoshop	97
120203123	郑国立	男	1993-8-18	软件工程	Photoshop	96
*						

图 3-86 【例 3-33】查询结果

本例对应的 SQL 命令是：

```
INSERT INTO 成绩在 90 分以上的学生信息 ( 学号, 姓名, 性别, 出生日期, 专业, 课程名称, 成绩 )
SELECT 学生信息表.学号，学生信息表.姓名，学生信息表.性别，学生信息表.出生日期，学生信
        息表.专业，课程信息表.课程名称，成绩表.成绩
FROM 学生信息表 INNER JOIN (课程信息表 INNER JOIN 成绩表 ON 课程信息表.课程编号 = 成
        绩表.课程编号) ON 学生信息表.学号 = 成绩表.学号
WHERE 课程信息表.课程名称<>"高等数学" AND 成绩表.成绩>=90;
```

（1）待追加的字段与“追加到”字段的名称可以不一致，但类型应相同或者兼容。

（2）追加操作不应破坏数据的完整性约束。

（3）待追加的字段数可以少于目的表的字段数，但追加到目的表主键的字段不能省略，追加到外键字段的值也必须是有效值。

3.7.3 更新查询

更新查询可以根据某种规则批量修改数据表中的数据。

【例 3-34】 将每门课程的学分都加 1 分。

（1）进入查询设计视图，并在“显示表”对话框中选择“课程信息表”。

（2）单击“设计”选项卡上的“查询类型”组中的“更新查询”命令，在查询设计视图的“字段”单元格内选择“学分”字段，在“更新到”栏输入一个表达式“[学分]+1”，如图 3-87 所示。

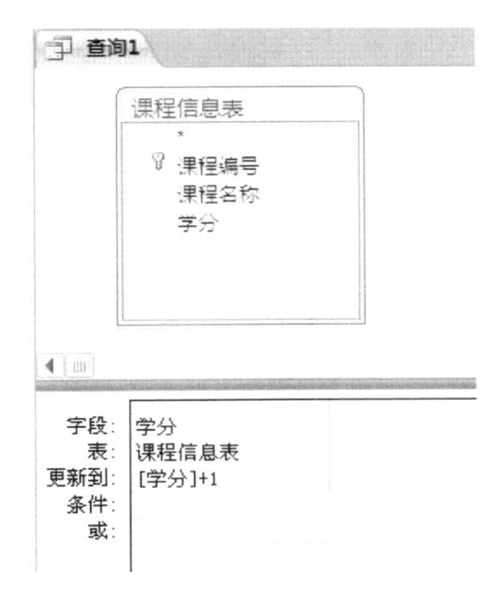

图 3-87　更新查询视图

说明　“更新到”栏中的表达式中引用的字段名必须放在一对方括号中，否则 Access 查询会将其理解成一个字符串常量。

（3）单击“设计”选项卡上的“结果”组中的“运行”按钮，执行查询，所有学分都将增加 1 分。

（4）单击快速访问工具栏上的“保存”按钮保存该查询，完成更新操作。

本例更新查询对应的 SQL 命令是：

```
UPDATE 课程信息表 SET 课程信息表.学分 = [学分]+1
```

3.7.4 删除查询

删除查询可以从一个或多个表中删除一组记录，删除查询将删除整个记录，而不只是记录中所选择的字段。

【例 3-35】 用删除查询删除所有姓李的学生信息。

首先复制一个“学生信息表”的副本，以便恢复数据。建立查询的操作步骤如下。

（1）进入查询设计视图，在“显示表”对话框中选择“学生信息表”。

（2）单击“设计”选项卡上的“查询类型”组中的“删除查询”命令，在删除查询设计视图中添加“姓名”字段，并设置删除条件，如图 3-88 所示。

（3）执行查询，Access 显示如图 3-89 所示的确认对话框，根据需要进行选择。

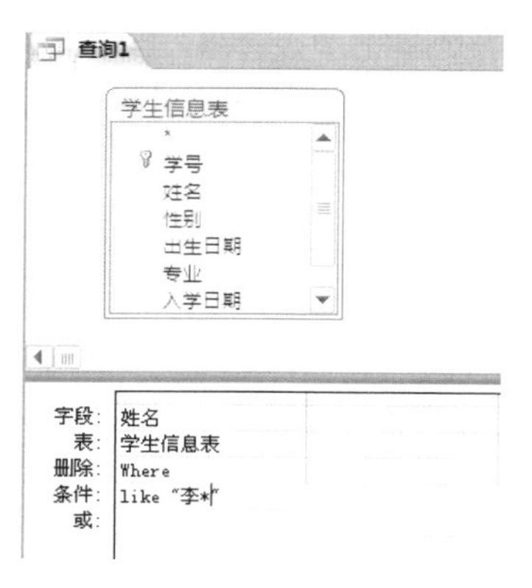

图 3-88 设置删除条件

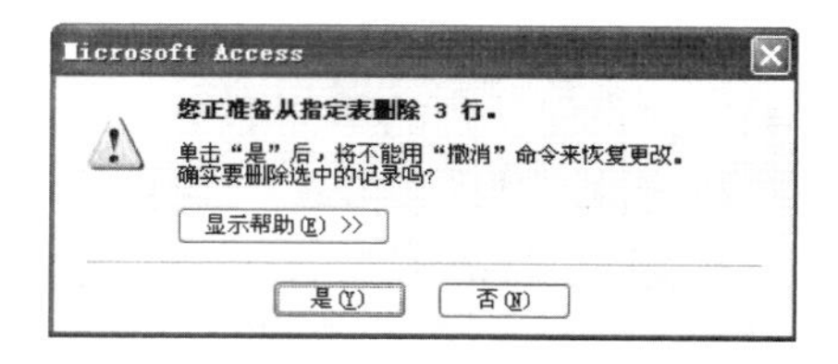

图 3-89 "确认删除"对话框

（4）单击快速访问工具栏上的"保存"按钮保存该查询，完成删除操作。

本例删除查询对应的 SQL 命令是：

```
DELETE 学生信息表.姓名
FROM 学生信息表
WHERE (((学生信息表.姓名) like '李*'))
```

说明 删除查询在删除记录时自动遵守参照有效性约束。

（1）如果"学生信息表"和"成绩表"之间已建立"一对多"的关系，同时允许级联删除，那么，删除"学生信息表"记录的同时，"成绩表"中"学号"相同的相关记录也被删除。

（2）如果"学生信息表"和"成绩表"之间有"一对多"关系但不允许级联删除，那么，"成绩表"中的记录不能被删除。

小　结

通过本章的学习，使我们了解了查询的功能，学会了如何使用向导和设计视图创建查询，掌握了各种类型查询的特点以及创建方法，在实际应用中可以更好地使用查询。

实　验

【实验目的及要求】

1．掌握 Access 查询对象设计的方法。

2．了解 SQL 语言代码实现查询的方法。

3．学会创建基本的查询。

【实验环境】

Windows 操作系统、Access 2010、配套实验素材中 chap3 文件夹内的数据库。

【实验内容】

从配套的实验素材中，将 chap3 文件夹复制到本地计算机的 D 盘上，然后进行如下的操作。

1．打开文件夹 1，"samp1.accdb"数据库文件中已建立两个表对象（名为"职工表"和

“部门表”）。请按以下要求，顺序完成表的各种操作：

（1）设置表对象“职工表”的聘用时间字段默认值为系统日期。

（2）设置表对象“职工表”的性别字段有效性规则为：男或女；同时设置相应有效性文本为“请输入男或女”。

（3）将表对象“职工表”中编号为“000019”的员工的照片字段值设置为文件夹内的图像文件“000019.bmp”数据。

（4）删除职工表中姓名字段含有“江”字的所有员工记录。

（5）将表对象“职工表”导出到文件夹下的“samp.mdb”空数据库文件中，要求只导出表结构定义，导出的表命名为“职工表 bk”。

（6）建立当前数据库表对象“职工表”和“部门表”的表间关系，并实施参照完整性。

2. 打开文件夹 2，“samp2.accdb”数据库文件中已经设计好三个关联表对象“tStud”、“tCourse”和“tScore”及表对象“tTemp”。请按照以下要求完成设计：

（1）创建一个查询，查找并显示学生的“姓名”、“课程名”和“成绩”三个字段内容，所建查询命名为“qT1”。

（2）创建一个查询，查找并显示有摄影爱好的学生的“学号”、“姓名”、“性别”、“年龄”和“入校时间”五个字段内容，所建查询命名为“qT2”。

（3）创建一个查询，查找学生的成绩信息，并显示“学号”和“平均成绩”两列内容。其中“平均成绩”一列数据由统计计算得到，所见查询命名为“qT3”。

（4）创建一个查询，将“tStud”表中女学生的信息追加到“tTemp”表对应的字段中，所建查询命名为“qT4”。

3. 打开文件夹 3，“samp2.accdb”数据库文件中已经设计好两个表对象，住宿登记表“tA”和住房信息表“tB”。请按以下要求完成设计：

（1）创建一个查询，查找并显示客人的“姓名”、“入住日期”和“价格”三个字段内容，所建查询命名为“qT1”。

（2）创建一个参数查询，显示客人的“姓名”、“房间号”、“入住日期”三个字段信息。将“姓名”字段作为参数，并设定提示文本为“请输入姓名”，所建查询命名为“qT2”。

（3）以表对象“tB”为基础，创建一个交叉表查询。要求：选择楼号为行标题、列名称显示为“楼号”，“房屋类别”为列标题来统计输出每座楼房的各类房间的平均房价信息。所建查询命名为“qT3”。

注：房间号的前两位为楼号。

交叉表查询不做各行小计。

（4）创建一个查询，统计出各种类别房屋的数量。所建查询显示两列内容，列名称分别为“type”和“num”，所建查询命名为“qT4”。

练 习 题

一、选择题

1. 关于统计函数 Count（字符串表达式）的叙述错误的是（　　）。

A. 返回字符表达式中值的个数，即统计记录的个数

B. 统计字段应该是数字数据类型

C. 字符串表达式中含有字段名

D. 以上都不正确

2. 返回当前系统日期的函数是（　　）。

A. Day(date)　　B. Date(date)

C. Date(day)　　D. Date(　　)

3. 下列总计函数中不能忽略空值（NULL）的是（　　）。

A. SUM　　B. MAX

C. COUNT　　D. AVG

4. 查询2000年6月参加工作的记录的准则是（　　）。

A. Year([工作时间])=2000 And 6

B. Year([工作时间])=2000 And Month([工作时间])=6

C. < Year()-2000 And Month-6

D. Year([工作时间])=2000 And ([工作时间])=6

5. 设S为学生关系，SC为学生选课关系，Sno为学生号，Cno为课程号，执行下列SQL语句的查询结果是（　　）。

```
Select S* From S,SC Where(S.Sno=SC.Sno) and (SC.Cno='C2')
```

A. 选出选修C2课程的学生信息

B. 选出选修C2课程的学生名

C. 选出S中学生号与SC中学生号相等的信息

D. 选出S和SC中的一个关系

6. 特殊运算符"Is Null"用于指定一个字段为（　　）。

A. 空值　　B. 空字符串

C. 默认值　　D. 特殊值

7. 以下关于SQL语句及其用途的叙述错误的是（　　）。

A. CREATE TABLE用于创建表

B. ALTER TABLE用于更换表

C. DROP表示从数据库中删除表或者从字段、字段组中删除索引

D. CREATE INDEX

8. 在Access数据库中，SQL查询中的GROUP BY语句用于（　　）。

A. 分组条件　　B. 对查询进行排序

C. 列表　　D. 选择行条件

9. 查询30天之内参加工作的记录，准则是（　　）。

A. <Date()-30　　B. Between Date() And Date()-30

C. >Date()-30　　D. Between #Date() And #Date()-30

10. 在SELECT语法中，"？"可以匹配（　　）。

A. 零个字符　　B. 多个字符

C. 零个或多个字符　　D. 任意单个字符

11. "or"属于（　　）。

A. 关系运算符　　B. 逻辑运算符

C. 特殊运算符　　D. 标准运算符

12. 返回字符表达式中值的个数，即统计记录个数的函数是（　　）。

A. Sum　　B. Avg

C. Count　　D. Max

13. (　　) 能实现查询姓“李”的记录的功能。

A. "李"　　　　B. Like"李"

C. ="李"　　　　D. Left([姓名], 1)="李"

14. 假设某数据库表中有一个姓名字段,查找姓名为“张三”或“李四”的记录的准则是(　　)。

A. Not"张三,李四"　　　　B. In("张三,李四")

C. Left([姓名])="张三,李四"　　　　D. Len([姓名])="张三","李四"

15. 若在“年龄”字段的准则中输入“Between 20 And 30”,则查询结果的年龄区间为(　　)。

A. 20 到 30,包括 20 岁和 30 岁　　　　B. 大于 20 且小于 30

C. 大于等于 20,小于 30　　　　D. 大于 20,小于等于 30

16. 下面是关于查询所起作用的理解,其中错误的是(　　)。

A. 以一个或多个表以及一个或多个查询为基础创建查询,将需要的数据集中在一起,用户只需在查询中设定条件,而查询便将符合条件的记录提取出来,作为窗体和报表的记录源

B. 通过不同的方法来查看、更改以及分析数据,可以应用排序和筛选,可以在查询中设置总计、设置查询参数等

C. 利用交叉表查询,可以将表中的字段分为左边和上面两组,而在两组字段的交叉点显示与两组字段相关的总计值(合计、计算以及平均),从而更好地查看和分析数据

D. 因为查询是以数据表或其他查询为基础而创建的,因此,查询在数据统计和检索工作上没有数据表那么多的功能

17. 下面关于数据表视图与查询关系的说法中错误的是(　　)。

A. 在查询的数据表视图中,查询窗口与数据表视图中的表窗口几乎相同

B. 在查询的数据表视图中,对查询中显示的数据记录的操作方法也相同

C. 基础表中的数据不可以在查询中更新,这与在数据表视图的表窗口中输入新值不一样,因为这里充分考虑到基础表的安全性

D. 查询可以将多个表中的数据组合到一起,使用查询进行数据的编辑操作可以像在一个表中编辑一样对多个表中的数据同时进行编辑

18. 使用查询创建查询是创建查询的一种方法,下面有关说法错误的是(　　)。

A. 使用查询向导来创建查询可以加快查询创建的速度

B. 在创建的过程中,提示并询问用户相关的条件

C. 在创建的过程中,根据用户输入的条件建立查询

D. 缺点在于当用户使用查询向导创建查询后,不能对已经建立好的查询进行修改

19. 以下关于通配符的用法错误的是(　　)。

A. *通配任何个数的字符,它可以在字符串中当作第一个或最后一个字符使用

B. []通配括号内任何单个字符

C. #通配任何单个字母字符

D. ! 通配任何不在括号之内的字符

20. 如果要查找字段值“第一个字符为 a,第四个字符为 c,第六个字符为#,并且后面有 mn 相连”的所有记录,下列条件中不正确的是(　　)。

A. like "a??c*#mn"　　　　B. like "a*c*mn*"

C. like "a??c?#mn*"　　　　D. like "a?c?mn*"

二、填空题

1. Smith 的后面接着两位数字,可出现在字符串的任何地方,有效性规则表达式可以表示

为________。

2. 操作查询包括生成表、________、________和________。

3. “查询”设计视图窗体的中心部分中，下半部分是________。

4. 如果在查询的结果中发现还需要显示某些字段的内容，那么用户可以在查询的________中加入某些查询的字段；反之，用户也可以删除那些在查询结果中不需要的字段。

5. 在设计视图中创建查询，首先要打开________，然后是加入查询所使用的字段列表，之后是加入查询结果中应用的字段，接着是输入________，最后是为查询结果排序。

6. 创建“交叉表查询”有两种方法，即一种是使用________创建交叉表查询；另一种是使用________创建交叉表查询。

7. Access 提供了________、________和________ 3 种运算符。

8. 参数查询利用对话框提示用户输入参数，并检索符合所________的记录或值。

9. 书写查询准则时，日期值应该用________括起来。

10. 如果要查询的条件之间具有多个字段的“与”和“或”关系，那么用户只需记住下面的准则输入法则：相同行之间是________的关系，不同行之间是________的关系。

第4章

窗体设计

窗体是用户与数据库进行交互的界面，通过窗体，可以输入、编辑数据，也可以将查询到的数据以适当的形式输出。利用窗体还可以将整个应用程序组织起来，从而形成一个完整的应用系统。本章将详细介绍窗体的基本操作，包括窗体的概念、窗体的组成和结构、窗体的创建和美化等。

4.1 窗体的基本概念

窗体是 Access 2010 数据库中最基本的对象，是用户与数据库之间的接口，是 Access 数据库用来和用户进行交互的主要工具。窗体有多种形式，不同的窗体能够完成不同的功能。窗体中显示的信息有两类：一类是设计者在设计窗体时附加的一些提示信息，可使窗体变得美观，这类信息不会随着窗体中显示的记录而变化，另一类是所处理的表或查询中的记录，他们与所处理的记录的数据密切相关，当记录数据发生变化时，显示的信息也随之变化。

窗体的数据源可以是表，也可以是查询。用户可以通过窗体中提供的控件实现与 Access 数据库的交互，完成显示、输入和编辑数据等任务。

4.1.1 窗体的功能

在 Access 数据库中，窗体有以下几种功能。

（1）显示和编辑数据。这是窗体的主要功能。窗体可以用不同的风格显示数据库中的数据，而且可以通过窗体添加、删除、修改和查询数据。

（2）控制程序的流程。窗体可以和宏或者 VBA 代码相结合，控制程序流程，实现应用程序的导航及交互功能。

（3）接受数据的输入。可以设计专用窗体，用于向数据库中输入数据。

（4）与用户进行交互。通过自定义对话框与用户进行交互，可以为用户的后续操作提供相应的数据和信息。

（5）打印数据。打印数据是报表的主要功能，但利用窗体也可以打印指定的数据，实现报表的部分功能。

4.1.2 窗体的结构

窗体的基本结构最多可以分为“窗体页眉”、“页面页眉”、“主体”、“页面页脚”、“窗体页脚”5 个节，如图 4-1 所示。

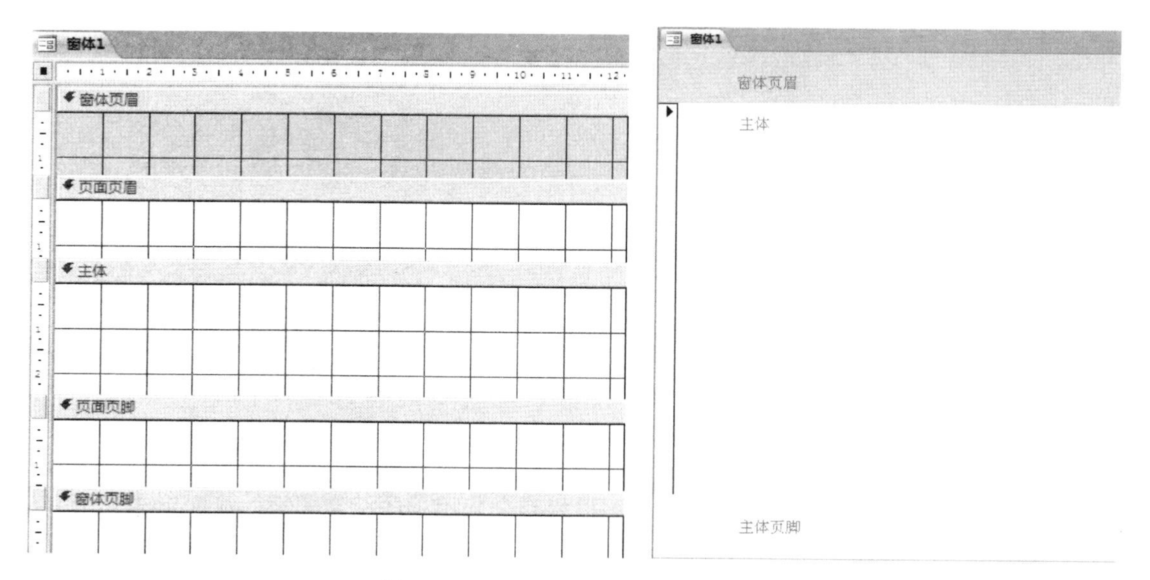

图 4-1 “窗体”的 5 个节及运行效果

（1）窗体页眉。运行窗体时，窗体页眉出现在窗体的顶部或者打印结果第一页的顶部，用于显示诸如窗体标题等信息，其内容不因记录内容的变化而改变。

（2）页面页眉。如果打印结果多于一页，那么将在每个打印页的上方显示列标题等信息。页面页眉只出现在窗体打印页中，运行窗体时屏幕上不显示页面页眉内容。

（3）主体。主体节是窗体最常用、最主要的部分，用于显示一条或若干条记录的内容，文本框、列表框、命令按钮、选项卡等控件通常分布在主体节中。一般而言，用 Access 开发数据库应用程序主要针对主体节设计用户界面。

（4）页面页脚。与页面页眉相似，页面页脚只出现在窗体打印页中，一般用于输出页码、总页数、打印日期等信息。

（5）窗体页脚。出现在运行中的窗体或窗体打印页的最底部，用于输出一些提示性信息，或者设置一些命令按钮，用于进行关闭窗体、退出数据库等操作。出现在窗体页脚节的“记录导航”按钮用于选择记录。

4.1.3 窗体的视图

Access 2010 数据库的窗体有 6 种视图，即设计视图、窗体视图、数据表视图、数据透视表视图、数据透视图视图和布局视图。

（1）窗体的设计视图。

窗体的设计视图用于创建和设计窗体。

点击“创建”命令选项卡，单击“窗体”组中的 窗体设计 按钮，即可打开窗体的设计视图。图 4-2 所示为窗体的设计视图。

（2）窗体的窗体视图。

窗体的窗体视图主要用于查看窗体内容，也可以用来输入数据。单击“设计”选项卡上的“视图”组中的“视图”按钮，打开下拉菜单，选择 窗体视图(F) ，即可打开所选窗体的窗体视图。图 4-3 所示为窗体的窗体视图。

（3）窗体的数据表视图。

窗体的数据表视图以表格形式查看窗体内容，也可以用来输入数据。打开某个窗体的设计视图或窗体视图之后，选择“视图”下拉菜单中的 数据表视图(H) 命令，即可打开当前窗体的数据表视图。图 4-4 所示为窗体的数据表视图。

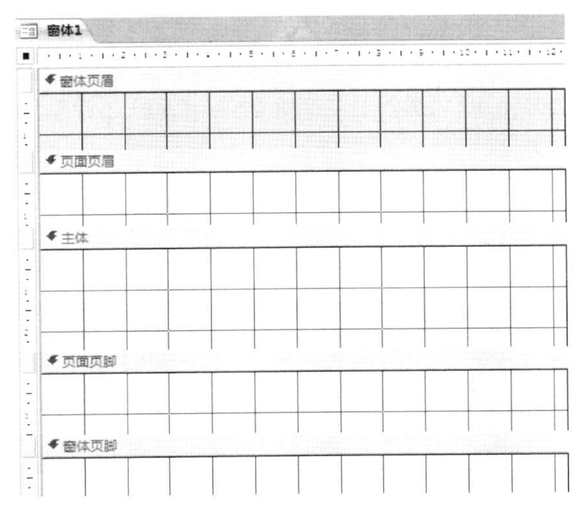

图 4-2 窗体的设计视图

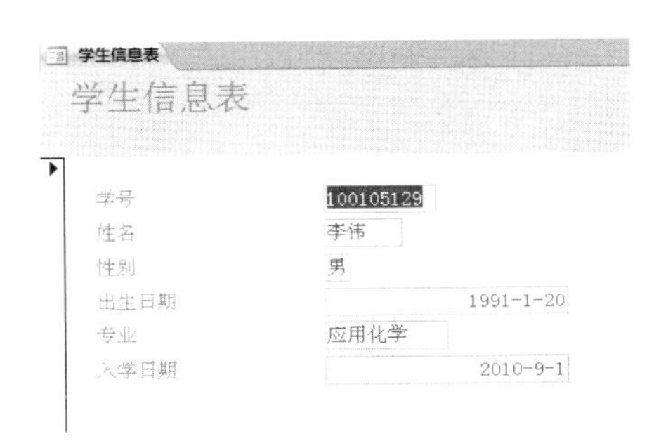

图 4-3 窗体的窗体视图

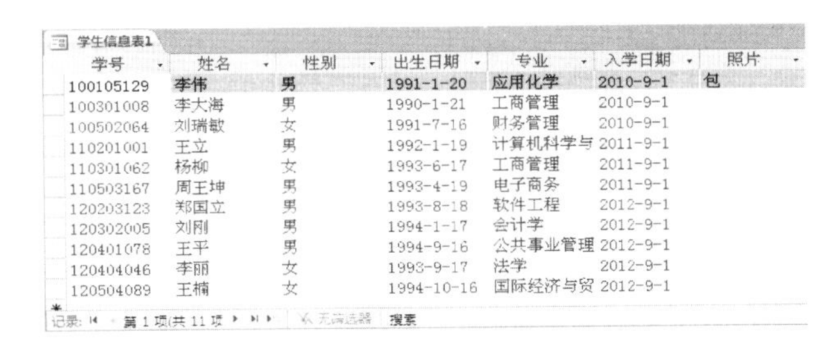

学生信息表1

学号	姓名	性别	出生日期	专业	入学日期	照片
100105129	李伟	男	1991-1-20	应用化学	2010-9-1	包
100301008	李大海	男	1990-1-21	工商管理	2010-9-1	
100502064	刘瑞敏	女	1991-7-16	财务管理	2010-9-1	
110201001	王立	男	1992-1-19	计算机科学与	2011-9-1	
110301062	杨柳	女	1993-6-17	工商管理	2011-9-1	
110503167	周王坤	男	1993-4-19	电子商务	2011-9-1	
120203123	郑国立	男	1993-8-18	软件工程	2012-9-1	
120302005	刘刚	男	1994-1-17	会计学	2012-9-1	
120401078	王平	男	1994-9-16	公共事业管理	2012-9-1	
120404046	李丽	女	1993-9-17	法学	2012-9-1	
120504089	王楠	女	1994-10-16	国际经济与贸	2012-9-1	

记录: 第 1 项(共 11 项) 无筛选器 搜索

图 4-4 窗体的数据表视图

（4）窗体的数据透视表视图。

窗体的数据透视表视图以数据透视表的形式来汇总和分析数据表或窗体中的数据，是嵌套在 Access 中的 Excel 对象。使用数据透视表，可以通过拖动字段和项或者通过显示或隐藏字段下拉列表中的项来查看和分析数据。图 4-5 所示为窗体的数据透视表视图。

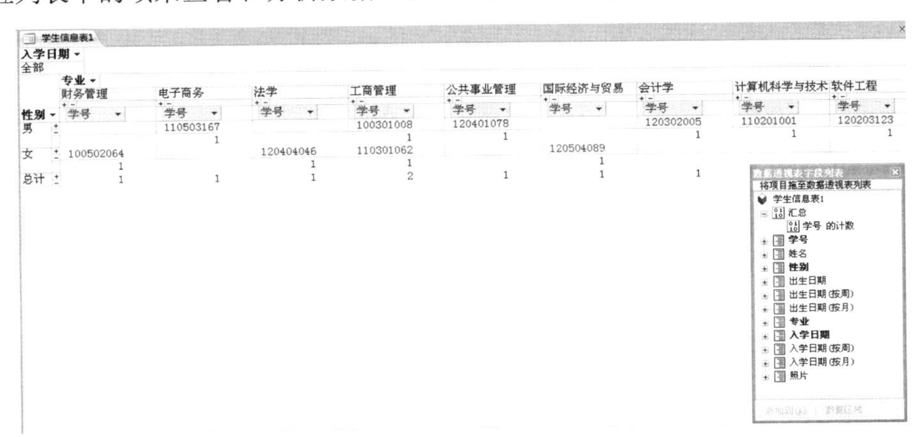

图 4-5 窗体的数据透视表视图

（5）窗体的数据透视图视图。

窗体的数据透视图视图以图形方式来显示和分析数据表或窗体中的数据，也是嵌套在Access 中的 Excel 对象。使用数据透视图，可以通过拖动字段和项或者通过显示或隐藏字段下拉列表中的项来查看和分析数据。图 4-6 所示为窗体的数据透视图视图。

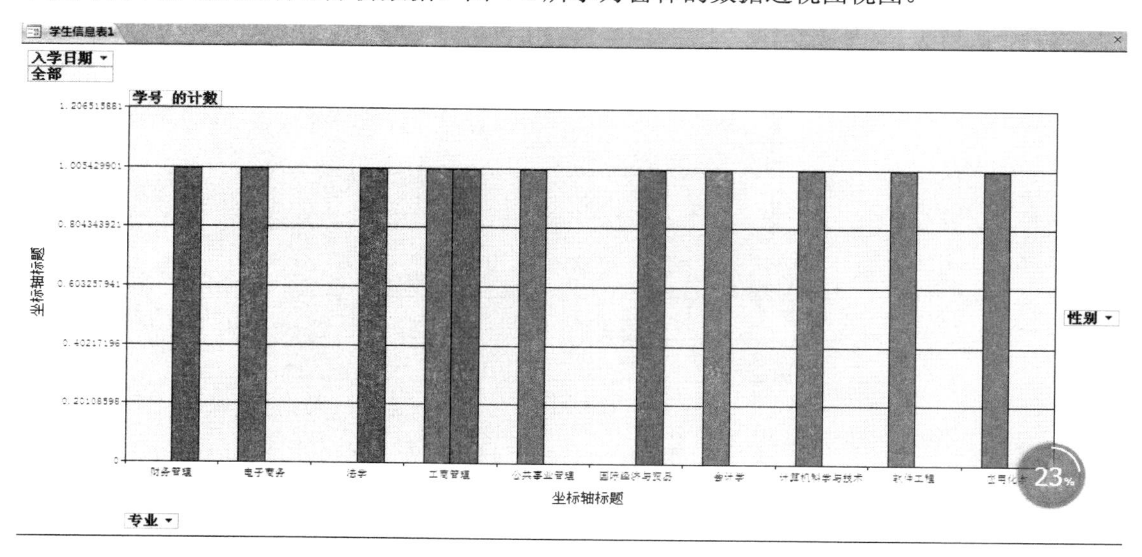

图 4-6　窗体的数据透视图视图

（6）窗体的布局视图。

Access2010 新增了布局视图，他比设计视图更加直观、在设计的同时可以查看数据。在布局视图中，窗体中每个控件都显示了记录源中的数据，因此可以更加方便地根据实际数据调整控件的大小、位置等。图 4-7 为窗体的布局视图。

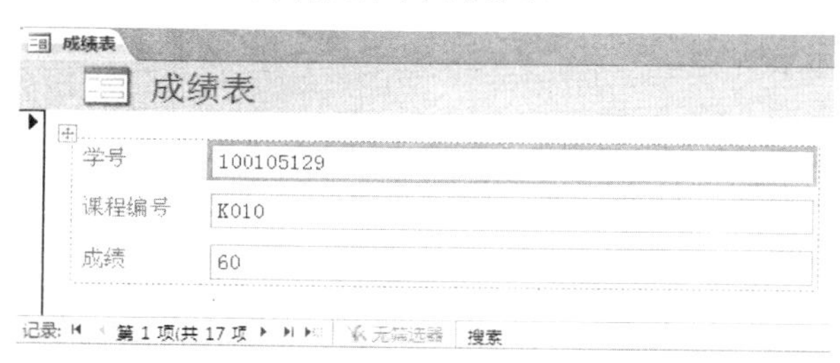

图 4-7　窗体的布局视图

4.1.4　窗体的类型

Access 2010 的窗体有多种分类方法：从数据的显示方式上可分为纵栏式窗体、表格式窗体、数据表窗体、数据透视表窗体和数据透视图窗体；从显示数据的关系上可分为主窗体和子窗体；从窗体功能上可分为提示型窗体、数据型窗体和控制型窗体。这里重点介绍数据显示方式划分的窗体类型。

（1）纵栏式窗体。

纵栏式窗体一次只显示一条记录，记录中的每个字段纵向排列，字段名显示在左边，字段内容显示在右边，如图 4-8 所示。在这种窗体界面中，用户可以完整地查看、维护一条记录的全部数据，如果想查看其他记录数据，那么可以使用窗体下面的记录导航按钮。

纵栏式窗体的功能是：能随意地安排字段；使用 Windows 的多种控制操作；能够设置直线、方框、颜色和特殊效果等。通过建立和使用纵栏式窗体，可以美化操作界面，提高操作效率。

（2）表格式窗体。

表格式窗体将每条记录中的字段横向排列，记录纵向排列，从而使一个窗体可以显示多条记录，如图 4-9 所示。

学生信息表
学生信息表
学号 100105129
姓名 李伟
性别 男
出生日期 1991-1-20
专业 应用化学
入学日期 2010-9-1

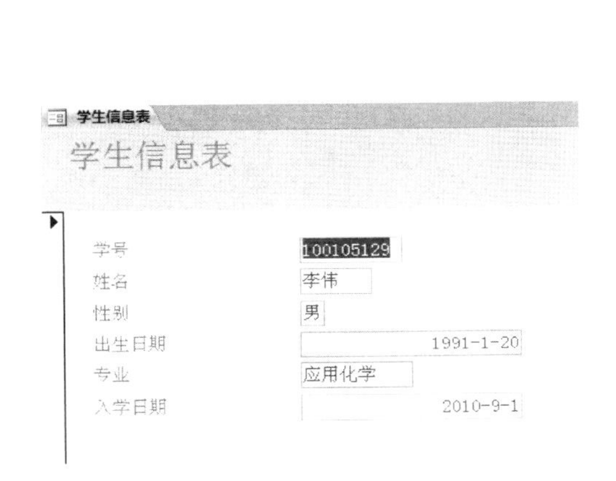

图 4-8　纵栏式窗体示例

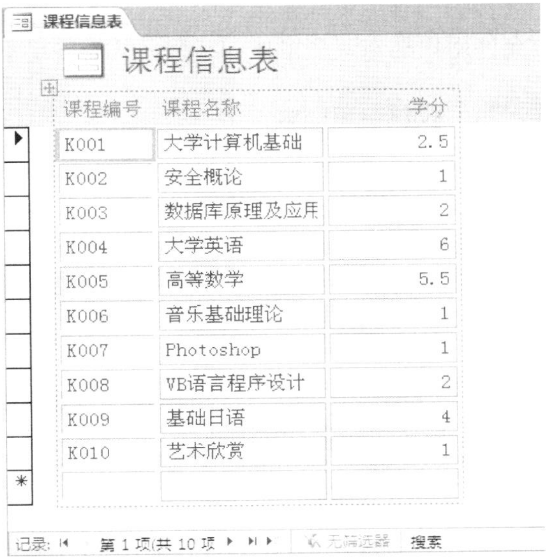
课程信息表
课程信息表

课程编号	课程名称	学分
K001	大学计算机基础	2.5
K002	安全概论	1
K003	数据库原理及应用	2
K004	大学英语	6
K005	高等数学	5.5
K006	音乐基础理论	1
K007	Photoshop	1
K008	VB语言程序设计	2
K009	基础日语	4
K010	艺术欣赏	1

记录: 第 1 项(共 10 项 无筛选器 搜索

图 4-9　表格式窗体示例

在表格式窗体的顶部页眉处显示每个字段的名称，通过垂直滚动条可以浏览更多的记录内容，浏览时页眉部分不动。

（3）数据表窗体。

数据表窗体（如图 4-10 所示）从外观上看与数据表和查询显示数据的界面相同，数据表窗体就是将“数据表”套用到窗体上，显示 Access 2010 最原始的数据风格。常使用数据表窗体来显示表与表之间一对多的关系，即把窗体分为主窗体和子窗体两部分：主窗体用来显示数据表中的一个记录，子窗体用来显示该记录在相关表中的相关记录。

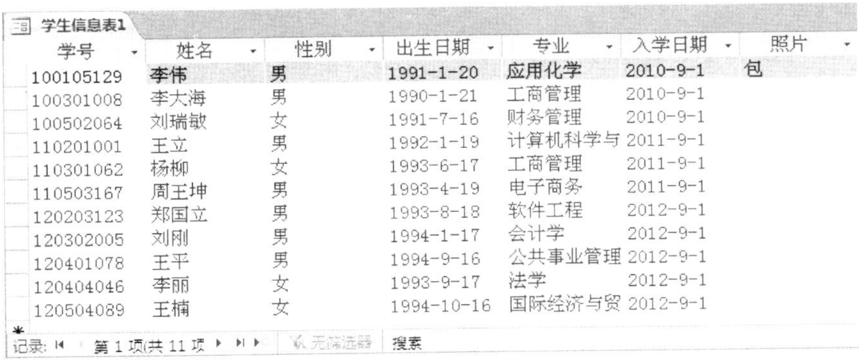
学生信息表1

学号	姓名	性别	出生日期	专业	入学日期	照片
100105129	李伟	男	1991-1-20	应用化学	2010-9-1	包
100301008	李大海	男	1990-1-21	工商管理	2010-9-1	
100502064	刘瑞敏	女	1991-7-16	财务管理	2010-9-1	
110201001	王立	男	1992-1-19	计算机科学与	2011-9-1	
110301062	杨柳	女	1993-6-17	工商管理	2011-9-1	
110503167	周王坤	男	1993-4-19	电子商务	2011-9-1	
120203123	郑国立	男	1993-8-18	软件工程	2012-9-1	
120302005	刘刚	男	1994-1-17	会计学	2012-9-1	
120401078	王平	男	1994-9-16	公共事业管理	2012-9-1	
120404046	李丽	女	1993-9-17	法学	2012-9-1	
120504089	王楠	女	1994-10-16	国际经济与贸	2012-9-1	

记录: 第 1 项(共 11 项 无筛选器 搜索

图 4-10　数据表窗体示例

（4）数据透视表窗体和数据透视图窗体。

数据透视表窗体是Access 2010为了以指定的数据表或查询为数据源产生一个Excel的分析表而建立的一种窗体形式，见图4-5。数据透视表窗体允许用户对表格内的数据进行操作；用户可以改变透视表的布局，以满足不同的数据分析方式和要求；也可以重新安排行标题、列标题和筛选字段。每一次改变布局时，数据透视表窗体都会按照新的布局重新计算数据。如果原始数据发生更改，那么数据透视表窗体中的数据也会随之发生变化。数据透视表窗体对数据进行的处理是Access 2010中其他工具无法完成的。

数据透视图窗体是以图表形式显示数据透视表内容的窗体，见图 4-6。数据透视图窗体也允许用户动态改变窗体的布局，从而满足不同的数据分析要求。

4.2 创建窗体

窗体一般比较复杂，使用设计视图从无到有地创建比较费时费力，使用向导创建的窗体布局可能不太理想。所以，创建窗体的一般步骤是：先用向导进行窗体的初步设计，完成窗体的大部分基础性工作，然后用设计视图对窗体进行再设计，直到满意为止。

4.2.1 创建窗体的方法

在Access2010窗口，打开某个Access数据库。单击“创建”，在“创建”选项卡上的“窗体”组中提供了很多创建窗体的按钮，如图4-11所示。单击“窗体”组中的“导航”按钮或“其他窗体”按钮，打开其下拉列表，显示更多创建特定窗体的按钮，如图4-12所示。

图4-11 “创建”选项卡上的“窗体”组

图4-12 “导航”和“其他窗体”的下拉列表

4.2.2 使用“窗体向导”创建窗体

下面通过例题说明基于单个数据表的窗体的创建过程。

【例4-1】 用向导生成基于“学生信息表”的窗体，用于显示学生信息。

（1）打开“学生成绩管理”数据库，点击“创建”命令选项卡，单击功能区内的窗体向导命令，打开窗体向导对话框，如图4-13所示。

（2）在“表/查询”下拉列表框中选择窗体的数据来源，在“可用字段”列表框中选择数据源中需要的字段，选定后单击 > 按钮送到“选定的字段”列表框中。本例选择“学生信息表”作为数据源，选择表中的“学号”、“姓名”、“性别”、“出生日期”、“专业”、“入学日期”字段，如图4-14所示，然后单击“下一步”按钮。

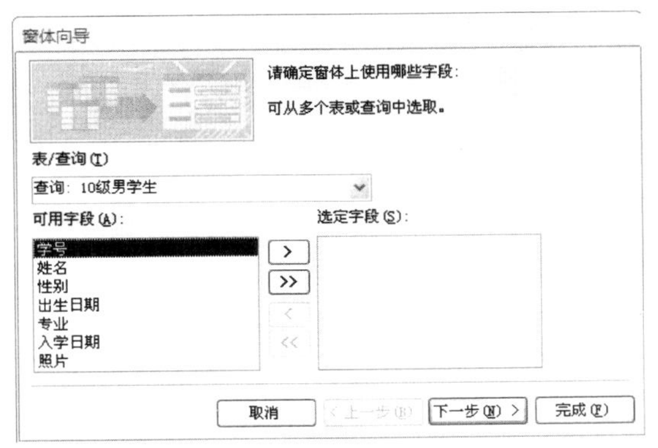

图 4-13　窗体向导对话框

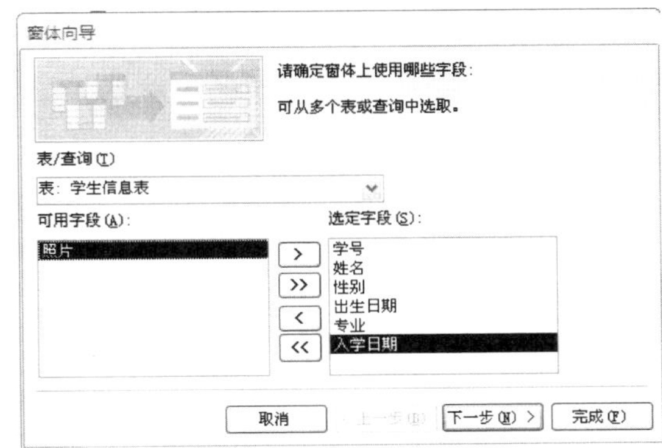

图 4-14　选择可用字段

（3）在打开的向导对话框中选择窗体布局方式，即字段的排列位置，这里选择“纵栏表”方式，如图 4-15 所示，然后单击“下一步”按钮。其他 3 种窗体布局如图 4-16 所示。

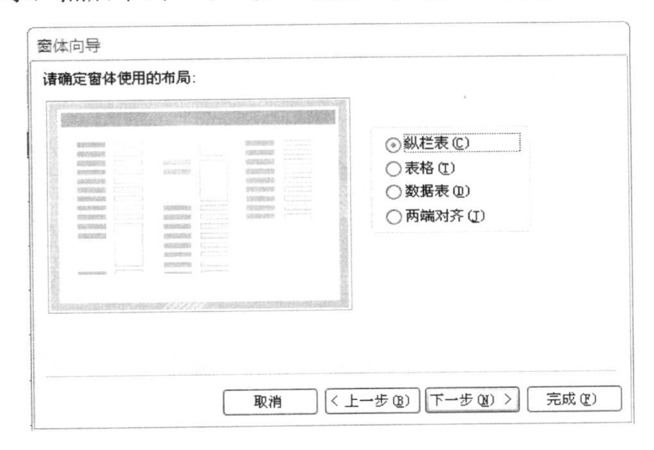

图 4-15　选择窗体布局方式

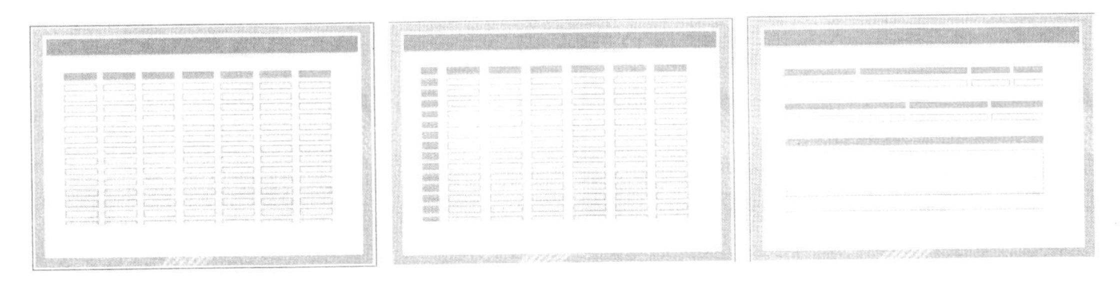

图 4-16　其他 3 种窗体布局（依次为表格、数据表、两端对齐）

（4）在打开的向导对话框中为窗体指定一个标题，如图 4-17 所示，然后单击“完成”按钮，结束窗体创建的全部过程。

窗体创建之后即以窗体的标题为名进行保存，并自动运行，如图 4-18 所示。生成的窗体作为一个 Access 对象保存在数据库窗口中，并用图标表示，如图 4-19 所示。

观察图 4-18 可以发现，窗体开始运行后首先输出的是第一条记录的内容，通过记录导航按钮 记录: 第 1 项(共 11 项 无筛选器 搜索 可选择显示上一记录、下一记录、

第一条记录和最后一条记录，单击▶✻按钮可添加一个新记录。单击窗体右上角的×按钮关闭窗体时，如果窗体已做过改动，那么将自动提示是否需要保存。

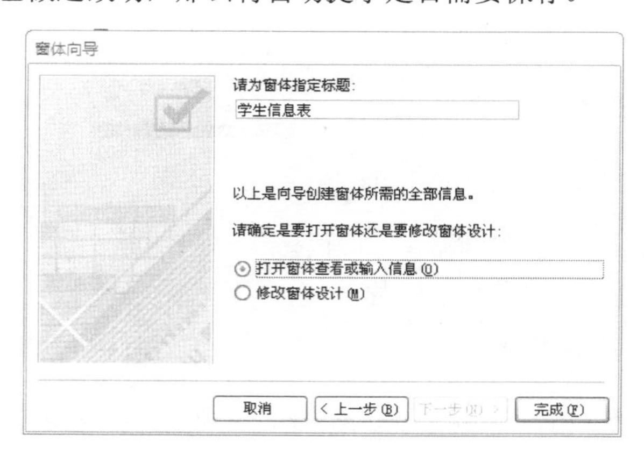

图 4-17　选择窗体样式

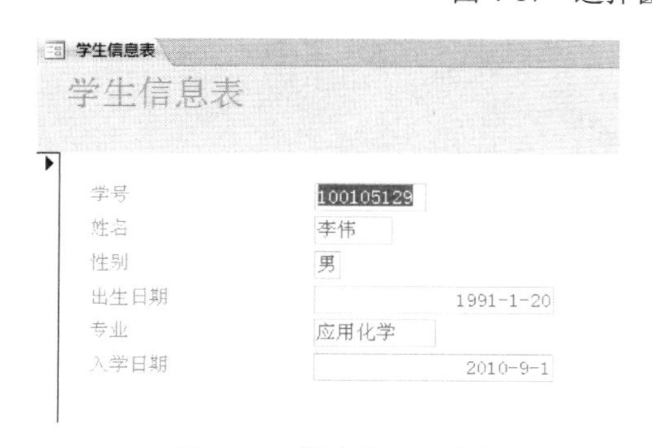

图 4-18　学生信息表窗体

图 4-19　学生成绩管理数据库窗体

【例 4-2】 显示学生相关课程的成绩。

分析：本例要求学生信息和课程、成绩信息出现在同一个窗体上，这涉及 3 张表。因此，可以先建立一个查询对象，包含若干“学生信息表”、“课程信息表”、“成绩表”中的相关字段，在逻辑上查询对象是一张表，因此对于窗体而言其数据源仍然是单一的。

（1）按照第 3 章的方法建立一个查询对象，其 SQL 命令为：

```
SELECT 姓名，课程名称，成绩
FROM 学生信息表 INNER JOIN (课程信息表 INNER JOIN 成绩表 ON 课程信息表.课程编号 = 成绩表.课程编号) ON 学生信息表.学号 = 成绩表.学号;
```

查询对象建立完毕，保存为“学生-课程-成绩”。

（2）按【例 4-1】的步骤用向导创建窗体，在选择数据源时要选用查询对象“学生-课程-成绩”，如图 4-20 所示，然后将查询中所有的字段添加到“选定的字段”列表框中，其余步骤同【例 4-1】，但窗体布局采用“纵栏表”，单击下一步后确定查看数据的方式，如图 4-21 所示，打开“学生-课程-成绩”窗体就可以同时显示姓名、课程名称、成绩，如图 4-22 所示。

如果两个数据表之间呈现“一对多”关系，要将这些数据同时显示在同一窗体上，可以参照【例 4-2】的操作方法，但它的局限在于只能站在“多”表的立场上观察，即可知当前学生每门课的成绩，难以做到一目了然地了解每位学生都选修了哪门课程。在多数据源的场合，比较常用的方法是使用子窗体控件，即用一个窗体（主窗体）显示“一”表信息，而在嵌入的一个小窗体（子窗体）中显示“多”表中对应的记录。

图 4-20　选择数据源

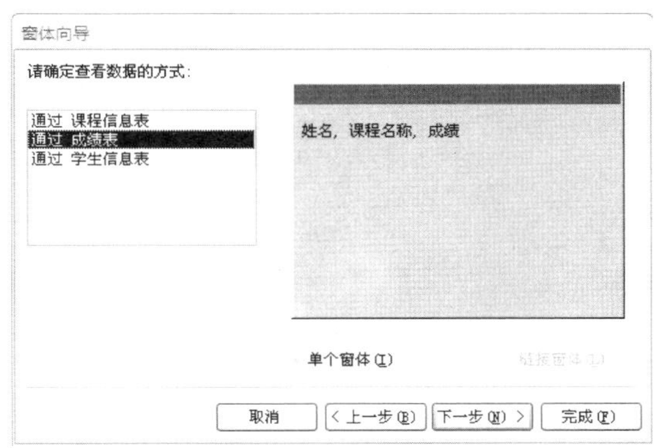

图 4-21　确定查看数据的方式

【例 4-3】 显示每位学生的信息及其所选课程的成绩。

本例实现的前提是事先建立“学生信息表”、“课程信息表”、“成绩表”之间的“一对多”关系，然后执行如下操作。

（1）打开“学生成绩管理”数据库，点击“创建”命令选项卡，单击功能区内的 窗体向导命令，打开“窗体向导”的第一个对话框，如图 4-23 所示。

图 4-22　“学生-课程-成绩”窗体视图

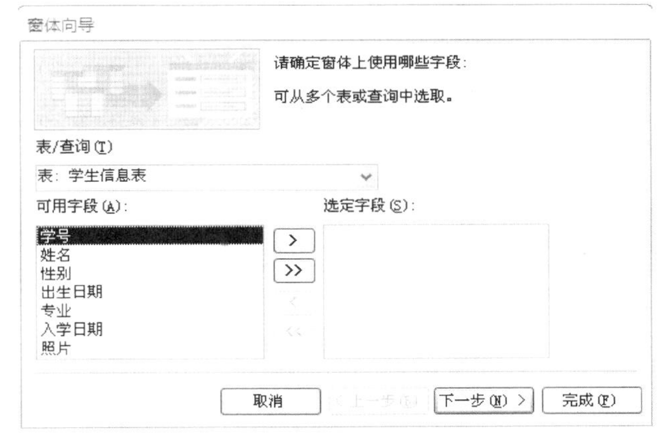

图 4-23　“窗体向导”的第一个对话框

（2）在“表/查询”下拉列表中选择“表：学生信息表”，单击>>按钮选择所有字段。然后在“表/查询”下拉列表中选择“表：成绩表”，利用>按钮选择“课程编号”、“成绩”字段。

（3）单击“下一步”按钮，显示如图 4-24 所示的“窗体向导”第二个对话框。该对话框要求确定查看数据的方式，因为数据来源于两个表，所以有两个可选项：“通过学生信息表”或者“通过成绩表”，本例选择“通过学生信息表”，并选中“带有子窗体的窗体”单选按钮。

（4）单击“下一步”按钮，显示如图 4-25 所示的“窗体向导”第三个对话框。该对话框要求确定窗体所采用的布局，有 2 个可选项：表格、数据表。选中某个选项，其布局在对话框的左部显示，本例设置为“数据表”。

（5）单击“下一步”按钮，显示“窗体向导”的最后一个对话框，如图 4-26 所示。在该对话框的“窗体”文本框中输入“学生课程成绩”，作为主窗体标题；在“子窗体”文本框中输入子窗体标题“成绩表子窗体”。

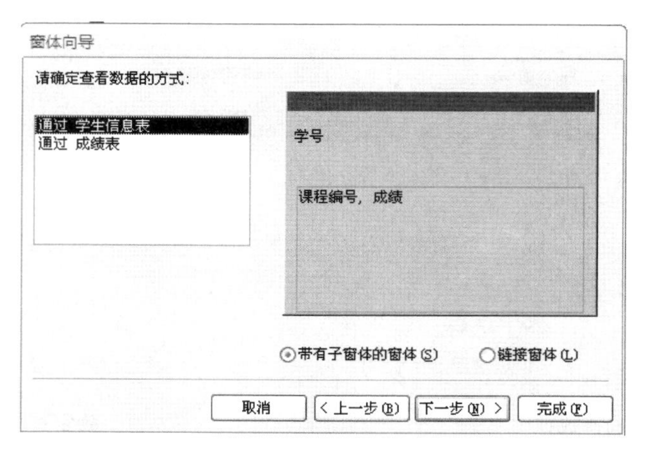

图 4-24 “窗体向导”的第二个对话框

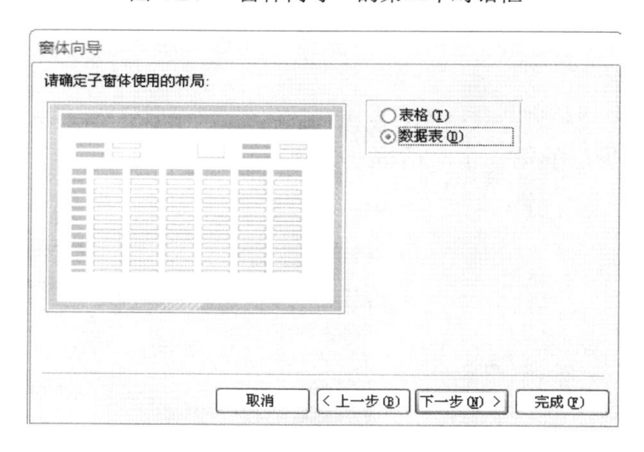

图 4-25 “窗体向导”的第三个对话框

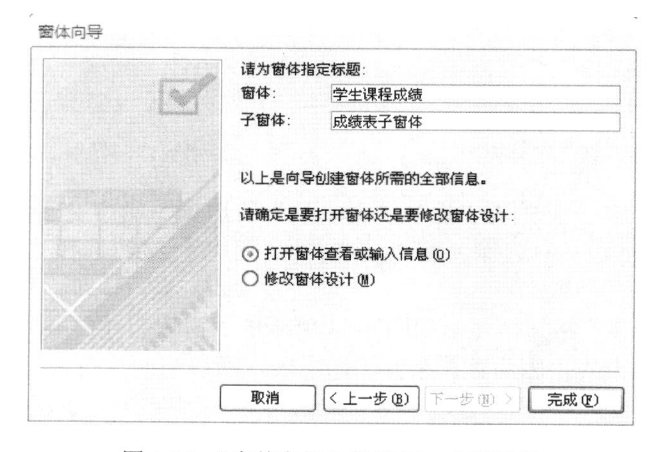

图 4-26 “窗体向导”的最后一个对话框

（6）单击“完成”按钮，所创建的窗体就会出现在屏幕上。

窗体创建之后，导航窗格中将添加两个新的窗体对象，一个是“学生课程成绩”窗体，另一个是“成绩表子窗体”。打开的“学生课程成绩”窗体如图 4-27 所示，该窗体上有两组记录导航按钮：底部的一个属于“学生课程成绩”窗体，用于切换学生信息表中的记录；位置略偏上的导航按钮是“成绩表子窗体”的，用于在不同的课程成绩记录之间进行切换，而这些课程和成绩都是由主窗体上的学生所学的。当主窗体的学生记录被切换时，子窗体显示的课程和成绩将随之改变。

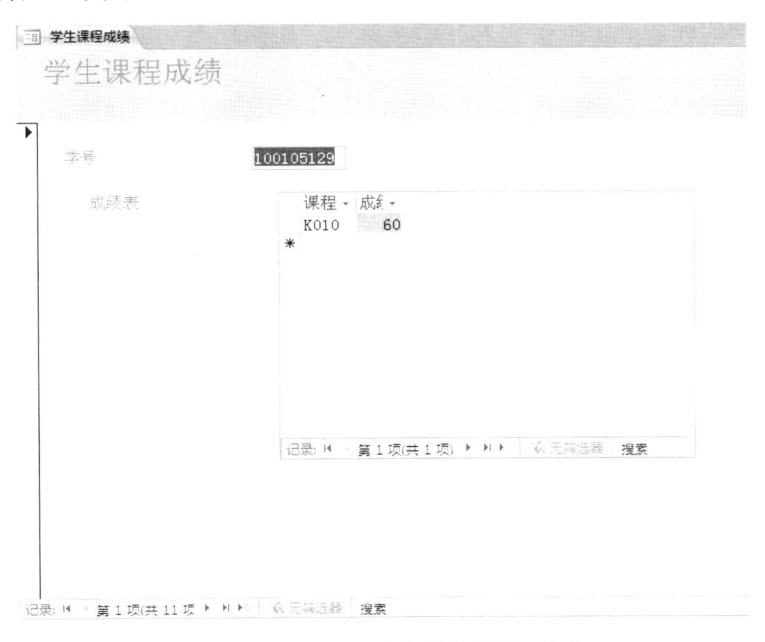

图 4-27　打开的“学生课程成绩”窗体

4.2.3　使用“窗体”按钮创建窗体

使用“窗体”按钮创建窗体是基于单个数据源，创建出纵栏表窗体。在纵栏表窗体中，数据源的所有字段都会显示在窗体上，每个字段占一行，一次只显示一条记录。

【例 4-4】 在“学生成绩管理”数据库中，使用“窗体”按钮创建一个名为“成绩表”的纵栏式窗体。

操作步骤如下：

（1）打开“学生成绩管理”数据库，单击“导航窗格”中的“表”对象。

（2）在展开的“表”的对象列表中单击“成绩表”，即选定“成绩表”为窗体的数据源，再单击“创建”选项卡中“窗体”组上的“窗体”按钮，Access 自动创建出窗体，显示该窗体的“布局视图”，如图 4-28 所示。

（3）单击快速访问工具栏上的“保存”按钮，会出现“另存为”对话框，如图 4-29 所示，在窗体名称中输入成绩表，单击“确定”按钮。

图 4-28　窗体的“布局视图”

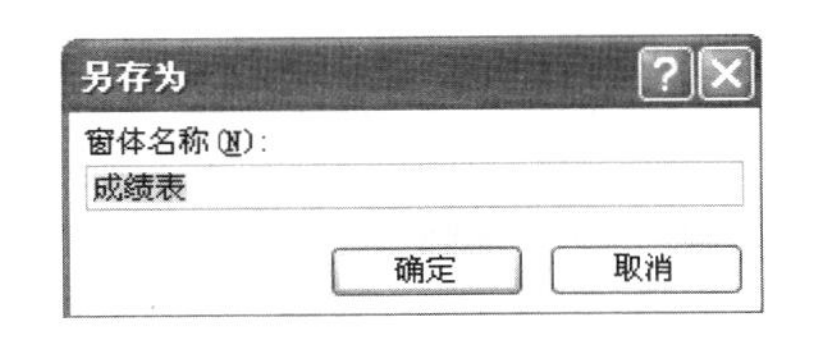

图 4-29　“另存为”对话框

4.2.4 使用“空白窗体”按钮创建窗体

使用“空白窗体”按钮创建窗体，打开窗体的“布局视图”，此“布局视图”中无任何控件，通过拖拽数据源表中的字段或双击字段在“布局视图”上添加需要显示字段的对应控件。

【例4-5】 在“学生成绩管理”数据库中，使用“空白窗体”创建名为“课程信息表”的窗体。

操作步骤如下：

（1）打开“学生成绩管理”数据库，单击“创建”选项卡中“窗体”组上的“空白窗体”按钮，打开窗体的布局视图，并显示“字段列表”窗格，如图4-30所示。

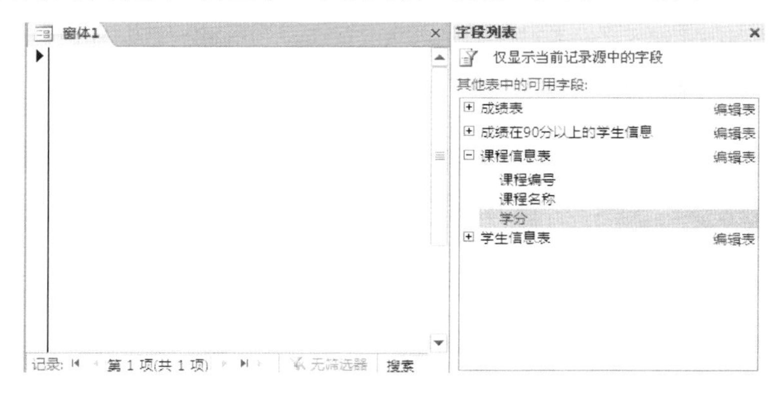

图4-30 使用“空白窗体”创建窗体的“布局视图”

（2）在“字段列表”窗格中，单击“课程信息表”前面的“+”号，展开“课程信息表”中的所有字段。

（3）双击“课程编号”字段，将此字段添加到窗体的“布局视图”，如图4-31所示。“可用于此视图的字段”窗格中列出已添加在窗体上的字段所在表的所有字段，“相关表中的可用字段”窗格中列出与已添加字段所在表相关联的表的所有字段。

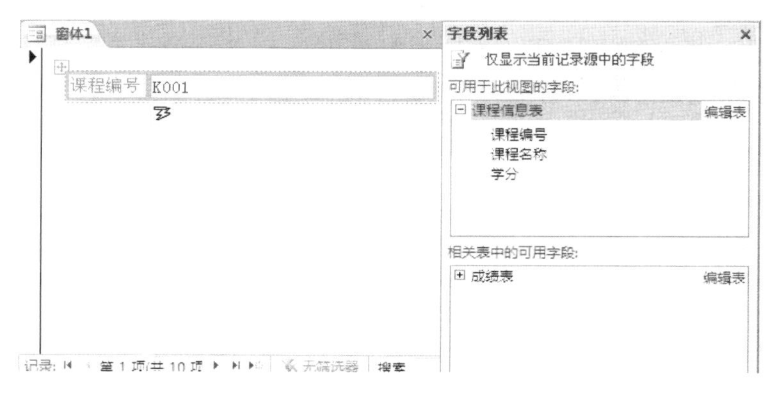

图4-31 添加“课程编号”字段后的“布局视图”

（4）重复步骤（3）添加“课程名称”、“学分”字段。

（5）单击快速访问工具栏上的“保存”按钮，会出现“另存为”对话框，在窗体名称中输入课程信息表，单击“确定”按钮。

使用“空白窗体”按钮可以方便快捷地创建显示若干个字段的窗体，并且在创建过程中可直接看到数据，用户还可以即时调整窗体的布局。

4.2.5　使用“多个项目”按钮创建窗体

使用“多个项目”按钮创建出表格式窗体，在一个窗体上显示多条记录，每一行为一条记录。

【例4-6】 在“学生成绩管理”数据库中，使用“多个项目”按钮创建名为“课程信息表（多个项目）”的窗体。

操作步骤如下：

（1）打开“学生成绩管理”数据库，单击“导航窗格”中的“表”对象。

（2）在展开的“表”对象列表中单击“课程信息表”，即选定“课程信息表”为数据源，单击“创建”选项卡中“窗体”组上的“其他窗体”按钮，在弹出的下拉列表中单击“多个项目”，Access将自动创建窗体，并显示该窗体的“布局视图”，如图4-32所示。

图4-32　“多个项目”窗体的“布局视图”

（3）单击快速访问工具栏上的“保存”按钮，会出现“另存为”对话框，在窗体名称中输入课程信息表（多个项目），单击“确定”按钮。

4.2.6　使用“数据表”按钮创建数据表窗体

【例4-7】 在“学生成绩管理”数据库中，使用“数据表”按钮创建名为“学生信息表（数据表）”的窗体。

（1）打开“学生成绩管理”数据库，单击“导航窗格”中的“表”对象。

（2）在展开的“表”对象列表中单击“学生信息表”，即选定“学生信息表”为数据源，单击“创建”选项卡中“窗体”组上的“其他窗体”按钮，在弹出的下拉列表中单击“数据表”，Access将自动创建窗体，并显示该窗体的“布局视图”，如图4-33所示。

（3）单击快速访问工具栏上的“保存”按钮，会出现“另存为”对话框，在窗体名称中输入学生信息表（数据表），单击“确定”按钮。

学生信息表1

学号	姓名	性别	出生日期	专业	入学日期	照片
100105129	李伟	男	1991-1-20	应用化学	2010-9-1	包
100301008	李大海	男	1990-1-21	工商管理	2010-9-1	
100502064	刘瑞敏	女	1991-7-16	财务管理	2010-9-1	
110201001	王立	男	1992-1-19	计算机科学与	2011-9-1	
110301062	杨柳	女	1993-6-17	工商管理	2011-9-1	
110503167	周王坤	男	1993-4-19	电子商务	2011-9-1	
120203123	郑国立	男	1993-8-18	软件工程	2012-9-1	
120302005	刘刚	男	1994-1-17	会计学	2012-9-1	
120401078	王平	男	1994-9-16	公共事业管理	2012-9-1	
120404046	李丽	女	1993-9-17	法学	2012-9-1	
120504089	王楠	女	1994-10-16	国际经济与贸	2012-9-1	

记录: 第 1 项(共 11 项 无筛选器 搜索

图 4-33 学生信息表（数据表）窗体的“数据表视图”

4.2.7 使用“数据透视表”按钮创建数据透视表窗体

【例4-8】 以“学生信息表”为数据源，使用“数据透视表”按钮创建一个带有数据透视表的窗体，将此窗体命名为“学生数据透视表”。

操作步骤如下：

（1）打开“学生成绩管理”数据库，单击“导航窗格”中的“表”对象。

（2）在展开的“表”对象列表中单击“学生信息表”，即选定“学生信息表”为数据源，单击“创建”选项卡中“窗体”组上的“其他窗体”按钮，在弹出的下拉列表中单击“数据透视表”，显示该窗体的“数据透视表视图”，如图 4-34 所示。同时显示出“数据透视表字段列表”框。

图 4-34　数据透视表视图

（3）数据透视表分为 4 个区域：筛选区、行字段区、列字段区和明细数据区。将“入学日期”字段拖放到“筛选区”；将“性别”字段拖放到“行字段区”；将“专业”字段拖放到“列字段区”；最后将“学号”字段拖放到“明细数据区”，如图 4-35 所示。如果想更改数据透视表窗体中的字段布局，只需将窗体中的字段拖放到窗体之外，然后再拖进新的字段即可。

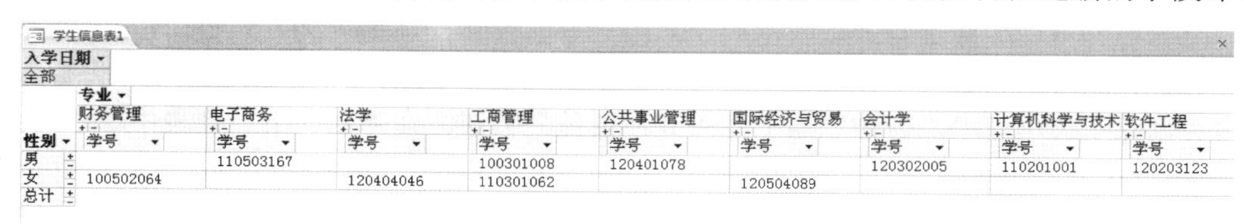

学生信息表1
入学日期：全部

性别 \ 专业	财务管理	电子商务	法学	工商管理	公共事业管理	国际经济与贸易	会计学	计算机科学与技术	软件工程
	学号	学号	学号	学号	学号	学号	学号	学号	学号
男		110503167		100301008	120401078		120302005	110201001	120203123
女	100502064		120404046	110301062		120504089			
总计									

图 4-35　添加数据后的“数据透视表视图”

（4）右键单击“学号”，显示出快捷菜单。把鼠标移到该快捷菜单中的“自动计算”处，显示出“自动计算”的子菜单。再把鼠标移到“自动计算”的子菜单中的“计数”处，结果如图 4-36 所示。单击“计数”，此时的数据透视表视图如图 4-37 所示，在数据透视表中可以同时显示明细数据和汇总数据，单击加号（+）或减号（−），可以显示或隐藏明细数据。利用同样的方法，可以对行字段、列字段和明细数据的值进行选择和分析。

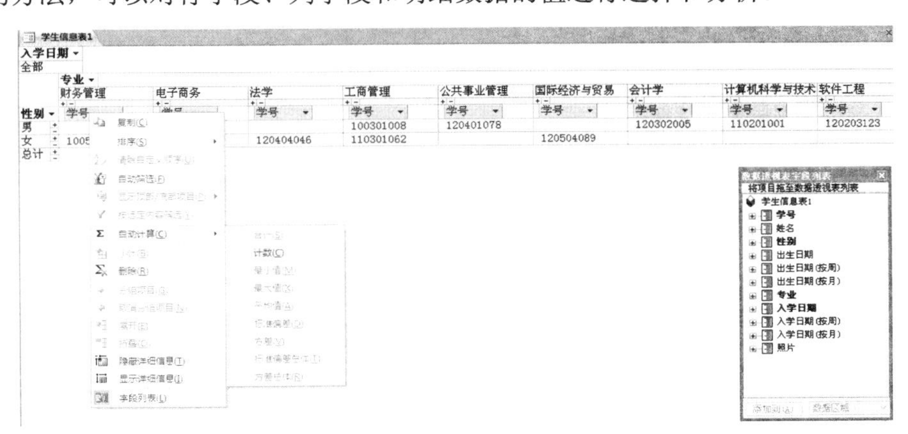

图 4-36　右键单击“学号”显示其快捷菜单

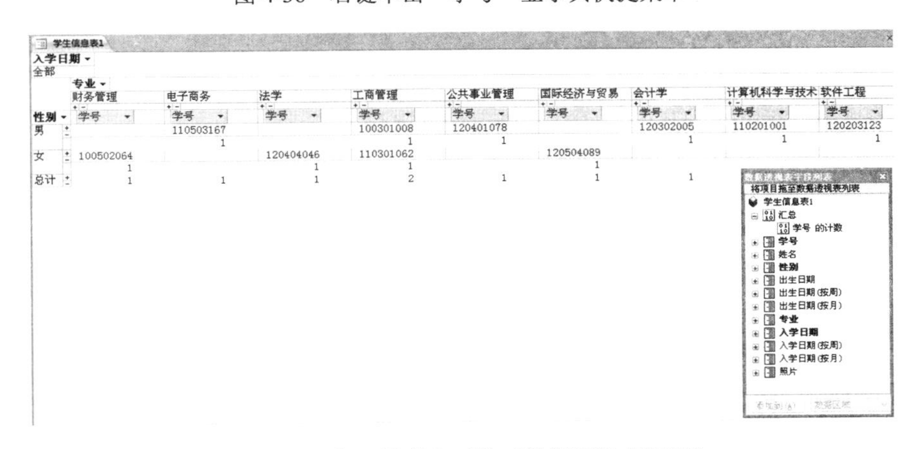

图 4-37　添加“计数”后的“数据透视表视图”

（5）单击快速访问工具栏上的“保存”按钮，会出现“另存为”对话框，在窗体名称中输入学生数据透视表，单击“确定”按钮。

4.2.8　使用“数据透视图”按钮创建数据透视图窗体

【例 4-9】 以“学生信息表”为数据源，使用“数据透视图”按钮创建一个带有数据透视图的窗体，将此窗体命名为“学生数据透视图”。

操作步骤如下：

（1）打开“学生成绩管理”数据库，单击“导航窗格”中的“表”对象。

（2）在展开的“表”对象列表中单击“学生信息表”，即选定“学生信息表”为数据源，单击“创建”选项卡中“窗体”组上的“其他窗体”按钮，在弹出的下拉列表中单击“数据透视图”，显示该窗体的“数据透视图视图”，如图 4-38 所示。同时显示出“图表字段列表”框。

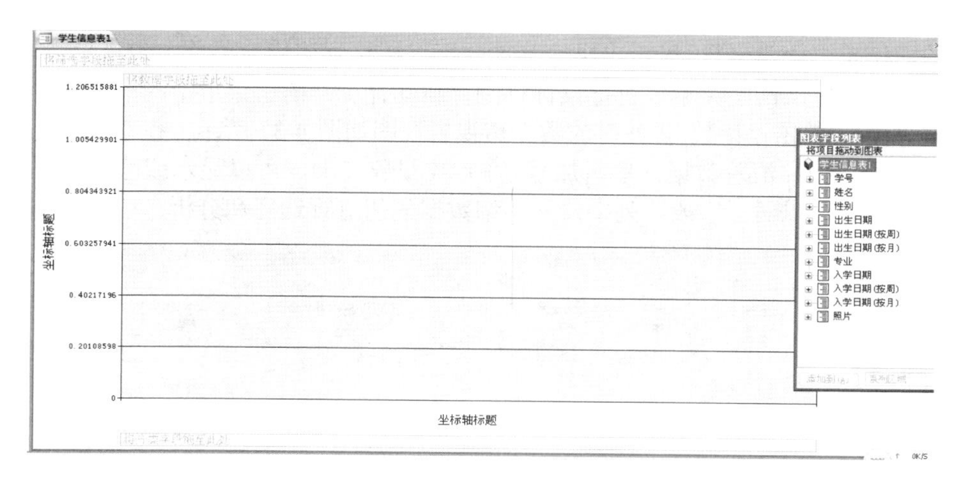

图 4-38　数据透视图视图

（3）数据透视表分为 4 个区域：筛选区、行字段区、列字段区和明细数据区。将“入学日期”字段拖放到“筛选区”；将“性别”字段拖放到“系列字段区”；将“专业”字段拖放到“分类字段区”；最后将“学号”字段拖放到“数据字段区”，如图 4-39 所示。如果想更改数据透视表窗体中的字段布局，只需将窗体中的字段拖放到窗体之外，然后再拖进新的字段即可。

（4）单击该“数据透视图视图”中的图表设计网格中的空白处，此时图表设计网格的四周显示蓝色边框。

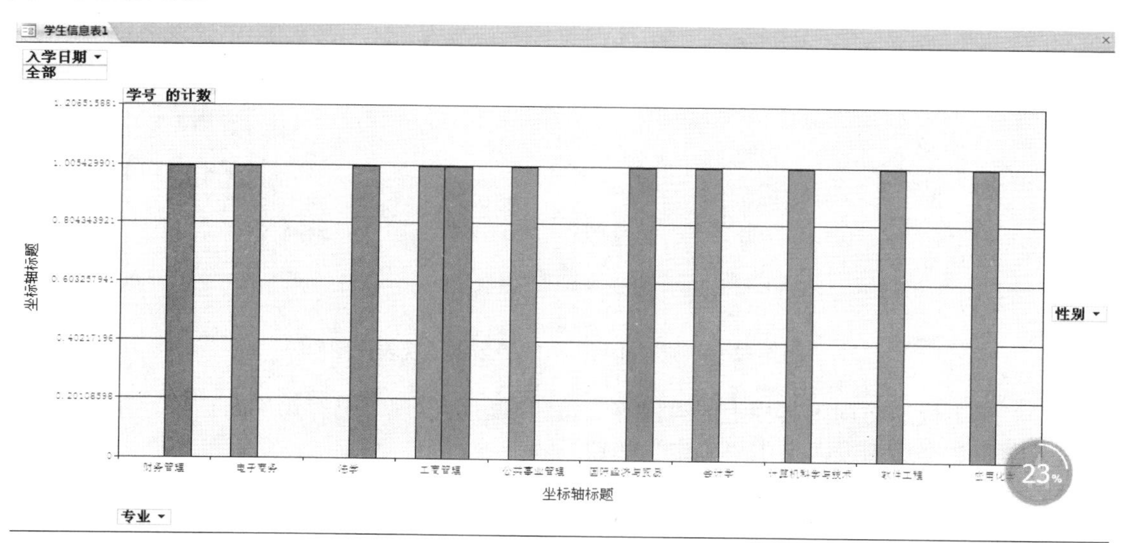

图 4-39　数据透视图窗体结果

（5）单击“设计”选项卡上“类型”组中的按钮，弹出“属性”对话框。在“类型”选项卡上，显示出各种类型图形，如图 4-40 所示，用户可以通过单击选择其中的某一图形类型。本题选择“簇状柱形图”。注意，当用户单击选择某一图形类型后，该图形立即显示在该窗体的“数据透视图视图”中。

（6）单击快速访问工具栏上的“保存”按钮，会出现“另存为”对话框，在窗体名称中输入学生数据透视图，单击“确定”按钮。

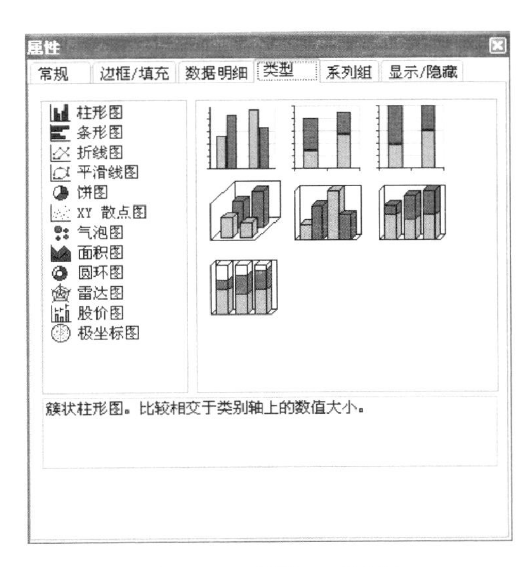

图 4-40 “属性”对话框

4.2.9 使用“设计视图”创建窗体

在设计视图中创建窗体方便用户按照自己的意愿对窗体的布局进行设计。

在设计视图中创建窗体的基本步骤如下：

（1）打开“学生成绩管理”数据库，单击“创建”选项卡中“窗体”组上的“窗体设计”按钮，打开窗体的“设计视图”，默认显示“主体”节。单击按钮，即可显示出该窗体的“属性表”。

属性表分为“格式”、“数据”、“事件”、“其他”和“全部”5 组，每组包含若干属性，分别涉及窗体和控件外观、结构等，如图 4-41 所示。如果需要使用某属性组中的属性，那么可以打开属性表中相应的选项卡，然后单击要设置的属性，在属性框中输入一个设置值或表达式可以设置该属性。属性对话框中显示有箭头的，也可以单击该箭头，并从列表中选择一个数值。属性框的旁边显示“生成器”按钮时，单击该按钮可以显示一个生成器或显示一个可用于选择生成器的对话框，如图 4-42 所示，通过该生成器可以设置其属性。在表达式生成器中共有 4 个区域，最上面的是表达式区域，用于存放当前表达式的编辑结果。窗体或窗体上的每个控件都有自己的属性，包括位置、大小、外观以及要表示的数据等。

图 4-41 “属性表”对话框

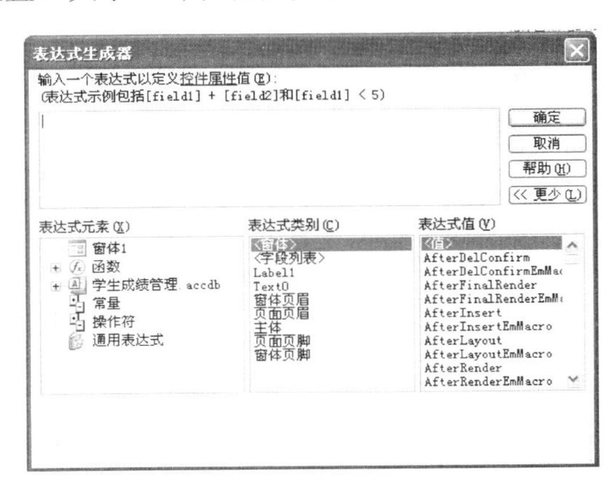

图 4-42 “表达式生成器”对话框

（2）右键单击主体节的空白处，在打开的快捷菜单中分别选择“页面页眉/页脚”、“窗体页眉/页脚”，则在该窗体“设计视图”中显示出“页面页眉”节、“页面页脚”节、“窗体页眉”节、“窗体页脚”节，如图4-43所示。

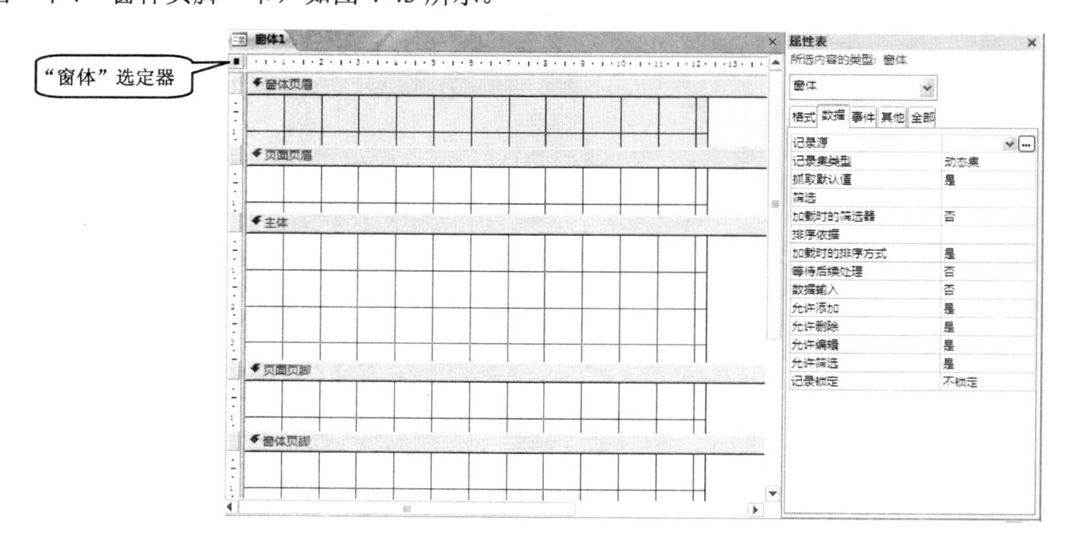

图4-43　窗体的设计视图

（3）在窗体“属性表”的“数据”选项卡中“记录源”右边的下拉组合框中指定某一记录源，例如，指定“学生信息表”为记录源，如图4-44所示。单击“设计”选项卡上“工具”组中的“添加现有字段”按钮，显示出记录源的“字段列表”窗格，如图4-45所示，此时再次单击“设计”选项卡上“工具”组中的“添加现有字段”按钮，可以隐藏该“学生信息表”的“字段列表”窗格。

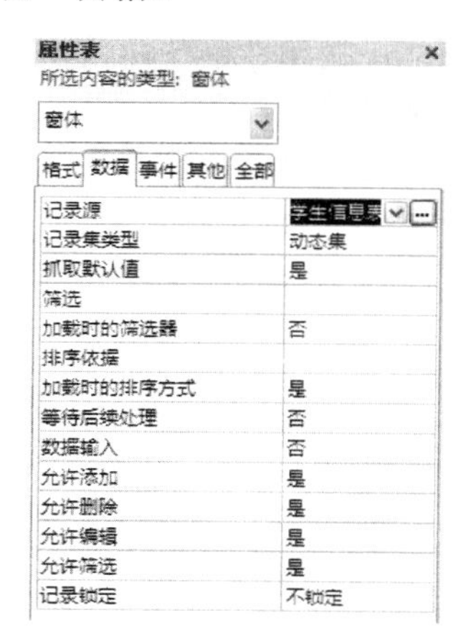

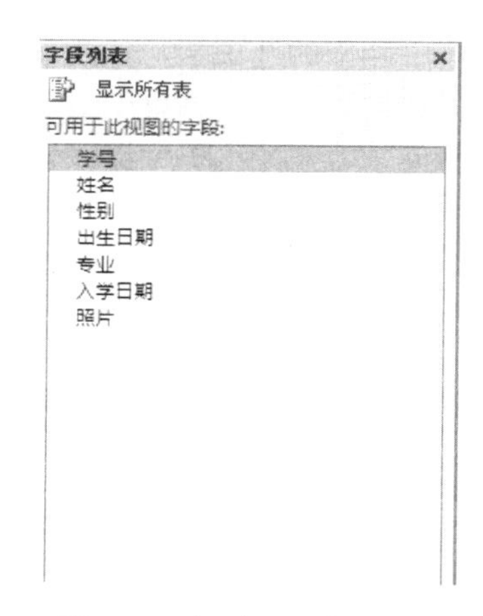

图4-44　指定记录源的窗体“属性表”

图4-45　记录源“字段列表”

（4）在窗体中添加需要的控件。控件是允许用户控制程序的图形用户界面对象，如文本框、复选框、滚动条或按钮等。可使用控件显示数据或选项、执行操作或使用户界面更易阅读。窗体中的所有信息都在控件中。例如，可以在窗体上使用文本框显示数据，使用按钮打开另一个窗体、查询或报表等。

在Access中，按照控件与数据源的关系可将控件分为“非绑定型”、“绑定型”和“计算型”3种类型。

a．没有数据源的控件称为非绑定型控件。

b．与数据源字段相关联的控件称为绑定型控件。

c．与含有数据源字段的表达式相关联的控件称为计算型控件。

Access 2010提供了许多控件，在窗体设计时可用的控件按钮被放置在“设计”选项卡的“控件”组中，如图4-46所示，表4-1显示了各个控件的按钮名称及功能。

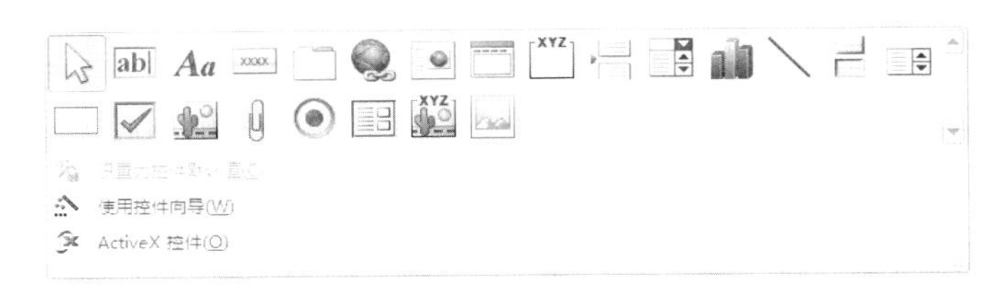

图4-46 “控件”组

表4-1 各个控件的按钮名称及功能

按钮	控件名称	控件功能
	选择对象	当该按钮被按下时，可以在窗体中选择控件、移动控件或改变其大小。在默认状态下，该工具是启用的。选择其他工具时，该工具被暂停使用
	控件向导	用于打开或关闭“控件向导”。当该按钮被按下后，再向窗体中添加带有向导工具的控件时系统会打开“控件向导”对话框，为设置控件的相关属性提供方便。带有控件向导的工具包括“组合框”、“命令按钮”、“列表框”、“选项组”和“子窗体/子报表”等
	标签	用来显示说明性文本的控件
	文本框	用来显示、输入或编辑数据源数据、显示计算结果或接受用户输入
	选项组	与选项按钮、复选框和切换按钮配合使用，以显示一组可选值
	切换按钮	具有按下、弹起两种状态，实现布尔型数据的输入、显示和更新
	选项按钮	实现一组数据的单项选择
	复选框	用在输入多个互不相关的布尔型数据场合
	组合框	该控件组合了列表框和文本框的特性，既可以在文本框中输入，也可以在列表框中选择输入项，然后将值添加到基础字段中
	列表框	显示可滚动的数值列表，供用户选择输入数据
	命令按钮	用来执行有关操作
	图像	用于在窗体或报表中显示静态图片
	未绑定对象框	用来在窗体或报表中显示未绑定OLE对象
	绑定对象框	用来在窗体或报表中显示绑定OLE对象
	分页符	用于在窗体或报表上开始新的一页
	选项卡控件	用于创建一个多页选项卡窗体或多页选项卡对话框
	子窗体/子报表	用于在窗体或报表中显示来自多个表的数据
	直线	用于窗体或报表中，突出或分割相关内容
	矩形	显示图形效果，用于组织相关控件或突出重要数据
	其他控件	用于向工具箱添加已经在操作系统中注册的ActiveX控件
	超链接	用于在窗体中添加超链接
	Web浏览器控件	用于在窗体中添加浏览器控件

续表

按　钮	控件名称	控件功能
	导航控件	用于在窗体中添加导航条
	图表	用于在窗体中添加图表
	附件	用于窗体中添加控件
	ActiveX 控件	单击该按钮，将弹出一个列表，用户可以从中选择所需要的 ActiveX 控件添加到当前窗体内

在窗体中添加控件的方法主要有两种：

a. 直接从记录源的“字段列表”窗格中依次把窗体所需要的有关字段拖放到窗体某节（如“主体”节）中的适当位置。

b. 从“设计”选项卡的“控件”组中单击某控件按钮，然后单击该窗体的某节中的适当位置，需要显示某特定数据的控件，可以在“属性表”中设置其“控件来源”，以创建绑定型控件。

（5）根据需要可进行控件位置和大小的调节工作。

（6）根据需要进行窗体、节、控件属性的设置。

（7）保存该窗体的设计并指定窗体名称，关闭该窗体的“设计视图”。

4.3 在设计视图中进行自定义窗体设计

即使是用向导生成的简单窗体，常常也需要在窗体设计视图中进行修改，如改变控件的位置、删除一个不需要的控件、改变控件的大小与颜色等。对于复杂的问题，有时必须在窗体设计视图中用手动方法完成一些工作，包括某个控件的添加、与数据源的绑定以及编写窗体代码。

4.3.1 使用“设计视图”创建主子窗体

【例 4-10】 使用设计视图创建窗体，用来查看学生的学习情况。

（1）打开“学生成绩管理”数据库，单击“创建”选项卡上的“窗体”组中的“窗体设计”按钮，显示窗体的“设计视图”，默认只显示“主体”节。

（2）右击主体节空白处，在弹出的快捷菜单中选择“窗体页眉/页脚”命令，这样则在窗体的设计视图中添加了“窗体页眉”和“窗体页脚”节。

（3）双击“窗体”选定器（或单击“窗体”选定器选定窗体，在单击“设计”选项卡上“工具”组中的“属性表”按钮），显示出窗体的“属性表”窗口。

（4）在窗体“属性表”窗口的“数据”选项卡中，单击“记录源”右边的下拉按钮，弹出表名和查询名的下拉列表框。单击该下拉列表框中的“学生信息表”，指定“学生信息表”为该窗体的记录源，如图 4-47 所示。

（5）单击“设计”选项卡上“工具”组中的按钮，显示该“学生信息表”中的“字段列表”窗格，将“学生信息表”的“字段列表”窗格中除了“照片”字段外的其他字段都选定（可使用 Ctrl 键依次选中字段）并拖拽到“主体”节中的适当位置，如图 4-48 所示。

（6）单击“设计”选项卡上“控件”组中的“标签”按钮，移动鼠标指针，在窗体页眉节中的适当位置上单击并拖动鼠标，添加一个“标签”控件，在该标签控件的方框中输入“学生信息表”，或者在“属性表”中的“数据”选项卡的“标题”属性值处输入“学生信息表”。

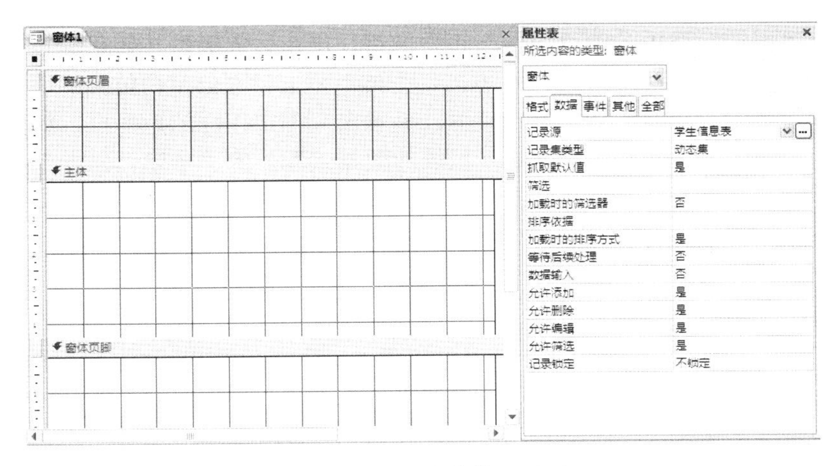

图 4-47　指定窗体的记录源

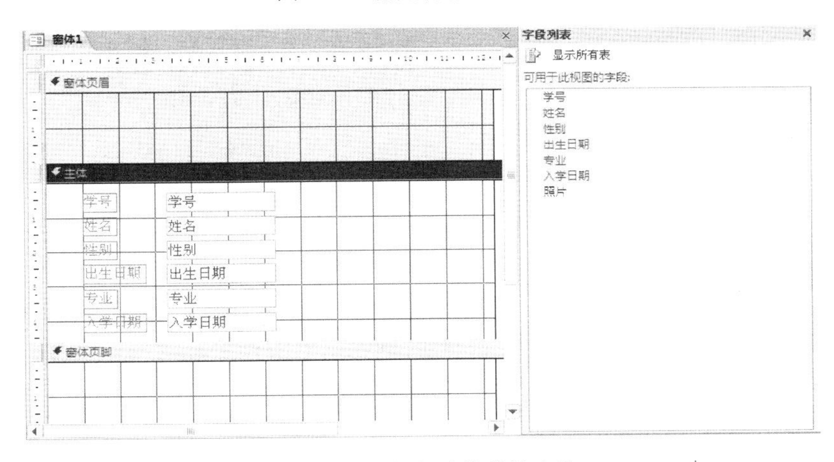

图 4-48　添加部分控件的窗体

（7）单击该“标签控件”，单击“设计”选项卡上“工具”组中的“属性表”，打开该控件的“属性表”窗口，对于该标签控件，设置“其他”选项卡中“名称”属性值为“LabA”；设置“左”（即做边距）属性值为 3cm；设置“上边距”属性值为 0.501cm，设置“字体名称”为“隶书”；设置“字号”属性值为 20；设置“字体粗细”属性值为“加粗”，如图 4-49 所示。

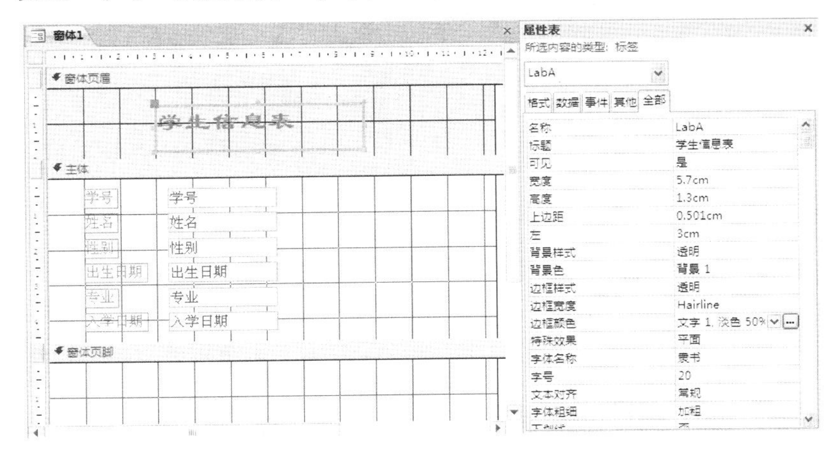

图 4-49　窗体页眉节标签控件属性设置及样式

（8）确保“设计”选项卡上“控件”组中的“使用控件向导”按钮已经按下。单击“控件”组中的“子窗体/子报表”按钮，再单击“主体”节下半部分空白位置的适当处，并按住鼠标左键往右下角方向拖拽鼠标到适当位置，显示出未绑定控件的矩形框，如图 4-50 所示。同时弹出提示“请选择将用于子窗体或子报表的数据来源”的“子窗体向导”对话框。

（9）在“请选择将用于子窗体或子报表的数据来源”的“子窗体向导”对话框中，选择“使用现有的窗体”单选按钮，单击窗体列表中的“成绩表 子窗体”窗体项（该窗体反白显示），如图 4-51 所示。

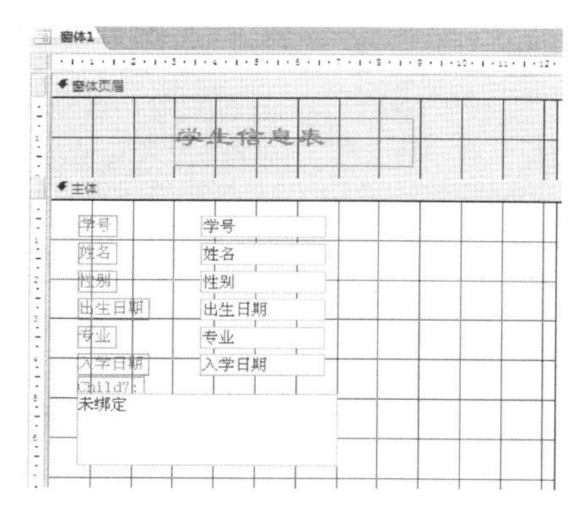

图 4-50　添加了子窗体的设计视图

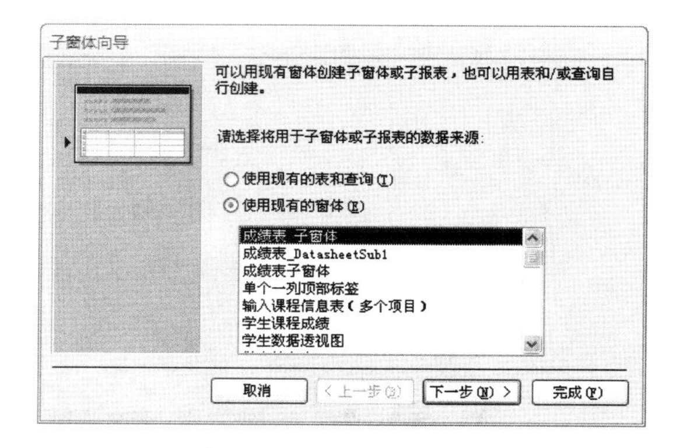

图 4-51　“子窗体向导”对话框

（10）单击“下一步”按钮，显示提示“请确定是自行定义将主窗体连接到该子窗体的字段，还是从下面的列表中进行选择”的“子窗体向导”对话框。单击该对话框中的“从列表中选择”单选钮，选中列表中的“对　学生信息表　中的每个记录用　学号　显示　<SQL 语句>”项（该项呈反白显示），如图 4-52 所示。

（11）单击“下一步”按钮，显示提示“请指定子窗体或子报表的名称”的“子窗体向导”对话框，输入“学生信息表主子窗体设计”，如图 4-53 所示。

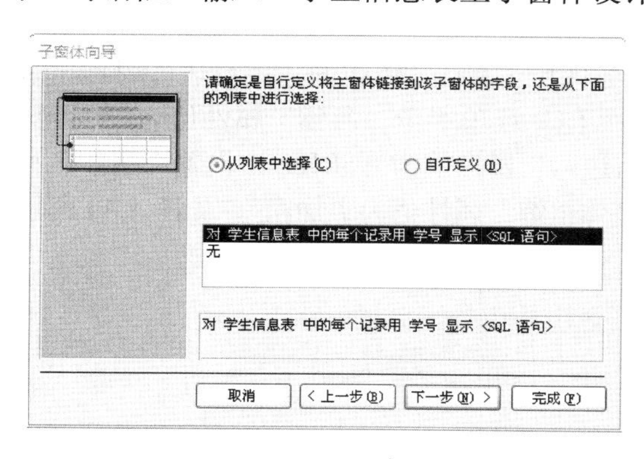

图 4-52　确定“从列表中选择”的“子窗体向导”

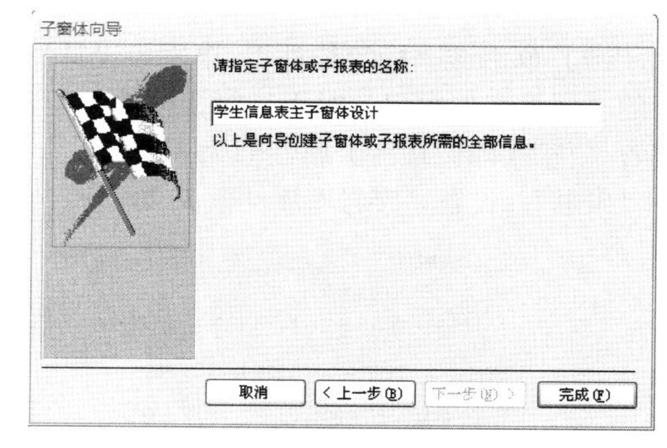

图 4-53　指定子窗体或子报表的名称

（12）单击“子窗体向导”中“完成”按钮，此时在该窗体的“设计视图”中单击“子窗体”控件，把鼠标指针移动到该子窗体的右下角的“尺寸控点”上，当鼠标指针变成斜双箭头形状时，按住鼠标左键拖拽鼠标到适当位置，调整该子窗体的水平宽度和高度，如图 4-54 所示。

（13）单击子窗体的“标签”控件，显示该“标签”的一个“移动控点”和“七个尺寸控点”，按“Delete”键删除该子窗体的“标签”控件，如图 4-55 所示。

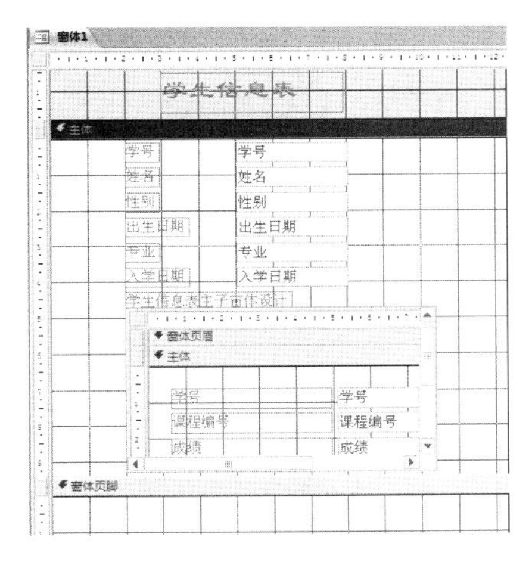

图 4-54　插入子窗体后的设计视图

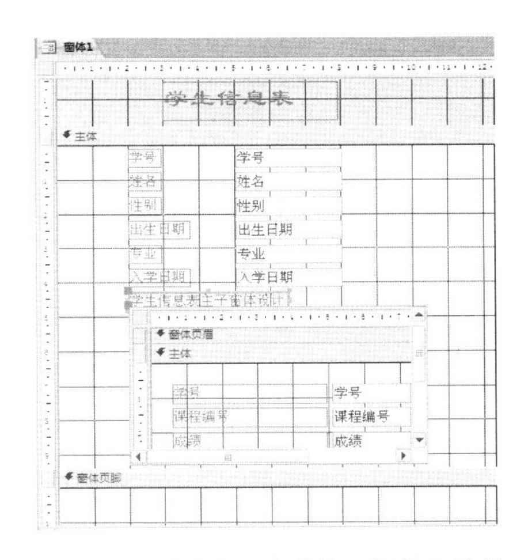

图 4-55　删除该子窗体的“标签”控件

（14）单击“子窗体”控件中的“子窗体”选定器，单击“设计”选项卡上“工具”组中的“属性表”按钮，显示该子窗体的“属性表”窗口，单击其中的“数据”选项卡。对于该子窗体控件，设置“允许编辑”属性值为“否”，设置“允许删除”属性值为“否”，设置“允许添加”属性值为“否”，如图 4-56 所示。

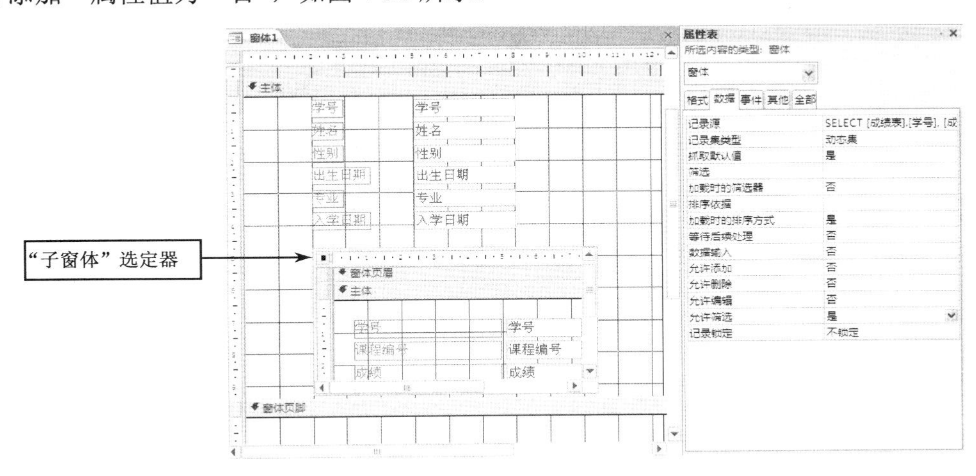

图 4-56　子窗体的“属性表”

（15）单击主窗体中的“窗体”选定器，原“属性表”窗口立即切换成主窗体的“属性表”窗口，单击其“全部”选项卡。对于该主窗体，设置“允许编辑”属性值为“否”，设置“允许删除”属性值为“否”，设置“允许添加”属性值为“否”，设置“记录选择器”属性值为“否”，设置“导航按钮”属性值为“否”，设置“分隔线”属性值为“否”，如图 4-57 所示。

（16）确保“设计”选项卡上“控件”组中的“使用控件向导”按钮已经按下。单击“控件”组中的“按钮”按钮，单击主窗体的“窗体页脚”节中的适当位置，显示“按钮”控件框，并同时弹出提示“请选择按下按钮时执行的操作”的“命令按钮向导”对话框。

（17）在该“命令按钮向导”对话框中的“类别”列表框中单击“记录导航”项，此时在右边“操作”列表框中立即显示出与“记录导航”对应的所有操作项，在“操作”列表框中单击“转至第一项记录”列表项，如图 4-58 所示。

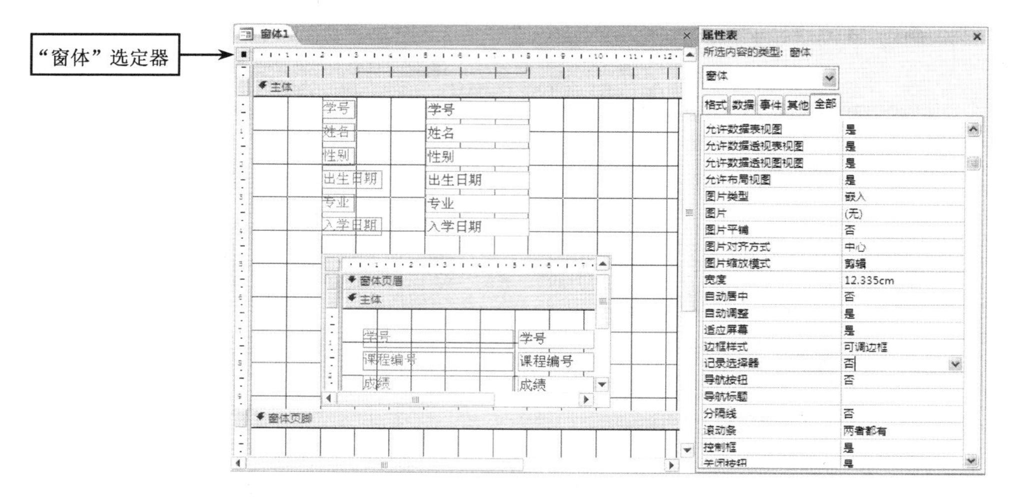

图 4-57　主窗体的“属性表”

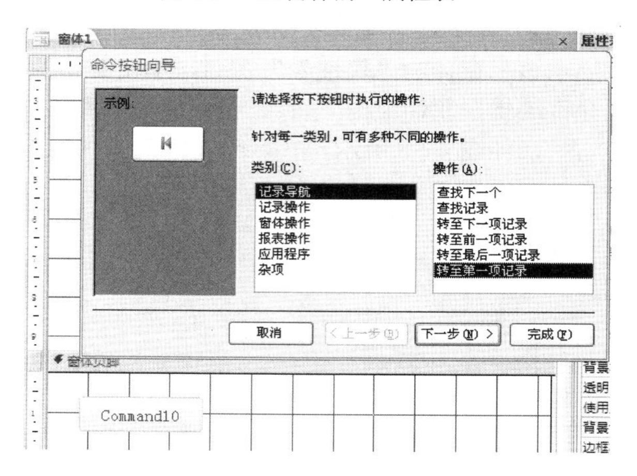

图 4-58　“命令按钮向导”对话框

（18）单击“下一步”按钮，显示提示“请确定在按钮上显示文本还是显示图片”的“命令按钮向导”对话框，在本题中，单击“文本”单选钮，并在其右边的文本框中键入“第一个记录”，如图 4-59 所示。

（19）单击“下一步”按钮，显示提示“请指定按钮的名称”的“命令按钮向导”对话框。在按钮的名称文本框中键入“Cmd1”，如图 4-60 所示。

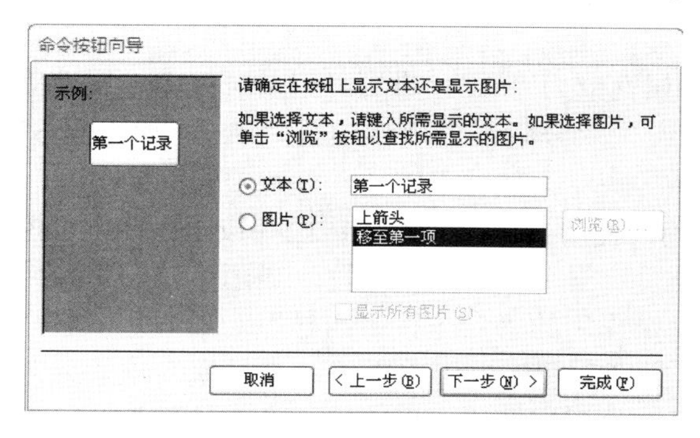

图 4-59　确定在按钮上显示文本“第一个记录”

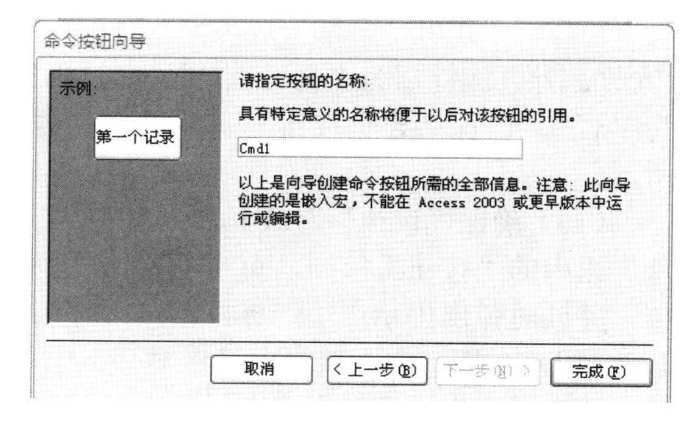

图 4-60　指定该按钮的名称为“Cmd1”

（20）参照第（16）～（19）步的方法，再创建出“上一个记录”、“下一个纪录”、“最后一个记录”、3 个“记录导航”类别的操作按钮和一个“窗体操作”类别的“退出”按钮，如图 4-61 所示。四个按钮名称依次是“Cmd2”、“Cmd3”、“Cmd4”、“Cmd5”。

（21）如图 4-61 所示，这 5 个按钮的大小不一，上下也没有对齐，很不美观，因此需要进行调整。选定 5 个按钮，单击“排列”选项卡上“调整大小和排序”组中的“对齐”按钮，在弹出下拉列表中单击“靠上”命令，如图 4-62 所示，此时这 5 个按钮自动靠上对齐；单击“调整大小和排序”组中的“大小/空格”按钮，在弹出的下拉列表中单击“至最宽”命令，此时这 5 个按钮的宽度变成一样长；单击“调整大小和排序”组中的“大小/空格”按钮，在弹出的下拉列表中单击“水平相等”命令，此时这 5 个按钮中的每两个相邻按钮之间的间距都相同，效果如图 4-63 所示。

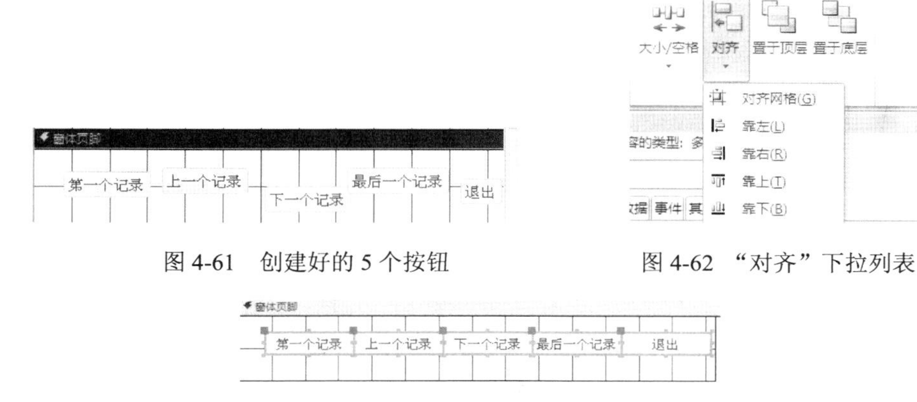

图 4-61　创建好的 5 个按钮

图 4-62　“对齐”下拉列表

图 4-63　设置“至最宽”和“水平相等”后的命令按钮效果

（22）确保“设计”选项卡上“控件”组中的“使用控件向导”按钮是未按下的状态，单击“控件”组中的“文本框”控件，移动鼠标指针到“窗体页眉”节范围的右下方向适当位置上，按下鼠标左键并拖拽鼠标到适当位置，松开鼠标左键，显示出一个标签控件和文本框控件，将该标签控件删掉（单击该标签控件，再按 Delete 键即可删除），在该文本框中直接输入“=Date()”，设置该文本框的左边距属性值为 10.212cm，上边距属性值为 0.794cm，设置该文本框的属性值为“长日期”。该文本框是一个计算文本框，在运行该窗体时可以显示当时的系统日期。如图 4-64 所示。

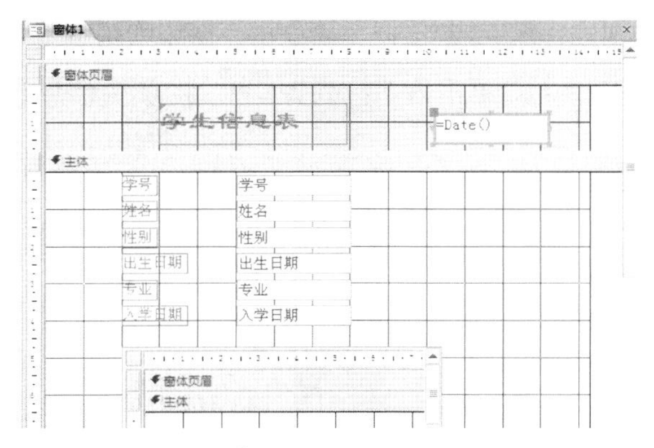

图 4-64　加入计算型文本框控件的设计视图

（23）单击“开始”选项卡上“视图”组上的“视图”按钮，切换到窗体的“窗体视图”，如图 4-65 所示。

（24）保存该窗体，窗体命名为“浏览学生学习情况”。

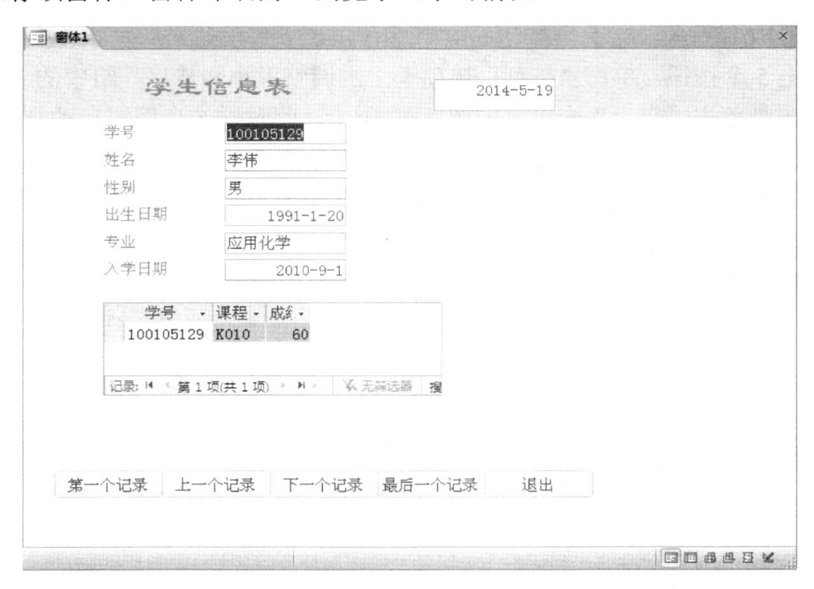

图 4-65　窗体运行效果图

4.3.2　使用“设计视图”创建输入窗体

【例 4-11】 使用设计视图创建窗体，用来输入学生的基本信息。

该窗体的信息源为“学生信息表”，运行该窗体时可以添加记录、保存记录、撤销记录、关闭窗体。操作步骤如下：

（1）打开“学生成绩管理”数据库，单击“创建”选项卡上“窗体”组中的“窗体设计”按钮，显示窗体的“设计视图”。

（2）右击主体节的空白处，在弹出的快捷菜单中单击“窗体页眉/页脚”命令，则在该窗体“设计视图”中显示“窗体页眉”节和“窗体页脚”节。

（3）单击“窗体”选定器选定窗体，单击“窗体设计工具”下“设计”选项卡上“工具”组中的“属性表”按钮，显示出窗体的“属性表”窗口。

（4）在窗体“属性表”窗口的“数据”选项卡中，单击“记录源”右边的“下拉”按钮，弹出表名和查询名的下拉列表框。单击该下拉列表框中的“学生信息表”，指定“学生信息表”为该窗体的记录源。

（5）添加文本框字段。单击“设计”选项卡上“工具”组中的“添加现有字段”按钮，显示出学生信息表的“字段列表”窗格，将学生信息表的“字段列表”窗格中的学号、姓名、出生日期字段拖放到“主体”节中的适当位置上，如图 4-66 所示。

（6）添加“组合框”控件。

第 1 种方法，使用控件向导完成，操作步骤如下：

① 单击“控件”组中的“组合框”按钮，在窗体上要放置组合框的位置处单击。屏幕上显示“组合框向导”的第一个对话框，选中“自行键入所需的值”单选按钮，如图 4-67 所示。

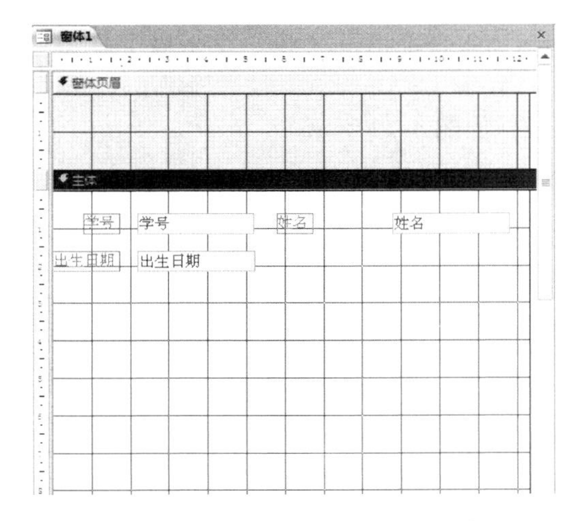

图 4-66　添加学号、姓名、出生日期字段

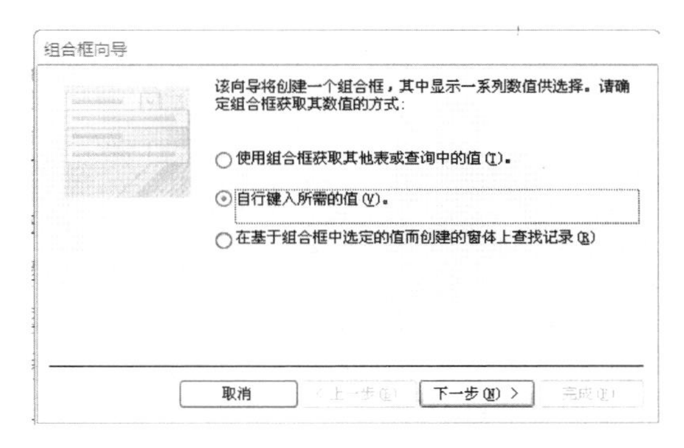

图 4-67　“组合框向导”的第一个对话框

② 单击“下一步”按钮，打开下一个对话框，在“第 1 列”列表中依次输入“2010-9-1”、“2011-9-1”、“2012-9-1”等值，每输完一个值就按 Tab 键，如图 4-68 所示。

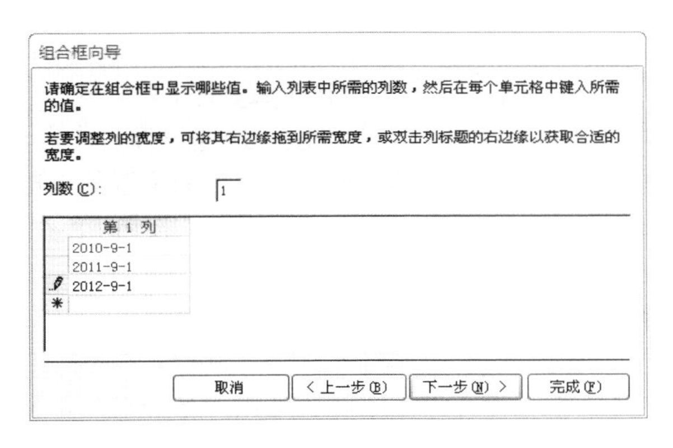

图 4-68　输入列表值

③ 单击“下一步”按钮，打开下一个对话框，选中“将该数值保存在这个字段中”单选按钮，并单击右侧的下三角按钮，从显示的下拉列表中选择“入学日期”字段，如图 4-69 所示。

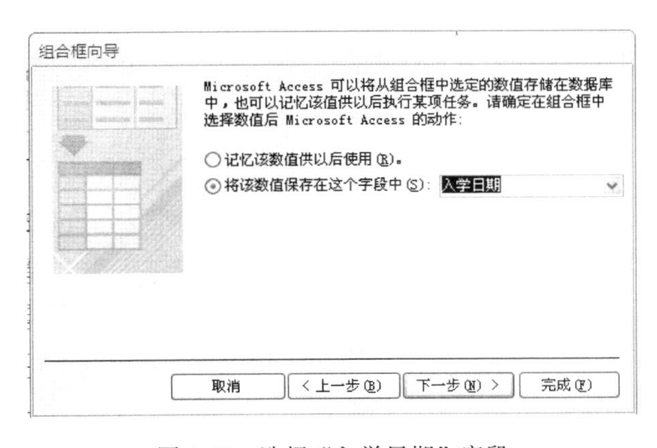

图 4-69　选择“入学日期”字段

④ 单击“下一步”按钮，在打开的对话框的“请为组合框指定标签:”文本框中输入“入学日期”，作为该组合框的标签。

⑤ 单击“完成”按钮，至此，组合框创建完成，如图 4-70 所示。

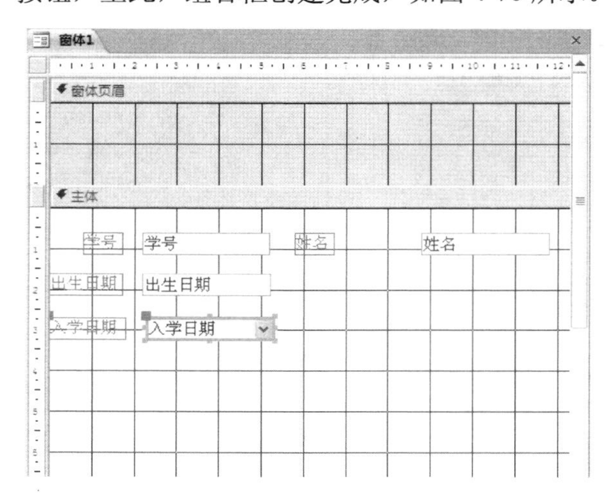

图 4-70　添加组合框的窗体设计视图

第 2 种方法：在设计视图中直接添加，操作步骤如下。

① 在“设计”选项卡上的“控件”组中“使用控件向导”未选中的情况下，单击“控件”组中的“组合框”按钮，在窗体上要放置组合框的位置处单击。

② 单击“设计”选项卡上“工具”组中的“属性表”按钮，在“数据”选项卡中找到“控件来源”，在其下拉列表内选择“入学日期”字段。

③ 将组合框标签修改为“入学日期”。

（7）添加“选项组”控件。添加性别字段，操作步骤如下：

① 确保“设计”选项卡上“控件”组中的“使用控件向导”按钮是未按下的状态。，单击“控件”组中的“选项组”按钮，单击窗体“主体”节中的适当位置，弹出“选项组向导”对话框，如图 4-71 所示。

② 根据图 4-71 所示的“选项组向导”的第一个对话框至图 4-75 所示的“选项组向导”的第五个对话框中的提示，依次进行相应的操作。

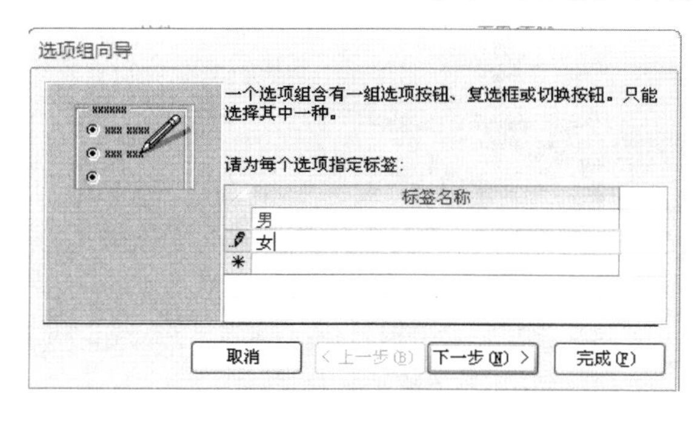

图 4-71 “选项组向导”的第一个对话框

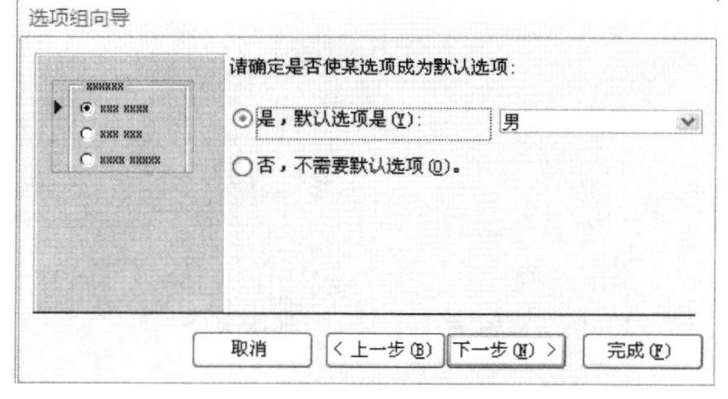

图 4-72 “选项组向导”的第二个对话框

③ 图 4-76 所示的“选项组向导”完成时的设计视图中，对选项组框的位置、大小以及其中的各控件的位置、大小进行调整，调整后的视图如图 4-77 所示。

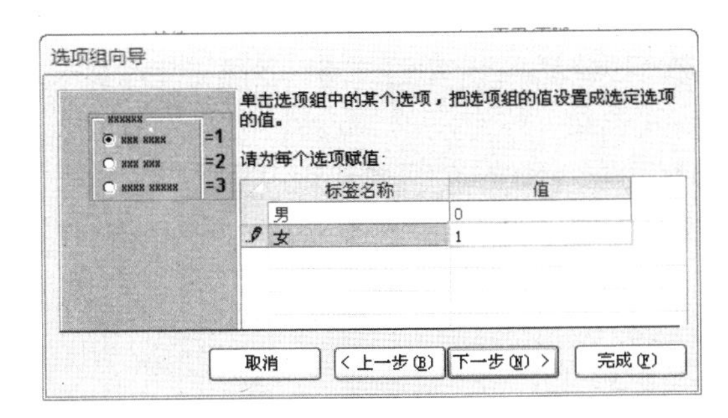

图 4-73 “选项组向导”的第三个对话框

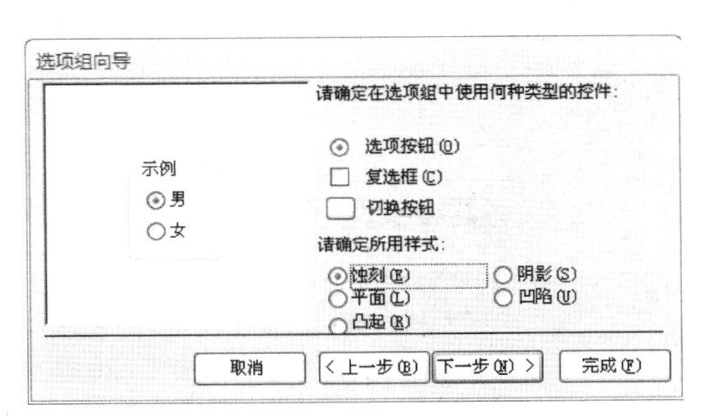

图 4-74 “选项组向导”的第四个对话框

图 4-75 “选项组向导”的第五个对话框

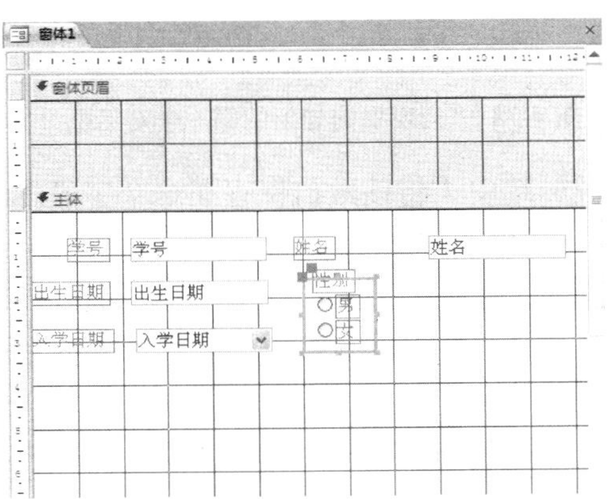

图 4-76 “选项组向导”完成时的设计视图

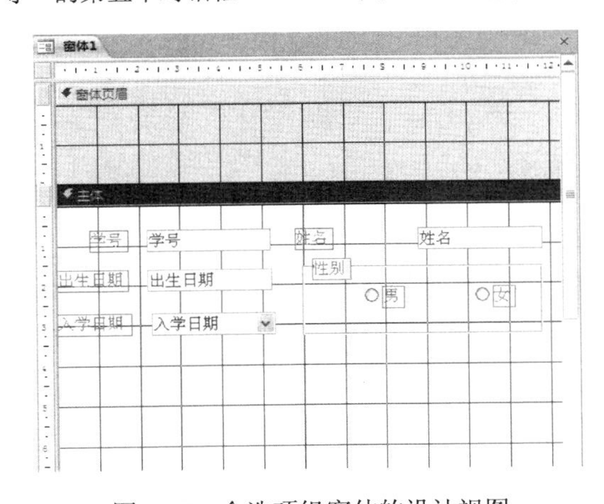

图 4-77 含选项组窗体的设计视图

（8）添加结合型列表框控件。与组合框控件类似，列表框也可以分为绑定型与未绑定型两种。可以利用向导来添加列表框，也可以在窗体的设计视图中直接添加。下面继续在“输入学生基本信息”窗体中添加“专业”列表框，操作步骤如下。

① 在如图 4-77 所示的设计视图中，单击“控件”组中的“列表框”按钮。

② 在窗体上要放置列表框的位置处单击。打开“列表框向导”的第一个对话框，选中“自行键入所需的值”单选按钮，如图 4-78 所示。

③ 单击“下一步”按钮，打开下一个对话框，输入列表框中显示的值，如图 4-79 所示。

④ 单击“下一步”按钮，打开下一个对话框，如图 4-80 所示。

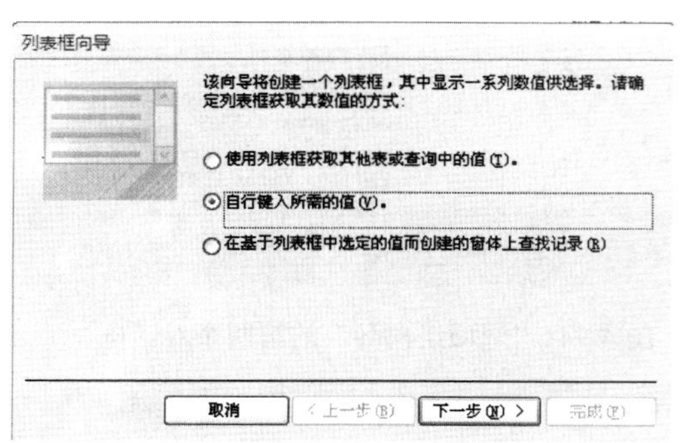

图 4-78 “列表框向导”的第一个对话框

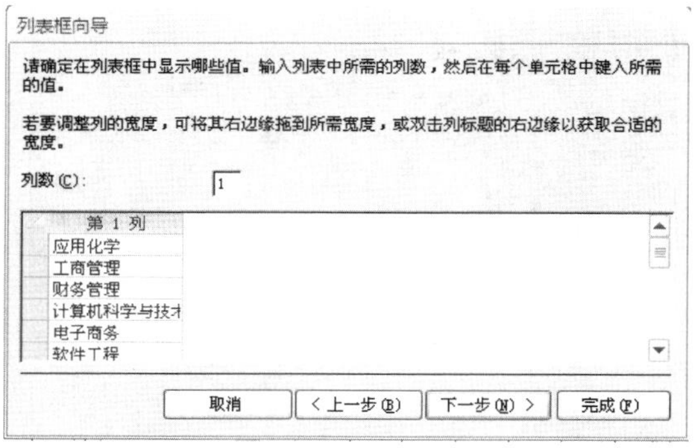

图 4-79 “列表框向导”的第二个对话框

⑤ 选中“将该数值保存在这个字段中”单选按钮，并在右侧的组合框中选择“专业”字段，如图 4-81 所示。

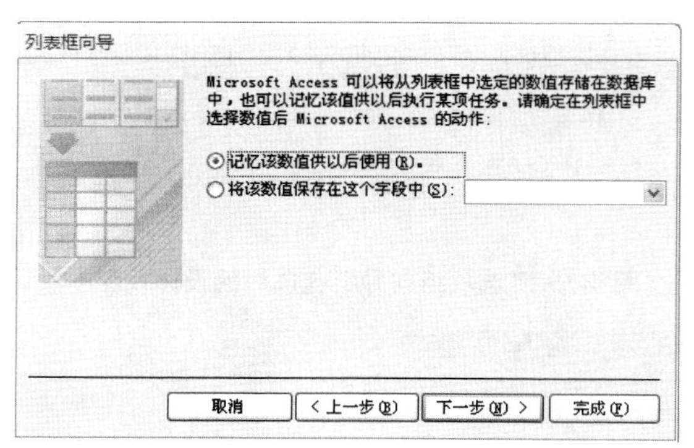

图 4-80 “列表框向导”的第三个对话框

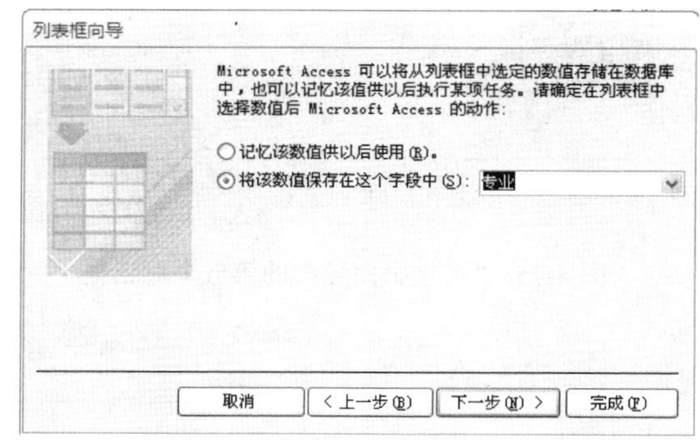

图 4-81 选择数值保存字段

⑥ 单击“下一步”按钮，打开下一个对话框，为列表框指定标签，如图 4-82 所示。

⑦ 单击“完成”按钮，即可看到创建的列表框，如图 4-83 所示。

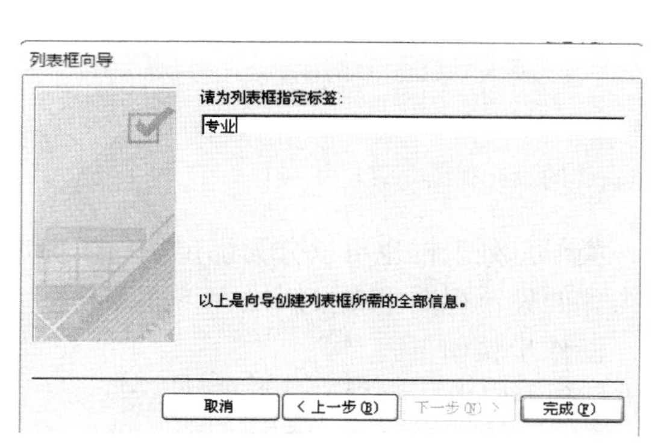

图 4-82 “列表框向导”的第四个对话框

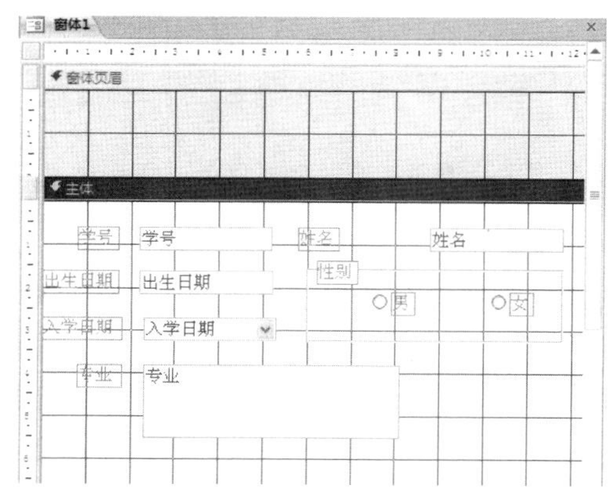

图 4-83 添加列表框的窗体设计视图

如果用户在创建“专业”列表框控件第 2 步选择了“自行键入所需的值”选项，那么接下来的创建步骤就与组合框控件的创建步骤一样了。在具体创建时，选择“自行键入所需的值”选项还是“使用列表框查阅表或查询中的值”选项需要具体问题具体分析。如果创建输入或修改记录的窗体，一般应选择“自行键入所需的值”选项，这样列表中列出的数据不会重复，此时从列表中直接选择即可；如果创建的是显示记录窗体，那么可以选择“使用列表框查阅表或查询中的值”选项，这时列表框中将反映存储在表或查询中的实际值。

（9）添加标签控件。单击“控件”组中的“标签”按钮 **Aa**，单击窗体“窗体页眉”节中的适当位置并从左往右拖动鼠标，在空白区域添加文字“输入学生基本信息”，设置此标签字号为 24，字体为隶书，左边距 3.399cm，上边距 0.3cm，如图 4-84 所示。

（10）添加命令按钮。在图 4-84 所示的设计视图中，继续创建“添加记录”命令按钮，操作步骤如下。

① 确保“设计”选项卡上“控件”组中的“使用控件向导”按钮已经按下。单击“控件”组中的“按钮”按钮，单击主窗体的“窗体页脚”节中的适当位置，显示“按钮”控件框，并同时弹出提示“请选择按下按钮时执行的操作”的“命令按钮向导”对话框。

② 在该“命令按钮向导”第一个对话框中的“类别”列表框中单击“记录操作”项，此时在右边“操作”列表框中立即显示出与“记录操作”对应的所有操作项。在“操作”列表框中单击“添加新记录”列表项，如图 4-85 所示。

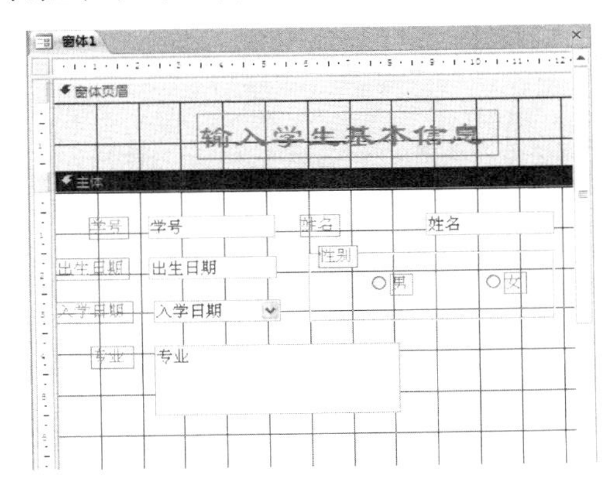

图 4-84 窗体页眉节添加标签的设计视图

命令按钮向导

示例:

请选择按下按钮时执行的操作:

针对每一类别，可有多种不同的操作。

类别(C):

记录导航
记录操作
窗体操作
报表操作
应用程序
杂项

操作(A):

保存记录
删除记录
复制记录
打印记录
撤消记录
添加新记录

取消 | < 上一步(B) | 下一步(N) > | 完成(F)

图 4-85 “命令按钮向导”的第一个对话框

③ 单击“下一步”按钮，打开下一个对话框。弹出提示“请确定在按钮上显示文本还是图片”的“命令按钮向导”对话框，在本例中，单击“文本”单选按钮，然后在其后的文本框内输入“添加记录”，如图 4-86 所示。

④ 单击“下一步”按钮，打开下一个对话框。在该对话框中可以为创建的命令按钮命名，以便日后引用，本例中，在按钮的名称文本框中输入“Cmd1”，如图 4-87 所示。

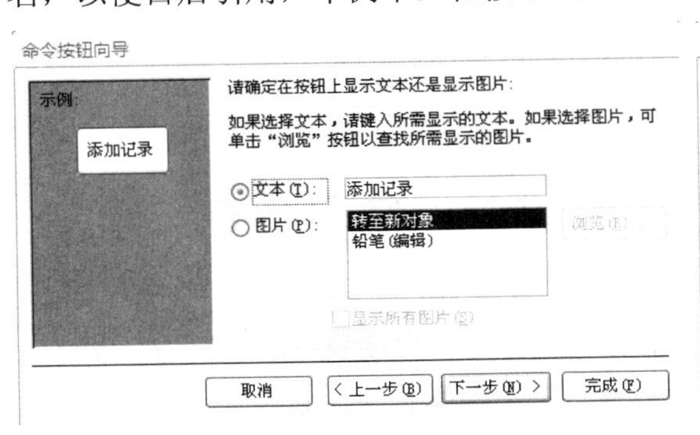

图 4-86 “命令按钮向导”的第二个对话框

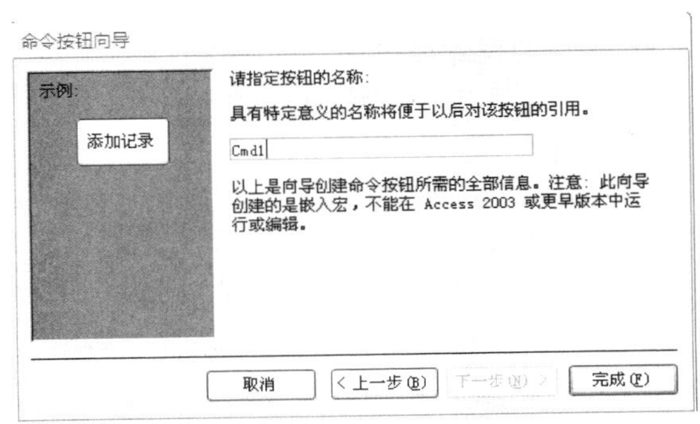

图 4-87 为命令按钮命名

⑤ 单击“完成”按钮。至此，“添加记录”命令按钮创建完成，保存记录、撤销记录、关闭窗体按钮的创建方法与此类似，这3个按钮的名称依次是“Cmd2”，“Cmd3”，“Cmd4”，单击“排列”选项卡上“调整大小和排序”组中的“对齐”按钮，在弹出下拉列表中单击“靠上”命令；单击“调整大小和排序”组中的“大小/空格”按钮，在弹出的下拉列表中单击“水平相等”命令，最终结果如图4-88所示。

（11）点击“保存”按钮，将窗体名字为“输入学生信息”，运行效果如图4-89所示。

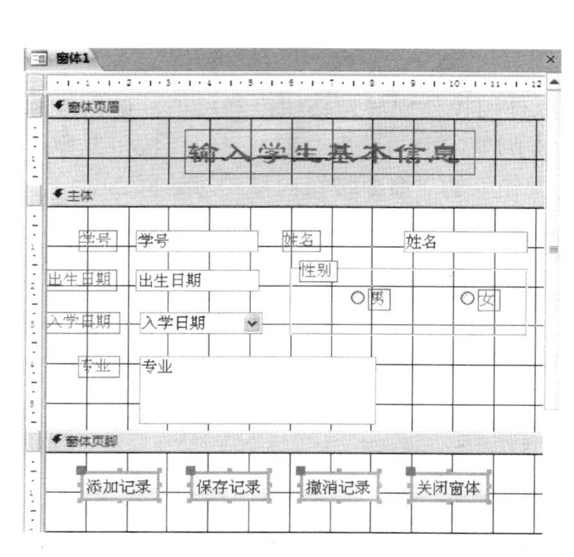

图4-88　添加命令按钮的窗体设计视图

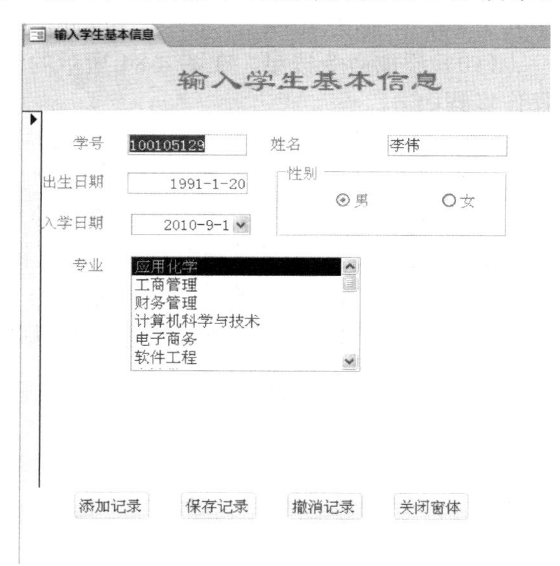

图4-89　窗体运行效果

小　　结

通过本章的学习，使读者了解了窗体的一些基本概念，掌握了创建窗体的几种方法、对窗体的美化，以及创建出符合要求的更加漂亮的窗体。

实　　验

【实验目的及要求】

1. 掌握Access 2010创建窗体的基本方法。
2. 学会设置窗体的常规属性。
3. 学会在窗体中添加标签等控件。

【实验环境】

Windows操作系统、Access 2010、配套实验素材中chap4文件夹内的数据库。

【实验内容】

从配套的实验素材中，将chap4文件夹复制到本地计算机的D盘上，然后进行如下操作。

1．打开文件夹1，“samp1.accdb”数据库文件中已建立三个关联表对象（名为“线路”、“游客”和“团队”）。和窗体对象“brow”。请按照以下要求完成表和窗体的各种操作：

（1）按照以下要求修改表的属性：

“线路”表：设置“线路 ID”字段为主键、“线路名”字段为必填字段。“团队”表：设置“团队 ID”字段为有索引（无重复）、“导游姓名”字段为必填字段。

按照以下要求修改表结构：向“团队”表增加一个字段，字段名称为“线路 ID”，字段类型为文本型，字段大小为 8。

（2）分析“团队”表的字段构成、判断并设置主键。

（3）建立“线路”和“团队”两表之间的关系并实施参照完整。

（4）将文件夹下 Excel 文件 Test.xls 中的数据链接到当前数据库中。要求：数据中的第一行作为字段名，链接表对象命名为“tTest”。

（5）删除“游客”表对象。

（6）修改“brow”窗体对象的属性，取消“记录选择器”和“分隔线”显示，将窗体标题栏的标题改为“线路介绍”。

2. 打开文件夹 2，“samp3.accdb”数据库文件中已设计好表对象“tStud”和“tScore”，同时还设计出窗体对象“fStud”和子窗体对象“fScore 子窗体”。请在此基础上按照以下要求补充“tStud”窗体和“tScore 子窗体”子窗体的设计：

（1）在“fStud”窗体的“窗体页眉”中距左边 2.5cm、距上边 0.3cm 处添加一个宽 6.5cm、高 0.95cm 的标签控件（名称：bTitle），标签控件上的文字为“学生基本情况浏览”，颜色为“蓝色”（蓝色代码为 16711680）、字体名称为“黑体”、字体大小为 22。

（2）将“tStud”窗体边框改为“细边框”样式，取消窗体中的水平和垂直滚动条、最大化和最小化按钮；取消子窗体中的记录选定器、浏览按钮（导航按钮）和分隔线。

（3）在“tStud”窗体中有一个年龄文本框和一个退出命令按钮，名称分别为“tAge”和“CmdQuit”。年龄文本框的功能是显示学生的年龄，对年龄文本框进行适当的设置，使之能够实现此功能；退出命令按钮的功能是关闭“fStud”窗体，请按照 VBA 代码中的指示将实现此功能的代码填入制定的位置中。

（4）在“fStud”窗体和“fScore”子窗体中各有一个平均成绩文本框控件，名称分别为“txtMAvg”和“txtAvg”，对两个文本框进行适当设置，使“fStud”窗体中的“txtMAvg”文本框能够显示出每名学生所选课程的平均成绩。

注意：不允许修改窗体对象“fStud”和子窗体对象“fScore 子窗体”中未涉及的控件、属性和任何 VBA 代码；不允许修改表对象“tStud”和“tScore”。只允许在“******Add******”与“******Add******”之间的空行内补充一条语句，不允许增删和修改其他位置已存在的语句。

练 习 题

一、选择题

1. 在教师信息输入窗体中，为职称字段提供“教授”、“副教授”、“讲师”等选项供用户直接选择，最合适的控件是（　　）。

A. 标签　　B. 复选框

C. 文本框　　D. 组合框

2. 确定一个窗体大小的属性是（　　）。

A. Width 和 Height　　B. Width 和 Top

C. Top 和 Left　　D. Top 和 Height

3. Access 的“切换面板”属于的对象是（　　）。

A. 表
B. 查询
C. 窗体
D. 页

4. 能接受用户输入数据的窗体控件是（　　）。
A. 列表框
B. 图像
C. 标签
D. 文本框

5. 在窗体中，最基本的区域是（　　）。
A. 页面页眉
B. 主体
C. 窗体页眉
D. 窗体页脚

6. 下列关于对象“更新前”事件的叙述中，正确的是（　　）。
A. 在控件或记录的数据变化后发生的事件
B. 在控件或记录的数据变化前发生的事件
C. 当窗体或控件接收到焦点时发生的事件
D. 当窗体或控件失去了焦点时发生的事件

7. 下列属性中，属于窗体的“数据”类属性的是（　　）。
A. 记录源
B. 自动居中
C. 获得焦点
D. 记录选择器

8. 下列不是窗体控件的是（　　）。
A. 表
B. 标签
C. 文本框
D. 组合框

9. 不能用来作为表或查询中“是/否”值输出的控件是（　　）。
A. 复选框
B. 切换按钮
C. 选项按钮
D. 命令按钮

10. 主窗体和子窗体通常用于显示多个表或查询中的数据，这些表或查询中的数据一般应该具有的关系是（　　）。
A. 一对一
B. 一对多
C. 多对多
D. 关联

11. 为窗体上的控件设置 Tab 键的顺序，应选择属性表中的（　　）。
A. 格式选项卡
B. 数据选项卡
C. 事件选项卡
D. 其他选项卡

12. 下列方法中，不能创建一个窗体的是（　　）。
A. 使用自动创建窗体功能
B. 使用窗体向导
C. 使用设计视图
D. 使用 SQL 语句

13. 决定窗体外观的是（　　）。
A. 矩形
B. 标签
C. 属性
D. 按钮

14. Access 中，没有数据来源的控件类型是（　　）。
A. 结合型
B. 非结合型
C. 计算型
D. 其余三项均不是

15. 若要修改命令按钮 Command 的标题文字，应设置的属性是（　　）。
A. Text
B. Name
C. Caption
D. Command

16. 若要求窗体中的某个控件在事件发生时要执行一段代码，则应设置是（　　）。

A. 窗体属性　　B. 事件过程
C. 函数过程　　D. 通用过程

17. 要将计算控件的控件来源属性设置为计算表达式，表达式的第一个符号必须是（　　）。
A. 左方括号[　　B. 等号 =
C. 左圆括号（　　D. 双引号 "

18. 下列关于控件的叙述中，正确的是（　　）。
A. 在选项组中每次只能选择一个选项
B. 列表框比组合框具有更强的功能
C. 使用标签工具可以创建附加到其他控件上的标签
D. 选项组不能设置为表达式

19. 绑定窗体中控件的含义是（　　）。
A. 宣告该控件所显示的数据将是不可见的
B. 宣告该控件所显示的数据是不可删除的
C. 宣告该控件所显示的数据是只读的
D. 该控件将与数据源的某个字段相联系

20. 在 Access 中有雇员表，其中有存照片的字段，在使用向导为该表创建窗体时，“照片”字段所使用的默认控件是（　　）。
A. 图像框　　B. 绑定对象框
C. 非绑定对象框　　D. 列表框

二、填空题

1. Access 的窗体可划分为________、________、________和________四类。
2. 窗体的主要作用是接收用户输入的数据和命令，________、________数据库中的数据，方便、美观地输入/输出界面。
3. 纵栏式窗体将窗体中的一个显示记录按列分隔，每列的左边显示________，右边显示字段内容。
4. ________属性值需在“是”和“否”两个选项中选取，决定窗体显示时是否有记录选定器，即数据表最左端是否有标志块。
5. 窗体中的列表框可以包含一列或几列数据，用户只能从列表中________，而不能________。
6. 创建窗体的数据来源只能是________。
7. 计算字段是指根据一个或多个表中的一个或多个字段并使用________建立的________。
8. ________属性用于设定空间的输入格式，仅对文本框或日期型数据有效。
9. ________属性主要是针对空间的外观或窗体的显示格式而设置的。
10. 用户可以从系统提供的固定样式中选择窗体的格式，这些样式就是窗体的________。

第5章

报表的创建与使用

前面学习了窗体，再学报表就会觉得比较容易。报表和窗体类似，其数据来源于数据表或查询，但报表只能查看数据，不能通过报表修改或输入数据，只能用于浏览、打印和输出数据。用户可以在报表中添加多级汇总、统计比较、图片和图表等。本章结合典型例题介绍如何创建报表，报表的设计，数据的分组、排序和数据汇总，以及报表的美化和打印预览。

5.1 报表概述

数据库的主要功能之一就是对原始数据库进行整理、综合和分析，并将整理的结果打印出来，而报表恰恰是实现这一功能的最佳方式。报表是 Access 2010 的数据库对象之一，可以根据需要将数据库中有关的数据提取出来进行整理、分类、汇总和统计，经过格式化且分组并将其打印出来。报表中显示的各部分内容被绑定到数据库中的一个或多个表和查询中。窗体上的其他信息（如标题、日期和页码）都存储在报表的设计视图中。

报表和窗体一样，都由一系列控件组成，提供查阅、新建、编辑和删除数据等基本方法。但是，这两种对象有着本质的区别：窗体和报表都可以显示数据，窗体的数据显示在窗口中，报表的数据则是可以打印在纸上；窗体上的数据既可以浏览又可以进行修改，报表中的数据只能浏览而不能修改。

5.1.1 报表的视图

Access 2010 数据库中报表有 4 种视图，分别是报表视图、打印预览、布局视图和设计视图。

单击“开始”选项卡下的“视图”选项组的“视图”选项下面的下三角按钮，在弹出的下拉菜单中选择在“报表视图（R）“、“打印预览（V）”、“布局视图（Y）”、“设计视图（D）”间切换，如图 5-1 所示。

图 5-1　切换视图

（1）报表视图：是报表设计完成后，最终被打印的视图。在报表视图中可以对报表应用高级筛选，筛选所需要的信息，并且可以选择文本将其复制到剪贴板上。

（2）打印预览：在“打印预览”视图中，可以查看显示在报表上的每一页数据，也可以看报表的版面设置，通常用鼠标以放大镜方式缩放比例来改变报表的显示大小。双击已经设计好的报表，将以“打印预览”视图模式打开报表，如图 5-2 所示，双击报表对象下已经创建好的“课程基本情况报表”。

（3）布局视图：在“布局视图”中可以在显示数据的情况下，调整报表设计，根据实际报表数据调整列宽，还可以重新排列并添加分组级别和汇总，并设置报表及其控件的属性，调整控件的位置。报表的布局视图与窗体的布局视图的功能和操作方法基本一致。

（4）设计视图：在“设计视图”中可以创建报表，也可以修改报表的布局。

图 5-2　报表的打印预览视图

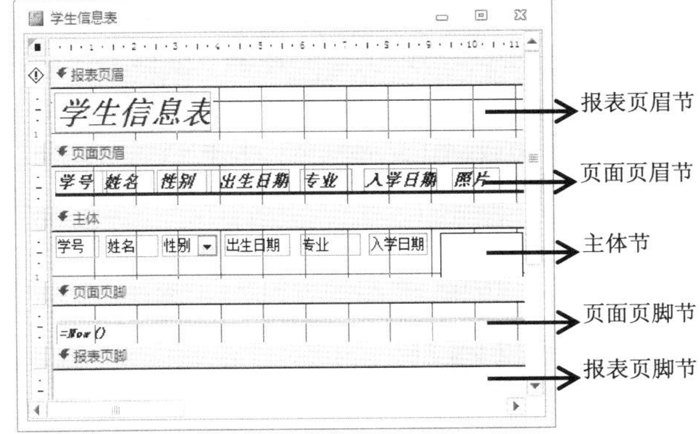

图 5-3　报表的“节”

5.1.2　报表的结构

与窗体相同，报表是按节来设计的。报表一般由报表页眉、页面页眉、主体、页面页脚和报表页脚 5 部分组成，这些部分称为报表的“节”（见图 5-3），每个“节”都有其特定的功能。在设计视图中打开报表以查看各个节，在布局视图中，将看不到这些节，但它们仍然存在，并可通过使用“格式”选项卡上的“选中内容”组中的下拉列表来进行选择。

（1）报表页眉。在一个报表中，报表页眉只出现一次，并只能显示在报表的开始处；报表页眉节内存放报表标题或关于报表的说明性文字，用于显示一般出现在封面上的信息，如徽标、标题或日期。报表页眉位于页面页眉之前，且只在整个报表开始处打印一次。

（2）页面页眉。出现在报表每一页的顶部，例如，使用页面页眉可在每页上重复报表标题。

（3）主体。报表的主要组成部分，用来显示当前报表数据源中所有记录的详细信息，是每个报表都必须有的节。在报表主体里，可以使用计算字段对每行数据进行某种运算。

（4）页面页脚。出现在报表每一页的底部，用来显示页码、总计、制作人、打印日期等与报表相关的信息。

（5）报表页脚。此节只在报表结尾显示一次，用来显示整个报表的报表总和或其他汇总信息。

除此之外，在报表的结构中，还包括组页眉和组页脚节，称为子节，这是因为在报表中对数据分组产生的。例如，在按产品分组的报表中，使用组页眉可以显示产品名称。

说明　（1）一个报表通常包含多页，但整个报表只有一个报表页眉和报表页脚，通常作为整个报表的封面和封底。

（2）在报表中，主体部分是不可或缺的。

（3）简单报表可以没有报表页眉和页脚。

（4）在设计视图中，报表页脚显示在页面页脚下方。但在所有其他视图（如布局视图或在打印或预览报表时）中，报表页脚显示在页面页脚的上方，紧接在最后一个组页脚或最后页上的主体行之后。

5.1.3 报表的类型

常用的报表可以分为表格式报表、纵栏式报表、图表式报表和标签式报表。

（1）表格式报表　显示报表数据源每条记录的详细信息。每条记录的各个字段从左到右排列，一条记录的内容显示在同一行，多条记录从上到下显示，适合记录较多、字段较少的情况。

（2）纵栏式报表　每条记录的各个字段自上到下排列，适合记录较少、字段较多的情况。

（3）图表式报表　将报表数据源中的数据进行分类统计汇总，以图形的方式表示，更加直观、清晰。Access 提供了多种图表，包括折线图、柱形图、饼图、环形图三维条形图等。数据透视图或数据透视表报表一般适合于综合、归纳、比较等场合。

（4）标签式报表　报表的特有形式，将报表数据源中少量的数据组织在一起，通常用于打印书签、名片、信封、邀请函等特殊用途。

5.2 创建报表

创建报表和创建窗体非常类似，都是使用控件来组织和显示数据的，因此，在第 4 章中介绍过的创建窗体的许多技巧也适用于创建报表。一旦创建了一个报表，就可以在报表中添加控件、修改报表样式等。

Access2010 提供了多种创建报表的方法，包括使用“报表”工具、“报表设计”、“空报表”、“报表向导”和“标签”来创建报表。在“创建”选项卡中“报表”组提供了这些创建报表的按钮，如图 5-4 所示。下面通过具体实例来分别进行介绍。

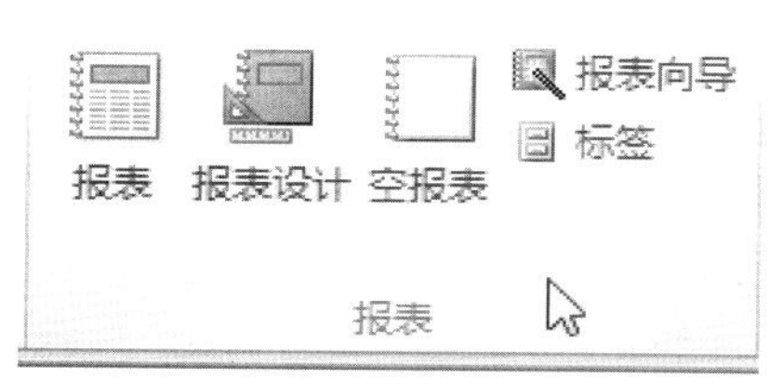

图 5-4　多种创建报表的“报表”组

5.2.1 使用简单“报表”创建报表

“报表”工具是一种快速创建报表的方法。它不向用户提示信息，也不需要用户做任何其他操作，只需要在创建之前选中表或查询数据源，就立即生成一个包含数据源所有记录的报表。这种报表虽然不是最终需要的完美报表，但对于迅速查看基础数据是直接有效的。

【例 5-1】 在“学生成绩管理”数据库中使用“报表”按钮创建名为“学生成绩”的报表。

操作步骤如下。

（1）打开“学生成绩管理”数据库，在“导航”窗格中的“表”对象列表中选中“学生信息表”。

（2）在“创建”选项卡的“报表”组中，单击“报表”按钮，即可生成如图 5-5 所示的“学生成绩”报表。这种方法是最简单最直接的，但是这样的报表并不美观，需要进一步修改。

成绩表

学号	课程编号	成绩
100105129	K010	60
100301008	K006	60
100301008	K010	60
100502064	K005	87
100502064	K007	80
110201001	K003	80
110201001	K007	97
1102010	K009	87

图 5-5　使用“报表”按钮创建的成绩表报表

5.2.2 使用“报表向导”创建报表

自动创建报表虽然快捷，但是用户选择的余地很小，所创建的报表包含数据源的所有记录和字段，既不能选择报表的样式，也不能选择要打印的字段。使用“报表向导”创建报表，可以根据用户的需要来创建基于多表的报表，还可以选择要打印的范围及报表的布局和样式。

【例 5-2】 创建以“学生成绩管理”数据库中的 3 个表作为数据源的报表，显示每个学生各门课的成绩。

操作步骤如下。

（1）打开“学生成绩管理”数据库，在“创建”选项卡的“报表”组中，单击“报表向导”按钮 报表向导，系统弹出 “报表向导”对话框。

（2）在弹出的“报表向导”对话框中确定报表使用哪些字段，可以从多个表或查询中选取。本例选取“学生信息表”中的“学号”、“姓名”、“性别”字段，“课程信息表”中的“课程名称”字段，“成绩表”中的“成绩”字段，如图 5-6 所示。

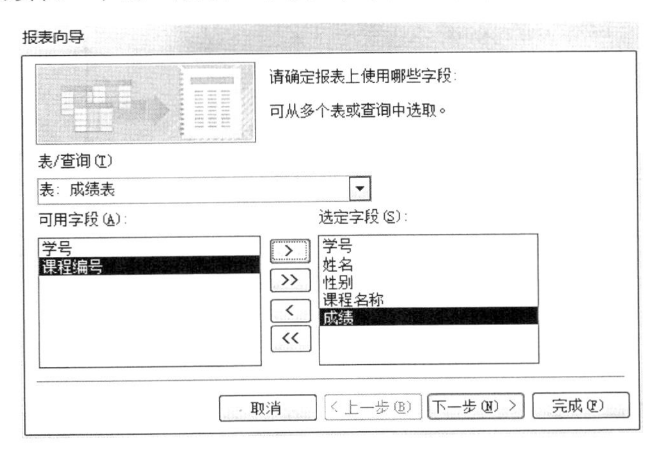

图 5-6 “报表向导”第一个对话框

（3）单击“下一步”按钮，在弹出的如图 5-7 所示的对话框中确定查看数据的方式。当选定的字段来自多个数据源时，“报表向导”才会出现这样的步骤。如果数据源之间是一对多的关系，那么一般选择“一”方的表（也就是主表）来查看数据；如果当前报表中的两个被选择的表是多对多的关系，那么可以选择从任何一个“多”方的表查看数据，这里根据题意选择“通过学生信息表”查看数据。

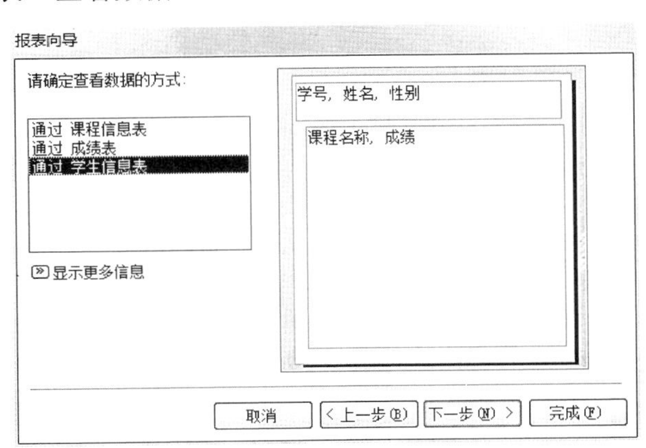

图 5-7 “报表向导”第二个对话框

（4）单击“下一步”按钮，在弹出的如图 5-8 所示的对话框中确定是否添加分组级别，是否需要分组是由用户根据数据源中的记录结构及报表的具体要求决定的。如果数据来自单一的数据源，如“成绩表”，那么由于每位学生的课程门数不一定相同，因此若对报表数据不加处理，则难以保证同一个学生的记录相邻，这时需要关于“学号”建分组，才能在报表输出中方便地查阅每个学生的学习成绩情况。在本例中，输出数据来自多个数据源，已经选择了查看数据的方式，实际是确立了一种分组形式，即按“学生信息表”表中的“学号+姓名+性别+成绩+课程名称”组合字段分组，所以不需要再做选择。

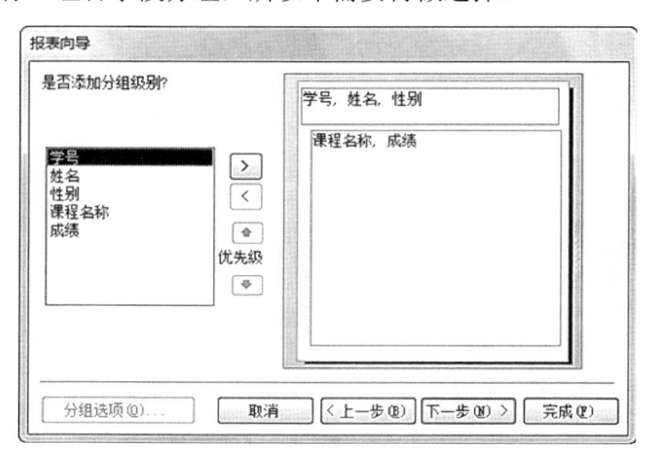

图 5-8 “报表向导”第三个对话框

（5）单击“下一步”按钮，在弹出的如图 5-9 所示的对话框中确定明细信息使用的排序次序和汇总信息，最多可以按 4 个字段对记录进行排序。注意，此排序是在分组的前提下的排序。本例选择按“成绩”升序排序。

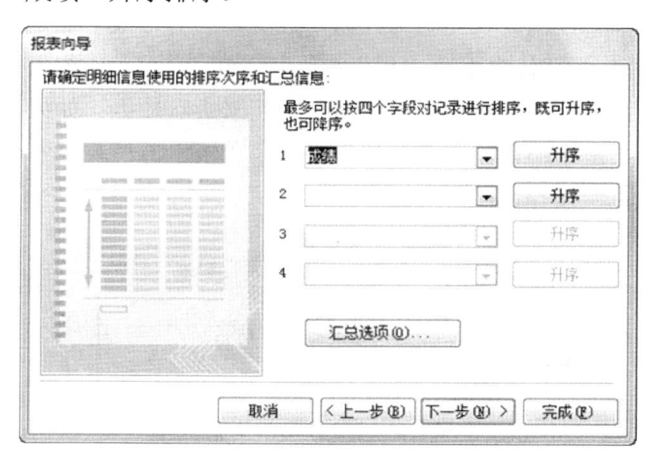

图 5-9 “报表向导”第四个对话框

（6）单击“下一步”按钮，在弹出的如图 5-10 所示的对话框中确定报表的布局。这里选择“梯阶”方式。注意，如果数据来自单一的数据源，那么布局形式的选择是不同的（在单一数据源选择下，布局中显示的是纵栏表、表格、两端对齐）。还可以选择是纵向打印还是横向打印，在左边的预览框中可以看到布局的效果。

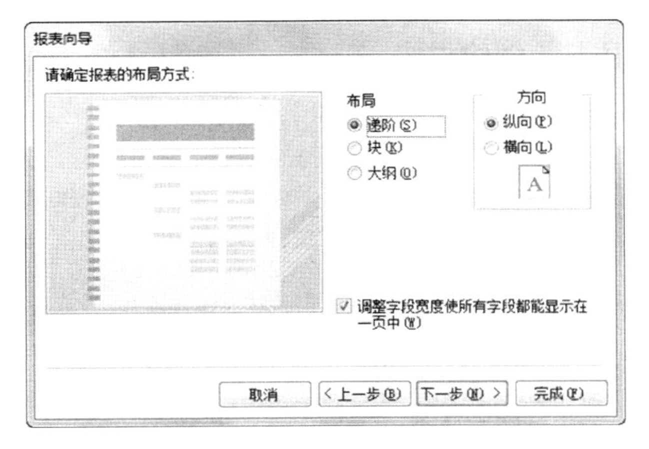

图 5-10 “报表向导”第五个对话框

（7）单击“下一步”按钮，在弹出的如图 5-11 所示的对话框中确定报表的标题为“学生成绩表”，并选择生成报表后要执行的操作为“预览报表”。

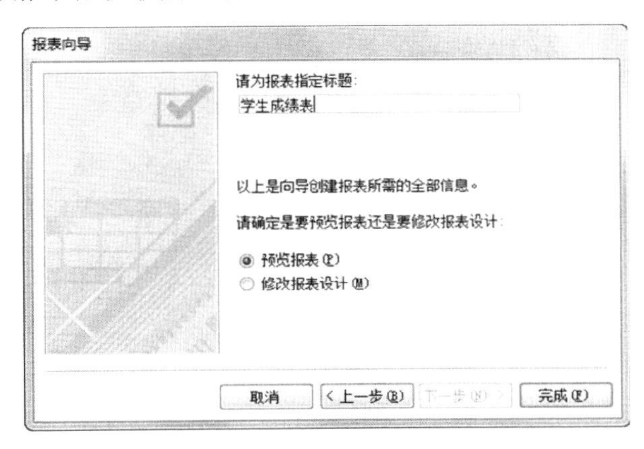

图 5-11 “报表向导”第六个对话框

（8）单击“完成”按钮，显示新建报表的打印预览效果，如图 5-12 所示。

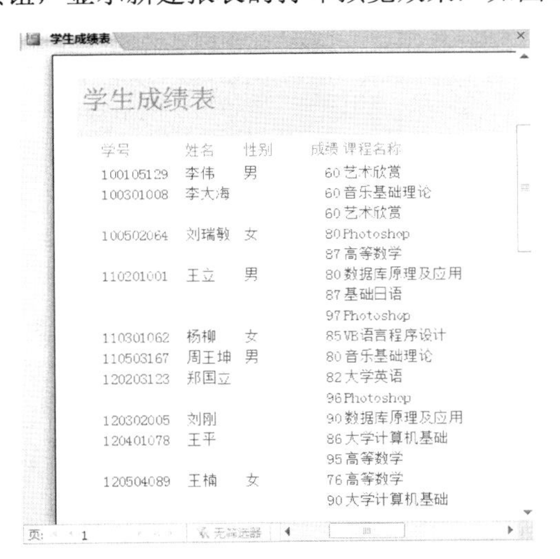

图 5-12 基于多表的报表

5.2.3 使用“空报表”创建报表

Access 2010 中报表创建取消了“图表向导”创建报表，提供了“空报表”工具，可以借助数据透视图窗体来创建包含图表的报表。图表报表相对普通报表来说，数据表现的形式更直观。应用“图表向导”只能处理单一数据源的数据，如果需要从多个数据源中获取数据，就必须先创建一个基于多个数据源的查询，再在“图表向导”中选择此查询作为数据源创建图表报表。

【例 5-3】 使用“空报表”创建按专业统计课程平均成绩的图表报表。

操作步骤如下。

（1）打开“学生成绩管理”数据库窗口，利用第 3 章查询的知识，建立一个按专业统计课程成绩的查询，查询结果如图 5-13 所示。

（2）在“创建”选项卡的“窗体”组中，选择“数据透视图”按钮创建“窗体”，并打开刚刚创建的“课程信息表查询”字段列表，把“专业”拖到“将分类字段拖至此处”；将“成绩”分别拖到“将数据字段拖至此处”、“将系列字段拖至此处”。保存此窗体为“按专业统计课程成绩”。如图 5-14 所示。

按专业统计成绩 查询

专业	课程名称	成绩之平
财务管理	Photoshop	80
财务管理	高等数学	87
电子商务	音乐基础理论	80
工商管理	VB语言程序设计	85
工商管理	艺术欣赏	60
工商管理	音乐基础理论	60
公共事业管理	大学计算机基础	86
公共事业管理	高等数学	95
国际经济与贸易	大学计算机基础	90
国际经济与贸易	高等数学	76
会计学	数据库原理及应用	90
计算机科学与技术	Photoshop	97
计算机科学与技术	基础日语	87
计算机科学与技术	数据库原理及应用	80
软件工程	Photoshop	96
软件工程	大学英语	82
应用化学	艺术欣赏	60

记录: 第 1 项(共 17 项 无筛选器 搜索

图 5-13 “按专业统计成绩”查询结果

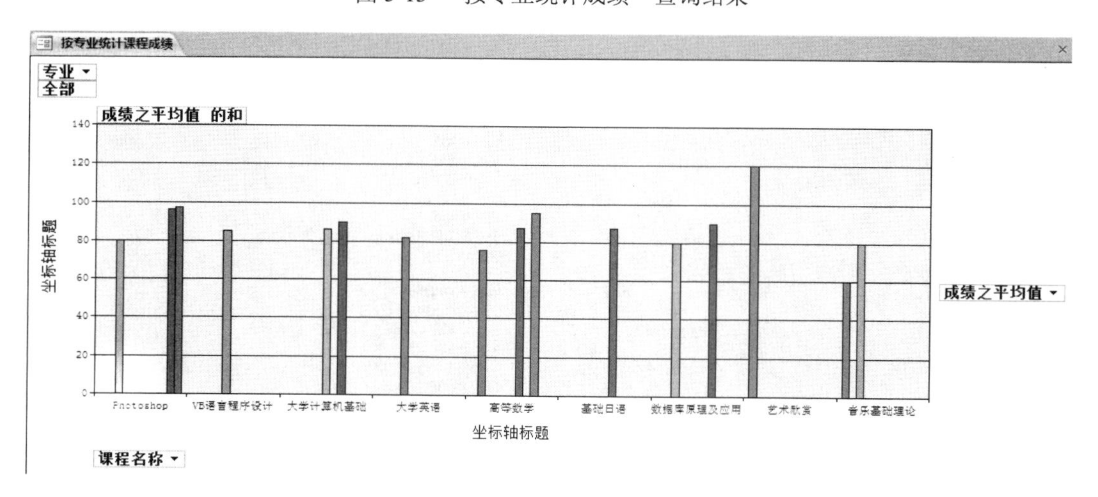

图 5-14 “按专业统计课程成绩”查询数据透视图窗体

（3）单击“创建”选项卡下 “报表”组中的“空报表”按钮空报表，打开空报表设计窗口，将“导航”窗格中的“按专业统计课程成绩”数据透视图窗体拖放到空白表中，调整其大小，如图 5-15 所示。

（4）保存图表报表，这样可将图表通过报表打印显示。

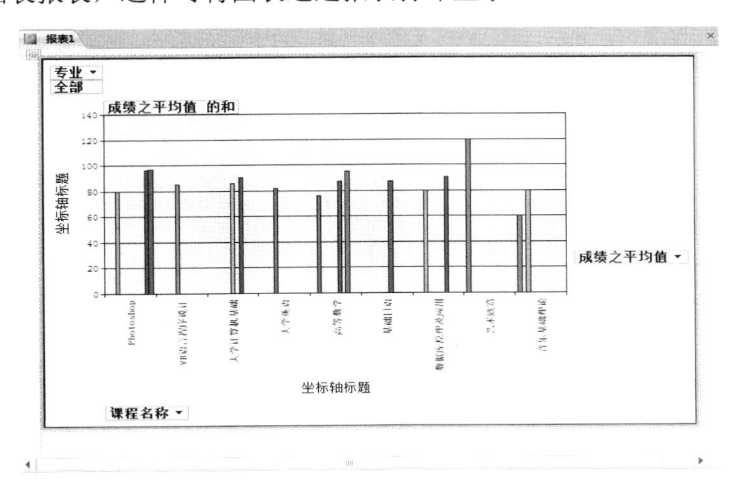

图 5-15 空报表设计的数据透视图报表

5.2.4 使用“标签”创建报表

日常生活中经常会用到标签，如邮件标签、工资标签或发货标签等。标签是 Access 提供的一个非常实用的功能，利用标签可以将数据库中的数据加载到控件上，按照定义好的标签格式打印标签。使用“标签”创建报表可以很容易地制作标签。

【例 5-4】 选择“学生信息表”为数据源，制作如图 5-16 所示的标签报表。

操作步骤如下。

（1）打开“学生成绩管理”数据库窗口，先选择数据源，在“导航”窗格中选中“学生信息表”，单击“创建”选项卡下 “报表”组中的“标签”按钮标签，弹出如图 5-17 所示的“标签向导”对话框一。

（2）在打开的“标签向导”对话框一中指定标签的型号、尺寸和类型。如果系统预设的尺寸不符合要求，可以通过“自定义”按钮来自定义标签的尺寸。这里选择系统默认的第一种形式，型号 C2166。横标签号 2 表示横向打印的标签个数是 2。然后单击“下一步”按钮。

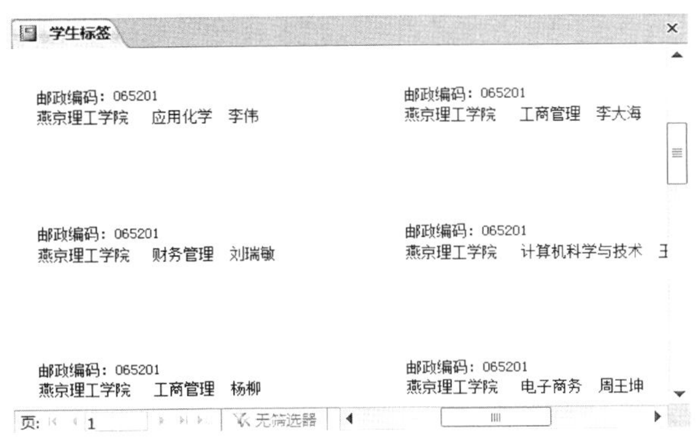

图 5-16 标签报表

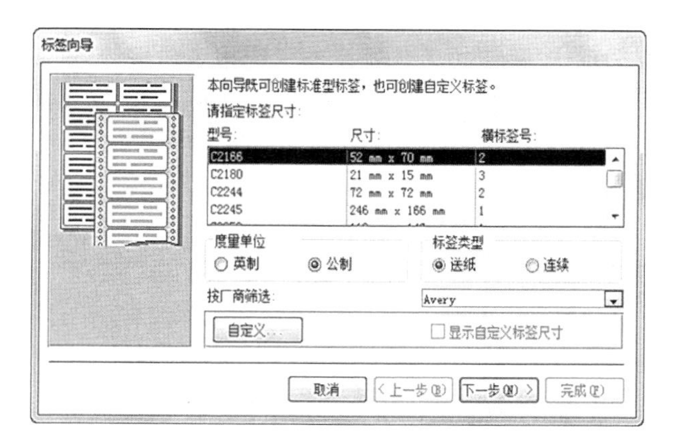

图 5-17　选择标签报表类型

（3）在弹出的如图 5-18 所示的“标签向导”对话框二中设置标签文本的字体和颜色。本例选择默认的设置。

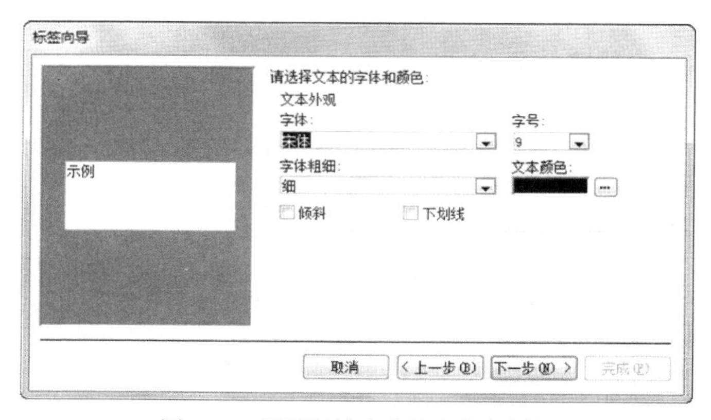

图 5-18　设置标签文本的字体和颜色

（4）单击“下一步”按钮，在“标签向导”对话框三中确定标签的显示内容及布局。标签中的内容可来自左侧的字段值，也可直接添加文字。本例选择“专业”、“姓名”两个字段发送到“原型标签”窗格中，并在“原型标签”窗格中直接输入“邮政编码”和“燕京理工学院”等文字，布局如图 5-19 所示。

“原型标签”窗格是个文本编辑器，在该窗格中可以对添加的字段和文本进行修改、删除等操作，如要删除输入的内容，用退格键即可。

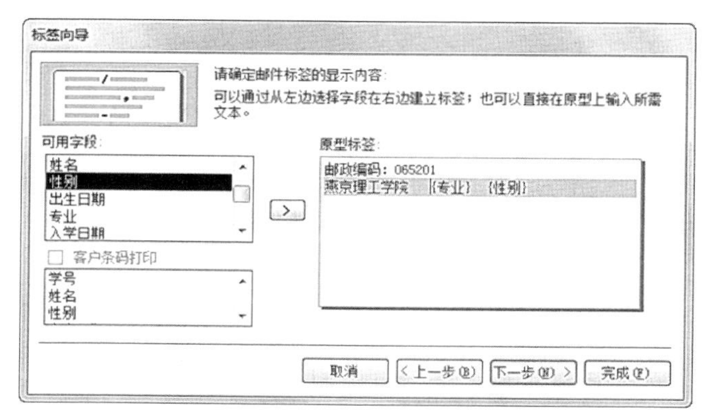

图 5-19　确定标签的内容和布局

（5）单击“下一步”按钮，在弹出的如图 5-20 所示的“标签向导”对话框中选择排序字段，本例不选择任何字段进行排序。

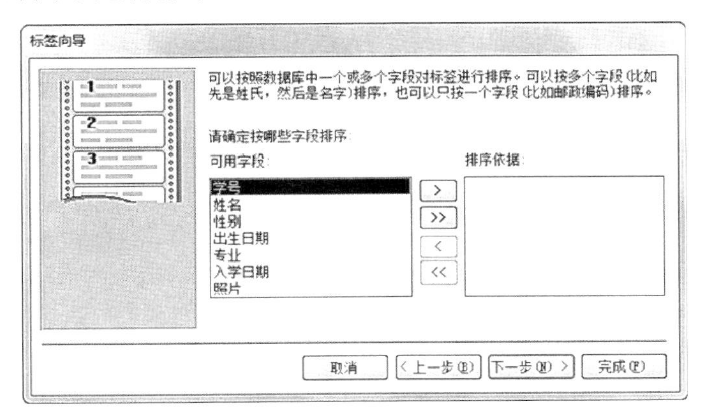

图 5-20　选择标签排序字段

（6）单击“下一步”按钮，在弹出的对话框中输入标签的名称。本例设置为“学生标签”，然后单击“完成”按钮，屏幕将显示创建好的标签，见图 5-16。如果对最终效果不满意还可以切换到设计视图中进行修改。

5.2.5　使用“报表设计”创建报表

前面介绍的都是通过报表向导来创建报表，报表向导虽然可以快速创建报表，但是创建的报表一般不能完全满足用户的要求。因此，需要对已产生的报表进行再设计，或直接通过报表设计视图从一个全新的空白报表开始起步，然后选择数据源，使用控件显示文本和数据，进行数据计算或汇总，也可以对记录进行排序、分组、对齐、移动或调整控件等操作。在实际应用中，一般先使用向导创建一个报表，再切换到设计视图中进行修改。

【例5-5】 选择“课程信息表”为数据源，使用“设计视图”来创建名为“课程基本情况报表”的报表。

操作步骤如下。

（1）在“数据库”窗口中单击“创建”选项卡下 “报表”组中的“报表设计”按钮，打开空白的报表设计视图。报表的页面页眉/页脚和主体节同时都出现，但是没有报表页眉/页脚，可以在报表区域单击鼠标右键，从弹出的快捷菜单中选择“报表页眉/页脚”便可出现，即 5 个节。如果想要取消某个节，同样可以在右键快捷菜单中点击某个节。

（2）双击设计视图中左上角的“报表选择器”按钮；或者单击“报表设计工具-设计”上下文选项卡下的“工具”组中“属性表”按钮（如图 5-21 所示）；或者在报表区域单击鼠标右键，从弹出的快捷菜单中选择“属性”。系统弹出“报表属性”对话框，在“记录源”一栏的下拉列表中选择“课程信息表”作为记录来源，如图 5-22 所示。

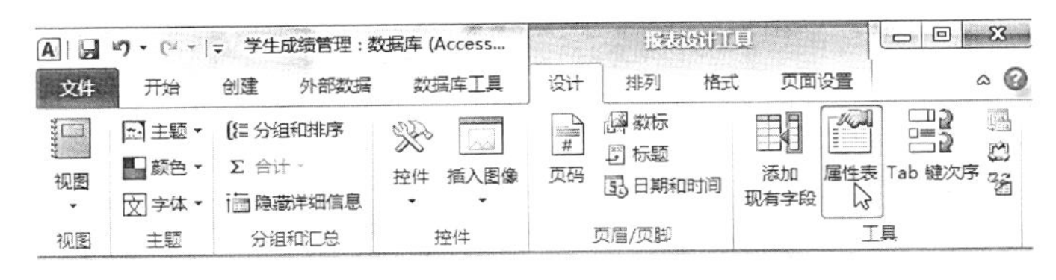

图 5-21　“报表设计工具-设计”上下文选项卡

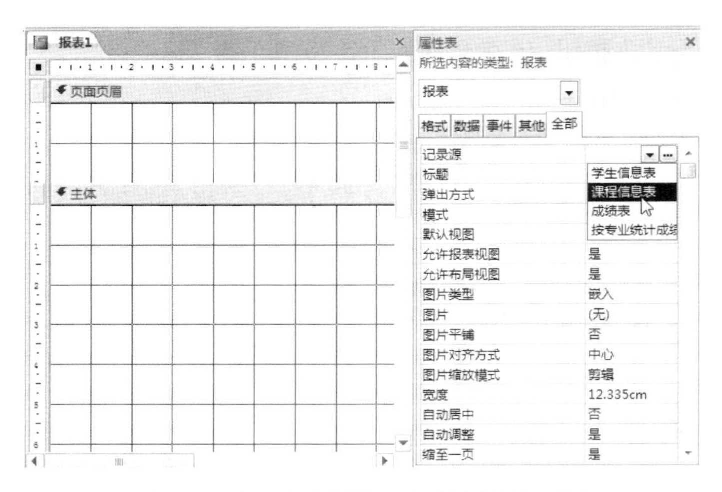

图 5-22　在“报表属性”对话框选择记录源

（3）单击“报表设计工具-设计”上下文选项卡下的“工具”组中“添加现有字段”按钮，打开“课程信息表”的“字段列表”窗格，按住 Shift 键，将“课程编号”、“课程名称”、“学分”分别单击便可同时选中，将其拖动到“主体”节，创建字段控件及其附加的关联标签。

（4）单击“报表设计工具-设计”上下文选项卡下的“控件”组中“控件”按钮，在展开的列表中选择标签按钮，为报表中的“报表页眉”节添加一个标签控件，输入文本“课程基本情况报表”，在“报表设计工具-格式”选项卡下设置字体为“黑体”、字号为“18”磅、字形为“粗体”。然后选定该标签，单击右键在弹出的菜单中选择“大小”中的“正好容纳”命令，将标签大小设置为“正好容纳”。通过“属性表”窗格可以对报表及其控件进行各种设置。步骤（3）、（4）设置后的效果如图 5-23 所示。

（5）将所有字段控件的关联标签部分选中，通过剪切将标签与关联的文本框分离，并粘贴到“页面页眉”节中，使标签和相应的文本框排齐，使之水平排列。接下来对各个控件的大小、位置等属性进行设置，通过移动调整使其放在合适的位置，并调整页面页眉和主体节的高度，使之正好容纳所包含的控件。格式化的设置方法和在窗体设计时相同。最后将该报表保存为“课程基本情况报表”。设置完成后的设计视图效果如图 5-24 所示。

图 5-23　字段被添加至报表及报表页眉设置

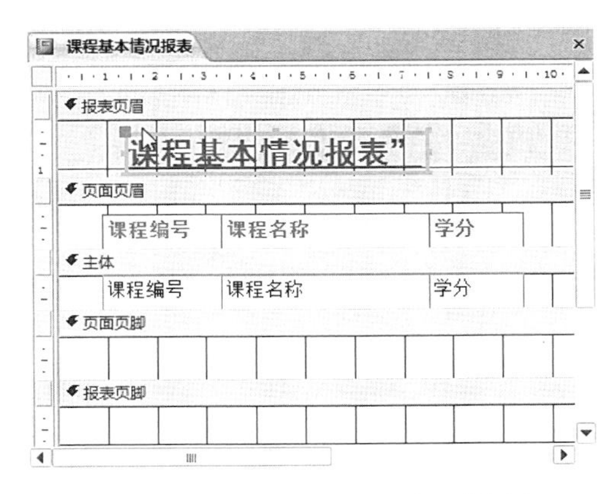

图 5-24 在设计视图中创建后的报表

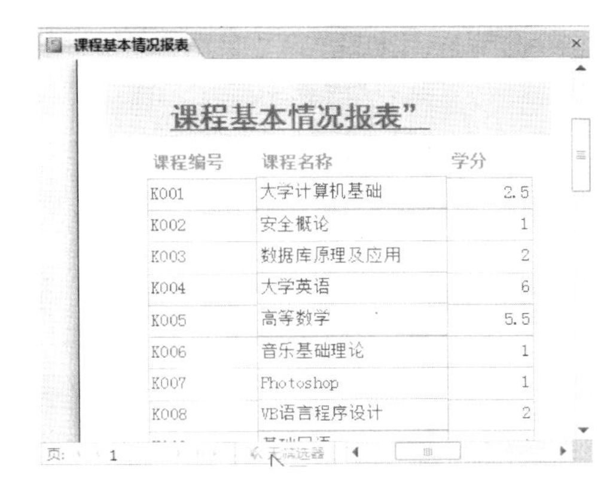

图 5-25 打印预览报表

（6）单击“报表设计工具-设计”上下文选项卡下的“视图”组中“视图”按钮，在展开的视图模式列表中选择“打印预览”按钮 打印预览(V)，可以看到报表的最终显示效果如图 5-25 所示。

说明 预览视图中表格的行高和列宽由设计视图中的字段文本框控件的“宽度”和“高度”值来确定，位置由“左边距”和“上边距”属性来确定。

5.3 报表的相关计算

在报表的实际应用中，除了显示和打印原始数据外，还经常需要包含各种计算用作数据分析，得出结论。报表的高级应用包括了在报表中通过计算、汇总等手段对数据库中的数据进行处理，然后以报表的形式显示或打印出来。

5.3.1 报表记录的排序

默认情况下，报表中的记录是按照自然顺序，即数据输入的先后顺序排列显示的。在实际应用过程中，经常需要按照某个指定的字段顺序排列记录数据，例如按照日期降序排列等，称为报表“排序”操作。

在前面介绍的使用“报表向导”创建报表的【例 5-2】中，在如图 5-9 所示的“报表向导”对话框中设置字段排序时，最多只可以设置 4 个字段对记录排序。在报表的设计视图中，一个报表最多可定义 10 个分组和排序。

【例 5-6】 在“学生成绩管理”数据库中，以【例 5-1】中创建的“学生信息表”报表为基础，创建出先按“专业”字段升序，再按“学号”字段降序排序的报表。报表名为“按专业和学号排序后的学生信息报表”。

操作步骤如下。

（1）打开“学生成绩管理”数据库，在“导航”窗格中的“报表”对象列表中选中“学生信息表”。

（2）将“学生信息表”报表复制、粘贴，命名为“按专业和学号排序后的学生信息报表”。

（3）选中“按专业和学号排序后的学生信息报表”，单击右键在弹出的菜单中选择设计视图，打开该报表的设计视图窗口，如图 5-26 所示。

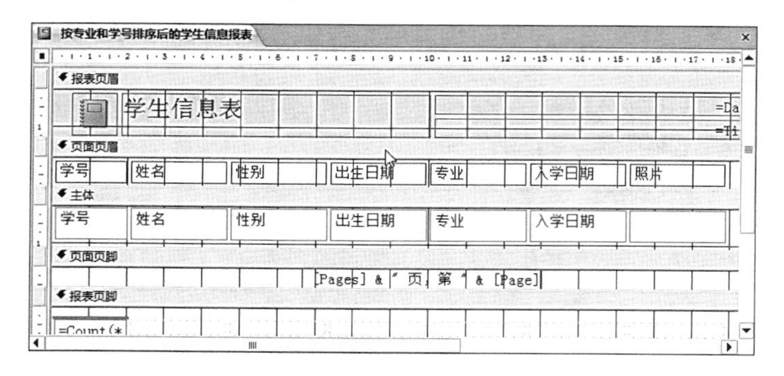

图 5-26　以设计视图打开报表

（4）单击“报表设计工具-设计”上下文选项卡下的“分组和汇总”组中“分组和排序”按钮 分组和排序，在报表下部打开的“分组、排序和汇总”窗格中添加了“添加组”和“添加排序”占位符。

（5）单击“添加排序”占位符，在展开的“选择字段”列表中选择将“专业”添加到分组列表中，并按升序排序，如图 5-27 所示。

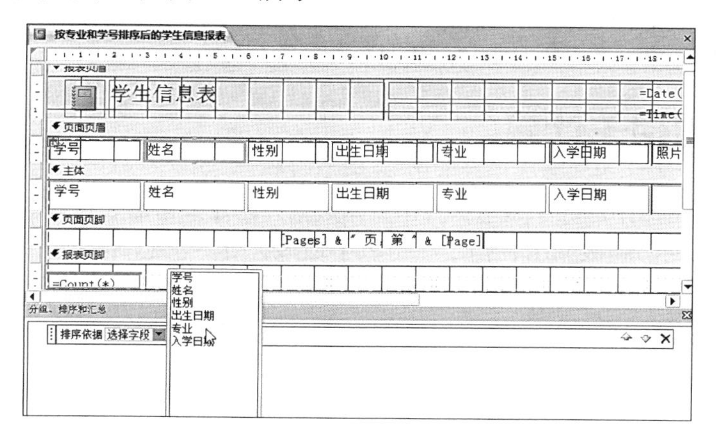

图 5-27　添加专业字段按升序排序

（6）再次单击“添加排序”占位符，在展开的“选择字段”列表中选择“学号”，将“学号”添加到排序列表中，并按降序排序。如图 5-28 所示。

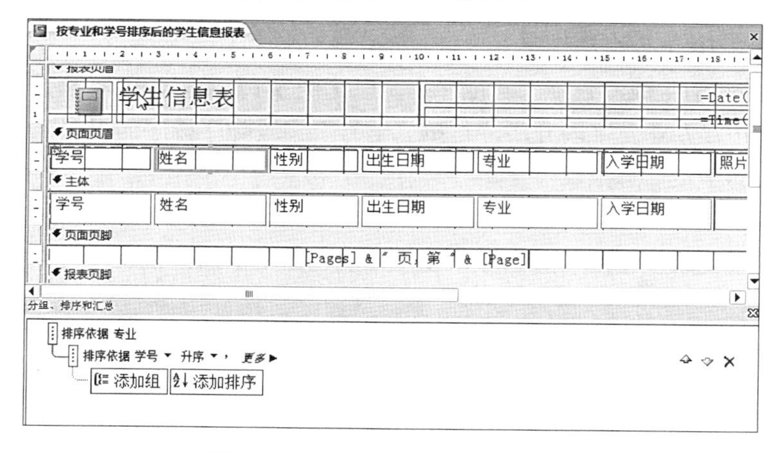

图 5-28　添加学号字段按降序排序

（7）调整报表中标签的长度、位置等，保存该报表的修改并关闭，返回数据库窗口。双击刚才设计好的“按专业和学号排序后的学生信息报表”，打开报表视图，如图 5-29 所示。

按专业和学号排序后的学生信息报表

学生信息表　　2014年6月7日　13:50:27

学号	姓名	性别	出生日期	专业	入学日期	照片
100502064	刘瑞敏	女	1991-7-16	财务管理	2010-9-1	
110503167	周王坤	男	1993-4-19	电子商务	2011-9-1	
120404046	李丽	女	1993-9-17	法学	2012-9-1	
100301008	李大海	男	1990-1-21	工商管理	2010-9-1	
110301062	杨柳	女	1993-6-17	工商管理	2011-9-1	
120401078	王平	男	1994-9-16	公共事业管理	2012-9-1	
120504089	王楠	女	1994-10-16	国际经济与贸易	2012-9-1	
120302005	刘刚	男	1994-1-17	会计学	2012-9-1	
110201001	王立	男	1992-1-19	计算机科学与技术	2011-9-1	
120203123	郑国立	男	1993-8-18	软件工程	2012-9-1	
100105129	李伟	男	1991-1-20	应用化学	2010-9-1	bmp

11

共 1 页，第 1 页

图 5-29　排序后的打印预览视图

5.3.2　报表记录的分组

在报表中，数据分组是指把相关的记录集中放在一起，可以为每个组设置要显示的说明文字和汇总数据。报表最多可以按 10 个字段或表达式进行分组。对记录设置分组是通过设置排序字段的“组页眉”和“组页脚”来实现的。

【例 5-7】 在“查询”对象中创建一个“学生成绩查询”，然后以“学生成绩查询”为数据源创建一个报表，以“学号”和“姓名”为组，按学号升序排列，显示学生的课程名称和分数，显示效果如图 5-30 所示。

操作步骤如下。

（1）创建一个“学生成绩查询”，如图 5-31 所示。

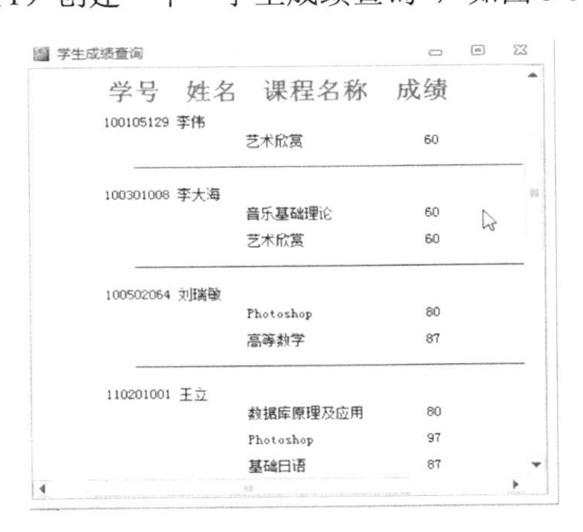

图 5-30　“学生成绩查询”报表

学生成绩查询

学号	姓名	课程名称	成绩
100105129	李伟	艺术欣赏	60
100301008	李大海	音乐基础理论	60
100301008	李大海	艺术欣赏	60
100502064	刘瑞敏	高等数学	87
100502064	刘瑞敏	Photoshop	80
110201001	王立	数据库原理及应用	80
110201001	王立	Photoshop	97
110201001	王立	基础日语	87
110301062	杨柳	VB语言程序设计	85
110503167	周王坤	音乐基础理论	80
120203123	郑国立	大学英语	82
120203123	郑国立	Photoshop	96
120302005	刘刚	数据库原理及应用	90
120401078	王平	大学计算机基础	86
120401078	王平	高等数学	95
120504089	王楠	大学计算机基础	90
120504089	王楠	高等数学	76

记录：第 1 项(共 17 项　无筛选器　搜索

图 5-31　学生成绩查询

（2）使用“报表设计”工具创建“学生成绩查询”报表，在报表设计视图中，选择数据源为“学生成绩查询”。将学号、姓名、课程名称、成绩字段拖动到设计视图的“主体”节（可参照【例 5-5】的方法）。

（3）选中标签“学号:”，剪切并复制到“页面页眉”节。利用同样的方法，将其他字段也移动到“页面页眉”节。调整各控件的大小和位置，效果如图 5-32 所示。

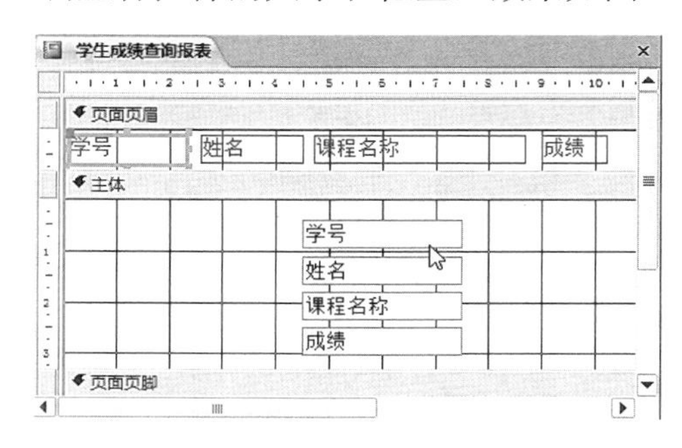

图 5-32　添加字段到主体节并调整字段的大小和位置

（4）单击“报表设计工具-设计”上下文选项卡下的“分组和汇总”组中“分组和排序”按钮，在报表下部打开的“分组、排序和汇总”窗格中添加了“添加组”和“添加排序”占位符。

（5）单击“添加组”占位符，在展开的下来列表中选择“学号”，并按升序排序，在报表的主体节添加了“学号页眉”节，把“学号”和“姓名”字段拖到“学号页眉”中，在“属性表”中设置“学号页眉”节的高度等属性，如图 5-33 所示。

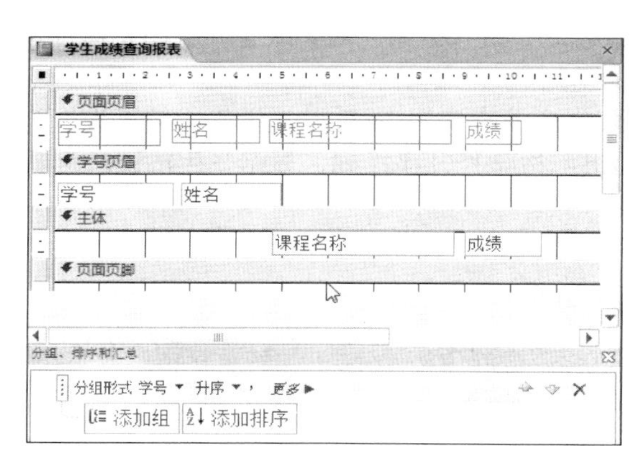

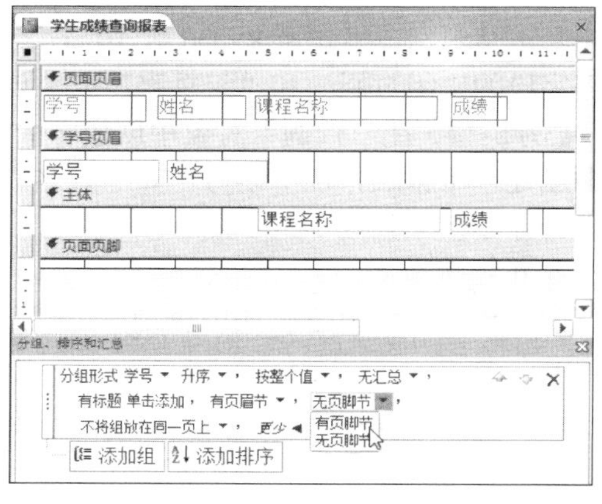

图 5-33　添加了“学号页眉”节的报表设计　　图 5-34　在打开的“分组形式”栏中选择“有页脚节”

在报表中添加“组页眉”节时，并不自动添加“组页脚”，本例中需要在每组下面添加一条分隔线便于查看，因此手动添加“组页脚”节用于放置分隔线。

（6）在“分组、排序和汇总”窗格中，单击“分组形式”栏右侧的 更多 ▶ 按钮，展开分组栏，单击“无页脚节”右侧下三角符，在打开的下拉列表中选中“有页脚节”，如图 5-34 所示，这样在报表中添加了“学号页脚”节。

（7）单击“报表设计工具-设计”上下文选项卡下的“控件”组中“控件”按钮，在展开的列表中选择直线控件，在“学号页脚”节中添加一条直线，作为组间的分隔线，并在“报表设计工具-格式”选项卡中设置各个控件的边框样式为透明及控件中字体大小颜色等。

（8）将设计好的报表保存为“学生成绩查询”报表。在“打印预览”视图下打开设计好的报表，出现如图 5-30 所示的效果。

5.3.3 分组、排序选项的编辑

（1）更改分组选项。每个排序级别和分组级别都包含大量选项，通过设置这些选项来获得所需的结果。

若要显示分组级别或排序级别的所有选项，在要更改的级别上单击“更多”。 若要隐藏选项，单击“更少”。

分组间隔：用以确认记录的分组方式，如图 5-35 所示。例如，可根据文本字段的第一个字符进行分组，从而将以“A”开头的所有文本字段分为一组，将以“B”开头的所有文本字段分为另一组，依此类推。对于日期字段，可以按照日、周、月、季度进行分组，也可输入自定义间隔。

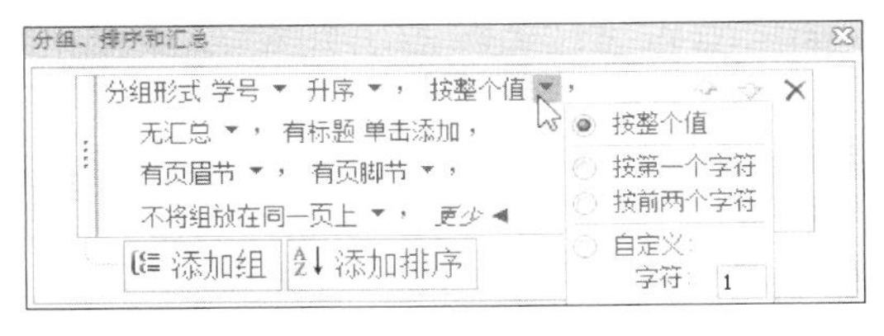

图 5-35 分组间隔的列表选项

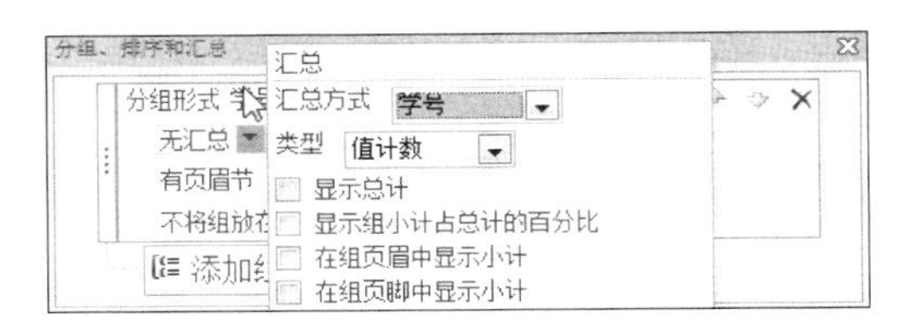

图 5-36 汇总选项下的列表选项

汇总：若要添加汇总，单击此选项，如图 5-36 所示。可以添加多个字段的汇总，并且可以对同一字段执行多种类型的汇总。单击“汇总方式”下拉箭头，然后选择要进行汇总的字段。单击“类型”下拉箭头，然后选择要执行的计算类型。

- 选择“显示总计”以在报表的结尾（即报表页脚中）添加总计。
- 选择“显示组汇总占总计的百分比”，以在组页脚中添加用于计算每个组的小计占总计的百分比的控件。
- 选择“显示在组页眉中”或“显示在组页脚中”以将汇总数据显示在所需的位置。
- 选择字段的所有选项之后，可从“汇总方式”下拉列表中选择另一个字段，重复上述过程以对该字段进行汇总。否则，单击“汇总”弹出窗口外部的任何位置以关闭该窗口。

标题：通过此选项，可以更改汇总字段的标题。此选项可用于列标题，还可用于标记页眉与页脚中的汇总字段。

有/无页眉节：用于添加或移除每个组前面的页眉节。在添加页眉节时，Access 将分组字段移到页眉。当移除包含非分组字段的控件的页眉节时，Access 会询问是否确定要删除该控件。

有/无页脚节：添加或移除每个组后面的页脚节。在移除包含控件的页脚节时，Access 会询问是否确定要删除该控件。

将组放在同一页上：用于确定在打印报表时页面上组的布局方式。

不将组放在同一页上：如果不在意组被分页符截断，则可以使用此选项。例如，一个包含 30 项的组，可能有 10 项位于上一页的底部，而剩下的 20 项位于下一页的顶部。

将整个组放在同一页上：将组中的分页符数量减至最少。如果页面中的剩余空间容纳不下某个组，则 Access 将使这些空间保留为空白，换而从下一页开始打印该组。较大的组仍需要跨多个页面，但此选项将把组中的分页符数尽可能减至最少。

将页眉和第一条记录放在同一页上：对于包含组页眉的组，此选项确保组页眉不会单独打印在页面的底部。如果 Access 确定在该页眉之后没有足够的空间至少打印一行数据，则该组将从下一页开始。

（2）更改分组级别和排序级别的优先级。若要更改分组或排序级别的优先级，单击“分组、排序和汇总”窗格中的行，然后单击该行右侧的向上或向下箭头。

（3）删除分组级别和排序级别。若要删除分组或排序级别，在“分组、排序和汇总”窗格中，单击要删除的行，然后按 Delete 或单击该行右侧的“删除”按钮。在删除分组级别时，如果组页眉或组页脚中有分组字段，则 Access 将把该字段移到报表的“主体”节中。组页眉或组页脚中的其他任何控件都将被删除。

（4）创建无记录详细信息的汇总报表。如果只想显示汇总信息（即只显示页眉和页脚行中的信息），单击“设计”选项卡下的“分组和汇总”组中“隐藏详细信息”按钮，隐藏下一个较低分组级别的记录，从而使汇总数据显示得更为紧凑。虽然隐藏了记录，但隐藏的节中的控件并未删除。再次单击“隐藏详细信息”将在报表中还原详细信息行。

5.3.4 添加计算控件并实现计算

报表在设计过程中，除了前面所见的版面上布置绑定控件直接显示字段数据外，还经常要进行各种运算并将结果显示出来。例如，报表中分页码的显示、分组统计汇总数据的输出等都是通过设置绑定控件的控件来源为计算表达式形式来实现的，这些控件称为“计算控 件”。

要在报表中进行计算，首先要在报表的适当位置上创建一个计算控件。文本框是最常用的计算控件，但是也可以使用任何具有“控件来源”属性的控件。在报表中创建的计算控件既可以仅依赖同一个记录的值进行计算，也可以是多个记录的同类型数据的汇总。因此，在报表中创建的计算控件用途不同，放置的位置也不相同。

如果是对每一个记录单独进行计算，那么和所有绑定的字段一样，计算控件文本框应放在报表的“主体”节中。

如果是对分组记录进行汇总，那么计算控件文本框和附加标签都应放在“组页眉”或“组页脚”节中。

如果是对所有记录进行汇总，比如计算平均值时，那么计算控件文本框和附加标签都应放在“报表页眉”或“报表页脚”节中。

在报表中添加计算控件的基本操作如下。

（1）打开报表的设计视图窗口。

（2）单击“报表设计工具-设计”上下文选项卡下的“控件”组中“控件”按钮，在展开的列表中选择文本框按钮ab|。

（3）单击报表设计视图中某个想添加的节区，就在该节中添加上一个文本框控件。

（4）双击该文本框控件，就可以打开其属性表窗格。

（5）在“控件来源”属性框中，输入以等号（=）开头的表达式，比如“=Sum([成绩])”、“=Avg([成绩])”、“=Data()”、“=Now()”等。

除此之外，最简单的方法是，选中作为汇总依据的字段，单击“报表设计工具-设计”上下文选项卡下的“分组和汇总”组中按钮Σ 合计，在展开的列表中选择汇总的方式，系统会自动在报表页脚添加文本框控件，并显示表达式，同时打开了该文本框控件的属性表窗格，在“控件来源”属性框中自动生成了表达式。

【例 5-8】 在【例 5-7】生成的“学生成绩查询”报表的基础上，完成以下几个操作。

增加一个字段，字段名为“期末总成绩”，表达式为“成绩×80%+15”；统计每个学生的总分和平均分；统计所有学生的总分和平均分，参加考试人数、不及格人次和不及格比率；最后在“页面页脚”中，添加能显示形如“第 i 页/总 n 页”的页码显示，在“报表页眉”中添加制表日期。

操作步骤如下。

（1）打开“学生成绩查询”报表的设计视图，在“主体”节内添加 1 个文本框控件，把文本框的标签移动到“页面页眉”节内，选中该标签，将其名称改为“期末总成绩”。将“页面页脚”节中的所有标签都选中，然后在属性对话框中设置“颜色”属性为“红色”，字号大小设置为 16，粗体。在主体节中的文本框内输入“=[成绩] *0.8+15”，调整其位置，效果如图 5-37 所示。

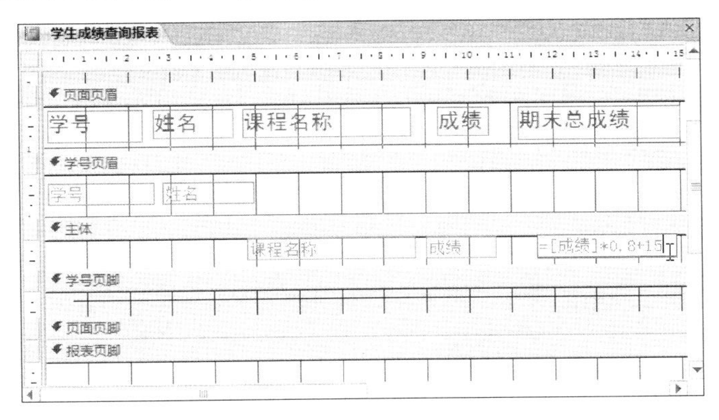

图 5-37　增加文本框控件后的报表设计视图

（2）选中成绩字段，单击“报表设计工具-设计”上下文选项卡下的“分组和汇总”组中按钮 Σ 合计，在展开的列表中选择“求和(S)”按钮，在“学号页脚”节内和“报表页脚”节内分别自动添加了一个计算控件；或直接手工操作，在“学号页脚”节内添加两个文本框控件，在第 1 个文本框控件内输入“=Sum([成绩])”，在第 2 个文本框控件内输入“=Avg([成绩])”，然后对文本框的标签和文本框进行格式设置，效果如图 5-38 所示。最后通过“预览”按钮，可以看到如图 5-39 所示的效果。

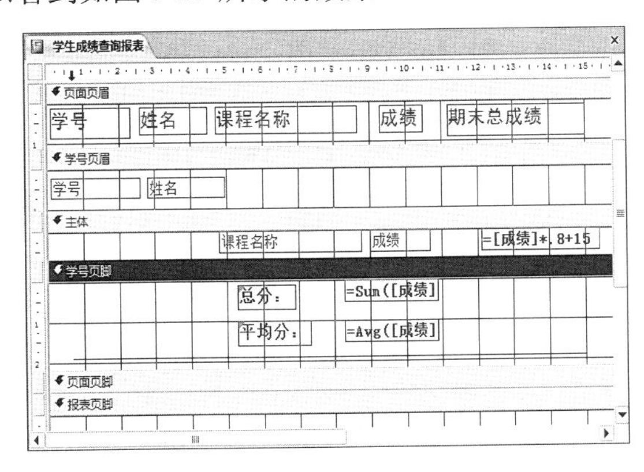

图 5-38　“学生成绩查询”报表设计视图

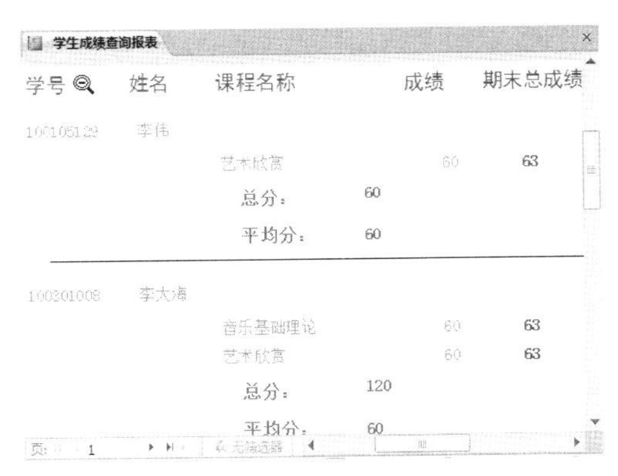

图 5-39　“学生成绩查询”报表预览视图

（3）将以上操作所得的“学生成绩查询”报表保存，复制一份并命名为“学生成绩汇总查询”，然后以设计视图打开该报表。在“报表页脚”节内添加 5 个文本框控件作为报表的计算型控件，使每个控件分别计算和显示总成绩、平均成绩、参加考试人数、及格人数和及格率。每个控件的属性设置及说明如表 5-1 所示。其中，控件的名称是由系列顺序指定的，也可以被用户修改。这里可以把控件的名称理解为变量。

表 5-1　计算型控件的属性设置及说明

控件类型	关联标签的标题	属性设置		
		名　称	控件来源	格　式
文本框	总成绩	Text16	=Sum([成绩])	
文本框	平均成绩	Text18	=Avg([成绩])	
文本框	参加考试人数	Text20	=Count(*)	
文本框	及格人数	Text22	=Sum(IIf([成绩]>=60,1,0))	
文本框	及格率	Text24	=[Text22]/[Text20]	百分比

（4）参照表 5-1 修改 5 个文本框关联的标签标题，并在“报表页眉”节中添加报表标题“学生成绩汇总表”。修改完成的报表设计视图如图 5-40 所示。

图 5-40　“学生成绩汇总查询”修改完成的报表设计视图

（5）选中“页面页脚”节，单击“页眉页脚”分组中“页码”按钮，弹出“页码”对话框，选择页码的显示格式，如图 5-41 所示，按“确定”按钮即可插入页码；选中“页面页眉”节，单击“页眉页脚”分组中“日期和时间”按钮，弹出“日期和时间”对话框，选择时间的显示格式，如图 5-42 所示，按“确定”按钮即可在报表页眉插入时间。

图 5-41　“页码”对话框

图 5-42　“日期和时间”对话框

（6）保存该报表，返回报表预览视图，如图 5-43(a)和(b)所示。

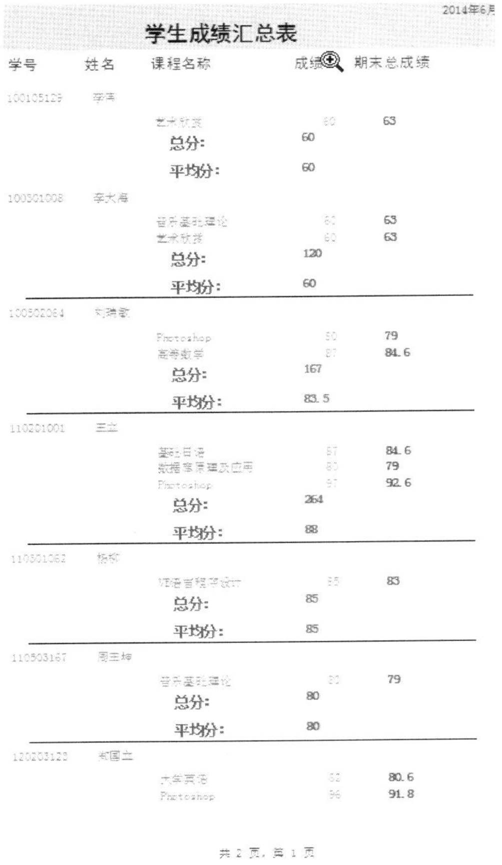

学生成绩汇总表　　2014年6月

学号	姓名	课程名称	成绩	期末总成绩
100105129	[illegible]			
		艺术欣赏	60	63
		总分:	60	
		平均分:	60	
100501008	李大海			
		音乐基础理论	60	63
		艺术欣赏	60	63
		总分:	120	
		平均分:	60	
100502064	[illegible]			
		Photoshop	80	79
		高等数学	87	84.6
		总分:	167	
		平均分:	83.5	
110201001	[illegible]			
		基础日语	87	84.6
		数据库原理及应用	80	79
		Photoshop	97	92.6
		总分:	264	
		平均分:	88	
110501062	[illegible]			
		VB语言程序设计	85	83
		总分:	85	
		平均分:	85	
110503167	[illegible]			
		音乐基础理论	80	79
		总分:	80	
		平均分:	80	
120203123	[illegible]			
		大学英语	82	80.6
		Photoshop	96	91.8

共 2 页，第 1 页

(a)“学生成绩汇总查询”报表第 1 页预览

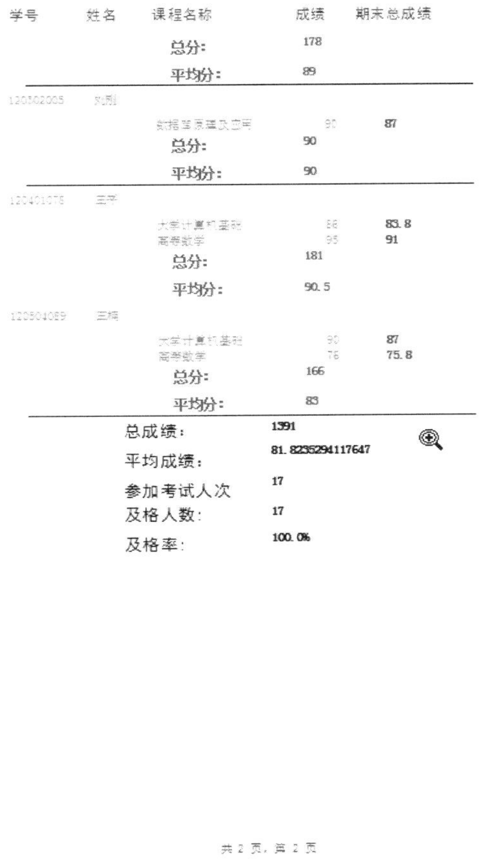

学号	姓名	课程名称	成绩	期末总成绩
		总分:	178	
		平均分:	89	
120502005	[illegible]			
		数据库原理及应用	90	87
		总分:	90	
		平均分:	90	
120401075	[illegible]			
		大学计算机基础	86	83.8
		高等数学	95	91
		总分:	181	
		平均分:	90.5	
120504089	[illegible]			
		大学计算机基础	90	87
		高等数学	76	75.8
		总分:	166	
		平均分:	83	
		总成绩:	1391	
		平均成绩:	81.8235294117647	
		参加考试人次	17	
		及格人数:	17	
		及格率:	100.0%	

共 2 页，第 2 页

(b)“学生成绩汇总查询”报表第 2 页预览

图 5-43 “学生成绩汇总查询”报表预览

5.4 报表的高级应用

报表除了前面所述的基本的应用外，还可以创建多列报表和子报表。

5.4.1 创建子报表

子报表是建立在其他报表中的报表，外面的报表称为主报表，被包含的报表称为子报表。主报表和子报表中数据可以有关系，也可以没有关系。

【例 5-9】 创建“学生”报表，包含“学号”、“姓名”、性别、专业、入学年份字段、插入子报表，内容为“学生成绩查询”中的“学号”、“课程名称”、“成绩”，如图 5-44 所示。操作步骤如下。

（1）利用“报表向导”创建 “学生”报表。

（2）切换至设计视图中，单击“报表设计工具-设计”选项卡下的“控件”组中“子报表/子窗体”按钮，在“主体”节空白处单击，即打开“子报表向导”对话框一，如图 5-45

所示。

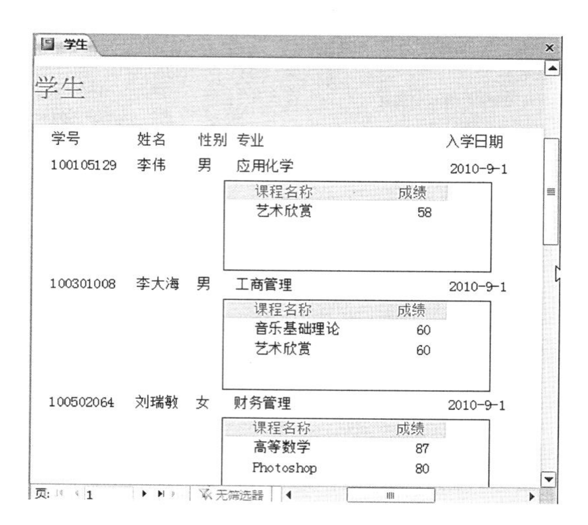

图 5-44　包含子报表的“学生”报表

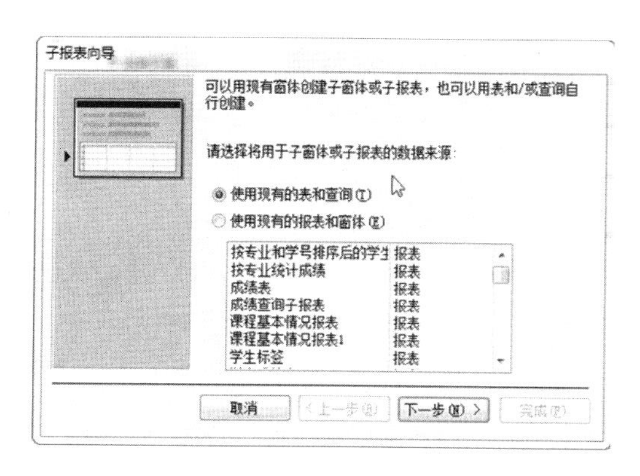

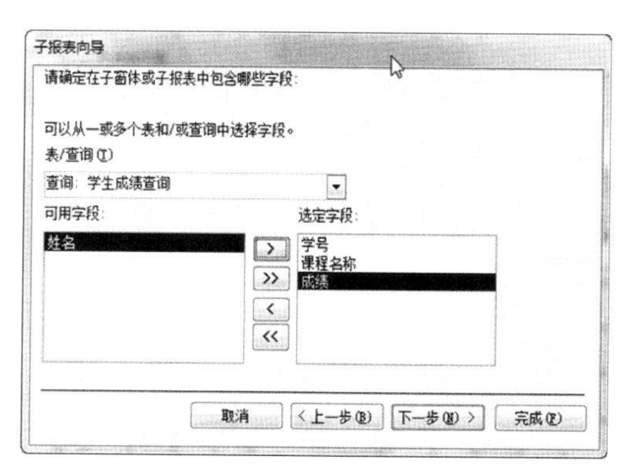

图 5-45　选择子报表的数据来源　　　　图 5-46　确定子报表中所包含的字段

（3）在对话框中选择“使用现有的表和查询”，单击“下一步”按钮，弹出“子报表向导”对话框二。确定子报表中的数据来源为“学生成绩查询”，并选择字段。如图 5-46 所示。

（4）单击“下一步”按钮，弹出 “子报表向导”对话框三。确定主报表链接到子报表的字段，即定义主、子报表之间的关系。本来选择链接字段“学号”，如图 5-47 所示。

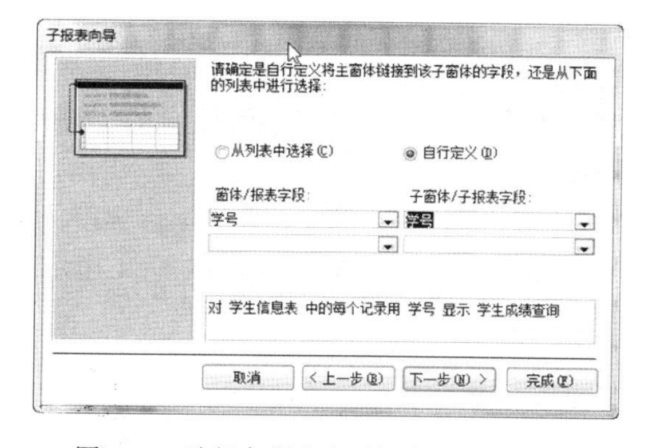

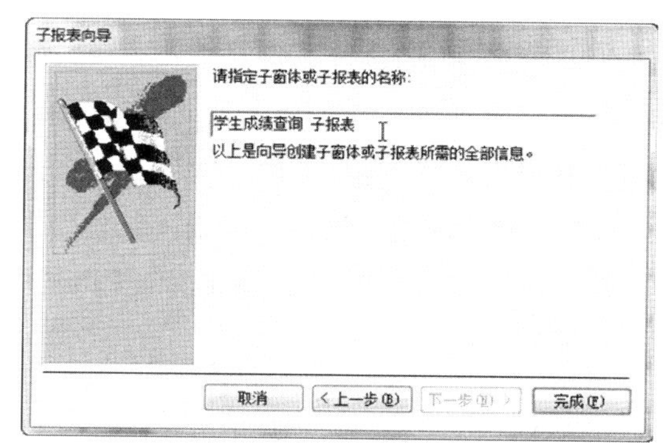

图 5-47　选择主报表和子报表链接的字段　　　　图 5-48　指定子报表名称

（5）单击“下一步”按钮，弹出 “子报表向导”对话框四。指定子报表的名称，如图5-48 所示。点击“完成”按钮，完成子报表的创建。

（6）这时报表添加到主报表中，删除子报表中的附加标签，调整子报表的宽度和高度，调整子报表中字段对齐方式及主报表的布局，使报表美观，设计结构如图 5-49 所示。

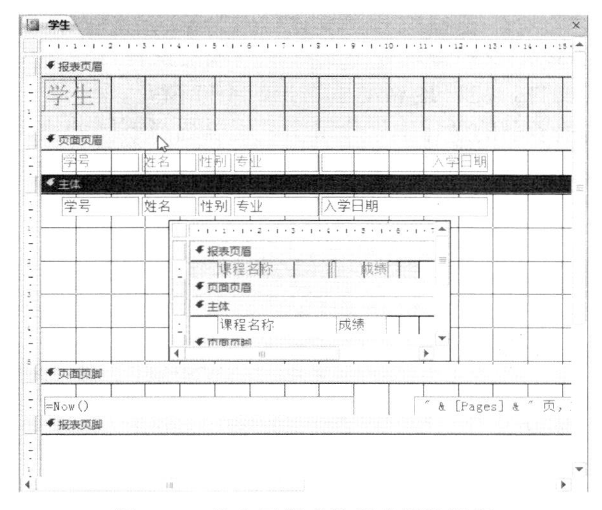

图 5-49　带有子报表的报表设计视图

（7）切换至报表视图，如图 5-44 所示。

5.4.2　创建多列报表

前面学习过的报表，每页都只能打印一列，对于记录信息量比较少的报表，这样打印造成很大的浪费，为了节约纸张，可以在一个页面中安排打印两列或多列，这类报表就是多列报表。创建多列报表时，要先创建普通的单列报表，然后通过页面设置使所创建的报表为多列。

【例 5-10】 创建一个两列的“学生信息多列表”报表，如图 5-50 所示。操作步骤如下。

（1）以“学生信息表”数据表为数据源，使用“报表向导”创建单列报表。命名为“学生信息多列表”报名。

（2）见创建的报表切换至设计视图，调整报表中文本框的大小及位置。单击“报表设计工具-页面设置”选项卡下的“页面布局”组中“页面设置”按钮，打开 “页面设置”对话框，切换至“列”选项下，如图 5-51 所示。

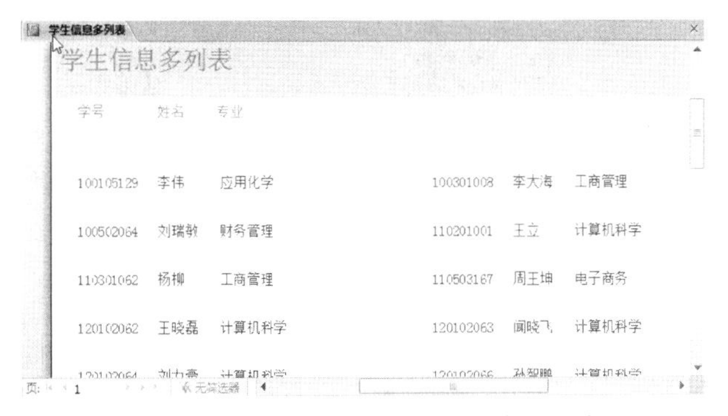

图 5-50　两列的“学生信息多列表”报表

图 5-51　设置多列的“页面设置”对话框

（3）在“网格设置”栏下的列数中键入“2”，并可以根据需要调整列的宽度和高度。在“列尺寸”中，将“宽度”设置为“10cm”。点击“确定”按钮。切换至打印预览视图，如图5-50所示。

5.4.3 导出报表

在Access中不仅可以把表和查询导出到其他格式的文件，也可以把报表导出为Excel、文本文件等其他格式的文件，更好地满足了用户的不同需要。

在“外部数据”选项卡下的“导出”分组中，可以选择不同的文件格式按钮来导出报表。与导出数据表相同。除此之外，也可以采用自动方式导出，需要使用宏来实现，在下一章介绍。

5.5 报表的美化处理

在初步设计完报表后，为了让报表美观、大方，更具有吸引力，提高可读性，可以通过Access系统提供的“自动套用格式”功能、添加背景图片、更改文本字体颜色、用分页符控制强制分页等手段来美化报表。

5.5.1 添加背景图案

给报表添加背景图案可以增强显示效果，还可以在“报表页眉”节添加图像控件来显示各种图标。

5.5.1.1 为报表添加背景

【例5-11】 为【例5-8】生成的“学生成绩汇总查询”报表添加背景图案。操作步骤如下。

（1）打开“学生成绩汇总查询”报表，切换到报表设计视图。

（2）在报表中点击右键在弹出的快捷菜单中选择“报表属性”命令打开报表属性表窗格，或者单击“报表设计工具-设计”选项卡下“工具”分组中的 “属性”按钮打开报表属性表窗格。

（3）在属性表窗格中，选择“格式”选项卡，通过“图片”选项对应的文本框右边的按钮打开“插入图片”对话框，选择一个准备好的背景图案。报表对象的格式属性表如图5-52所示。

（4）保存设计好的报表，并打开预览视图，显示效果如图5-53所示。

图5-52 设置报表背景图案属性

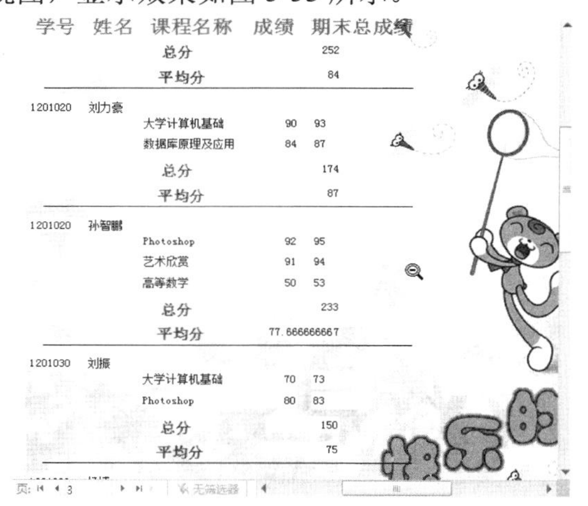

图5-53 添加背景图案后的报表显示效果

5.5.1.2 在报表页眉/页脚插入图片

同样，用户也可以在报表的指定位置插入公司的徽标、Logo 图形等，从而让单调的报表变得更加丰富美观。

【例 5-12】 为【例 5-11】的“学生成绩汇总查询”报表的抬头添加学校的徽标。操作步骤如下。

（1）准备好要作为徽标的图像文件。

（2）打开“学生成绩汇总查询”报表，切换到报表设计视图。

（3）单击“报表设计工具-设计”选项卡下的“控件”组中的“图像”按钮，在“报表页眉”节的左边点击鼠标，创建图像控件。

（4）随后弹出“插入图片”对话框，在该对话框中选择要插入的图像文件。

（5）调整图像控件大小及其位置，将“报表页眉”节中其他控件的位置也调整到合适位置。切换到报表打印预览视图，查看修改后的报表预览效果，如图 5-54 所示。

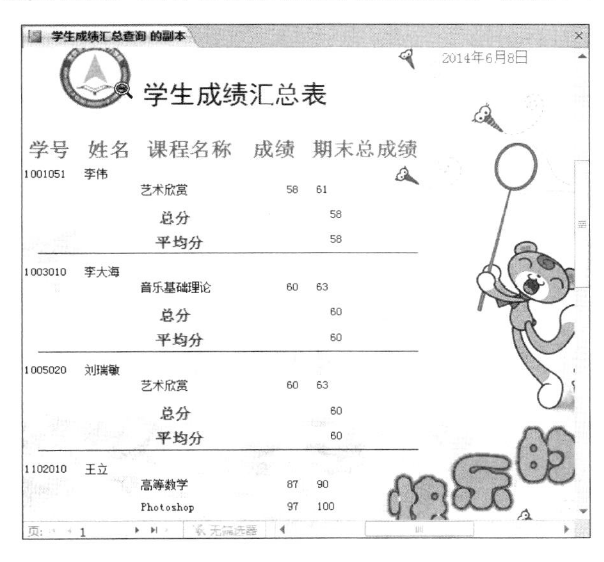

图 5-54 为报表添加徽标

按照同样的方法，也可以对各区域的背景色进行设置。

5.5.2 使用分页符强制分页

报表打印时的换页是由“页面设置”的参数和报表的版面布局来决定的，内容满一页后才会换页打印。在报表的设计中，可以在某一节中使用分页符控件来标志需要另起页的位置，强制换页。例如，需要单独将报表标题打印在一页上，可以在报表页眉中放置一个分页符，该分页符位于标题页上显示的所有控件之后、第二页的所有控件之前。

添加分页符的操作步骤如下。

（1）在报表设计视图下，单击“报表设计工具-设计”选项卡下的“控件”组中的“分页符”按钮。

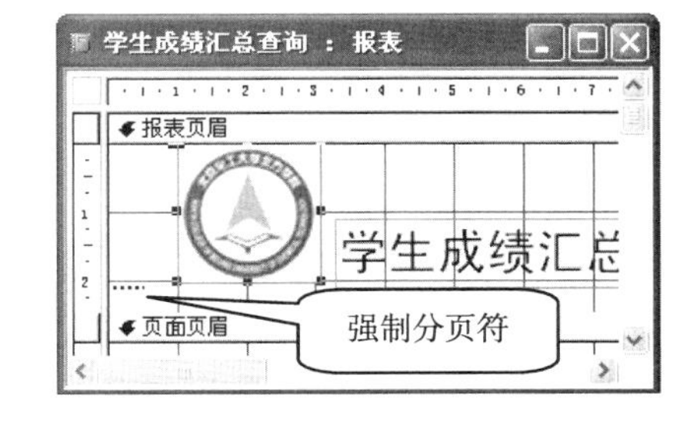

图 5-55 设置分页符

（2）在报表中需要设置分页符的水平位置处单击。将分页符放在某个控件之上或之下，以避免拆分该控件中的数据。Access 将分页符以短虚线标志在报表的左边界上，如图 5-55 所示。

说明 如果希望报表中的每条记录或记录组均另起一页，那么可以通过设置主体节或组页眉、组页脚的“强制分页”属性来实现。

5.6 报表的打印和预览

打印输出报表是创建和设计报表的根本目的。为了能够打印出合理布局、格式规范、样式美观的报表，需要对报表的各种页面参数进行设置。在打印之前，还要在显示器上将打印的效果进行预览，一切都符合用户要求后，再将报表从打印机打印输出。

5.6.1 页面设置

设置报表页面的工作主要包括设置页面的大小、纸张大小、页边距、打印方向和报表列数等。可以通过以下几步来设置。

（1）打开要设置页面的报表。

（2）将报表切换至“打印预览”视图方式，功能区的选项卡只保留了文件、打印预览选项卡，如图 5-56 所示。

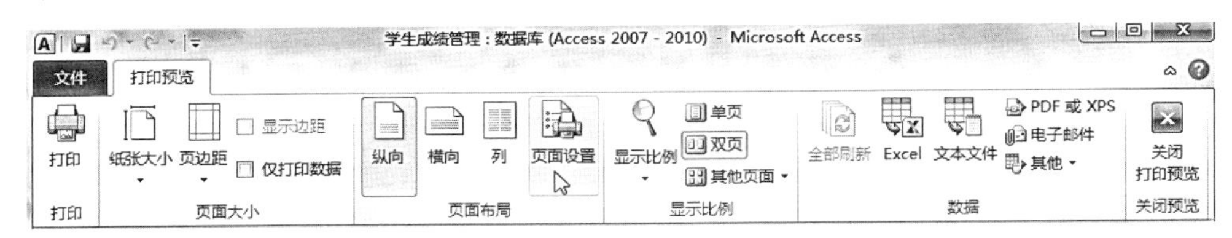

图 5-56　为报表添加徽标

（3）单击“页面布局”分组中的“页面设置”按钮，打开“页面设置”对话框，在其中进行页面设置，如图 5-57 所示。

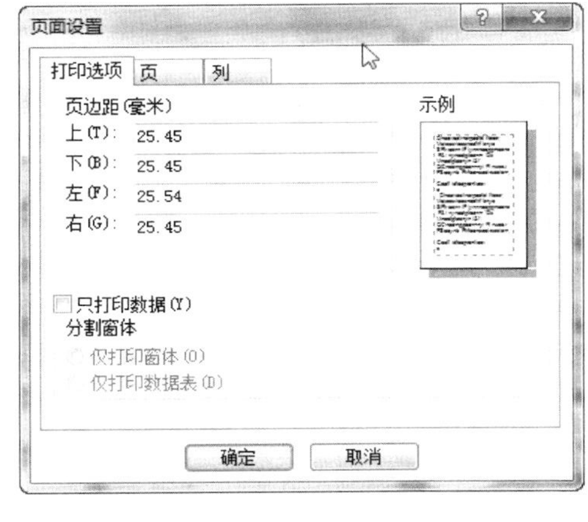

图 5-57　“页面设置”对话框

- “打印选项”选项卡：设置页边距，并指定是否“只打印数据”。如果选中“只打印数据”复选框，那么只打印绑定型控件种类的表或查询中字段的数据，标签文字、直线、矩形等都不打印。
- “页”选项卡：设置打印方向、纸张大小和打印机型号。
- “列”选项卡：设置报表的列数、列尺寸和列布局。

5.6.2 打印预览

预览与打印是相辅相成的。打印之前可在屏幕上先查看打印的样式，确认打印内容正确、格式满意后单击“打印”按钮正式打印。这样做可以在打印报表前对报表中可能存在的错误和格式方面的不足进行修改。既可以大大提高工作效率，又能够节省纸张。Access2010 提供了多种打印预览的模式，如：单页预览、双页预览和多页预览。

在“显示比例”组中，有“单页”、“双页”和“多页”显示方式，通过单击不同的按钮，以不同方式预览报表，单击“其他页面”按钮，在展开的列表中，提供了四页、八页和十二页三种预览方式。

在“数据”分组中，可以将报表以 Excel、文本文件、PDF 或 XPS 等格式导出，也可以将报表以这些文件格式为附近进行发送电子邮件。

5.6.3 打印报表

经过预览、修改后的报表就可以打印了，打印报表的具体操作步骤如下。

（1）打开要打印的报表，在“打印预览”视图下单击“打印预览”选项卡中的“打印”按钮，打开“打印”对话框，如图 5-58 所示。

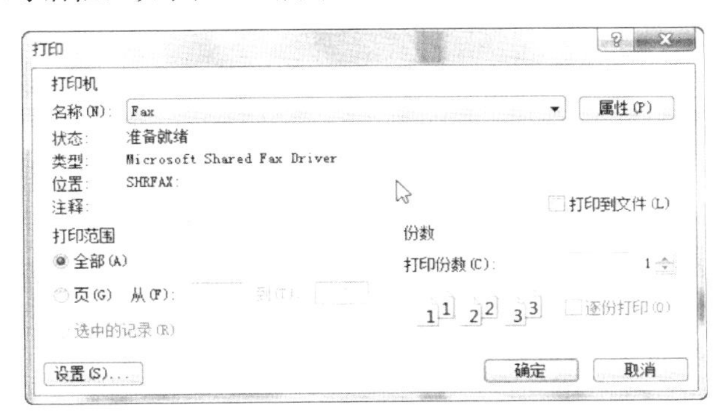

图 5-58 “打印”对话框

在“打印”对话框中，可以进行如下设置。

- 从“名称”下拉列表框中选择要使用的打印机。
- 在“打印范围”选项组中选择打印全部内容或指定打印页的范围。
- 在“份数”选项组中指定要打印的份数。
- 当前尚未配置打印机，可以选中“打印到文件”复选框，将文档打印到文件。如果要配置打印机选项，那么可以单击“属性”按钮进行配置。

（2）在“打印”对话框中，单击“设置”按钮，打开“页面设置”对话框，和前面所述一样还可以在此进行页面的相关设置。设置完成单击“确定”按钮便可将报表打印出。

小　　结

报表是一种格式化输出数据的对象。创建报表有 5 种形式：使用简单“报表”创建报表、使用“报表向导”创建、使用“空报表”创建、使用“标签”创建、使用“报表设计”创建。报表数据源可以来自于基表或查询。报表通常由报表页眉、页面页眉、主体、页面页脚和报表页脚等部分组成。每一部分称为一个节。

在报表中可以对数据进行排序和分组。在一个报表中最多可以按照 10 个字段或表达式进行排序和分组。在报表中进行计算是通过计算控件来实现的，常用的计算控件是“文本框”。

在报表中可以通过添加背景图案、添加日期/时间、添加页码等来美化报表。

报表有 4 种视图，分别是报表视图、打印预览、布局视图和设计视图。其中，设计视图用于设计或修改报表，打印预览视图和版面预览视图用于查看报表中的每页数据和报表的版面布局。

实　　验

【实验目的及要求】

1．掌握报表的创建方法。

2．掌握使用“设计视图”创建报表的方法。

3．掌握报表中的排序与分组的方法。

4．掌握报表中的数值计算操作。

【实验环境】

Windows7 操作系统、Access 2010、配套实验素材中 chap5 文件夹内的数据库。

【实验内容与步骤】

从配套的实验素材中，将 chap5 文件夹复制到本地计算机的 D 盘上，然后进行如下操作。

1．打开 chap5 文件夹，选择数据库文件“Exp5_1.accdb”并打开，里面已经建立两个关联对象“职工”和“工资”，1 个查询对象“QY1”，试按以下要求完成报表的各种操作。

（1）创建 1 个名为“R1”的报表，按表格布局显示查询“QY1”的所有信息。

（2）设置报表的标题属性为“工资汇总表”。

（3）按学历汇总出“基本工资”的平均值和总和，“基本工资”的平均值计算控件名称为“salary-avg”、“总和”计算控件的名称为“salary-sum”。注：在组页脚处添加计算控件。

（4）在“R1”报表的主体节上添加两个计算控件：名为“S-salary”的控件用于计算输出实发工资：名为“Y-salary”的控件用于计算输出应发工资。

2．打开 chap5 文件夹，选择数据库文件“Exp5_2. accdb”并打开，里面已经设计好表对象“教师”、窗体对象“sform”、报表对象“repol”，试在此基础上按照以下要求补充报表设计。

（1）将报表对象 repol 的报表主体节区中名为“年龄”的文本框显示内容设置为“年龄”字段值，并将文本框名称更改为“sage”。

（2）在报表对象 repol 的报表页脚节区位置添加 1 个计算控件，计算并显示教师的平均年龄，计算控件放置在距上边 0.4cm、左侧 3cm，命名为“savg”。

> **说明** 不允许修改数据库中的表对象“教师”；不允许修改表对象“repol”中未涉及的控件和属性。

3．打开 chap5 文件夹，选择数据库文件“Exp5_3. accdb”并打开，里面已经设计好表对象“旅游”和“线路”，同时还设计出以“旅游”和“线路”为数据源的报表对象“trepo”。试在此基础上按照以下要求补充报表设计。

（1）在报表的报表页眉节区位置添加 1 个标签控件，其名称为“tTitle”，标题显示为“旅游团信息”，字体名称为“黑体”，字体大小为 20，字体粗细为“加粗”，倾斜字体为“是”。

（2）在“出发时间”字体标题对应的报表主体节区位置添加 1 个控件，显示出“出发时间”字段值，并命名为“ttime”，左边距 6cm，上边距 0cm。

（3）在报表的报表页脚节区添加 1 个计算控件，要求依据“旅游团编号”来计算并显示旅游团的个数，计算控件放置在“团队数：”标签的右侧，计算控件命名为“tCount”。

（4）将报表标题设置为“旅游团信息”。

> **说明** 不允许改动数据库文件中的表对象“旅游”和“线路”，同时也不允许修改报表对象“trepo”已有的控件和属性。

练 习 题

一、选择题

1．在报表设计时，如果只在报表最后一页的主体内容之后输出规定的内容，那么需要设置的是（　　）。

A. 报表页眉　　B. 报表页脚
C. 页面页眉　　D. 页面页脚

2. 在报表中，要计算“数学”字段的最高分，应将控件的“控件来源”属性设置为（　　）。
A. =Max([数学])　　B. =Max(数学)
C. =Max[数学]　　D. =Min(数学)

3. 在报表每一页底部都输出信息，需要设置的是（　　）。
A. 页面页脚　　B. 报表页脚
C. 页面页眉　　D. 报表页眉

4. 在使用报表设计器设计报表时，统计报表中某个字段的全部数据，应将计算表达式放在（　　）。
A. 组页眉/组页脚　　B. 页面页眉/页面页脚
C. 报表页眉/报表页脚　　D. 主体

5. 在报表设计的工具栏中，用于修饰版面以达到更好显示效果的控件是（　　）。
A. 直线和矩形　　B. 直线和圆形
C. 直线和多边形　　D. 矩形和圆形

6. Access 报表对象的数据源可以是（　　）。
A. 表、查询和窗体　　B. 表和查询
C. 表、查询和 SQL 命令　　D. 表、查询和报表

7. 报表显示数据的主要区域是（　　）。
A. 报表页眉　　B. 页面页眉
C. 主体　　D. 报表页脚

8. 将报表与某一数据表或查询绑定起来的报表属性是（　　）。
A. 记录来源　　B. 打印版式
C. 打开　　D. 帮助

9. 在报表设计中，以下可以做绑定控件显示字段数据的是（　　）。
A. 文本框　　B. 标签
C. 命令按钮　　D. 图像

10. 创建报表时，可以设置（　　）对记录进行排序。
A. 字段　　B. 表达式
C. 字段表达式　　D. 关键字

11. 在报表设计过程中，不适合添加的控件是（　　）。
A. 标签控件　　B. 图形控件
C. 文本框控件　　D. 选项组控件

12. 要实现报表按某字段分组统计输出，需要设置的是（　　）。
A. 报表页脚　　B. 该字段的组页脚
C. 主体　　D. 页面页脚

13. 报表的作用不包括（　　）。
A. 分组数据　　B. 汇总数据　　C. 格式化数据　　D. 输入数据

14. 在报表的组页脚区域中要实现计数统计，可以在文本框中使用（　　）函数。
A. MAX　　B. SUM　　C. AVG　　D. COUNT

15. 每张报表可以有不同的节，一张报表至少要包含的节是（　　）。
A. 主体节　　B. 报表页眉和报表页脚

C. 组页眉和组页脚　　　　　　　　D. 页面页眉和页面页脚

二、填空题

1. 报表通常由报表页眉、报表页脚、________、________、________等部分组成。

2. 报表记录分组操作时，首先要选定分组字段，在这些字段上值________的记录数据归为同一组。

3. 在报表设计中，可以通过添加________ 控件来控制另起一页输出显示。

4. 某窗体中有一个命令按钮，在窗体视图中单击此命令按钮打开一个报表，需要执行的操作是________。

5. 计算控件的控件来源属性一般设置为________开头的计算表达式。

6. 在“报表向导”中设置字段排序时，一次最多能设置________个字段。

第6章 宏

前面已经介绍了 Access 数据库中的 5 种基本对象：表、查询、窗体、报表和数据访问页，虽然这 5 种对象都具有强大的功能，但是它们彼此不能相互驱动。要想将这些对象有机地组合起来，只有通过 Access 提供的宏和模块这两种对象来实现。

宏是 Access 中的一个对象，是一种功能强大的工具。Access 中的宏是指一个或多个操作命令的集合，其中每个操作实现特定的功能。在数据库打开后，宏可以自动完成一系列操作。使用宏非常方便，不需要记住各种语法，也不需要编程，只需利用几个简单宏操作就可以对数据库完成一系列的操作。宏实现的中间过程完全是自动的。本章介绍宏的相关内容，包括宏的概念、创建宏、运行宏和宏的应用等。

6.1 宏概述

宏是一种功能强大的工具。Access 2010 具有一个改进的宏设计器，使用该设计器可以更轻松地创建、编辑和更新数据库。使用宏设计器，可以更高效地整合复杂的逻辑关系，创建出功能强大的应用程序。Access 2010 中还增加了数据宏。在数据表视图中查看表时，可从"表"选项卡管理数据宏，数据宏不显示在导航窗格的"宏"下。除了其他用途之外，还可以使用数据宏验证和确保表数据的准确性。有两种主要的数据宏类型：一种是由表事件触发的数据宏（也称"事件驱动的"数据宏），一种是为响应按名称调用而运行的数据宏（也称"已命名的"数据宏）。

总之，通过宏的自动执行重复任务的功能，可以保证工作的一致性，还可以避免由于忘记某一操作步骤而引起的错误。宏节省了执行任务的时间，提高了工作效率。

宏的具体功能如下。

（1）显示和隐藏工具栏。

（2）打开和关闭表、查询、窗体和报表。

（3）执行报表的预览和打印操作以及报表中数据的发送。

（4）设置窗体或报表中控件的值。

（5）设置 Access 工作区中任意窗口的大小，并执行窗口移动、缩小、放大和保存等操作。

（6）执行查询操作，以及数据的过滤、查找。

（7）为数据库设置一系列的操作，简化工作。

6.1.1 宏的基本概念

宏就是一个或多个操作的集合，其中的每个操作能够自动地实现特定的功能。在 Access

中，可以为宏定义各种类型的动作，如打开和关闭窗体，预览或打印报表等。通过执行宏，Access 能够有次序地自动执行一连串的操作。进行事务性或重复性的操作（如打开和关闭窗体，显示和隐藏工具栏或运行报表等）时，使用宏更加方便、快捷。

Access 下的宏可以是包含操作序列的一个宏，也可以是某个宏组，宏组由若干个宏构成。另外，还可以使用条件表达式来决定在什么情况下运行宏，以及在运行宏时是否进行某项操作。根据以上 3 种情况可以将宏分为 3 类：操作序列宏、宏组和包括条件操作的宏。

图 6-1 创建了一个宏，其中包含一个 MessageBox 操作。运行后弹出一个窗口显示“这是第一个宏！”信息，运行效果如图 6-2 所示。

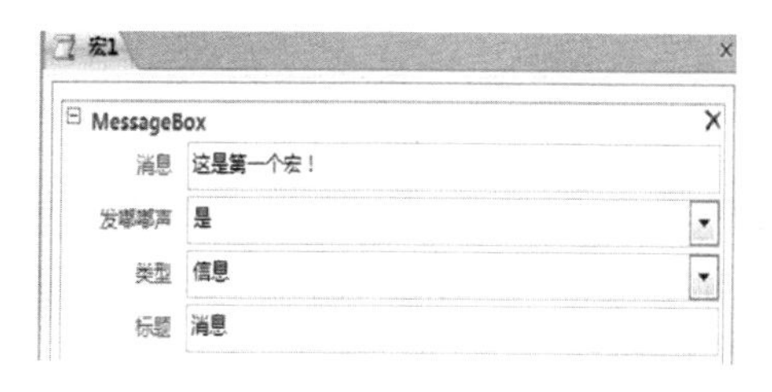

图 6-1　宏设计窗口

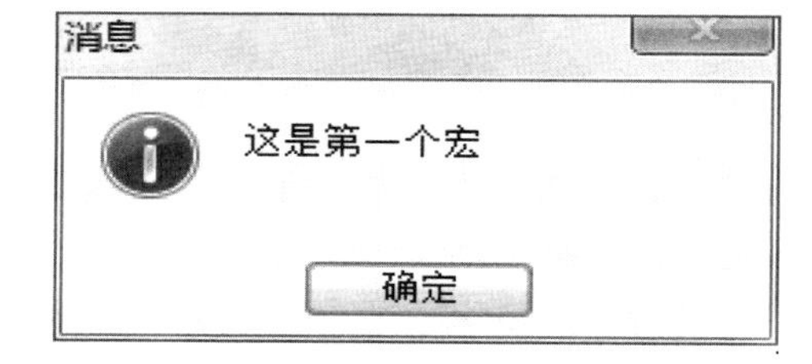

图 6-2　宏运行效果

宏包含的每个操作都有名称，操作名称是系统提供的、由用户选择的操作命令，不能更改。一个宏中的多个操作命令在运行时按先后顺序执行，如果设计了条件宏，则操作会根据对应设置的条件决定能否执行。

6.1.2　宏设计窗口

Access 2010 重新设计了宏设计窗口，采用了类似于 VBA 事件过程的开发界面。当创建一个宏后，在宏设计器中，出现一个组合框，组合框中显示添加新操作的占位符，组合框前面有个绿色十字，这是展开/折叠按钮，如图 6-3 所示。通过三种方式可以添加新操作：

（1）直接在组合框中输入操作符。

（2）单击组合框的下拉箭头，再打开的列表中选择操作命令。

（3）从“操作目录中”窗格中，把某个操作拖拽到组合框中。

图 6-3　宏设计窗口

在 Access 2010 的“创建”选项卡的“宏与代码”组中，单击“宏”按钮，打开“宏工具设计”窗口。窗口上方是宏设计工具栏，共有三个组，分别是”工具“，“折叠 / 展开”和“显示 / 隐藏”，如图 6-4 所示。

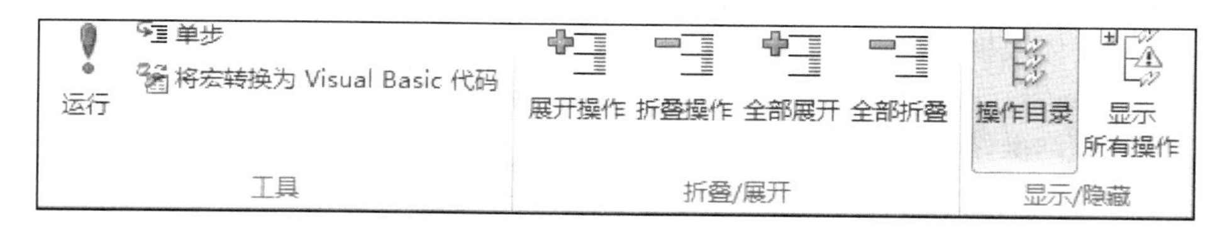

图 6-4　宏设计工具栏

“工具”组包括运行、调试宏以及将宏转变为 Visual Basic 代码三个按钮。

“折叠 / 展开”组提供浏览宏代码的几种方式：展开操作、折叠操作、全部展开和全部折叠。展开操作可以详细地阅读每个操作的细节，包括每个参数的具体内容。折叠操作可以把宏操作收缩起来，不显示操作的参数，只显示操作的名称。

“显示 / 隐藏”组主要对操作目录隐藏和显示。

6.1.3 常用的宏操作简介

Access 提供了几十个宏操作命令，常用的宏操作如表 6-1 所示。选择某一个宏操作后，按 F1 键打开帮助窗口，可获得该操作的功能及操作参数的设置方法。

表 6-1 常用的宏操作简介

操　作	操作参数	功　能
OpenTable	表名、视图、数据模式	打开指定的数据表
OpenQuery	查询名称、视图、数据模式	打开指定的查询
OpenReport	报表名称、视图、筛选名称、Where 条件	打开或打印报表，可限制出现的记录数
OpenForm	窗体名称、视图、筛选名称、Where 条件、数据模式、窗口模式	打开窗体，并可限制窗体所显示的记录数
Echo	打开回响、状态栏文字	可以指定是否打开回响
GoToControl	控件名称	把焦点移到打开的窗体、窗体数据表、表数据表或查询数据表中当前记录的指定字段或控件上
GoToRecord	对象类型、对象名称、记录、偏移量	可以使打开着的表、窗体或查询结果集中的指定记录变成当前记录
Maximize		放大活动窗口，使其充满 Microsoft Access 窗口
Minimize		将活动窗口缩小为 Microsoft Access 窗口底部的小标题栏
MsgBox	消息、发嘟嘟声、类型、标题	显示包含警告或告知性消息的消息框
RunApp	命令行	运行基于 Microsoft Windows 或 MS-DOS 的应用程序
SetValue	项目、表达式	设置窗体、窗体数据表或报表上的字段、控件或属性的值
StopMacro		终止当前正在运行的宏
Close	对象类型、对象名称、保存	关闭指定对象的 Access 窗口
Quit	选项	退出 Access

6.2 创建宏

在 Access 中进行宏的创建比较简单，无需编写代码，只需在“宏”设计窗口中按操作步骤“填表”即可。

6.2.1 创建操作序列宏

操作序列宏是最基本的宏类型，是包含一系列操作的宏。

创建操作序列宏的操作步骤如下。

（1）单击“创建”选项卡，在“宏与代码”组中，单击“宏”工具按钮打开如图 6-3 所示的“宏设计窗口”。

（2）将光标定在“添加新操作”面板的下拉列表框中，单击右边区域中的下三角按钮打开操作列表，从中选择要使用的操作命令。

（3）若有必要，可在设计窗口的下半部分设置操作参数。

（4）若需添加更多的操作，可以把光标移到下面的“添加新操作”面板中，重复上述（2）和（3）两步。

（5）单击“保存”按钮，命名并保存设计好的宏。

宏名为 AutoExec 的宏在每次打开数据库时会自动运行，因此也称为自启动宏。如果不想自动运行 AutoExec 宏，可以在打开数据库时按住 Shift 键。

在宏的设计过程中，也可以将某些对象（如窗体、报表及其上的控件）拖动至“宏”设计窗口的操作行，快速创建一个在指定数据库对象上执行的宏。

【例 6-1】 创建一个操作序列宏“预览学生信息表”，其功能是以最大化窗口的方式打开“学生信息表”。

（1）打开“学生成绩管理”数据库，单击“创建”选项卡，在“宏与代码”组中，单击“宏”工具按钮，切换到如图 6-3 所示的宏设计窗口。

（2）添加操作：在下拉列表框中，选择要使用的操作 OpenTable。

（3）设置参数：“表名称”选择为“学生信息表”，“视图”设置为“数据表”，“数据模式”设置为“只读”，如图 6-5 所示。

（4）将光标移到下面一个“添加”中，单击下拉按钮，在弹出的操作中选择另一个操作 Maximize，该操作没有参数。

（5）单击工具栏上的“保存”按钮，在随后出现的“另存为”对话框中输入宏名称“预览学生信息表”，单击“确定”按钮。

（6）关闭宏窗口，宏对象窗口中出现所保存的“预览学生信息表”宏。

【例 6-2】 创建一个宏“查看女学生信息”，用于打开“学生信息”窗体，并且要求只能查看男学生的信息。

首先准备好“学生信息”窗体。“学生信息”是用向导创建的窗体，如图 6-6 所示。

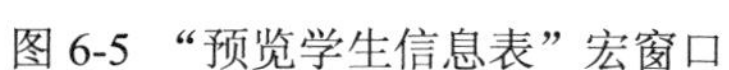
图 6-5 “预览学生信息表”宏窗口

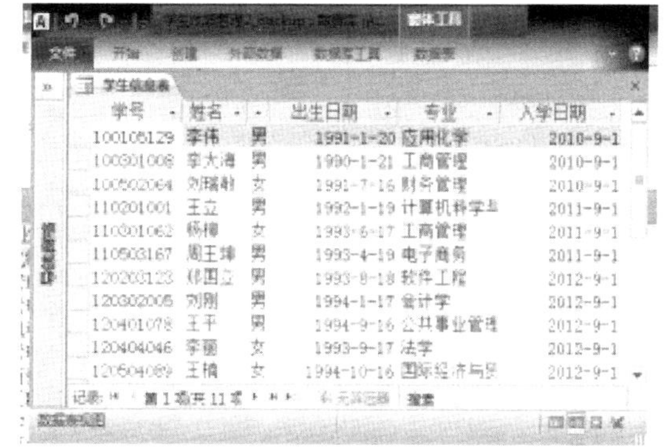

图 6-6 “学生信息”窗体

在宏的设计窗口中，首先在“添加新操作”下拉列表中选择“OpenForm”操作，然后在操作参数区设置该操作的参数：将“窗体名称”设置为“学生信息”窗体；将“视图”设置为“窗体”；将“筛选名称”设置为“性别”，将“当条件=”设为“女”；将“数据模式”设置为“只读”；将“窗口模式”设置为“普通”。设置完成后的宏窗口如图 6-7 所示。

宏创建之后，在“宏”窗口可以直接修改操作命令或操作参数，除此之外还可以添加操作、改变操作顺序、删除操作。要在两个操作行之间插入一个操作，可以先将操作编辑好，然后用鼠标单击这一操作所在的行，出现向上或向下的箭头，然后选择上下箭头来调整操作的位置。也可以通过右击鼠标弹出的快捷菜单中选择“上移”或“下移”来实现操作序列的变换。要删除一个操作，可以先选择要删除的操作行，然后按 Delete 键或单击所在行后面的“删除”按钮即可。

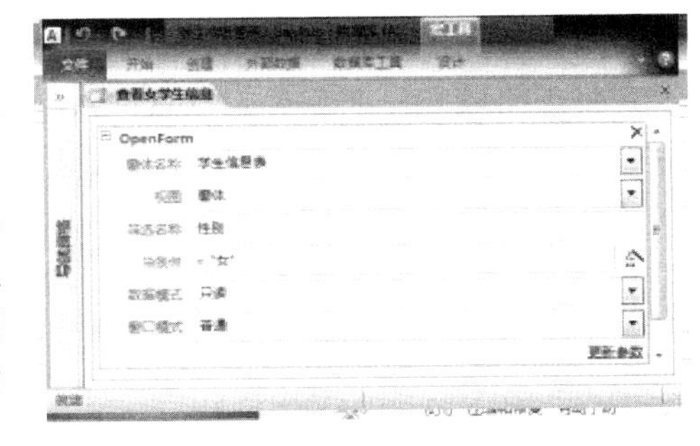

图 6-7　设置“查看女学生信息”宏参数

6.2.2　创建条件操作宏

在默认状态下，宏的执行过程是从第一个操作依次往下执行到最后一个操作。在某些情况下，可能希望仅当特定条件为真时才在宏中执行相应的操作。这时可使用宏的条件表达式来控制宏的流程，这样的宏称为条件操作宏。其中，使用条件表达式可以决定在某些情况下运行宏时某个操作是否进行。例如，在某个窗体中使用宏来校验数据，可能要显示相应的信息来响应记录的某些输入值，显示另一信息来响应另一些不同的值。在这种情况下，可以使用条件来控制宏的流程。

条件表达式是逻辑表达式，宏将根据条件结果的真或假而沿着不同的路径执行。

下面我们来明确含有条件表达式的宏的执行过程：Access 从宏的第一行开始执行，如果没有条件，则 Access 将直接执行该行的操作；如果有条件，Access 将先求出条件表达式的结果。如果这个条件的结果为真，Access 将执行条件为真时所设置的操作。然后将执行宏中其他“条件”字段的附加操作，直至到达另一个表达式、宏名或退出宏。如果这个条件表达式的结果为假，Access 将会忽略这个操作并且移到下一个包含其他条件或空“条件”字段的操作。

向宏中添加条件，可以按照以下步骤进行。

（1）在“宏设计窗口”中，在操作目录中的程序流程中选择“if 条件”按钮，或者直接选择下拉列表框中的“if”操作，以便在宏窗口中显示“条件”列。

（2）在“条件”列中输入所需的条件表达式。

（3）在“添加新操作”面板中输入当表示式值为真时 Access 执行的操作。

（4）如果条件为真时要执行多项操作，那么在接下来的操作行内输入所需的操作。

在输入表达式的过程中，经常要引用某个字段的值，表达式中的字段必须符合以下格式：

```
Forms![窗体名称]![字段名称]
Reports![报表名称]![字段名称]
```

其中，“窗体名称”和“报表名称”是被引用的字段所在的窗体或报表的名称。

图 6-8 “双休日不工作！”提示信息框

【例 6-3】 创建一个名为“双休日判断”的宏，要求在打开数据库时进行判断：如果是双休日，就弹出“双休日不工作！”的提示信息框，如图 6-8 所示，然后退出 Access；其他工作日则终止该宏。

（1）在单击数据库中的“创建”选项卡，在“宏与代码”组中，单击“宏”按钮，打开“宏设计窗口”。

（2）选中“添加新操作”面板下拉列表中的“if”操作，使“宏”窗口如图 6-9 所示。

（3）按图 6-9 来设计宏。首先设计条件成立时的宏操作。在第一行的“条件”列输入判断星期六和星期日的条件表达式“Weekday(Date())=7 Or Weekday(Date())=1”；在“操作”栏的下拉列表框中选择“MessageBox”选项，在下面的操作参数区的“消息”文本框中输入“双休日不工作!”，“类型”设置为“信息”，“标题”设置为“提示”。

图 6-9 “双休日判断”宏的设计

在第二个“添加新操作”面板的下拉列表框中选择“QuitAccess”选项，操作参数采用默认值。

然后设计条件不成立时的宏操作：单击“操作”下拉列表框右边的“添加 Else”，在下面出现 Else 的“操作”列表框中在选择“StopMacro”操作。

（4）单击工具栏上的“保存”按钮，在随后出现的“另存为”对话框中输入宏名“双休日判断”，单击“确定”按钮。

（5）关闭宏窗口，宏对象窗口中出现所保存的“双休日判断”宏。

（6）单击工具栏上的 ! 按钮运行宏。若当前系统日期为星期六或星期日，则弹出如图 6-8 所示的提示信息框，单击“确定”按钮后自动退出 Access。

Weekday 函数根据日期型数据返回一个从 1～7 的整数，表示该日期是星期几。语法如下：

```
Weekday(日期型变量或常量, n)
```

n 的默认值为 1，可不写。若 n 为 1，则星期日为 1，星期六为 7；若 n 为 2，则星期一为 1，星期日为 7。例如，Weekday(Date())=7 表示该日期是星期六，Weekday(Date())=1 表示该日期是星期日。

6.2.3 创建宏组

宏组是指在同一个宏窗口中包含的一个或多个宏的集合。如果要在一个位置上将几个相关的宏集中起来，而不希望运行单个的宏，则可以将它们组织起来构成一个宏组。宏组中的每个宏都单独运行，互不相关。

在宏组中每个宏分组需要一个名称，以便分别调用。宏组的名称放在宏设计窗口的宏名列，单击工具栏中的“宏名”按钮或从“视图”菜单中选择“宏名”选项，即可在设计视图的窗体中增加一列宏名列。

要建立宏组，只需将每个宏的名字加入第一项操作左边的宏名列中，每一个宏名称代表一个宏。如果要创建宏组，则可以按照如下步骤进行。

（1）在数据库窗口中单击“创建”选项卡，选中“宏与代码”组，单击“宏”按钮，打开“宏设计窗口”。

（2）单击“宏设计窗口”右侧的“操作目录”窗格，双击“程序流程”中的 Submac 按钮，在“添加新操作”面板上面出现子宏行中出现的默认子宏名称“Sub1”，可以根据具体情况给出子宏的名称。

（3）单击“添加新操作”面板右边的下三角按钮，从下拉列表中选择要执行的操作。在一个宏中可以只包含一个操作，也可以包含多个操作。

（4）重复步骤（2）和（3），在宏组中包含其他宏。

（5）单击工具栏中的“保存”按钮，在出现的“另存为”对话框中输入宏组的名称，然后单击“确定”按钮。

创建宏组后，引用宏组中的宏时需要使用的语法格式是：宏组名.宏名。

【例 6-4】 创建一个名为“学生信息表维护”的宏组，其中包含了 3 个宏，如表 6-2 所示。

表 6-2 “学生信息表维护”的宏组

宏　名	操作要求
显示学生记录	以只读模式打开“学生信息”窗体
修改学生记录	以编辑数据模式打开“学生信息”窗体
退出系统	保存所有结果并退出 Access

（1）在数据库中，打开“宏设计”窗口。

（2）双击“操作目录”窗格中的 Submac 按钮工具，使“宏设计”窗口中“添加新操作”面板的上面增加“子宏”行。

（3）按图 6-10 所示添加宏名与操作。

① 在第 1 行的“宏名”栏内输入宏组中第 1 个宏的名称“显示学生记录”；添加需要宏执行的操作 OpenForm；然后设置操作参数：“窗体名称”设置为“学生信息”，“视图”设置为“窗体”，“数据模式”设置为“只读”，“窗口模式”设置为“普通”。

② 在第 2 行的“宏名”栏内输入宏组中第 2 个宏的名称“修改学生记录”；添加需要宏执行的操作 OpenForm；然后设置操作参数：“窗体名称”设置为“学生信息”，“视图”设置为“窗体”，“数据模式”设置为“编辑”，“窗口模式”设置为“普通”。

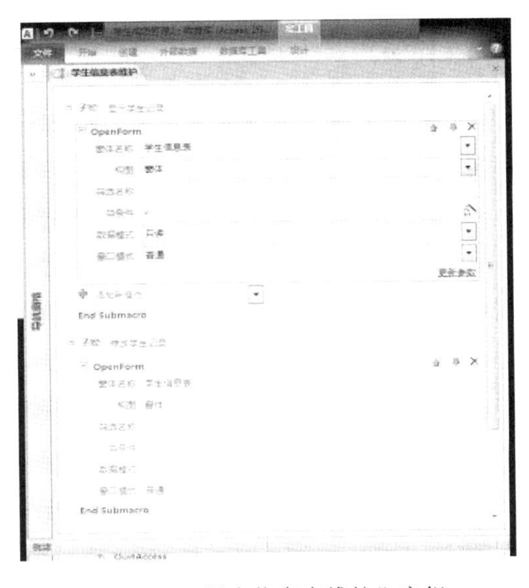

图 6-10 “学生信息表维护”宏组

③ 在第3行的“宏名”栏内输入宏组中第3个宏的名称“退出系统”；添加需要宏执行的操作Quit；“选项”操作参数保持默认的“全部保存”设置。

（4）单击工具栏上的“保存”按钮，在随后出现的“另存为”对话框中输入宏组名称“学生信息表维护”，单击“确定”按钮。

（5）关闭宏窗口，宏对象窗口中出现保存的“学生信息表维护”宏组。

6.3 运行宏

在创建完一个宏之后，用户就可以运行宏了。宏的运行可分为多种不同的情况：既可以通过宏命令来直接运行宏，也可以在其他宏或事件过程中执行宏，或者将执行宏作为对窗体、报表、控件中所发生事件做出的响应。例如，可以将某个宏附加到窗体中的命令按钮上，这样在用户单击按钮时就会执行相应的宏；也可以创建自定义菜单命令或工具栏按钮来运行宏，将某个宏设定为组合键，或者在打开数据库时自动运行宏。

6.3.1 直接运行宏

运行宏时，系统将按顺序执行宏中的所有操作。直接运行宏的操作有如下几种。

1．在宏窗口中执行宏

在宏窗口中执行宏，可以按照以下步骤进行。

（1）在数据库窗口的宏对象中单击某个宏名，然后单击“设计视图”按钮，打开“宏”窗口。

（2）单击工具栏中的“运行”按钮或选择“运行”菜单中的“运行”命令。

2．在数据库导航窗口中执行宏

在数据库导航窗口中，选中宏对象，双击需要运行的宏，或选中要运行的宏，单击鼠标右键，在弹出的快捷菜单中选择“运行”命令。

3．在VBA过程中执行宏

在VBA过程中，使用DoCmd对象的RunMacro方法执行宏，并采用<宏组名>.<宏>的方法引用宏。

6.3.2 从窗体或报表中运行宏

在报表与窗体中，用户可以将宏作为某个控制的事件来运行，要从窗体或报表中运行宏，只需在设计视图中单击相应控件或窗体“属性”表中的“事件”标签，在相应的事件属性上单击，从下拉列表中选择相应的宏，当该事件发生时，Access就会自动运行宏。

【例6-5】 在窗体上添加一个“退出系统”命令按钮（如图6-11所示），单击此命令按钮时，运行一个“退出系统”宏，即弹出信息对话框（如图6-12所示），用户单击此对话框的“是”按钮，则退出Access系统。

图6-11 执行宏的窗体

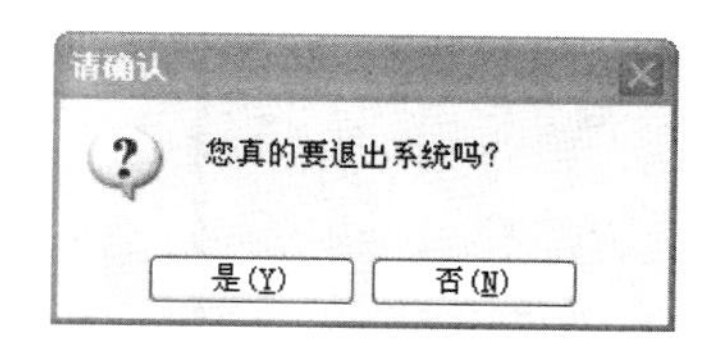

图6-12 信息对话框

编写名为“退出系统”的宏，如图 6-13 所示。“退出系统”宏是一个条件宏，可以输入条件“MsgBox("您真的要退出系统吗？",4,"请确认",32,256)。条件中使用了内置函数 MsgBox，它的基本功能是在对话框中显示消息，等待用户单击按钮，并返回一个整型值，表示单击的是哪个按钮。MsgBox 的第一个参数“"您真的要退出系统吗？"”是要在对话框中显示的消息。第二个参数指定显示按钮的数目及形式、默认按钮等。这里设置为 4 表示显示是及否按钮；32 表示显示 Warning Query 图标；256 表示缺省第二个按钮。第三个参数是要在对话框标题栏中显示的文字，这里设置为“请确认”。按照以上参数设置，单击“是”按钮。

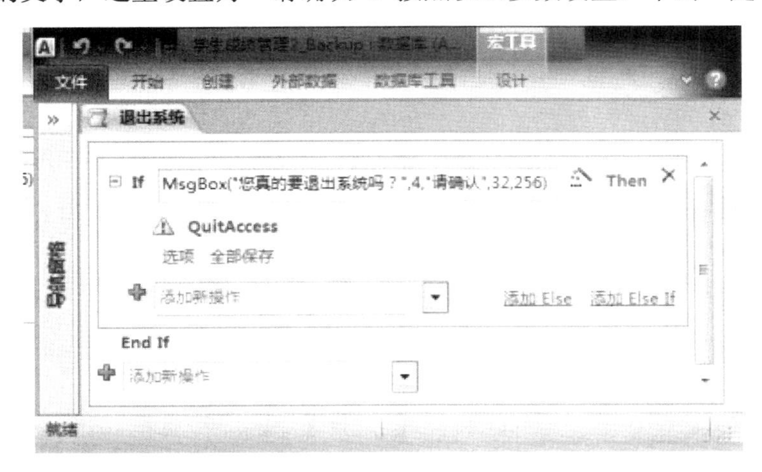

图 6-13 “退出系统”宏的设计

创建带有一个命令按钮的“退出系统”窗体（见图 6-11），将命令按钮“退出系统”的单击事件设置为宏“退出系统”，如图 6-14 所示。

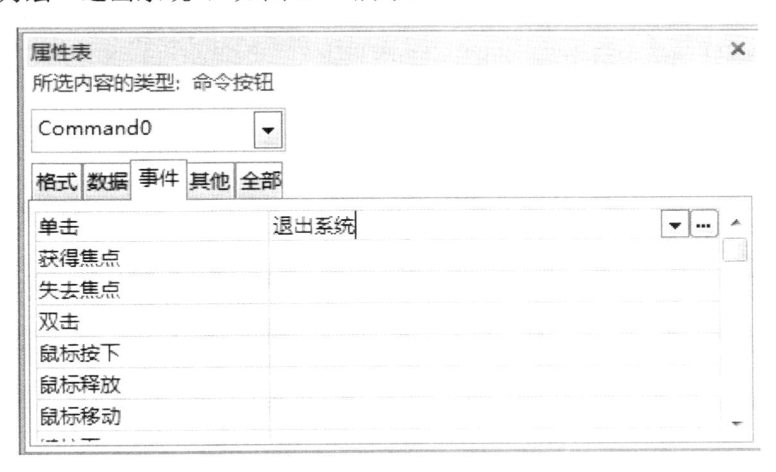

图 6-14 单击事件设置为宏“退出系统”

6.4 宏的应用实例

【例 6-6】 在“学生信息表维护”窗体上（如图 6-15 所示）创建用于运行宏的 3 个命令按钮，单击各命令按钮时，可执行【例 6-4】所创建的“学生信息表维护”宏组中的宏。

（1）单击数据库的“创建”选项卡，单击“窗体”组中的“窗体设计”按钮，打开窗体设计视图。

（2）在窗体中添加一个标签，输入“学生数据管理”，并设置字体为“隶书”、字号为“20”。

（3）打开窗体的属性对话框，将“滚动条”属性设置为“两者均无”，将“记录选择器”、“导航按钮”和“分隔线”属性都设置为“否”，将“边框样式”属性设置为“对话框边框”（不允许用户调整窗体大小），将“最大最小化按钮”属性设置为“两者都有”，如图 6-16 所示。

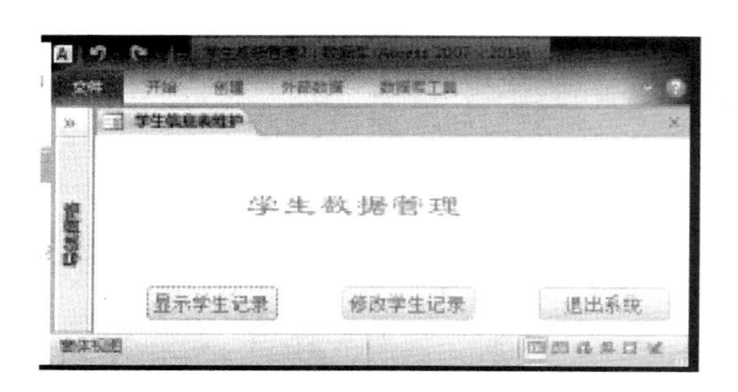

图 6-15 “学生信息表维护”窗体

图 6-16 窗体的属性对话框

（4）添加第一个命令按钮。单击工具箱中的“命令按钮”工具，然后在窗体上需要放置该控件的位置处单击，关闭“命令按钮向导”对话框。右击该命令按钮，在弹出的快捷菜单中选择“属性”命令，在随后弹出的命令按钮属性对话框中将命令按钮的单击事件设置为宏“学生信息表维护.显示学生记录”，如图 6-17 所示。

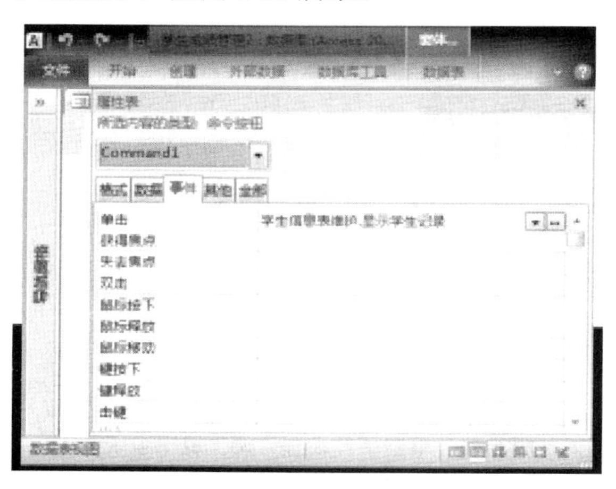

图 6-17 设置单击事件

（5）按照上述方法添加其他两个命令按钮，将单击事件分别设置为“学生信息表维护。修改学生记录”和“学生信息表维护.退出系统”，并适当调整各按钮的大小和位置。

（6）单击工具栏上的“保存”按钮，在随后出现的“另存为”对话框中输入窗体名称“学生信息表维护”，单击“确定”按钮，关闭该窗体。

小　　结

宏是一个或多个操作的集合，其中的每个操作能够自动地实现特定的功能。Access 提供了几十个宏操作命令。

在宏设计窗口可以创建操作序列宏、条件操作宏和宏组等各种宏。

宏可以直接运行，也可以在窗体和报表中运行。

实　　验

【实验目的及要求】

1．掌握 Access 宏对象设计的方法。

2．了解 SQL 语言代码实现查询的方法。

【实验环境】

Windows 操作系统、Access 2010。

【实验内容】

1．在“学生成绩管理.mdb”数据库中创建一个简单的宏，用于打开“学生信息登记窗体”。

2．为“学生成绩管理.mdb”数据库创建一个宏组“学生成绩操作”，用于录入及查询学生成绩信息。其中包括 3 个宏，一个用于打开成绩窗体，一个用于查看不及格学生的成绩，另一个用于查看各科目考试成绩的最高分、平均分和最低分等信息。

3．为“学生成绩管理.mdb”数据库创建一个用于退出 Access 的条件宏。

4．从配套的实验素材中，将 chap5 文件夹中的“Exp5_2.mdb”数据库文件复制到本地计算机的 D 盘上，在第 5 章实验 2 的基础上完成以下要求：设置窗体对象 sform 上名为“stest”的命令按钮的单击事件属性为给定的宏对象 mos。

练　习　题

一、选择题

1．能够自动运行的宏是（　　）。

A．AutoExec　　B．Autoexe

C．Auto　　D．AutoExec.bat

2．在 Access 中，通过（　　）创建宏。

A．宏向导　　B．宏设计器

C．自动宏　　D．查询

3．创建宏时至少要定义一个宏操作，并要设置对应的（　　）。

A．条件　　B．命令按钮

C．宏操作参数　　D．注释信息

4．为窗体或报表上的控件设置属性值的宏命令是（　　）。

A．Echo　　B．MsgBox

C．Beep　　D．SetValue

5．在宏设计窗口中，可以隐藏的列是（　　）。

A. 条件　　　　B. 宏名和参数

C. 宏名和条件　　　　D. 注释

二、填空题

1. 宏是一个或多个________的集合。

2. 若要引用宏组中的宏，采用的语法是________。

3. 如果要建立一个宏，希望执行该宏后，首先打开一个表，然后打开一个窗体，那么在该宏中应该使用________和________两个操作命令。

4. 由多个操作构成的宏在执行时是按________依次执行的。

第7章

模块与 VBA 程序设计基础

在 Access 系统中，简单的数据库应用可以使用前面的宏来完成事件的响应处理，如打开窗体。宏的使用有一定的局限性，对于复杂的条件和循环结构等就无能为力了。复杂的应用需要手动编写程序代码实现。

模块是 Access 系统中的重要对象之一。VBA（Visual Basic for Applications）是 Access 内置的程序语言，具有与 Visual Basic 相同的语言功能，主要用于设计数据库中的模块对象。掌握 VBA 的编程方法和技巧是开发各类特定项目的要求。

本章介绍模块的基本概念及其创建方法、VBA 编程基础、数组、VBA 的程序结构、过程的定义和调用、过程之间的参数传递方式、VBA 面向对象的程序设计。

7.1 模块的基本概念

模块是 Access 数据库管理系统中的一个重要对象。在 Access 中，模块分为类模块和标准模块两种。

窗体模块和报表模块都属于类模块，从属于各自的窗体和报表。在窗体或报表的设计视图中可以用两种方法进入相应的模块代码设计区域：一种是单击工具栏中的“代码”按钮进入；另一种是为窗体或报表创建事件过程时系统自动进入相应代码设计区域。窗体模块和报表模块中的过程可以调用标准模块中已经定义好的过程。窗体和报表的类模块没有在模块列表中显示，但在 VBE（VBA 程序的编辑、调试环境）的工程资源管理器的 Access 类对象列表中会显示出来。

标准模块一般用于存放供其他数据库对象使用的公共过程，具有很强的通用性。标准模块包含若干由 VBA 代码组成的过程，这些代码可以不涉及界面，不涉及任何对象，是纯程序段。通常标准模块安排一些公共变量或过程类模块里的过程调用，每个过程完成一个相对独立的功能。一个大任务的程序代码可以分解成若干个过程，各个过程各有分工、相互调用，协调完成任务。

VBA 是 Access 内置的程序设计语言，具有与 Visual Basic 6.0 相似的结构和开发环境。Office 家族中的 Word、Excel、Powerpoint 等应用程序中都内置了 VBA 用于开发应用程序，只不过在不同的应用程序中有不同的内置对象，不同的内置对象有不同的属性和方法。Access 中包含了 VBE，它是 VBA 程序的编辑、调试环境。VBA 程序无法像 VB 程序那样通过编译生成 EXE 文件而脱离 VB 环境独立运行，只能包含在 Access 中，用于开发、执行特定的应用程序。如果有 VB 基础，将有助于学习下面的内容。

7.2 创建模块

过程是模块的组成单元，Access 没有提供，也无法提供创建模块的向导，创建模块必须用编写程序代码的方式形成。

【例 7-1】 在学生成绩管理数据库中，创建一个“第一个模块”的新模块，以后各例题的 VBA 程序过程均保存在此模块中。

（1）建立模块。单击“创建”选项卡中，“宏和代码”组中的“模块”按钮，弹出如图 7-1 所示的 VBE 窗口，用户可在其中的 VBA 代码窗口中编写 VBA 程序代码。

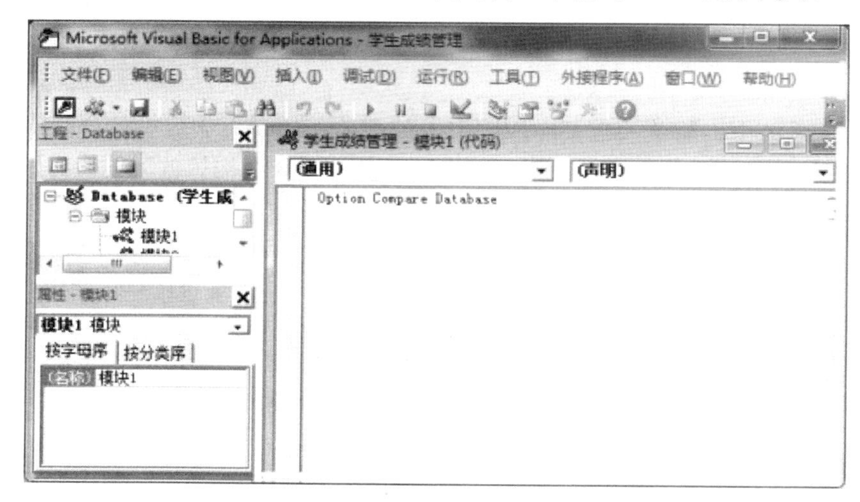

图 7-1 VBE 窗口

（2）保存模块。单击代码窗口工具栏上的“保存”按钮，系统将提示为模块命名，这里输入“第一个模块”。此时保存的模块是空的，没有任何代码，后面介绍的例题将会在其中添加代码。

【例 7-2】 在“第一个模块”模块中创建一个 HelloEveryone 过程，运行后弹出对话框，显示“大家好！”。

（1）双击“第一个模块”模块，在打开的代码窗口中输入“Sub HelloEveryone”并按回车键，代码窗口将出现一个过程的完整框架：

```
Sub HelloEveryone()


End Sub
```

（2）在 Sub HelloEveryone()和 End Sub 之间输入下面的代码：

```
MsgBox"大家好！"
```

（3）将光标置于过程中，单击代码窗口上的“运行”按钮，HelloEveryone 过程即被执行。代码及运行结果如图 7-2 所示。

（4）单击工具栏上的“保存”按钮，将 HelloEveryone 过程保存在当前模块中。

一个模块中除了可以包含一个或多个过程外，有时在上端会出现一些变量定义语句，这些变量至少可以在本模块的各个过程中使用，称之为模块级变量；在某个过程内部定义的变量被称为过程级变量，其使用范围只限于本过程。定义模块级变量之处称为模块的通用声明段。模块构成示意图如图 7-3 所示。

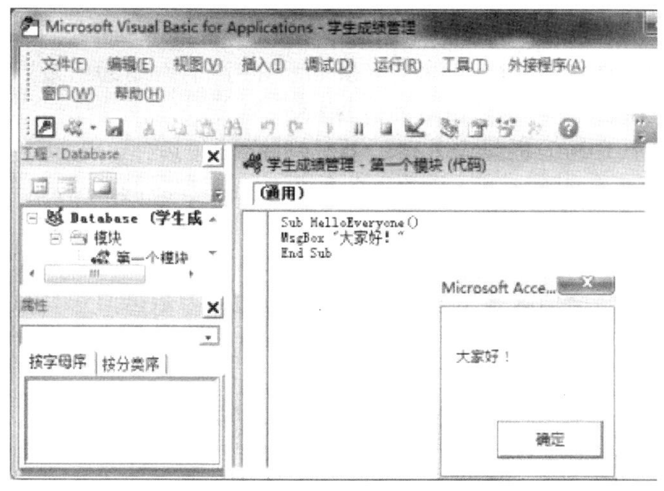

图 7-2　HelloEveryone 的过程代码及运行结果

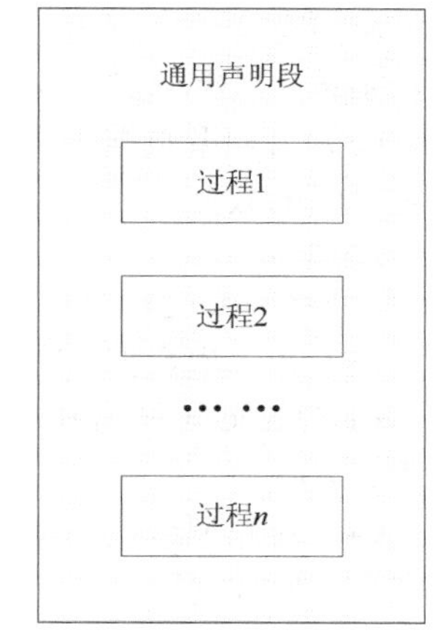

图 7-3　模块构成示意

出现在代码窗口顶端的 Option Compare 语句表示在 VBA 中使用哪种字符串比较方式。Option Compare Database 只能在 Access 中使用，表示当需要字符串比较时根据数据库的区域 ID 确定的排列级别进行比较。

7.3　VBA 编程基础

7.3.1　数据类型、常量、变量与表达式

7.3.1.1　数据类型

VBA 使用类型说明字符来定义数据类型，还可以使用类型符号来定义数据类型。Access 数据表中的字段在 VBA 中有对应的数据类型。VBA 支持的数据类型有字节（Byte）整型（Integer）、长整型（Long）、单精度数（Single）、双精度数（Double）、字符串型（String）、日期型（Data）、货币型（Currency）、布尔型（Boolean）、对象型（Object）、变体型（Variant），如表 7-1 所示。

表 7-1　VBA 数据类型

VBA 数据类型	类 型 标 识	类　型　符	占用存储空间	Access 字段数据类型
字节	Byte		1 字节	数字（字节）
整型	Integer	%	2 字节	数字（整型）
长整型	Long	&	4 字节	数字（长整型）
单精度数	Single	!	4 字节	数字（单精度型）
双精度数	Double	#	8 字节	数字（双精度型）
变长字符串	String	$	10 字节+字符串长度	文本、备注、超链接、OLE 对象
定长字符串	String*n		字符串长度字节	
日期型	Date		8 字节	日期/时间
货币型	Currency		8 字节	货币
布尔型	Boolean		2 字节	是/否
对象型	Object		任何对象引用	
变体数字型	Variant		16 字节	
变体字符型			22 字节+字符串长度	
自定义类型	Type		所有元素占用空间	

（1）字符串型数据用于存储汉字、字母、数字、符号等数据，用双引号作为定界符。VBA字符串型有变长字符串、定长字符串两种类型。变长字符串（String）的字符串长度可以改变；定长字符串（String*n）在程序运行过程中字符串长度n始终保持不变。

（2）日期型数据需要用双井号（#……#）括起来。它可以是单独日期的数据，也可以是单独时间的数据，还可以是日期和时间数据的组合，允许用各种表示日期和时间的格式。

例如：

```
#09/10/2008#、#14 August 2000#、#12/19/2003#、#08：30：00AM#
```

（3）布尔型数据只有True和False两个值。布尔型数据转换为数值类型数据时，True转换为-1，False转换为0；数值类型数据转换为布尔型数据时，0转换为False，非0数据转换为True。

（4）对象型数据占据4个字节，用于引用程序中的对象。对象数据类型由引用的对象库所定义，如数据库、表、查询、窗体和报表等有对应的VBA对象数据类型。常用的VBA对象数据类型和对象库中所包含的对象如表7-2所示。

表7-2 对象数据类型

对象数据类型	对 象 库	对应的数据库对象类型
数据库，Database	DAO 3.6	使用DAO时用Jet数据库引擎打开的数据库
连接，Connection	ADO 2.1	ADO取代了DAO的数据库连接对象
窗体，Form	Access 9.0	窗体，包括子窗体
报表，Report	Access 9.0	报表，包括子报表
控件，Control	Access 9.0	窗体和报表上的控件
查询，QueryDef	DAO 3.6	查询
表，TableDef	DAO 3.6	数据表
命令，Command	ADO 2.1	ADO取代了DAO.QueryDef对象
结果集，DAO.Recordset	DAO 3.6	表的虚拟表示或DAO创建的查询结果
结果集，ADO.Recordset	ADO 2.1	ADO取代了DAO.Recordset对象

（5）VBA中规定没有显示声明的定义变量的数据类型，则默认为变体类型。变体数据类型是一种特殊的数据类型，灵活性很强。在具体运用时，Variant会自动变成其中一种数据类型。当处理数值数据时，自动变成数值类型；处理字符串时，自动变成字符串类型。

除了可以包含各种类型的数据外，Variant类型的变量还可以是Null、Empty及Error等特殊值。

（6）自定义数据类型。在VBA定义的标准数据类型的基础上，可以利用Type关键字来设计自己需要的数据类型。例如，想同时记录一个学生的学号、姓名、性别、总分，就可以用自定义数据类型。这种类型的数据由若干个不同类型的基本数据组成。格式如下：

```
Type 自定义类型名
  元素名1 As 类型名
  元素名2 As 类型名
     ……
  元素名n As 类型名
End Type
```

Type是语句定义符，其后的自定义类型名是要定义的数据类型的名称，由用户确定；End Type表示类型定义结束。

例如：

```
Type Student
    Num As Long            '学号
    Name As String*10          '姓名，用长度为 10 的定长字符串来存储
    Sex As String*5        '性别，用长度为 5 的定长字符串来存储
    Score As Single        '总分，用单精度数来存储
End Type
```

当要把 Access 数据表中的字段值赋给某个变量时，应确保该变量的数据类型与字段的数据类型相匹配。

7.3.1.2 变量

变量是指程序运行时值会发生变化的数据。一旦定义了某个变量，该变量表示的都将是同一个内存位置，直到释放该变量，但在程序运行期间代表变量的存储空间中的值是可以变化的。

（1）变量的命名规则。为了区别存储着不同的数据的变量，需要对变量命名。在命名变量时，用户拥有极大的灵活性。变量名可以简单，也可以描述所包含的信息。例如，用户可以把一个计数器变量简单地命名为C，也可以用一个更具有描述性的变量名，如NumberOfRecord。在 VB 中，变量的命名要遵循以下规则。

① 变量名必须以字母或汉字开头，比如Name、C用户、f23等变量名是合法的，而3jk、#Num等变量名是非法的。

② 变量名中不能包含除字母、汉字、数字和下划线以外的字符。

③ 变量名不能和关键字同名。关键字是系统使用的词，包括预定义语句（If、For等）、函数（Sin、Abs等）和操作符（And、Mod等）。

④ 变量名在有效的范围内必须是唯一的。有效范围就是引用变量可以被程序识别、使用的作用范围，如一个过程。

⑤ 变量名的长度不得超过255个字符。

（2）变量的声明。在使用变量前，最好先声明这个变量。声明变量要体现变量的作用域和生存期，其关键字Dim、Static、Public、Private也可以称为限定词。在声明变量的语句中也可以同时声明多个变量，其类型可相同也可不同。其语法格式如下：

```
<限定词> <变量名> [[As <类型>] [, <变量 2>[As <类型>]]……]
<限定词>：Dim、Static、Public、Private 之一。
<变量名>：编程者所起的符合命名规则的变量名称。
<类  型>：Integer、String、Long、Currency 等数据类型之一。
```

用方括号括起来的“As <类型>”子句表示是可选的，例如：

```
Dim x As Integer             'x 为整型数据
Public y                     'y 为变体数据类型
Dim x As Integer, Temp As String, dblTotal As Double
```

在声明变量时，不但可以用类型关键字，而且可以用类型符。例如：

```
Dim x%
Public dblTotal#
Private Temp$
```

（3）变量的作用域和生存期。

① 过程级变量——局部变量。在过程内部定义的变量是“过程级变量”。在一个过程

内部使用 Dim 或 Static 声明的变量只有该过程内部的代码才能访问或改变该变量的值。也就是说，过程级变量的作用范围被限制在该过程的内部。过程级变量常用于存储临时数据或运算的中间结果。

② 窗体/模块级变量。在模块的通用声明段中用 Dim 语句或用 Private 语句声明的变量，可被本窗体/模块的任何过程访问，但其他模块不能访问该变量。

通常，一个模块是由多个过程组成的，如果希望在整个模块中的多个过程中使用同一个变量，就有必要将其声明为窗体/模块级变量。

③ 全局变量。全局变量也称为公有的模块级变量，在模块顶部的“通用”声明段用 Public 关键字声明，它的作用范围是整个应用程序，即可被本应用程序的任何过程或函数访问。例如：

```
Public a As Integer, b As Integer, c As Integer
```

④ 变量的生存周期。从变量的作用空间来说，变量有作用范围；从变量的作用时间来说，变量有生存周期。根据变量在程序运行期间的生存周期，把变量分为静态变量（Static）和动态变量（Dynamic）。

动态变量在程序运行进入变量所在的过程时才分配内存单元，经过处理退出该过程后，该变量占用的内存单元自动释放，其值消失，其内存单元能被其他变量占用。使用 Dim 关键字在过程中声明的局部变量属于动态变量，在过程执行结束后变量的值不被保留，在每一次重新执行过程时，变量重新声明。

静态变量在程序运行进入变量所在的过程时分配内存单元，经过处理退出该过程后，该变量占用的内存单元没有释放，其值被保留。当以后再次进入该过程时，原来变量的值可以继续使用。使用 Static 关键字在过程中声明的局部变量属于静态变量。

7.3.1.3 常量

常量是在程序中可以直接引用的实际值，其值在程序运行中不变。不同的数据类型，常量的表现形式也不同，如 3.14159、“大学”、#9/1/2010#。

可以用标识符保存一个常量值，称之为符号常量。符号常量可以分为系统提供的符号常量和用户声明的符号常量。

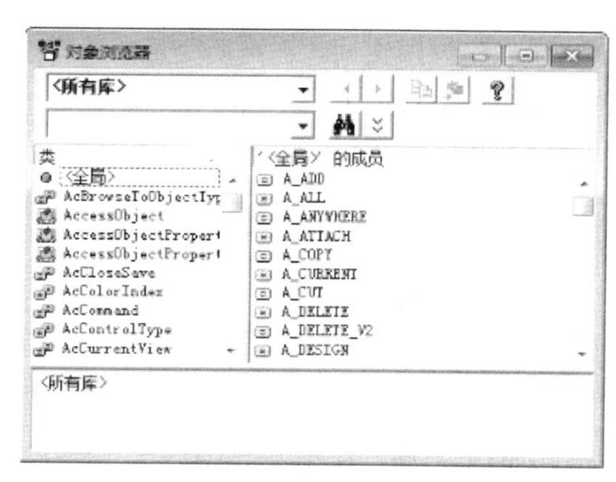

图 7-4 “对象浏览器”对话框

（1）系统提供的符号常量。VB 为不同的活动提供了多个常量集合，有颜色定义常量、数据访问常量、形状常量等，如 vbRed、vbGreen。

选择 VBE 窗口“视图”菜单中的“对象浏览器”命令，系统弹出如图 7-4 所示的“对象浏览器”对话框，可使用该对话框中的列表来找到所需的常量，选中常量后，对话框底端的文本区域将显示常量的值和功能。

（2）用户声明的符号常量。尽管 VBA 定义了大量的常量，有时用户还要建立自定义常量，声明常量的语法格式为：

```
[Public|Private] Const <符号常量名> [As <类型>] = 表达式
```

符号常量名：常量名的命名规则同变量名一样，为了便于与一般变量名区别，常量名一般用大写字母。

As 类型：说明了常量的数据类型，省略该选项，数据类型由表达式决定。用户也可在常量后加类型说明符。

例如：

```
Const PI = 3.1415926                    '声明了常量 PI，代表 3.1415926，单精度型
Public Const  ABC As Integer = &O678'声明了全局常量 ABC，代表八进制 123，整型
```

7.3.1.4 表达式

表达式是指由运算符连接的常量、变量、函数等组成的式子。

（1）算术运算符与算术表达式。算术运算符是最简单的运算符，用来执行简单的算术运算。Visual Basic 中共有 7 种算术运算符，如表 7-3 所示。

表 7-3 算术运算符

运 算 符	运 算	示 例	示 例 结 果
^	乘方	2^3	8
–	取负	–a(a=2)	–2
*	乘法	6.5*6	39.0
/	除法	13/2	6.5
\	整除	13\2	6
Mod	取模	15 Mod 4	3
+	加法	45+6	51
–	减法	23–11	12

在使用算术运算符时要注意以下几点。

① 表中的“–”运算符有两种含义：减法或者取负。当其表示减法时是一个双目运算符，表示取负时是单目运算符。取负操作是这 7 种运算符中唯一的一个单目运算符（只要求一个操作数）。

② 除法（ /)和整除（ \ )的区别。例如，13/2=6.5，13\2=6；整除\用于整数除法，如果参加运算的数不是整数，则先将这些数四舍五入成整数再参加运算。

③ 模运算符 Mod 为求整型除法的余数。例如，13 Mod 2 值为 1，25.6 Mod 4.5 的值为 1。

（2）关系运算符与关系表达式。关系运算符是用来比较两个运算量之间的关系的，它们都是双目运算符（要求两个操作数），比较的结果是一个布尔值。若关系成立，则结果为 True；若关系不成立，则结果为 False。关系运算符如表 7-4 所示。

表 7-4 关系运算符

运 算 符	含 义	示 例	结 果
>	大于	5>（5>3）	True
>=	大于等于	“a”>=”b”	False
<	小于	“abc”<”bcd”	True
<=	小于等于	5<=6	True
=	等于	“56”=”65”	False
<>	不等于	“ABCD”<>”ABC”	True

关系运算符两侧可以是数值表达式、字符串或日期型表达式，也可以是常量、变量或函数，但两侧的数据类型必须完全一致，在有些类型不一致的情况中，VB 会进行强制类型转换。另外，关系运算符的优先级的级别都是相同的。

在关系运算过程中有以下几点需要注意。

① 进行关系运算时，应先算出关系运算符两侧表达式的值，然后再进行比较。

② 当关系运算符两侧的表达式均为数值型时，按数值大小进行比较。

③ 当进行比较的表达式是字符串类型时，对应的字符按照其 ASCII 值进行比较。例如，“abc” > “acd”，先比较第 1 个字符，二者都是 a，ASCII 值相等，接着比较第 2 个字符，因为 ASCII 值 “b” < “c”，所以该关系表达式的值为 False。

④ 数值型与可转换成数值型的数据比较，按照其转换后的数值进行比较。例如，56>“12”，结果为 True。

（3）布尔运算符与布尔表达式。布尔表达式是由布尔运算符连接起来的关系表达式或布尔值而形成的式子。布尔运算符是对布尔值进行的运算，结果仍为布尔值。在 VBA 中主要的几种布尔运算符如表 7-5 所示。

表 7-5 布尔运算符

运算符	含义	示例	结果	说明
Not	取反	Not T	F	对其后的布尔值取反
And	与	T And F	F	当两个值均为真时结果为真
Or	或	T Or F	T	当两个值均为假时结果为假
Xor	异或	T Xor F	T	两个值相反时，结果才为真

在这些布尔运算符中，只有 Not 是单目运算符，意为真变为假，假变为真；其他均为双目运算符。

数学不等式 a≤b≤c，在 VBA 中不能写成 a<=b<=c，应该表示为 a<=b And b<=c。

布尔运算符的举例如下：

```
Not 5>2 And 13<10           '结果为 False
5>=6 Or 13/2 <> 6           '结果为 True
```

（4）运算符的优先顺序。一个表达式中包含多个运算符时，这些操作就会有一个先后顺序问题，这些运算的先后顺序就称为运算符的优先级。各种运算符的优先级如表 7-6 所示。

表 7-6 运算符的优先级

优先级	运算符类型	运算符
1	算术运算符	^（指数运算）
2		−（取负）
3		*、/（乘法和除法）
4		\（整除）
5		Mod（求模）
6		+、−（加法和减法）
7	字符串运算符	&（字符串连接）
8	关系运算符	=、<>、<、<=、>、>=
9	布尔运算符	Not（取反）
10		And（与）
11		Or、Xor（或和异或）

（1）相同优先级的运算符同时出现时，按照从左向右的顺序进行运算。

（2）用括号可以改变运算符的优先顺序，应先算出括号里的值，然后再和括号外的表达式进行运算；括号里的表达式仍然按照运算符各自的优先级顺序运算。

【例7-3】 求表达式 Not 8>6 Or 6>5 And 5+3>10 的值。

分析：在运算前先看清楚有哪些运算，然后再按照优先级顺序逐步算出。本题按以下步骤进行运算。

① 算术运算： Not 8>6 Or 6>5 And 8>10

② 关系运算： Not True Or True And False

③ 取反操作： False Or True And False

④ 与操作： False Or False

⑤ 最后得到： False

7.3.2 常用内部函数

在 VBA 中，经常用到的一些最基本的功能被编成了一段相对完整、独立的代码，放在系统内部供用户直接调用，称之为内部函数。在使用这些函数的时候，只要给出函数名和函数所要求的参数，就能得到函数的值。

常用的内部函数按功能可以分为算术函数、字符串函数、日期/时间函数、类型转换函数等。

7.3.2.1 算术函数

表 7-7 中列举了常用的算术函数。

表 7-7 常用的算术函数

函 数 名	功 能	函 数 实 例	结 果
Abs(X)	求 X 的绝对值	Abs(-2)	2
Rnd(X)	产生随机数，X 可以省略	Rnd	0～1 的随机数
Sgn(X)	取符号函数，X 为正数返回 1；X 为 0 返回 0；X 为负数返回−1	Sgn(-3) Sgn(3)	−1 1
Round（X,n）	四舍五入函数，n 为保留的小数位数	Round（1.23,1）	1.2
Sqr(X)	平方根函数，要求 X≥0	Sqr(4)	2
Tan(X)	正切函数，X 为弧度	Tan(0)	0
Int(X)	取小于或等于 X 的最大整数	Int(-2.6) Int(2.6)	−3 2
Fix(X)	X 截尾取整函数，无舍入运算	Fix(2.4) Fix(-2.4)	2 −2
Hex (X)	把十进制数 X 转换成十六进制数	Hex(100)	64
Oct (X)	把十进制数 X 转换成八进制数	Oct(100)	144

Rnd 函数返回 0 ~ 1 的随机数。

例如：

```
Int (Rnd*100) +1        '产生 1～100 的随机整数，包括 1 和 100
```

当一个应用程序多次用到随机函数或多次运行同一个带有随机函数的应用程序时，VB 都会提供相同的种子，即 Rnd 函数会产生相同序列的随机数，达不到预期的结果。为了消除这种情况，只要在取随机函数的前面加语句 Randomize 即可。语句格式如下：

```
Randomize [x]
```

这里的 x 是一个整数，可以给随机数生成器一个新的种子值。省略 x，则系统会自动返回新的种子值。

7.3.2.2 字符串函数

表 7-8 中列举了常用的字符串函数。

表 7-8　常用的字符串函数

函 数 名	功　能	函 数 实 例	结　果
Asc(C)	把字符串转换为 ASCII 码值或把字符串中的第一个字符转换为　ASCII 值	Asc("A") Asc("ABC")	65 66
Chr(X)	ASCII 码值 X 转换成相应的字符	Chr(65)	"A"
Str(X)	数值 X 转换为字符串	Str(12.34)	"12.34"
Lcase(C)	把大写字母转换成小写字母	Lcase("ABC")	abc
Ucase(C)	把小写字母转换成大写字母	Ucase("abc")	ABC
Ltrim(C)	去掉字符串左边的空格	Ltrim("　AB")	"AB"
Rtrim(C)	去掉字符串右边的字符串	Rtrim("AB　")	"AB"
Trim(C)	去掉字符串两边的空格	Trim("　AB　")	"AB"
Left(C, N)	取出字符串左边的 N 个字符	Left("ABCD", 2)	"AB"
Right(C, N)	取出字符串右边的 N 个字符	Right("ABCD", 2)	"CD"
Mid(C,N1[N2])	取子字符串函数，从 C 中 N1 位置向右取 N2 个字符。省略 N2，默认到字符串结束	Mid("ABCDEF",2,3)	"BCD"
Instr([N1,]C1,C2)	在 C1 中从 N1 位置开始查找字符串 C2(省略 N1，默认从第 1 位开始），找不到，返回值为 0	Instr(2,"ABCDABEF", "AB")	5
Len(C)	返回字符串长度	Len("VB 程序设计")	6
LenB(C)	返回字符串所占字节数	LenB("VB 程序设计")	12
Space(N)	返回 N 个空格	Space(3)	"　"
String(N, C)	返回 N 个由 C 中的首字母组成的字符串	String(3, "ABCD")	"AAA"
StrReverse(C)	将字符串反序	StrReverse("ABCD")	"DCBA"
Join(数组名[, 分隔符])	将数组中的各元素按分隔符联结成字符串变量	A = array("AB","12") Join(A,")	AB12
Split(字符串[，分隔符])	将字符串按分隔符分隔成字符数组，与 Join 作用相反	A = Split("AB,12",",")	A(0) = "AB" A(1) = "12"
Val(C)	把数字字符串转换为数值	Val("12AB")	12

（1）VB 中的字符串长度是以字为单位的，也就是不论西文字符还是汉字都作为一个字，占两个字节。Len 函数和 LenB 函数都是求字符串的长度，但 Len 的单位是字，LenB 的单位是字节。

（2）Chr 和 Asc 互为反函数，Chr(Asc(C)) = C，Asc(Chr(N)) = N。

（3）Join 和 Split 作用相反，分别是对数组元素的连接和分离。

（4）Val 函数在将数字字符串转换为数值类型时，当字符串中出现数值类型规定的字符以外的字符时停止转换，函数的返回值为停止转换前的结果；如果第一个字符即为非数值类型规定的字符，那么函数的返回值为 0。

7.3.2.3　日期/时间函数

常见的日期/时间函数如表 7-9 所示。

表 7-9　常用的日期/时间函数

函 数 名	功　能	函 数 实 例	结　果
Now	返回系统的日期和时间	Now	2010-2-12 19：13：48
Date[()]	返回系统日期	Date()	2007-10-12
Time[()]	返回系统时间	Time	19：13：48

续表

函 数 名	功 能	函 数 实 例	结 果
DateSerial(年，月，日)	返回一个日期形式	DateSerial(9,10,12)	2009-10-12
DateValue(C)	同上，但自变量为字符串	DateValue("9,10,12")	2009-10-12
Year(C|N)	返回年的代码(1753～2078)，相对于 1899-12-31 为 0 天后的 N 天	Year(365)	1900
Day(C|N)	返回日期的代码（1～31）	Day("910,12")	12
Month(C|N)	返回月份的代码（1～12）	Month("9,10,12")	10
MonthName(N)	返回月份名称	MonthName(10)	十月
Second(C|N)	返回秒（0～59）	Second(#19：13：48#)	48
Minute(C|N)	返回分（0～59）	Minute(#19：13：48#)	13
WeekDay(C|N)	返回星期代码（1～7），星期日为 1，星期一为 2	WeekDay("7,10,12")	6
WeekDayName(N)	把星期代码（1～7）转换为星期名称	WeekDayName(7)	星期六

说明 日期函数中的自变量"C|N"可以是字符串表达式，也可以是数值表达式。其中"N"表示相对于 1899 年 12 月 31 日前后的天数。

对于日期函数，还有两个比较重要的函数：DateAdd 增减日期函数和 DateDiff 函数。

（1）DateAdd 增减日期函数。

格式：DateAdd（要增减的日期形式，增减量，要增减的日期变量）

功能：对要增减的日期变量按日期形式作增减。日期形式如表 7-10 所示。

表 7-10 日期形式

日期形式	yyyy	y	q	m	d	ww	w	h	n	s
意义	年	一年的天数	季	月	日	星期	一周的天数	小时	分	秒

例如：

```
DateAdd ("ww", 1, #2007-10-12#)
```

作用是在指定的日期上加 1 周，得到的函数结果为：2007-10-19。

（2）DateDiff 函数。

格式：DateDiff（要间隔的日期形式，日期 1，日期 2）

功能：两个指定的日期按日期形式求相差的日期。

例如：要计算 2007 年 10 月 12 日距离 2008 年 9 月 30 日还有多少天，表达式为

```
DateDiff("d", #2007-10-12#, #2008-9-30#)
```

作用是返回两个指定日期间隔的天数，得到的结果为：354。

7.3.3 数据的输入与输出

在 VBA 中，数据可以用赋值语句保存在变量中，如 x=8 等。另外，VBA 过程中允许用户通过 InputBox 函数用输入对话框输入信息；过程处理结果一般用 MsgBox 函数通过消息对话框来输出，数据量较大时用立即窗口输出。

7.3.3.1 InputBox()函数

InputBox()函数可以打开一个对话框，等待用户输入内容和单击按钮，当用户单击"确定"按钮或按回车键时，函数返回所输入的值。其语法格式如下：

```
InputBox(prompt [, title ] [,default] [,xPos] [,yPos])
```

说明 （1）prompt：提示信息。该项不能省略，是一个字符串，用作在对话框中显示提示用户操作的信息，长度不超过 1024 个字符。对话框显示提示时，可自动换行。如果要自己换行，那么必须在行末加回车 Chr(13)和换行 Chr(10)控制符。

（2）title：标题，是一个字符串，显示在对话框顶部的标题区，可以省略。

（3）default：输入文本框的默认值。当输入对话框中无输入值时，default 值作为输入对话框的值。单击“确定”按钮或按回车键，会把该 default 值赋给变量。如果不想用这个 default 值作为输入值，可以直接在输入区中输入数据取代 default 值。省略该参数，输入区为空白。

（4）xPos 和 yPos：决定对话框在屏幕上的位置，这两个参数一般省略。

【例 7-4】 编写 FunctionInput 过程，运行显示如图 7-5 所示的对话框。

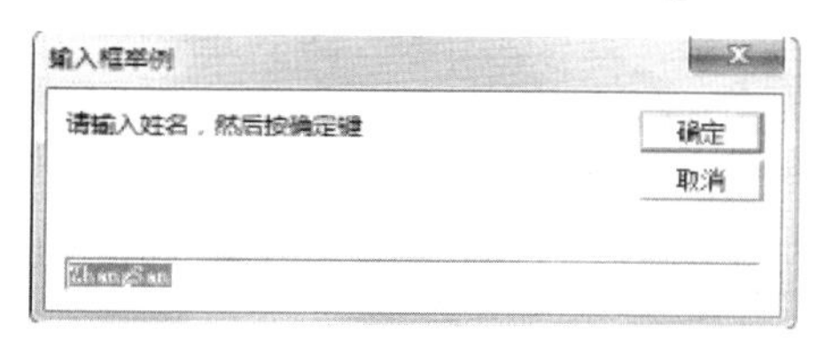

图 7-5 InputBox()函数举例

程序代码如下：

```
Sub FunctionInput( )
  Dim a1$, a2$, a3$, i$
  a1 = "请输入姓名，然后按确定键"
  i = InputBox(a1, "输入框举例", "ZhangSan")
End Sub
```

函数中各参数次序必须一一对应，除了“prompt”不能省略外，其余各项均能省略。如果省略中间的部分，那么逗号占位符不能省略。例如：

```
i = InputBox(a3, , "ZhangSan")
```

对话框上有两个按钮：“确定”和“取消”。输入数据后，单击“确定”按钮（或按回车键），对话框消失，输入的数据作为函数的返回值赋给变量。InputBox()函数一次只能输入一个值。如果想输入多个值，就必须多次调用 InputBox()函数。

7.3.3.2 Msgbox( )函数

与 InputBox 相对，Msgbox 函数用于输出内容。Msgbox()函数的格式如下：

```
MsgBox (prompt [, buttons][, title])
```

函数有返回值，而过程没有。如果不想要 MsgBox()函数的返回值，就可以使用 MsgBox 过程。使用 MsgBox 过程显得更加简练。例如：

```
MsgBox "密码输入错误，请重新输入！"
```

【例 7-5】 用 MsgBox()函数显示结果。

代码如下：

```
Sub FunctionOutput()
  Dim i%, r%, s%
  Const PI = 3.14
  r = InputBox("请输入圆的半径：", "求圆的面积", 10)
   s = PI * r * r
   MsgBox "圆的半径：" & r & "，圆的面积：" & s, , "计算的最终结果"
End Sub
```

执行 FunctionOutput 过程，把圆的半径 10 由输入对话框输入，Msgbox()方法通过消息框给出圆的面积，计算结果如图 7-6 所示。

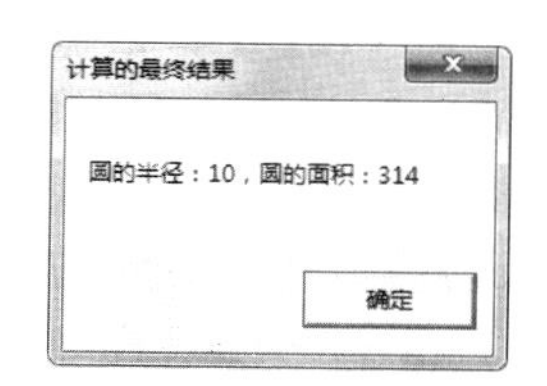

图 7-6 Msgbox()函数举例

MsgBox()函数中各参数的含义如下。

（1）prompt：输出消息，是显示在对话框中的消息，如上例中的“圆的半径：10，圆的面积：314”。

（2）title：标题，对话框标题区显示的信息。

（3）buttons：按钮，如上例中的按钮为“确定”按钮。当 buttons 参数省略时，消息框中就只显示一个“确定”按钮。

说明 MsgBox( )函数中的参数只有“prompt”是必需的，其他参数都可以省略，省略中间的部分时逗号占位符不能省略。如果省略“buttons”参数，那么对话框只显示一个“确定”按钮，并把该按钮设置为活动按钮，不显示任何图标。如果省略标题，那么对话框的标题为当前工程的名称。

【例 7-6】 新建窗体并在该窗体上放置一个命令按钮，然后创建该命令按钮的“单击”事件响应过程。

操作步骤如下。

（1）进入 Access 的窗体设计视图，在新建窗体上添加一个命令按钮。选择该命令按钮，打开属性窗口，修改其名称属性为“cmdTest”，标题属性为“测试”，如图 7-7 所示。

（2）打开“事件”选项卡，并设置“单击”属性为“[事件过程]”选项，以便运行代码，如图 7-8 所示。

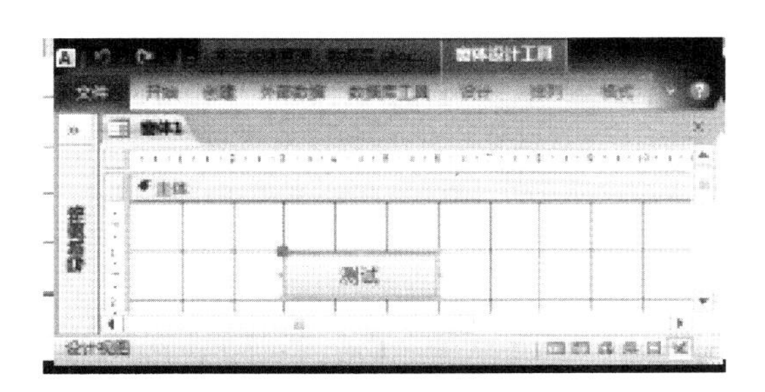

图 7-7　窗体界面

图 7-8　命令按钮属性窗口

（3）单击属性栏右边的“…”按钮，进入新建窗体的类模块代码编辑区。可以看到系统为该命令按钮的“单击”事件自动创建了事件过程模板。在模板中添加了一条语句：

MsgBox“测试完毕！”，如图 7-9 所示。

（4）回到窗体设计视图，运行窗体，单击“测试”按钮，系统会调用设计好的事件过程来响应单击事件的发生，弹出“测试完毕！”消息框，如图 7-10 所示。

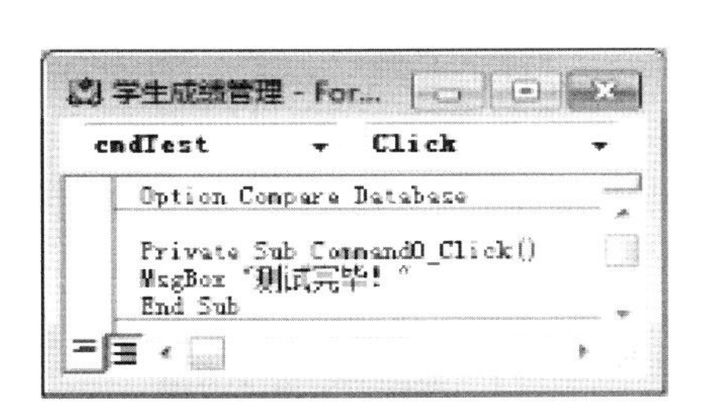

图 7-9　类模块代码编辑区

图 7-10　运行结果

7.3.3.3　Debug 窗口

Debug 窗口在 VBE 中的“视图”菜单中称为“立即窗口”。数据量较大的运行结果可以通过 Debug 窗口的 Print 方法输出。

其语法格式为：

```
Debug.Print [表达式] [, | ;]
```

说明：

（1）表达式：要输出的一个或多个数值或字符串表达式。如果省略该项，那么输出一个空行。对于数值表达式，打印出表达式的值；对于字符串则原样输出。

```
Private Sub DebugOutput1()
   a = 123: b = 234
   Debug.Print a
   Debug.Print
   Debug.Print b
Debug.Print "abc123"
End Sub
```

DebugOutput1 过程的运行结果如图 7-11 所示。

（2）当输出多个表达式或字符串时，各个表达式之间用分隔符（逗号、分号或空格）隔开。如果表达式之间用逗号分隔，就按标准输出格式显示数据项，即以 14 个字符位置为单位把一个输出行分为若干个区域段，逗号后面的表达式在下一个区域段输出；如果用分号或空格作为分隔符，就按紧凑输出格式输出数据。对于数值型数据输出时，系统会在数值的前面自动加一个符号位，后面加一个空格，而字符串前后都没有空格。例如：

```
Sub DebugOutput2()
  Dim a, b, c
  a = 1: b =2: c=3                  '对 a, b, c 分别赋值
  Debug.Print a,b,c                 '按标准格式输出 a, b, c 的值
  Debug.Print a;b;c                 '按紧凑格式输出 a, b, c 的值
  Debug.Print                       '输出一个空行
  Debug.Print "abc123"              '输出字符串
End Sub
```

输出结果如图 7-12 所示。

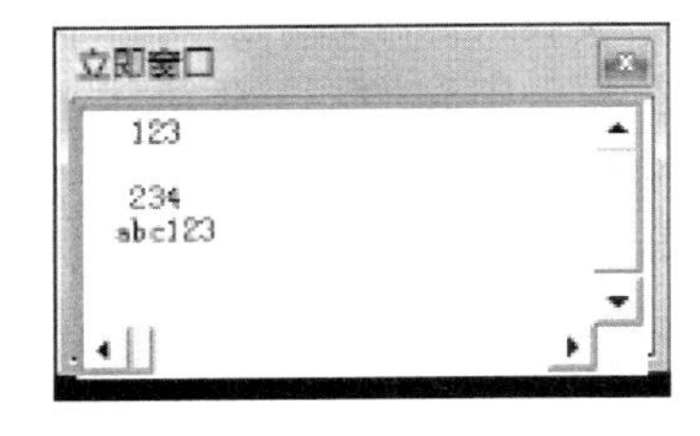

图 7-11　DebugOutput1 过程的运行结果

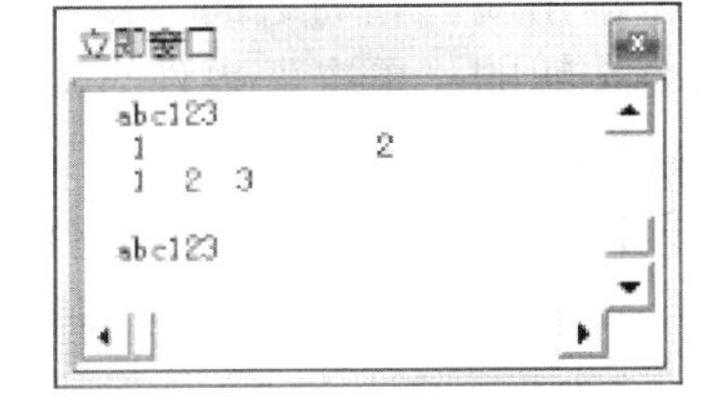

图 7-12　DebugOutput2 过程的运行结果

（3）若 Print 语句的末尾使用了逗号或分号，则表示显示的数据不换行，下一个 Print 语句仍在该行输出；当输出的数据超过显示行的宽度时，多余的数据自动输出到下一行。例如：

```
Sub DebugOutput3()
  Dim a, b, c, x, y, z
  a = 1: b =2: c = 3
  x =4: y = 5: z = 6
  Debug.Print a,b,c
  Debug.Print x,y,z
  Debug.Print a;b;c;
  Debug.Print x;y;z
  Debug.Print
```

```
    Debug.Print "abc123"
End Sub
```

输出结果如图 7-13 所示。

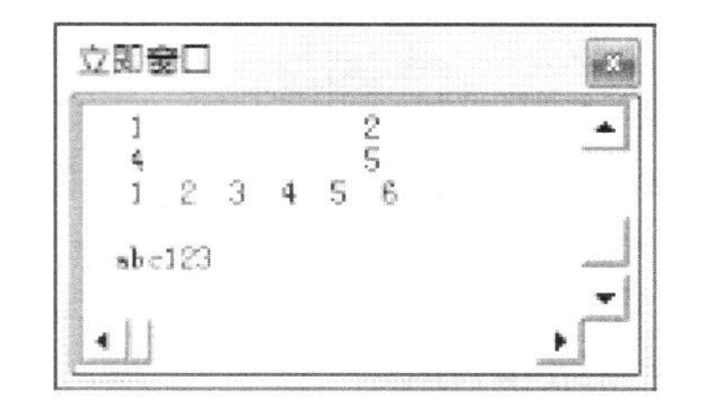

图 7-13　DebugOutput3 过程的运行结果

（4） Print 语句具有计算和输出双重功能。对于表达式，是先计算后输出。例如：

```
a = 3:b =6
Print a+b
```

该例中的 Print 语句是先计算表达式 a+b 的值，然后输出。但是，Print 语句没有赋值功能。语句 Print c=a+b 不能输出 c=9，输出结果为 False。

（5）Print 方法还可以和 Spc(n)函数、Tab(n)函数联合使用，输出任意格式的数据。 Spc(n)函数用于在输出时插入 n 个空格。Tab(n)函数用于在第 n 个位置输出表达式列表。函数与输出项用分号隔开。例如：

```
Print 123;Spc(3); "abc"
```

首先输出 123，同时在前后各加一个空格，然后跳过 3 个空格，显示字符串“abc”。

```
Print Tab(4); "学号"
```

在第 4 个位置上输出字符串“学号”。

7.4　数组

在 VBA 中使用的数据有两种类型：基本数据类型和构造数据类型。到目前为止，我们使用的数据都属于基本数据类型，如数值型、逻辑型、字符型等。该类数据具有一个共同的特点：在程序运行的任一时刻，每个变量名代表一个确定的数据，用户可以通过变量名访问该变量的值。本章我们学习构造数据类型数据——数组。数组是一组相同类型的数据的有序集合。

7.4.1　数组的概念

（1）数组、数组元素。数组是用统一的名字、不同下标、顺序排列的一组变量。数组中的成员（每个变量）称为数组元素。数组元素通过不同的下标来加以区分，因此数组元素又称为下标变量。

可以用数组名和下标来唯一地识别一个数组中的某个具体元素。例如，a(5)表示名称为 a 的数组中的序号为 5 的元素。

需要注意以下几点。

① 数组的命名和简单变量的命名规则相同。

② 数组元素的下标必须用括号括起来。不能把 a(5)写成 a5，a5 会被认为是一个简单变量。

③ 数组元素的下标必须是常量，常量可以是直接常量、符号常量或常量表达式，一般是整型常量。

④ 数组元素的下标必须是整数，如果是小数，系统就会自动按四舍五入取整。例如，a(4.6)将被视为 a(5)。

（2）数组的上界和下界。数组下标的最小值称为数组的下界；数组下标的最大值称为数组的上界。UBound 函数和 LBound 函数分别返回数组的上界和下界。

格式：

```
UBound(arrayname [,n])
LBound(arrayname [,n])
```

其中：arrayname 是数组名；n 表示数组的第几维，若省略，就认为是 1。

例如：

```
Dim A(1 To 9,3 To 8,4 To 12)
Dim B(10)
U1=UBound(A,3)        '返回 12
U2=UBound(B)          '返回 10
L1= LBound(A,1)       '返回 1
L2= LBound(A,3)       '返回 4
```

（3）数组的类型。VBA 中的数据有多种类型，数组也有相应的类型。除了可以声明任何基本类型的数组，还可以声明用户自定义类型和对象数组（如控件数组）。除了数据类型为 Variant 的数组元素可以是不同类型的数据外，一般一个数组的所有元素应具有相同的数据类型。

（4）数组的维数。在一个数组中，如果用一个下标就能确定一个元素在数组中的具体位置，那么该数组就是一维数组；具有两个或多个下标的数组就是二维或多维数组。数组下标的个数就是数组的维数。

（5）数组的形式。在 VBA 中有两种形式的数组：定长数组和动态数组。定长数组一旦定义后，其中的数组元素个数在程序运行过程中不再会发生变化；而动态数组中的元素个数是可变的。

7.4.2 定长数组和动态数组

数组遵循先定义后使用的原则。定义数组又称为声明数组，包括定义数组的名称、维数、大小和类型。其目的就是通知计算机为其开辟足够的存储空间。根据数组大小（元素个数）是否可以改变，数组分为定长数组和动态数组。定长数组一旦定义后，其中的数组元素个数在程序运行过程中不再会发生变化。动态数组中的元素个数在程序运行过程中是可变的，动态数组是在运行时分配内存区域的数组。

7.4.2.1 定长数组

（1）定长数组的定义。在定义数组时，已确定数组元素个数的数组都是定长数组。定长数组的定义格式如下：

```
Dim <数组名>[(<维数定义>)] [As <数组类型>],…,
```

例如：

```
Dim a(6)  As Integer, b(3,2) As Integer
```

定义一维数组 a 有 7 个 Integer 类型元素，下标从 0 到 6，分别为 a(0)、a(1)、a(2)、a(3)、a(4)、a(5)、a(6)。定义二维数组 b 有 12 个 Integer 类型元素，第一维下标从 0 到 3，第二维下标从 0 到 2，分别为 b(0,0)、b(0,1)、b(0,2)、b(1,0)、b(1,1)、…、b(3,0)、b(3,1)、b(3,2)。

（2）数组的大小。数组的大小的定义由“维数定义”参数决定，用来确定数组的维数以及每一维的下界和上界。

① 下标下界默认方式。在定义数组时，下标下界省略，则默认下标下界为 0。

例如：

```
Dim arr1(5)  As Integer, arr2(4, 2) As Integer
```

定义一维数组 arrl 有 6 个元素，下标从 0 到 5。定义二维数组 arr2 有 15 个元素，第一维下标从 0 到 4，第二维下标从 0 到 2。

如果不希望数组下标从 0 开始，可用 Option Base 1 语句使默认下标下界为 1。

Option Base 语句的参数只能是 0 或 1。它必须放在数组定义语句之前，且一个模块只能出现一次该语句。

② 下标下界确定方式。

“维数定义”格式：

下界 1To 上界 1，下界 2To 上界 2，…，下界 nTo 上界 n

此时 Option Base 语句不起作用。

例如：

```
Dim a(-2 To 3), b(1 To 3,-2 To2)
```

定义一维数组 a 有 6 个元素，下标从−2 到 3，分别为 a(−2)、a(−1)、a(0)、a(1)、a(2)、a(3)。定义二维数组 b 有 15 个元素，第一维下标从 1 到 3，第二维下标从−2 到 2，分别为 b(1,−2)、b(1,−1)、b(1,0)、b(1,1)、b(1,2)、b(2,−2)、b(2,−1)…b(3,−2)、b(3,−1)、b(3,0)、b(3,1)、b(3,2)。

以上两种方式也可以混合使用，例如：

```
Dim b( 4,1 To 6)
```

定义二维数组 b 有 5×6 个元素，第一维下标从 0 到 4，第二维下标从 1 到 6。

（3）数组的类型。数组的数据类型是指数组存放什么类型的数据。通常数组的数据类型定义采用以下两种方式。

① As <数据类型>方式。数据类型可以是 Integer、Long、Single、Double、String、String*n、Currency、Boolean、Variant，还可以是用户自定义类型和对象类型。

As <数据类型>省略，默认为 Variant 类型。

② 数组名后加类型符方式。类型符可以是%，&，!，#，$ ，@等。例如：Dim a%(5),b$(6)。

7.4.2.2 动态数组

定长数组在定义时，数组的大小必须确定。但在实际使用中，有时无法事先确定所需数组的大小、维数，常常在程序运行时根据用户的操作（如输入某一数据）或某一些操作结束后才能确定，这就要用到动态数组（或称为可变长数组）。

建立动态数组一般包括声明和大小确定两步。

（1）用 Public、Static 或 Dim 语句声明括号内为空的数组。

格式：

```
Dim 数组名 () [ As <数据类型>]
```

（2）在过程中用 Redim 语句指明该数组的大小。

格式：

```
Redim [Preserve] 数组名（〈维数定义〉[数据类型]）
```

例如：

```
Dim a() as Integer          '声明 a 为动态数组
Redim a(5)                  '在过程中定义数组有 6 个元素
Redim Preserve  a(6)        '在过程中定义数组有 7 个元素
```

说明

（1）Redim 语句是一个可执行语句，只能出现在过程中，并且可以多次使用，改变数组的维数和大小。

（2）Redim 语句的下标可以是常量，也可以是有了确定值的数值型变量，这与声明数组定长数组的下标只能使用常量或常量表达式不同。

（3）可以使用 Redim 语句反复地改变数组的元素个数及维数，但是不能在将一个数组定义为某种数据类型后，再使用 Redim 语句将该数组改为其他数据类型。

（4）每次执行 Redim 语句会使原来数组中元素的值丢失，可用 Preserve 参数（可选）保留数组中的原有数据，但是如果使用了 Preserve 关键字，就只能改变数组最末维的大小，不能改变数组的维数。

【例 7-7】 动态数组举例。

声明动态数组 a，编写 DArray()过程，在该过程内添加如下代码，运行该过程，分析运行结果。

```
Dim a() As Integer
Private Sub DArray()
   Dim n As Integer
   n = 5
   ReDim a(n)
   a(1) = 5: a(5) = 4
   Debug.Print a(1); a(5);
   ReDim a(2, 2)
   a(2, 1) = 3
   Debug.Print a(2, 1);
   ReDim Preserve a(2, 3)
   Debug.Print a(2, 1)
End Sub
```

7.5 VBA 的程序结构

顺序结构、选择结构和循环结构是编写 VBA 程序时的 3 种基本结构。

本节首先介绍选择结构，然后介绍循环结构。选择结构是编写 VBA 程序时的 3 种基本结构中的一种，将介绍单条件选择语句 IF、块结构条件语句 If...Then...Else...End If、If 语句的嵌套以及多分支条件选择语句 Select Case。循环结构也是 VBA 程序中常用的 3 种基本结构之一，与顺序结构、选择结构共同作为各种复杂程序的基本构造单元。循环结构将介绍 For…Next 语句、Do…Loop 语句、Do While…Loop 语句、Do…Loop While 语句、Do Until…Loop 语句和 Do…Loop Until 语句。

7.5.1 选择语句

条件选择结构是根据判断条件成立与否来决定下一步的执行方向的一种控制语句。其执行过程如图 7-14 所示。

这里的<条件>为必选项，可以是关系表达式、布尔表达式、数值表达式或字符串表达式，但条件表达式的结果应为一个布尔值，即其返回结果必须为 True 或 False。对于数值表达式做条件的情况，非 0 值为 True，0 为 False。如果条件为字符串表达式，VBA 只允许出现包含数字的字符串，当字符串中的数字值为 0 时，认为结果是 False，否则为 True。

7.5.1.1 单条件选择语句 If…Then…Else…

单条件选择语句的格式为：

```
If <条件> Then 语句序列1 [Else 语句序列2]
```

Else 语句用[ ]括起来表示这部分是可以没有的，如果没有 Else 子句，语句序列 1 就是必要参数。语句序列 1 和语句序列 2 可以是一条语句，也可以是多条语句。

【例 7-8】 根据以下分段函数，任意输入一个 x 值，求出 y 值。

$$y=\begin{cases} x^3-9, x\geqslant 2 \\ x^2+5x-6, x<2 \end{cases}$$

分析：该分段函数表示，当 $x\geqslant2$ 时，用公式 $y=x^3-9$ 来求 y 的值；当 $x<2$ 时，用公式 $y=x^2+5x-6$ 来计算 y 的值。在选择条件时，既可以选择 $x\geqslant2$ 当作条件，也可以选择 $x<2$ 当作条件。这里选择 $x\geqslant2$ 做条件，当条件为真时执行 $y=x^3-9$，为假时执行 $y=x^2+5x-6$。流程图如图 7-15 所示。

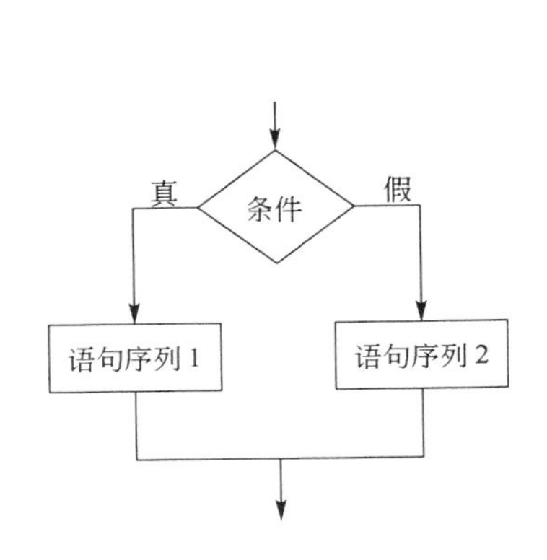

图 7-14 条件选择结构执行过程

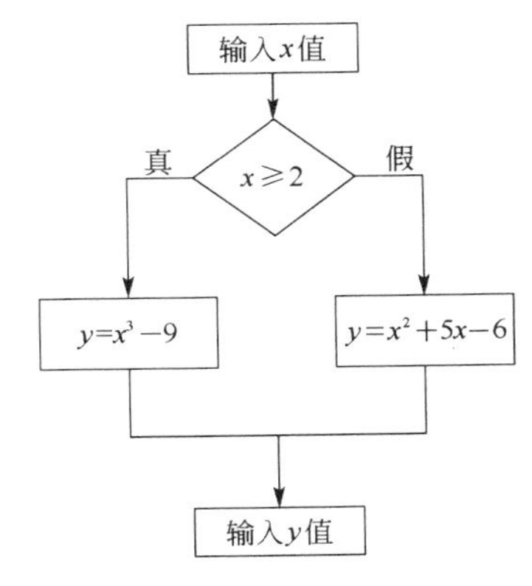

图 7-15 计算 y 值流程图

编写程序代码，过程 hanshu 的代码如下：

```
Private Sub hanshu()
  Dim x As Single
  x = Val(InputBox(请输入 x 的值))
  If x >= 2 Then y = x ^ 3 - 9 Else y = x ^ 2 + 5 * x - 6
  MsgBox "函数值为" & y
End Sub
```

7.5.1.2 IIF 语句

IIF 语句也是单条件选择结构语句，其语法格式为：

```
IIF（条件，语句序列 1，语句序列 2）
```

其中，语句序列 1 是当条件为真时要执行的语句块部分，语句序列 2 是当条件为假时要执行的语句块部分。

【例 7-8】中的分段函数求值中的单条件选择语句是：

```
If x >= 2 Then y = x ^ 3 - 9 Else y = x ^ 2 + 5 * x - 6
```

利用 IIF 语句可将其改写成如下形式：

```
y=IIF(x>=2, x ^ 3 - 9, x ^ 2 + 5 * x - 6)
```

7.5.1.3 块结构条件语句 If…Then…Else…End If

虽然单条件结构语句可以满足很多场合下的要求，但是当 If 语句中的语句序列要包含多条语句时，单行条件就难以容纳所有的语句了。为此，VB 提供了一种块结构的条件语句，语法格式如下：

```
If  <条件>  Then
[<语句序列 1>]
[Else
[<语句序列 2>]]
End If
```

当程序运行到此处时，首先判断条件是否为真，如果为真，就执行语句序列 1，否则执行语句序列 2。Else 子句可以有，也可以省略，如果省略，那么当条件为假时，直接跳出选择执行下面的语句。在块结构中 If 语句必须以 End If 结束。

例如，可将【例 7-8】中的单选择结构改写成块结构，具体如下：

```
Private Sub hanshu()
Dim x As Single
x = Val(InputBox(请输入 x 的值))
If x >= 2 Then
y = x ^ 3 - 9
Else
y = x ^ 2 + 5 * x - 6
End If
MsgBox "函数值为" & y
End Sub
```

7.5.1.4 If 语句的嵌套

If 语句的嵌套是指语句序列 1 或语句序列 2 本身又是一个 If 语句。例如，下面就是一个简单的块结构嵌套语句：

```
If <条件 1> Then
    If <条件 2> Then
      <语句序列 1>
    Else
      <语句序列 2>
    End If
Else
      <语句序列 3>
End If
```

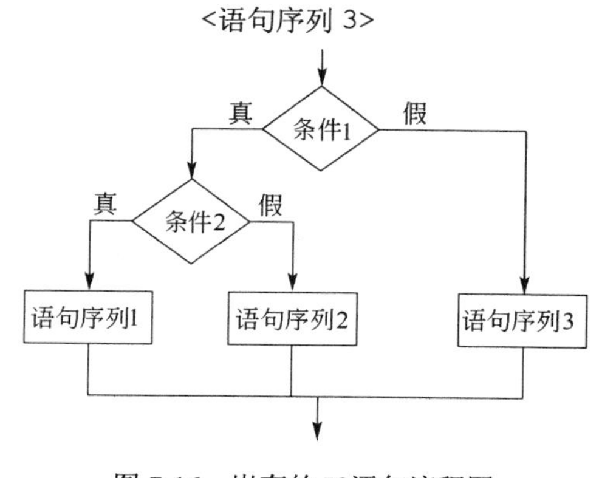

图 7-16 嵌套的 If 语句流程图

执行该嵌套语句时，先判断条件 1 是否成立，如果条件 1 成立，就判断条件 2，如果条件 2 为真就执行语句序列 1，条件 2 为假就执行语句序列 2，然后退出循环；如果条件 1 不成立，就执行语句序列 3，接着执行以下的语句。其流程图如图 7-16 所示。

当然，在 Else 部分也可以嵌套其他 If 结构，If 和 Else 部分也可以同时多重嵌套。

【例 7-9】 学生成绩采用五分制：成绩小于 60 分为“不合格”，大于等于 60 分且小于 90 分为“合格”，大于等于 90 分为“优”。试编写过程 Grade，判断某学生的成绩等级。

```
Private Sub Grade()
Dim score As Integer, d As String * 8
score = Val(InputBox("请输入学生成绩数值: "))
If score < 60 Then
 d = "成绩等级为" & "不合格"
Else
 If score < 90 Then
     d = "该成绩等级为" & "合格"
 Else
     d = "该成绩等级为" & "优"
 End If
End If
MsgBox d
End Sub
```

7.5.1.5 ElseIf 语句

多层的 If 语句嵌套格式使程序冗长复杂，不便于阅读，为此 VB 提供了一种 ElseIf 语句来简化这种复杂的嵌套情况。ElseIf 语句的格式如下：

```
If <条件1> Then
 [语句序列1]
ElseIf <条件2> Then
 [语句序列2]
……
Else
 [语句序列n+1]
End If
```

程序在执行时先判断条件 1，如果条件 1 不满足，就接着判断条件 2，这样依次向下判断每个条件，直到找到一个值为 True 的条件，然后执行该条件后 Then 语句下面的语句序列；如果没有找到任何一个值为 True 的语句，程序就会执行 Else 部分的语句序列 n+1。

【例 7-10】 学生成绩采用五分制：成绩小于 60 分为“不及格”，大于等于 60 分且小于 70 分为“及格”，大于等于 70 分且小于 80 分为“中”，大于等于 80 分且小于 90 分为“良”，大于等于 90 分为“优”。试编写过程 Grade 判断某学生的成绩等级，用 ElseIf 语句实现。

```
Private Sub Grade()
Dim score As Integer, d As String * 8
score = Val(inputbox("请输入学生成绩数值: "))
If score >= 0 And score < 60 Then
 d = "不及格"
ElseIf score >= 60 And score <70 Then
 d = "及格"
ElseIf score >= 70 And score < 80 Then
 d = "中"
ElseIf score >= 80 And score <90 Then
 d = "良"
ElseIf score >= 90 And score <= 100 Then
 d = "优"
Else
 d = "输入错误！"
```

```
End If
Msgbox "该成绩等级为" & d
End Sub
```

7.5.1.6 多条件选择语句 Select Case

多分支的选择采用 If 语句比较麻烦，为此 VBA 采用 Select Case 语句进行多分支结构的选择。语法格式如下：

```
Select Case  <测试条件>
  [Case <表达式列表 1>
     语句序列 1]
  [Case <表达式列表 2>
     语句序列 2]
 ……
  [Case <表达式列表 n>
     语句序列 n]
  [Case Else
     语句序列 n+1]
End Select
```

流程图如图 7-17 所示。

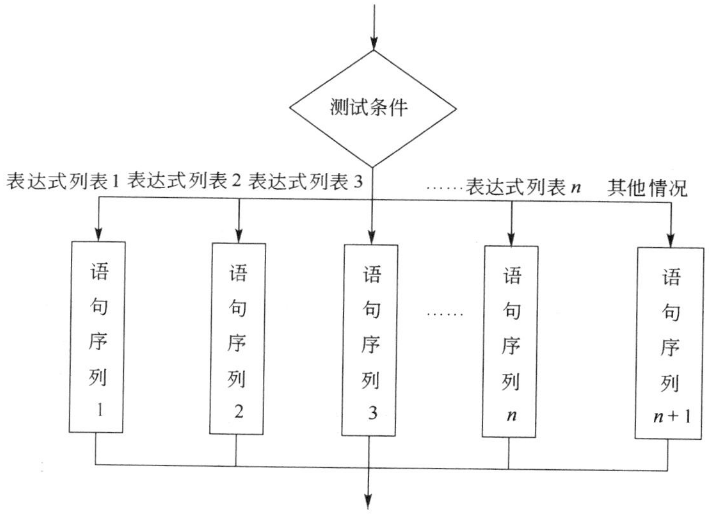

图 7-17　Select Case 流程图

程序在执行时先判断测试条件的值，然后根据条件值逐个匹配每个 Case 后面的表达式列表，如果该值符合某个表达式列表，就接着执行该 Case 子句下面的语句序列，如果第一个 Case 子句中的表达式列表不匹配，就接着判断是否与下一个 Case 子句中的表达式列表匹配。如果所有的 Case 子句中的表达式列表都不与条件测试值匹配，那么执行 Case Else 子句中的语句序列；如果给出的 Select Case 结构中没有 Case Else 子句，就从 End Select 退出整个 Select Case 语句。这里的语句序列 1、语句序列 2、……、语句序列 n+1 可以是一个语句，也可以是一组语句。

测试条件可以为数值表达式或者字符串表达式，Case 子句中的表达式列表为必要参数，用来测试列表中是否有值与测试条件相匹配。列表中的表达式形式如表 7-11 所示。

表 7-11　列表中的表达式形式

形　　式	示　　例	说　　明
表达式	Case 2*a，12，14	数值或字符串，测试条件的值可以是 2*a、12、14 三者之一
表达式 1 To 表达式 2	Case 1 To 10	1≤测试条件值≤10
Is 关系运算符表达式	Is<100	测试条件值<100

【例 7-11】 用 Select Case 语句实现【例 7-10】中学生成绩等级的鉴定。

对过程 Grade 改写如下：

```
Private Sub Grade()
Dim score As Integer, d As String * 8
score = Val(InputBox("请输入学生成绩数值："))
Select Case score
Case 0 To 59
 d = "该成绩等级为" & "不及格"
Case 60 To 69
 d = "该成绩等级为" & "及格"
Case 70 To 79
  d = "该成绩等级为" & "中"
Case 80 To 89
  d = "该成绩等级为" & "良"
Case 90 To 100
  d = "该成绩等级为" & "优"
Case Else
  d = "输入错误！"
End Select
MsgBox d
End Sub
```

7.5.2　循环语句

在实际应用中，我们经常会遇到处理同样的事情，重复进行同样操作的情况。例如，在窗口中连续输出多个“*”，连续生成 100 个随机整数等。这些操作都需重复执行某些语句，能够处理重复执行的结构称为循环结构。

7.5.2.1　For…Next 结构

For 循环又称计数循环，用于循环次数预知的场合，具体格式如下：

```
For 循环变量=初值 To 终值 [Step 步长]
   <循环体>
   [Exit  For]
Next [循环变量]
```

步长等于 1 时，可省略 Step 子句。

For…Next 结构的执行步骤如下。

（1）计算初值、终值及步长表达式的值，并将初值赋给循环变量。

（2）判断循环变量的值是否“超过”终值。

- 当步长为正时，“超过”是指循环变量的值大于终值。
- 当步长为负时，“超过”是指循环变量的值小于终值。

“超过”时退出循环，转到 Next 语句的下一语句；“不超过”时执行循环体中的语句。

（3）执行 Next 语句，循环变量增加一个步长；返回第（2）步。

【例 7-12】 编写 Average 过程，要求用随机函数模拟 10 位学生的数据库原理课程的成绩，分值为 0～100 的整数，要求在立即窗口输出他们的成绩和平均分数。

```
Sub Average()
Dim x As Integer, i As Integer, sum As Single
Randomize Timer
sum = 0
For i = 1 To 10
 x = Int(Rnd * 101)
 sum = sum + x
 Debug.Print x;
Next
 Debug.Print
Debug.Print "平均分数="; Round(sum / 10, 1)
End Sub
```

执行结果为：

```
90  90  9  81  99  93  33  37  67  97
平均分数= 69.6
```

在 For 循环体中的 Exit For 表示遇到该语句时提前退出循环，执行 Next 后的下一条语句。在 For 循环体中改变循环控制变量的值，将会影响循环次数。例如：

```
Dim s As Integer,i As Integer
For i=1 To 10
 s=s+i
 i=i+1
Next i
```

由于循环体中有语句 i=i+1，每次执行时都“破坏”控制变量 i 的取值，导致此 For 循环体只重复执行了 5 次，求到的是 1+3+5+7+9 的和。

7.5.2.2 Do While…Loop 语句

格式：

```
    Do  While<条件表达式>
       <循环体>
       [Exit Do]
    Loop
```

执行过程是首先判断条件表达式的值是否为 True。若为 False，则退出循环，执行 Loop 后面的语句。若为 True，则执行循环体中的语句，当执行到 Loop 语句时，返回到 Do While 语句，继续判断条件表达式的值是否为 True，如此反复执行，直到条件表达式的值为 False 才退出循环。遇到 ExitDo 语句时，将强制提前结束循环，执行 Loop 后的下一条语句。Do While…Loop 语句是先判断条件后执行循环体，有可能一次也不执行。例如：

```
Dim n As Integer ,s As Integer
n=1
s=0
Do While n>10
  s=s+n
  n=n+1
```

```
Loop
Print s
```

程序运行时，n 被赋初值 1，判断条件表达式 n>10，值为 False，直接转去执行 Loop 语句后的 Prints，循环体一次也没有被执行过。

7.5.2.3 Do…Loop While 语句

格式：

```
Do
  <循环体>
  [Exit Do]
Loop While<条件表达式>
```

执行过程是首先执行一次循环体内的语句，执行到 Loop While 语句时，判断条件表达式的值是否为 True。若为 True，则返回到循环体的开始语句，再次执行循环体，这样一直到条件表达式的值为 False 时才退出循环。

使用本循环应注意，它与 Do While 循环语句的区别在于 Do While 循环先测试条件是否成立，只有条件成立才执行循环；本循环语句则先执行一次循环体，然后才测试循环条件是否成立。也就是说，循环体至少被执行一次。

例如：

程序段 1

```
Dim n As Integer
n=1
Do While n<1
n=n+1
Loop
Debug.Print n
```

程序段 2

```
Dim n As Integer
n=1
Do
n=n+1
Loop While n<1
Debug.Print n
```

上面两个程序段执行后，程序段 1 输出 1，因为 Do While…Loop 语句要先判断条件表达式，所以循环体语句 n=n+1 一次未执行；程序段 2 输出 2，因为 Do…Loop While 语句先执行循环体语句 n=n+1 之后才去判断条件表达式，跳出循环。

7.5.2.4 Do Until…Loop 语句

格式：

```
Do Until <条件表达式>
  <循环体>
  [Exit Do]
Loop
```

执行过程是首先判断条件表达式的值是否为 False。若不是，则退出循环，执行 Loop 后面的语句。若是 False，则执行循环代码，当执行到 Loop 语句时，返回到 Do Until 语句，继续判断条件表达式的值是否为 False，如此反复执行，直到条件表达式的值为 True 才退出循环。

例如，求 s=1+2+3+⋯+100 的值。

下面的程序段是使用 Do While…Loop 语句实现的：

```
Dim n As Integer ,s As Integer
  n=1
  s=0
  Do While n<=100
  s=s+n
```

```
  n=n+1
Loop
Debug.Print s
```

下面的程序段是使用 Do Until...Loop 语句实现的：

```
Dim n As Integer ,s As Integer
  n=1
  s=0
  Do Until n>100
  s=s+n
  n=n+1
Loop
Debug.Print s
```

7.5.2.5 Do...Loop Until 语句

格式：

```
Do
  <循环体>
  [Exit Do]
Loop Until<条件表达式>
```

执行过程与 Do...Loop While 语句类似，首先执行一次循环体内的语句，执行到 Loop Until 语句时，判断条件表达式的值是否为 False。若为 False，则返回到循环体的开始语句，再次执行循环体，这样一直到条件表达式的值为 True 时才退出循环。

7.5.2.6 循环嵌套

在一个循环体中含有另一个循环结构，就构成了循环的嵌套。上面介绍的循环语句都可以实现循环嵌套。两层的循环嵌套称为二重循环，三层以上的循环嵌套称为多重循环。

【例 7-13】 编写 Multiplytable 过程，要求在立即窗口输出如图 7-18 所示的上三角的九九乘法表。

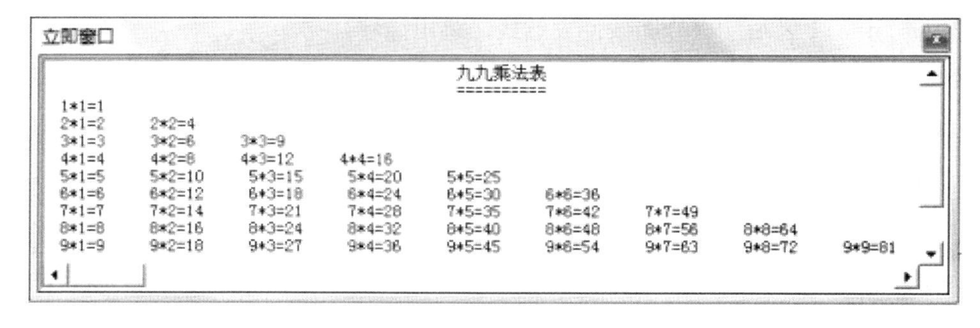

图 7-18 九九乘法表

程序代码如下：

```
Private Sub table()
    Dim s As String
    Debug.Print Tab(45); "九九乘法表"
    Debug.Print Tab(45); "=========="
    For i = 1 To 9
        For j = 1 To i
            s = i & "*" & j & "=" & i * j
```

```
            Debug.Print s; Spc(5);
        Next j
    Debug.Print
    Next i
End Sub
```

使用循环嵌套应注意以下几点。

（1）对 For…Next 的循环嵌套，在每个循环中的控制变量要使用不同的变量名。

（2）内循环结构语句必须完整地嵌在外循环体中，不可交叉。Do…Loop 或 For…Next 语句需成对使用，Visual Basic 会给每个循环结构结束语句（Loop 或 Next）匹配最近的循环结构开始语句（Do 或 For）。

（3）多重循环执行时，外循环每重复执行一次，内循环则要完整地执行其应重复的次数。例如：

```
For k=1  To  3
 For j=k  To  3
   n=n+1
 Next j
Next k
```

当 k=1 时，j 可取值 1、2、3，即内循环体要重复执行 3 次；然后 k=2，j 可取值 2、3，即内循环体要重复执行 2 次；最后 k=3，j 可取值 3，即内循环体要重复执行 1 次。如此，内循环体语句共重复执行 3+2+1＝6 次。

7.6 过程调用和参数传递

过程是一个完整的程序段，可以完成一个相对独立的任务。前面的讲解已经列举了较多的过程。在实际应用中，一个较大的应用程序一般由几个过程组成，过程之间可以相互调用，通过参数的传递协调完成一个大任务。

过程根据是否返回值，可分为 Sub 过程和 Function 过程。Sub 过程不返回值，Function 过程返回函数值。

7.6.1 Sub 过程

当编写的过程不需要返回值时，用 Sub 过程实现。

7.6.1.1 Sub 过程的定义

在代码窗口中，按以下格式输入相应的代码：

```
[Public|Private] [Static] Sub <过程名>([形参列表])
[语句块 1]
[Exit Sub]
[语句块 2]
End Sub
```

说明：

（1）Private：表示 Sub 过程是一个私有过程，只限于本模块内的其他过程调用。

（2）Public：表示 Sub 过程是一个公有过程，可在整个应用程序范围调用。过程默认是 Public 的。

（3）Static：表示 Sub 过程中的所有局部变量的存储空间只分配一次，且这些变量的值在整个程序运行期间都存在，即每次调用该过程时，各局部变量的值一直存在；如果省略 Static，那么过程每次调用时系统会重新为其非静态变量分配存储空间，当过程结束时系统将释放变量的存储空间。

（4）过程名：用户为 Sub 过程起的名字。命名规则与变量命名规则相同。在同一模块内，Sub 过程不能和 Function 过程同名。

（5）形参列表：类似于变量声明，指明了从调用过程传递给过程的参数个数、类型和位置，形参可以是变量名或数组名。各参数之间用“,”隔开。

参数定义格式：

```
[ByVal|ByRef] 变量名 [()] [As 数据类型]  [,…]
```

（1）ByVal 表示该过程被调用时，参数是按值传递的；默认或设为 ByRef 表示该过程被调用时，参数是按地址传递的。这里的变量名可以是 Visual Basic 合法的变量名或数组名。如果是数组名，就要在数组名后加上一对圆括号。如果“As 数据类型”选项省略，就默认为 Variant 类型。

（2）Exit Sub 表示退出 Sub 过程，常常与选择结构联用，即当满足一定条件时退出 Sub 过程。

【例 7-14】 编一个交换两个整型变量值的 Sub 过程。

```
Private Sub swap(a As Integer, b As Integer)
Dim t As Integer
t = a: a = b: b = t
End Sub
```

7.6.1.2 Sub 过程的调用

要执行一个 Sub 过程，必须要调用该过程，通过调用引起过程的执行。每次调用过程都会执行 Sub 和 End Sub 之间的语句段。当程序遇到 End Sub 时将退出过程，并立即返回到调用语句的后续语句。 Sub 过程的调用有两种方法，即

```
Call  <过程名>( [实参列表] )
或
<过程名>[<实参列表>]
例如：
Call swap(m,n)
swap  m,n
```

在调用时实参和形参的数据类型、顺序、个数必须匹配。

【例 7-15】 调用前面的交换两个整数的 Sub 过程。

```
Private Sub Usesub()
    Dim first As Integer, second As Integer
    first = Val(InputBox("请输入第一个整数"))
    second = Val(InputBox("请输入第二个整数"))
    Debug.Print "交换前 first="; first, "second ="; second
    swap first, second
    Debug.Print "交换后 first="; first, "second ="; second
End Sub
```

此过程运行后，若先后输入 3、7，则运行结果如图 7-19 所示。

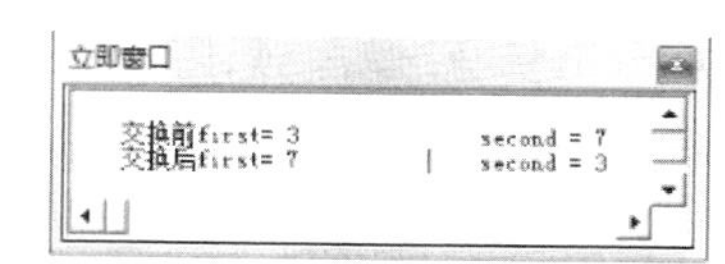

图 7-19 Usesub 过程的运行结果

7.6.2 Function 过程

7.6.2.1 Function 过程的定义

Function 过程是用户根据需要用 Function 关键字定义的过程，与 Sub 过程不同的是 Function 过程返回一个值。

格式：

```
[Public|Private] [Static] Function <函数名>([形参列表]) As <类型>
[语句块 1]
[函数名=返回值]
[Exit Function]
[语句块 2]
[函数名=返回值]
End Function
```

（1）As <类型>: 函数的返回值类型，若省略，函数就返回 Variant 类型。

（2）Exit Function: 表示退出 Function 过程，常常与选择结构联用，即当满足一定的条件时退出 Function 过程。

在 Function 过程函数体内，函数名可以当变量名使用，函数的返回值就是通过对函数名的赋值语句来实现的，即函数值通过函数名返回，因此在函数过程中至少要对函数名赋值一次。

其他与 Sub 过程完全相同。

【例7-16】 编写一个 Function 过程，当调用该过程时能求出一个正整数的阶乘值。

```
Private Function fact(n As Integer) As Long
    Dim i As Integer
    f = 1
    For i = 1 To n
    f = f * i
    Next
    fact = f
End Function
```

7.6.2.2 函数过程的调用

与 Sub 过程一样，要执行一个 Function 过程，必须要调用该过程，调用引起过程的执行。调用函数过程的格式如下：

函数名（[实参列表]）

在调用时实参和形参的数据类型、顺序、个数必须匹配。

【例7-17】 编写一个名为 UseFact 的 Sub 过程。要求调用【例 7-16】中的 Function 过程输出其阶乘。

在代码窗口输入下列代码：

```
Private Sub UseFact ()
    Dim ji As Long, a As Integer
    a = Val(inputbox (“请输入一个正整数”) )
     ji = fact(a)
    debug.print  "其阶乘为: " & ji
End Sub
Private Function fact(n As Integer) As Long
```

```
    Dim i As Integer
    f = 1
    For i = 1 To n
    f = f * i
    Next
    fact = f
End Function
```

运行程序后，输入 5，输出结果如图 7-20 所示。

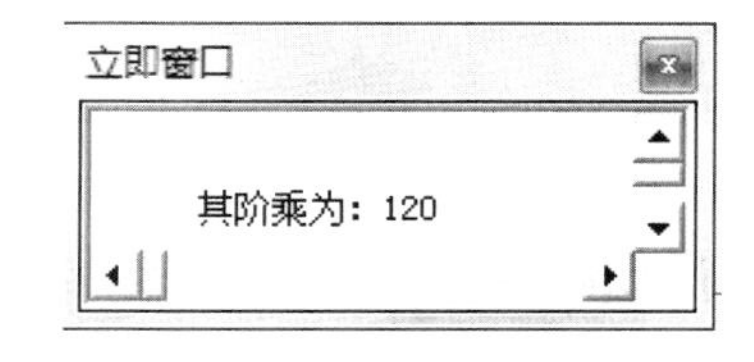

图 7-20　UseFact 过程运行界面

7.6.3　过程之间的参数传递

调用过程时可以把数据传递给被调用的过程，也可以把过程中的数据传递回来。在调用过程中，要考虑调用过程和被调用过程之间的数据是怎样传递的。通常在编写一个过程时要考虑它需要输入哪些量，进行处理后又输出哪些量。正确地提供一个过程的输入数据和正确地引用其输出数据是使用过程的关键。

在过程调用时必须先完成“实参列表”与“形参列表”的结合，即把实参传递给形参，参数的传递是按实参与形参对应位置进行的，不是按同名的原则进行的，这就要求实参与形参在类型、个数、位置上要一一对应；然后按实参执行调用的过程。

在调用过程时，参数的传递有两种方式：按地址传递（传址）和按值传递（传值）。其中，按地址传递方式是默认方式。

（1）传值。按值传递方式的标志是在定义过程时使用了关键字“ByVal”。按值传递参数时，Visual Basic 给传递的形参分配一个临时的内存单元，将实参的值传递到这个临时单元中去。

按值传递是单向的。如果在被调用过程中改变了形参变量的值，那么只是变动了临时单元的值，不会影响实参变量的值。当被调过程结束返回调用过程时，Visual Basic 释放形参变量的临时单元，实参变量的值不变。

（2）传址。按地址传递的标志是在定义过程时使用了关键字“ByRef”或省略没有关键字“ByVal”。传址是一种将实参的地址传递给过程中对应形参变量的方式，形参变量和实参变量具有相同的地址，即形参、实参共用一个存储单元。

按地址传递是双向的。如果在被调用过程中改变了形参变量的值，当被调过程结束返回调用过程时，实参变量的值也改变。

另外，实参的使用形式决定数据的传递方式。在过程调用时，如果实参是常量或表达式，那么无论过程定义时使用按地址传递还是按值传递，都会以按值传递方式将常量或表达式计算的值传递给形参变量。如果在定义时是按地址传递，但调用时想使实参按值传递，那么可以为实参变量加上圆括号，将其转换为表达式。

【例 7-18】 传址和传值方式的比较。编写交换两个数的过程程序代码 Swap1 和 Swap2。Swap1 按地址传递参数，Swap2 按值传递参数。运行程序，观察两者的区别。

编写两个过程 Swap1 和 Swap2：

```
Sub Swap1(x As Integer, y As Integer)
  Dim t As Integer
  t = x: x = y: y = t
End Sub
Sub Swap2(ByVal x As Integer, ByVal y As Integer)
  Dim t As Integer
```

```
  t = x: x = y: y = t
End Sub
```

编写两个调用过程如下：

```
Private Sub UseSwap1()
    Debug.Print "按地址传递"
    Dim a As Integer, b As Integer
    a = 10: b = 20
    Debug.Print "两数交换前：a="; a; "b="; b
    Swap1 a, b
    Debug.Print "两数交换后：a="; a; "b="; b
End Sub
Private UseSwap2 ()
    Debug.Print "按值传递"
    Dim a As Integer, b As Integer
    a = 10: b = 20
    Debug.Print "两数交换前：a="; a; "b="; b
    Swap2 a, b
    Debug.Print "两数交换后：a="; a; "b="; b
End Sub
```

两个过程运行时，得到的结果分别如图 7-21 所示。

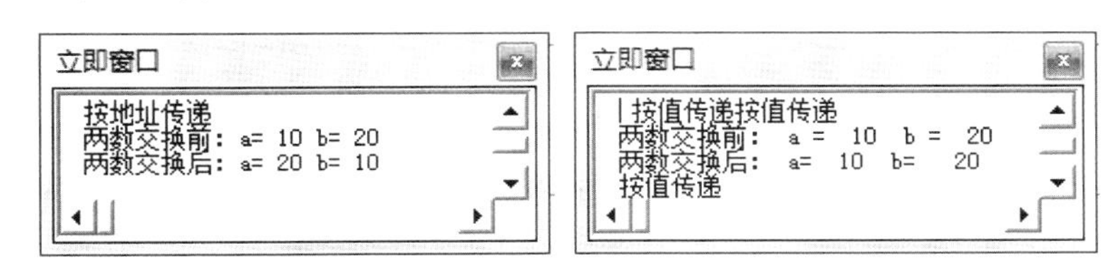

图 7-21 UseSwap1、UseSwap2 过程的运行结果

7.7 VBA 面向对象的程序设计

VBA 除了支持面向过程编程之外，还提供面向对象的程序设计机制。面向对象的程序设计以对象为核心，以事件为驱动，可以大大提高程序设计的效率。本节我们介绍 Access 面向对象的程序设计技术。

7.7.1 面向对象程序设计的基本概念

面向对象程序设计的基本概念介绍如下。

（1）对象。Access 采用面向对象程序开发环境，其数据库窗口可以方便地访问和处理表、查询、窗体、报表、页、宏和模块对象。VBA 中可以使用这些对象以及范围更广泛的一些可编程对象。

对象是面向对象程序设计的基本单元，是一种将数据和操作过程结合在一起的数据结构，每个对象都有自己的属性和事件。对象的属性按其类别会有所不同，而且同一对象的不同实例属性构成也可能有差异。对象除了属性以外还有方法。对象的方法就是对象可以执行的行为。

Access 应用程序由表、查询、窗体、报表、页、宏和模块对象列表构成，形成不同的类。

Access 数据库窗体左侧显示的就是数据库的对象类，单击其中的任一对象类，就可以打开相应对象窗口。而且，其中有些对象内部（例如，窗体、报表等）还可以包含其他对象控件。在 Access 中，控件外观和行为可以设置定义。

（2）属性和方法。属性是对象所具有的物理性质及其特性的描述，通过设置对象的属性，可以定义对象的特征和某一方面的状态。在 Access 数据库中，所有的窗体、报表和控件等都是对象，窗体的大小、控件的大小和位置等都是对象的属性。

方法描述了对象的行为，对象的方法就是对象可以执行的操作。

属性和方法的引用方式如下：

```
对象名.属性名
```

或

```
对象名.方法名 [（参数 1，参数 2，…）]
```

数据库对象的属性均可以在各自的设计视图中通过属性窗体进行浏览和设置。

Access 应用程序的各个对象都有一些方法可供调用。了解并掌握这些方法的使用可以极大地增强程序功能，从而写出高效的 Access 应用程序。

（3）事件和事件过程。事件是 Access 窗体或报表及其上的控件等对象可以“辨识”的动作，例如，单击鼠标、窗体或报表打开等。在 Access 数据库系统中，可以通过两种方式来处理窗体、报表或控件的事件响应：一是使用宏对象来设置事件属性；二是为某个事件编写 VBA 代码过程，完成指定动作，这样的代码过程称为事件过程或事件响应代码。

实际上，Access 窗体、报表和控件的事件有很多，一些主要对象事件如表 7-12 所示。

表 7-12　Access 的主要对象事件

对象名称	事件名称	说　明
窗体	Load	窗体加载时发生事件
	UnLoad	窗体卸载时发生事件
	Open	窗体打开时发生事件
	Close	窗体关闭时发生事件
	Click	窗体单击时发生事件
	DblClick	窗体双击时发生事件
	MouseDown	窗体上鼠标按下时发生事件
	KeyPress	窗体上键盘按键时发生事件
	KeyDown	窗体上键盘按下键时发生事件
报表	Open	报表打开时发生事件
	Close	报表关闭时发生事件
命令按钮控件	Click	按钮单击时发生事件
	DblClick	按钮双击时发生事件
	Enter	按钮获得输入焦点之前发生事件
	GetFoucs	按钮获得输入焦点时发生事件
文本框控件	BeforeUpdate	文本框内容更新前发生事件
	AfterUpdate	文本框内容更新后发生事件
	Enter	文本框输入焦点之前发生事件
	GetFoucs	文本框获得输入焦点时发生事件
	LostFoucs	文本框失去输入焦点时发生事件
	Change	文本框内容更新时发生事件

7.7.2 DoCmd 对象

Access 除数据库的 7 个对象外，还提供了一个重要的对象：DoCmd 对象。DoCmd 对象的主要功能是通过调用包含在内部的方法来实现 VBA 编程中对 Access 数据库的操作。例如，OpenForm 方法可以打开窗体、OpenReport 方法可以打开报表等。

（1）OpenForm 方法。OpenForm 方法有 4 个参数，其调用格式如下：

```
DoCmd.OpenForm formname[,view][,filtername][,wherecondition]
```

其中，各参数的含义如下。

① formname：打开窗体的名称。在“宏”窗口的“操作参数”节中的“窗体名称” 框中显示了当前数据库中的全部窗体。这是必选的参数。

② view：打开窗体的视图。可在“视图”框中选择“窗体”、“设计”、“打印预览”或 “数据表”，默认值为“窗体”。

③ filtername：用于限制或排序窗体中记录的筛选。可以输入一个已有的查询的名称或保存为查询的筛选名称，但是这个查询必须包含打开窗体的所有字段。

④ wherecondition：Access 用来从窗体的基础表或基础查询中选择记录的 SQL WHERE 子句（不包含 WHERE 关键字）或表达式。如果用 filtername 参数选择筛选，那么 Access 将把这个 WHERE 子句应用于筛选的结果。

例如，利用 DoCmd 对象的 OpenForm 方法打开窗体“学生记录窗体”的语句为：

```
DoCmd.OpenForm "学生记录窗体"
```

（2）OpenReport 方法。OpenReport 方法有 4 个参数，其调用格式如下：

```
DoCmd.OpenReport reportname[,view][,filtername][,wherecondition]
```

各参数的含义与 OpenForm 方法中的参数类似。

例如，利用 DoCmd 对象的 OpenReport 方法打开报表“学生记录表”的语句为：

```
DoCmd.OpenReport "学生记录表"
```

小　　结

本章包含了十分丰富的内容，包括模块与 VBA 程序设计的基础知识。模块是数据库中的一个重要对象，是无界面的，由一组变量和过程集合构成。在创建的模块中，我们用 VBA 为基础编写过程。

本章首先介绍了 VBA 编程基础，包括 VBA 支持的数据类型、变量和常量、表达式。接着介绍了数组，数组是一组相同类型的数据的有序集合。然后详细地讲解了 VBA 程序结构，包括选择结构和循环结构的各种语句。随后还介绍了过程调用和参数传递，包括 Sub 过程、Function 过程的定义和调用，以及过程之间的传值和传址两种参数传递，这是本章的难点。最后简要介绍了 VBA 面向对象程序设计。

实　　验

【实验目的及要求】

1．掌握 Access 模块对象的创建方法。

2．掌握 VBA 程序设计的基础。

【实验环境】

Windows 操作系统、Access 2010。

【实验内容】

创建“第 7 章实验”模块，在该模块中编写过程，完成下列编程题。

1．编写 Shixun1 过程，输入三角形的 3 条边，判断能否构成三角形。

2．有函数：

$$y=\begin{cases}x & (x<1)\\ 3x-2 & (1\leqslant x<10)\\ 4x-12 & (x\geqslant 10)\end{cases}$$

编写 Shixun2 过程，输入 x 值后，要求输出相应的 y 值。要求用“If…ElseIf…EndIf”和用“Select Case”两种方法完成该题目。

3．编写 Shixun3 过程，输入 n 的值，计算 1 至 n 之间能被 7 整除的所有数及其和。

4．编写过程 Shixun4，求满足不等式 $1+2+3+\cdots+n\leqslant S$ 的最大 n，其中 S 的值从输入对话框中输入。

5．编写求两数中较大数的 max 函数过程，然后编写过程 Shixun5，调用 max 求 3 个数的较大数。

6．编写求最大公约数的 Hef 函数过程，然后编写过程 Shixun6，调用 Hef 求用户输入的任意两个数的最大公约数和最小公倍数。

【实验步骤】

1．在“第 7 章实验”模块中编写如下过程代码。

```
Sub Shixun1()
Dim a As Single, b As Single, c As Single
a = Val(InputBox("请输入三角形第一条边长"))
b = Val(InputBox("请输入三角形第二条边长"))
c = Val(InputBox("请输入三角形第三条边长"))
If a <= 0 Or b <= 0 Or c <= 0 Then Exit Sub
t = a + b > c And b + c > a And c + a > b
p1 = "此三条边不能构成三角形"
p2 = "此三条边能构成三角形"
If t Then MsgBox p2 Else MsgBox p1
End Sub
```

2．在“第 7 章实验”模块中编写如下过程代码。

“If…ElseIf…EndIf”代码：

```
Sub Shixun2()
Dim x As Single, y As Single
x = Val(InputBox("请输入 x 的值"))
If x < 1 Then
 y = x
ElseIf x < 10 Then
 y = 3 * x - 2
Else
 y = 4 * x - 12
```

```
End If
MsgBox "函数值为" & y
End Sub
```

“Select Case” 代码：

```
Sub Shixun21()
Dim x As Single, y As Single
x = Val(InputBox("请输入x的值"))
Select Case x
Case Is < 1
 y = x
Case Is < 10
 y = 3 * x - 2
Case Else
 y = 4 * x - 12
End Select
MsgBox "函数值为" & y
End Sub
```

3. 在“第7章实验”模块中编写如下过程代码。

```
Sub Shixun3()
Dim n As Integer, s As Integer
Dim t As String
n = 1
s = 0
t = ""
Do
If n Mod 3 = 0 And n Mod 7 = 0 Then
t = t & Str(n)
t = t & ","
s = s + n
End If
n = n + 1
Loop While n <= 100
Debug.Print "数有：" & t
Debug.Print "和为：" & s
End Sub
```

4. 在“第7章实验”模块中编写如下过程代码。

```
Private Sub Shixun4()
Dim n As Integer, sum As Integer, s As Integer
s = Val(InputBox("请输入S的值"))
n = 0
sum = 0
Do While sum <= s
n = n + 1
sum = sum + n
Loop
Debug.Print "最大的n值为：" & n - 1
```

```
Debug.Print "1+2+3+...+ " & Str(n - 1) & " = " & Str(sum - n)
End Sub
```

5. 在“第7章实验”模块中编写如下过程代码。

```
Function max(a As Single, b As Single) As Single
max = IIf(a >= b, a, b)
End Function
Sub Shixun5()
Dim m As Single, n As Single, p As Single
m = InputBox("请输入第一个数")
n = InputBox("请输入第二个数")
p = InputBox("请输入第三个数")
Debug.Print m & " 、" & n & " 、" & p & "三个数，最大数为：" & max(max(m, n), p)
End Sub
```

6. 在“第7章实验”模块中编写如下过程代码。

```
Function Hef(ByVal m As Long, ByVal n As Long) As Long
  Dim r As Long, t As Long
  If m < n Then
  t = m: m = n: n = t
  End If
  r = m Mod n
  Do While r <> 0
  m = n
  n = r
  r = m Mod n
  Loop
  Hef = n
End Function
Private Sub Shixun6()
Dim a As Long, b As Long
Dim c As Long, d As Long
a = InputBox("请输入第一个数")
b = InputBox("请输入第二个数")
c = Hef(a, b)
Debug.Print "最大公约数:" & Str(c)
d = a * b / c
Debug.Print "最小公倍数:" & Str(d)
End Sub
```

7. 步骤如下。

（1）建立登录窗体，“用户名”文本框的名称为 txtName，“密码”文本框的名称为 txtPw，输入掩码为密码，“确定”按钮的名称为 cmdOk，“取消”按钮的名称为 cmdCancel。

（2）代码如下：

```
Private Sub cmdCancel_Click()
  DoCmd.Close
End Sub
Private Sub cmdOk_Click()
  If IsNull(Me!txtName) Or IsNull(Me!txtPw) Then
```

```
    MsgBox "请输入用户名和密码！", vbOKOnly, "提示"
  ElseIf Me!txtName <> "admin" Or Me!txtPw <> "abc" Then
    MsgBox "用户名或和密码错误！", vbOKOnly + vbExclamation, "警告"
  Else
    MsgBox "欢迎使用本系统！", vbOKOnly
    DoCmd.Close
  End If
End Sub
```

练 习 题

一、选择题

1. 定义了一个二维数组 A(3 to 8,3)，该数组的元素个数为（　　）。

   A. 20　　B. 24

   C. 25　　D. 36

2. VBA 数据类型符号“%”表示的数据类型是（　　）。

   A. 整型　　B. 长整型

   C. 单精度型　　D. 双精度型

3. 函数 Mid("123456789",3,4)返回的值是（　　）。

   A. 123　　B. 1234

   C. 3456　　D. 456

4. 阅读程序段:

```
K=0
For I=1 to 3
  For J=1 to I
    K=K+J
  Next J
Next I
```

执行上面的语句后，K 的值为（　　）。

   A. 8　　B. 10

   C. 14　　D. 21

5. 运行下面的程序代码后，变量 J 的值为（　　）。

```
Private Sub Fun()
Dim J as Integer
J=10
Do
  J=J+3
Loop While J<19
End Sub
```

   A. 10　　B. 13

   C. 19　　D. 21

二、填空题

1. ________函数返回当前系统日期和时间。

2. VBA 的逻辑值在表达式当中进行算术运算时，True 值被当作________、False 值被当作________来处理。

3. 运行下面的程序，其输出结果(str2 的值)为________。

```
Dim str1, str2 As String
Dim i As Integer
str1 = "abcdef"
For i = 1 To Len(str1) Step 2
  str2 = UCase(Mid(str1, i, 1)) + str2
Next
MsgBox str2
```

4. 设有如下代码:

```
x=1
Do
 i = i + 2
Loop Until_____
```

运行程序，要求执行循环体 3 次后结束循环，在空白处填入适当的语句。

5. 运行下面的程序，其运行结果 k 的值为________，最里层循环体的执行次数为________。

```
Dim i, j, k As Integer
i = 1
Do
 For j = 1 To i Step 2
   k = k + j
 Next
i = i + 2
Loop Until i > 8
```

第8章

VBA 数据库编程

前面已经介绍了模块和VBA程序设计基础知识，包括VBA面向对象程序设计的初步知识。实际上，要想快速、有效地管理好数据，开发出更具有实用价值的 Access 数据库应用程序，还应当了解和掌握 VBA 的数据库编程方法。本章我们首先介绍数据库访问接口，然后介绍 Access 支持的 DAO 和 ADO 两种数据库编程方法。

8.1 数据库引擎及其接口

VBA 通过 Microsoft Jet 数据库引擎工具来支持对数据库的访问。所谓数据库引擎，实际上是一组动态链接库（DLL），当程序运行时被链接到 VBA 程序而实现对数据库的数据访问功能。数据库引擎是应用程序与物理数据库之间的桥梁，以一种通用接口的方式使各种类型物理数据库对用户而言都具有统一的形式和相同的数据访问与处理方法。

在 VBA 中主要提供了3种数据库访问接口。

（1）开放数据库互联应用编程接口（Open Database Connectivity API，ODBC API） 目前 Windows 提供的32位 ODBC 驱动程序对每一种客户/服务器关系型数据库管理系统、最流行的索引顺序访问方法（ISAM）数据库（Jet、dBase、Foxbase 和 FoxPro）、扩展表（Excel）和定界文本文件都可以操作。在 Access 应用中，直接使用 ODBC API 需要大量 VBA 函数原型声明（Declare）和一些繁琐、低级的编程，因此，实际编程很少直接进行 ODBC API 的访问。

（2）数据访问对象（Data Access Objects，DAO） DAO 提供一个访问数据库的对象模型。利用其中定义的一系列数据访问对象（例如，Database、QueryDef、RecordSet 等），实现对数据库的各种操作。

（3）Active 数据对象（ActiveX Data Objects，ADO） ADO 是基于组件的数据库编程接口，是一个和编程语言无关的 COM 组件系统。使用它可以方便地连接任何符合 ODBC 标准的数据库。ADO 支持的数据资源范围比 DAO 广泛。

VBA 通过数据库引擎可以访问的数据库有以下3种类型。

（1）本地数据库 即 Access 数据库。

（2）外部数据库 指所有的索引顺序访问方法数据库。

（3）ODBC 数据库 符合开放数据库连接（ODBC）标准的客户/服务器数据库，例如，Oracle、Microsoft SQL Server 等。

8.2 数据访问对象

数据访问对象（DAO）包含了很多对象和集合，通过 Jet 引擎来连接 Access 数据库和其他的 ODBC 数据库。

DAO 模型为进行数据库编程提供了需要的属性和方法。利用 DAO 可以完成对数据库的创建，如创建表、字段和索引，完成对记录的定位和查询以及对数据库的修改和删除等。

DAO 完全在代码中运行，使用代码操纵 Jet 引擎访问数据库数据，能够开发出更强大、更高效的数据库应用程序。使用数据访问对象开发应用程序，使数据访问更有效，同时对数据的控制更灵活、更全面，给程序员提供了广阔的发挥空间。

8.2.1 DAO 模型结构

图 8-1 所示为 DAO 模型分层结构简图。DAO 对象模型是一个分层的树型结构，包含了一个复杂的可编程数据关联对象的层次。其中，DBEngine 对象处于最顶层，是模型中唯一不被其他对象所包含的数据库引擎本身。层次低的一些对象，如 Workspace(s)、Database(s) 、QueryDef(s)、RecordSet(s)和 Field(s)是 DBEngine 对象下的对象层，其下的各种对象分别对应被访问的数据库的不同部分。在程序中设置对象变量，并通过对象变量来调用访问对象方法、设置访问对象属性，这样就实现了对数据库的各种访问操作。

需要指出的是，在 Access 模块设计时要想使用 DAO 的各个访问对象，首先应该增加一个对 DAO 库的引用。Access 2010 的 DAO 引用库为 DAO 3.6，其引用设置方式为：先进入 VBA 编程环境，选择“工具”菜单中的“引用”命令，弹出“引用”对话框，如图 8-2 所示，从“可使用的引用”列表框中选中“Microsoft DAO 3.6 Object Library”选项并单击“确定”按钮。

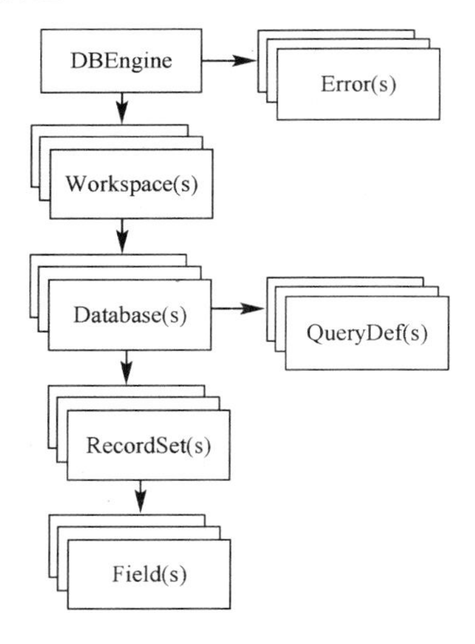

图 8-1 DAO 模型分层结构简图

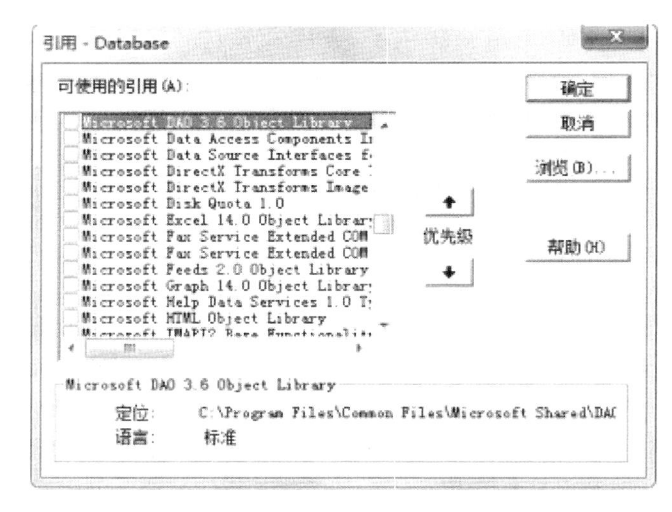

图 8-2 “引用”对话框

8.2.2 主要的 DAO 对象

主要的 DAO 对象包括 DBEngine、Workspace、Database、RecordSet、Field 等。

8.2.2.1 DBEngine 对象

在 DAO 的分层结构中可以看到，DBEngine 对象是顶层对象，包含了其他所有的数据访问对象和集合，是唯一不被其他对象所包含的数据库访问对象，实际上，DBEngine 对象就是 Jet 数据库引擎本身。

DBEngine 对象包含一个 Workspace 对象集合，该集合由一个或多个 Workspace 对象组成。如果要建立一个新的 Workspace 对象，就应当使用 CreateWorkspace 方法。该方法的使用语法如下：

```
Set myWs=DBEngine.CreateWorkspaces(name,user,password,type)
```

其中，myWs 是一个 Workspace 对象；name 指定工作区的名字；user 设置该工作区的用户名；password 是使用者的密码；type 是用于确定即将创建的 Workspace 对象的类型的可选参数，使用 DAO 可以创建两种类型的 Workspace 对象，即 Jet 型和 ODBC 型，对应这两种类型的常量分别是 dbUseJet 和 dbUseODBC。

```
Dim ws1 As Workspace
Set ws1 = DBEngine.CreateWorkspaces("ws1","zyy", " " )
```

8.2.2.2 Workspace 对象

在 DBEngine 对象中有一个 Workspace 对象集合，该集合包含了当前可使用的 Workspace 对象。Workspace 为用户定义了一个有名字的会话区。Workspace 对象定义了使用何种方式与连接数据。在 DAO 中，可以使用 Microsoft Jet 引擎或 ODBCDirect 中的任意一种，视数据源而定，连接方式的实现则可以通过 Workspace 对象来定义。Workspace 对象还提供了事务处理，为保证数据库的完整性提供了支持。引用 Workspace 对象的通常方法是使用 Workspaces 集合，对象在集合中的索引从 0 开始。在 Workspaces 集合中引用对象，既可以通过在集合中的索引来引用，也可以通过对象的名字来引用。例如，在 Workspaces 集合中要引用索引为 1 的名为“myWs”的 Workspace 对象，可以使用以下两种方法：

```
DBEngine.Workspaces(1)
DBEngine.Workspaces("myWs")
```

说明 通过工作区集合来引用对象前，必须将新创建的工作区对象添加到集合中，否则只能使用 Workspace 对象变量来引用。

Workspace 对象的 OpenDatabase 方法用来打开一个已有的数据库，返回一个数据库对象，并自动将该数据库对象加入到 Workspace 的数据库对象集中。语法格式如下：

```
Set db=Workspace.OpenDatabase(databasename,options,read-only, connect)
```

其中，databasename 是一个有效的 Jet 数据库文件或 ODBC 数据源。options 对不同的数据源有不同的设置，对于 Jet 数据库文件该参数为布尔型，True 表示以独占方式打开数据库，False 表示以共享方式打开数据库；对于 ODBC 数据源，该参数设定建立连接的方式，即是否提示用户和何时提示用户。read-only 用以说明是否以只读方式打开数据库，为布尔型。connect 说明了不同的连接方式以及密码。

例如，打开 C 盘 DB 目录下名为 sample 的数据库文件，语句如下：

```
Set db = NewWS.OpenDatabase("C:\DB\sample",True,False)
```

说明 在打开一个已有的数据库时，必须保证提供的数据库路径是有效的。如果 databasename 参数指定的数据库不存在，就会产生一个错误。

8.2.2.3 Database 对象

使用 DAO 编程，Database 对象及其包含的对象集是最常用的。Database 对象代表了一个打开的数据库，所有对数据库的操作都必须先打开数据库。Workspace 对象包含一个 Database 对象集合，该对象集合包含了若干个 Database 对象。Database 对象包含 TableDef、QueryDef、Container、Recordset 和 Relation 共 5 个对象集合。

使用 Database 对象，可以定义一个 Database 变量，也可以通过 Workspace 对象中的 Database 对象集来引用。使用 CreateDatabase 方法和 OpenDatabase 方法可以返回一个数据库对象，同时该数据库对象自动添加到 Database 对象集合中。

在使用 Database 变量时，应当使用 Set 关键字为该变量赋值。

Database 对象的常用方法如下。

（1）CreateQueryDef 方法　该方法可以创建一个新的查询对象，使用语法如下：

```
Set querydef=database.CreateQueryDef(name,sqltext)
```

name 参数不为空，表明建立一个永久的查询对象；name 参数为空，表明会创建一个临时的查询对象。sqltext 参数是一个 SQL 查询命令。

（2）CreateTableDef 方法　该方法用于创建一个 TableDef 对象，语法格式如下：

```
Set table = database.CreateTableDef(name,attribute,source,connect)
```

其中，table 是之前已经定义的表类型的变量；database 是数据库类型的变量，将包含新建的表；name 是设定新建表的名字；attribute 用来指定新创建表的特征；source 用来指定外部数据库表的名字；connect 字符串变量包含一些数据库源信息。

最后的 3 个参数在访问部分数据库表时才会用到，一般可以默认这几项。

（3）Execute 方法　该方法执行一个动作查询。

（4）OpenRecordset 方法　该方法创建一个新的 Recordset 对象，并自动将该对象添加到 Database 对象的 Recordset 记录集合中去，使用语法如下：

```
Set recordset=database.OpenRecordset(source,type,options,lockedits)
```

其中，source 是记录集的数据源，可以是该数据库对象对应数据库的表名，也可以是 SQL 查询语句。如果 SQL 查询返回若干个记录集，使用 Recordset 对象的 NextRecordset 方法来访问各个返回的记录集。type 指定新建的 Recordset 对象的类型。

一般情况下，如果 source 是本地表，那么 type 的默认值为表类型。options 指定新建的 Recordset 对象的一些特性，常用的有以下几种。

① dbAppendOnly　只允许对打开表中的记录进行添加，不允许删除或修改记录。这个特性只能在动态集类型中使用。

② dbReadOnly　只读特性，赋予此特性后，用户不能对记录进行修改或删除。

③ DbSeeChanges　如果一个用户要修改另一个正在编辑的数据，就会产生错误。

④ dbDenyWrite　禁止其他用户修改或添加表中的记录。

⑤ dbDenyRead　禁止其他用户读表中的记录。

⑥ lockedits　控制对记录的锁定，一般可以忽略。

（5）Close 方法　该方法将数据库对象从数据库集合中移去。如果在数据库对象中有打开的记录集对象，那么使用该方法会自动关闭记录集对象。

关闭数据库对象，也可以使用以下代码：

```
Set database=Nothing
```

8.2.2.4　Recordset 对象

Recordset 对象是记录集对象，可以表示表中的记录或表示一组查询的结果，要对表中的记录进行添加、删除等操作，都要通过对 Recordset 对象进行操作来实现。Recordsets 是包含多种类型的 Recordset 对象的集合。

Recordset 对象有 OpenRecordset 方法讲到的表、动态集、快照、动态和仅向前 5 种类型，最常用的是前 3 种。

（1）表类型（dbOpentable） 这种类型的 Recordset 对象直接表示数据库中的一个表，当对 Recordset 对象进行添加、删除、修改等操作时，数据库引擎就会打开实际的表进行相应的操作，相应的表中的记录就会改变。但是表类型的 Recordset 对象不能对 ODBC 数据库或链接表进行操作，也不能对联合查询进行操作。表类型是 Recordset 对象类型中最常用的一种。

（2）动态集类型（dbOpenDynaset） 这种类型的 Recordset 对象可以表示本地或链接的表，也可以作为返回的查询结果。动态集对象及其所表示的表同样可以动态地互相更新，就是说当一方改变时，另一方会随之改变。但是这种类型的 Recordset 对象的最大缺点是速度较慢。

（3）快照类型（dbOpenSnapshot） 这种类型的 Recordset 对象所包含的数据、记录是固定的，所表示的是数据库某一时刻的状况，就像照一张照片一样，一般情况下快照类型的 Recordset 对象中的数据是不能更新的。快照类型的 Recordset 对象可以对应多表中的数据。

Recordset 对象的 RecordCount 属性用于返回 Recordset 对象中的记录个数。

8.2.2.5 Field 对象

数据库包含的每个表都有多个字段，每个字段是一个 Field 对象。因此，在记录集 Recordset 对象中有一个 Field 对象集合，即 Fields，可以使用 Field 对象对当前记录的某一字段进行读取和修改。

为了在 Fields 集合中标识某个 Field 对象，通常使用以下格式：

Fields("fieldname")

Field 对象的 Value 属性是 Field 对象的默认属性，用以返回或设置字段的值。由于该属性是 Field 对象的默认属性，因此在使用该属性时不必显式表示。例如：

```
rst.Fields("学号")="102"
rst.Fields.Value("学号")= "102"
```

8.2.3 利用 DAO 访问数据库

在 VBA 中使用 DAO，可以分以下几个步骤来操作。

（1）创建 Workspace。

（2）打开 Database。

（3）创建记录集 Recordset。

（4）通过这一记录集的属性和方法来访问数据。

【例 8-1】 设计一个窗体“添加一条记录”，向学生成绩管理数据库的学生信息表中添加一个记录。

设计一个窗体，如图 8-3 所示。其中包含一个名为“Command0”的命令按钮，在其上设计如下事件过程。

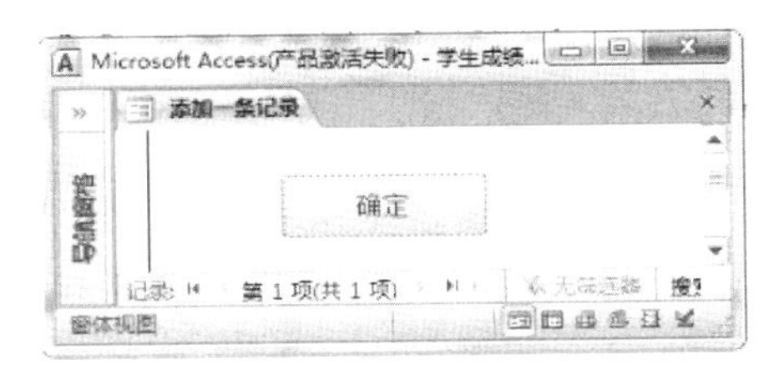

图 8-3 “添加一条记录”窗体

```
Private Sub Command0_Click()
    '定义 Recordset 对象变量
    Dim ws As Workspace
    Dim rst As DAO.Recordset
    Dim db As Database
    '打开一个工作区
    Set ws = DBEngine.Workspaces(0)
    '打开一个数据库
    Set db = ws.OpenDatabase("E:\学生成绩管理.mdb")
    '创建一个表类型的 Recordset 对象
```

```
        Set rst = db.OpenRecordset("学生信息表")
        '创建一条空的记录
        rst.AddNew
        '为新的记录赋值
        rst.Fields("学号") = "1111"
        rst.Fields("姓名") = "李萍"
        rst.Fields("性别") = "女"
        rst.Fields("年龄") = 21
        rst.Fields("专业") = "计算机科学"
        '刷新表，将记录加入表中
        rst.Update
        rst.Close
        db.Close
    End Sub
```

【例 8-2】 设计一个"查询学生窗体"，根据用户选择的专业显示该专业的学生记录。设计一个"查询学生窗体"，其记录源为"学生信息表"，其中有一个组合框"Combo0"，其"行来源"属性为"表/查询"，该查询对应的 SQL 语句如下：

```
SELECT DISTINCT  专业   FROM 学生信息表
```

窗体中有一个"确定"命令按钮（名称为"Command2"），对应的事件过程如下：

```
Private Sub Command2_Click()
    Dim sql As String
    If IsNull(Forms![查询学生窗体]![Combo0]) Then
        MsgBox "必须选择一个班号", vbOKOnly, "信息提示"
    Else
        sql = "SELECT * From 学生信息表 Where 专业='" + Forms![查询         _
              生窗体]![Combo0] + "'"
        Me.RecordSource = sql
    End If
End Sub
```

运行本窗体，从组合框中选择一个专业，单击"确定"命令按钮，即显示该专业的第一个学生记录，用户可以使用浏览按钮进行记录的浏览，如图 8-4 所示。

图 8-4　查询学生窗体

8.3 ActiveX 数据对象

ActiveX 数据对象（ActiveX Data Objects，ADO）是 Microsoft 公司推出的一致数据访问

技术（UDA）中的一层接口。它比其他一些对象模型【如 DAO（Data Access Object）、RDO（Remote Data Object）等】具有更好的灵活性，使用更为方便，并且访问数据的效率更高。ADO 是基于组件的数据库编程接口，是一个和编程语言无关的 COM 组件系统，可以对来自多种数据提供者的数据进行读取和写入操作。

需要指出的是，在 Access 模块设计时要想使用 ADO 的各个访问对象，首先应该增加一个对 ADO 库的引用。Access 2003 的 ADO 引用库为 ADO 2.1，其引用设置方式为：进入 VBA 编程环境，选择“工具”菜单中的“引用”命令，弹出“引用”对话框，如图 8-5 所示，从“可使用的引用”列表框中选中“Microsoft ActiveX Data Objects 2.1”选项并单击“确定”按钮。

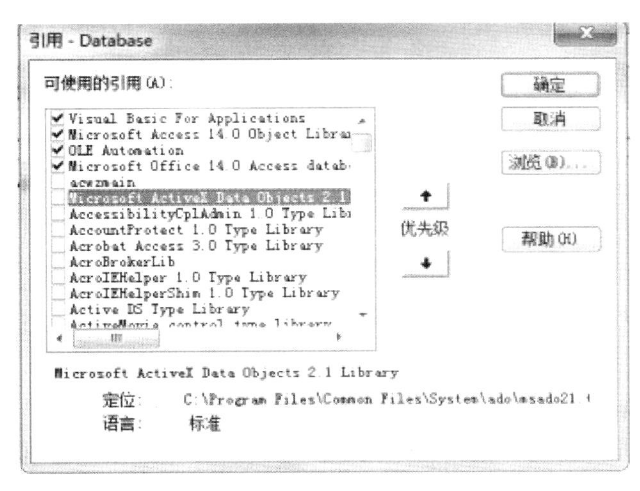

图 8-5　设置 ADO 引用

8.3.1　ADO 模型结构

ADO 使用了与 DAO 相似的约定和特性，ADO 的对象模型定义了一组可编程的自动化对象。与 DAO 不同，ADO 对象无需派生，大多数对象可以直接创建，没有对象的分级结构。ADO 具有非常简单的对象模型，包括 7 个对象：Connection、Command、Parameter、Recordset、Field、Property 和 Error，如表 8-1 所示。此外，还包含以下 4 个集合：Fields、Properties、Parameters 和 Errors。

表 8-1　ADO 对象

对　　象	说　　明
Connection	连接数据库
Command	从数据源获取所需数据的命令信息，包含 SQL 语句
Recordset	所获取的一组记录组成的记录集
Parameter	包含 SQL 语句参数
Error	在访问数据库时，由数据源所返回的错误信息
Property	包含 ADO 对象特性
Field	包含 Recordset 对象列（记录集中某个字段的信息）

在 ADO 模型中，主体对象只有 Connection、Command 和 Recordset，其他 4 个集合对象 Errors、Properties、Parameters 和 Fields 分别对应 Error、Property、Parameter 和 Field 对象，

整个 ADO 对象模型由这些对象组成。

ADO 的各组件对象之间存在一定的联系，如图 8-6 所示。了解并掌握这些对象之间的联系形式和联系方法是使用 ADO 的基础。

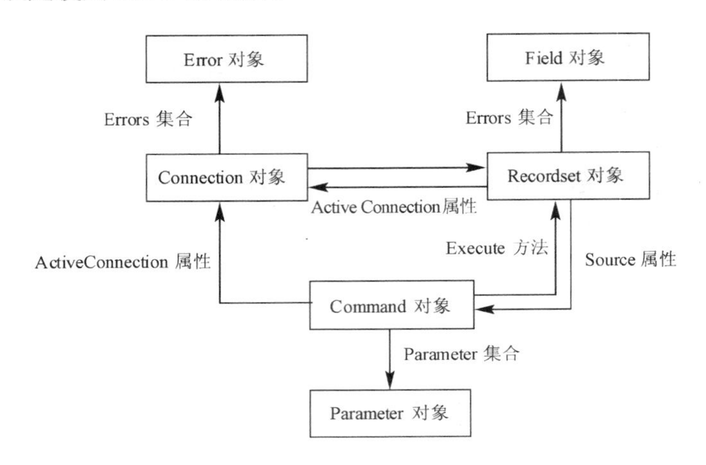

图 8-6　ADO 对象联系图

8.3.2　主要 ADO 对象的使用

在 ADO 模型中，主体对象只有 Connection 、Command 和 Recordset。

8.3.2.1　Connection 对象

Connection 对象用于建立与数据源的连接。在客户/服务器结构中，该对象实际上表示了与服务器的实际网络连接。

建立和数据库的连接是访问数据库的必要一步，ADO 打开连接的主要方法是通过 Connection 对象来连接数据库，即使用 Connection.Open 方法。另外，也可以在同一操作中调用快捷方法 Recordset.Open 打开连接并在该连接上发出命令。

Connection 对象的常用属性如下。

（1）ConnectionString 属性　该属性为连接字符串，用于建立和数据库的连接，包含了连接数据源所需的各种信息，在打开之前必须设置该属性，ConnectionString 属性的参数如表 8-2 所示。

表 8-2　ConnectionString 属性的参数

参　数	说　明
Provider	指定建立连接的数据源名称
File Name	指定数据源对应的文件名，即数据库文件名
Remote Provider	指定打开客户端连接时使用的提供者名称，仅限于远程数据服务
Remote Server	指定打开客户端连接时使用的服务器的路径，仅限于远程数据服务

（2）ConnectionTimout 属性　该属性用于设置连接的最长时间。如果在建立连接时等待时间超过了这个属性所设定的时间，就会自动中止连接操作的尝试，并产生一个错误。默认值是 15s。

（3）DefaultDatabase 属性　该属性为 Connection 对象指明一个默认的数据库。

Connection 对象的常用方法如下。

（1）Open 方法　该方法可以建立与数据源的连接。该方法完成后，就建立了与数据源的物理连接。其使用语法如下：

```
Connection.Open ConnectionString,UserID,Password,Options
```

其中，ConnectionString 是前面指出的连接字符串；UserID 是建立连接的用户代号；Password 是建立连接的用户的口令；Options 参数提供了连接选择，是一个 ConnectionOptionEnum 值，可以在对象浏览器中查看各个枚举值的含义。

（2）Close 方法　该方法用于关闭一个数据库连接。

说明　关闭一个数据连接对象，并不是说将其从内存中移去了，该连接对象仍然驻留在内存中，可以对其属性更改后再重新建立连接。要将该对象从内存中移去，可以使用如下代码：

```
Set Connection=Nothing
```

（3）Execute 方法　该方法用于执行一个 SQL 查询等。该方法既可以执行动作查询，也可以执行选择查询。

8.3.2.2　Command 对象

通过已建立的连接发出的“命令”可以以某种方式来操作数据源。一般情况下，命令可以在数据源中添加、删除或更新数据，或者在表中以行的格式检索数据。Command 对象体现命令概念。Command 对象能够优化命令的执行。

（1）CommandText 属性　用于定义命令的可执行文本，通常用 SQL 编写。例如：

```
Dim cmd  As New ADODB.Command
cmd.CommandText ="delete * from 课程信息表 where  课程名称='大学英语' "
```

（2）ActiveConnection 属性　为命令指定 Connection 对象，使打开的连接与 Command 对象关联。例如：

```
Set cmd.ActiveConnection = cn
```

（3）Execute 方法　用来执行命令，并在适当的时候返回 Recordset 对象。

不一定非要使用 Command 对象来执行查询，可以使用将查询字符串传送给 Connection 对象的 Execute 方法或 Recordset 对象的 Open 方法。如果需要保存命令文本并希望在下一次再执行它，或者要使用查询参数时，就必须使用 Command 对象。

8.3.2.3　Recordset 记录集对象

ADO Recordset 对象包含某个查询返回的记录以及那些记录中的游标，可以在不显式打开 Connection 对象的情况下打开一个 Recordset（例如，执行一个查询）。不过，如果选择创建一个 Connection 对象，就可以在同一个连接上打开多个 Recordset 对象。任何时候，Recordset 对象所指的当前记录均为集合内的单个记录。

Recordset 对象的常用属性如下。

（1）AbsolutePage 属性　指定当前记录所在的页。

（2）AbsolutePosition 属性　指定 Recordset 对象当前记录的序号位置。

（3）ActiveConnection 属性　指示指定的 Command 或 Recordset 对象当前所属的 Connection 对象。

（4）BOF 属性　指示当前记录位于 Recordset 对象的第一个记录之前。

（5）EOF 属性　指示当前记录位于 Recordset 对象的最后一个记录之后。

（6）Filter 属性　为 Recordset 对象中的数据指示筛选条件。

（7）MaxRecords 属性　指示通过查询返回 Recordset 对象的记录的最大个数。

（8）RecordCount 属性　指示 Recordset 对象中记录的当前记录数。

（9）Sort 属性　指定一个或多个 Recordset 对象排序的字段名，并指定按升序还是降序对字段进行排序。

（10）Source 属性　指示 Recordset 对象中数据的来源（Command 对象、SQL 语句、表的名称或存储过程）。

Recordset 对象的常用方法如下。

（1）AddNew 方法　为可更新的 Recordset 对象创建新记录。

（2）Cancel 方法　取消执行挂起的异步 Execute 或 Open 方法的调用。

（3）CancelUpdate 方法　取消在调用 Update 方法前对当前记录或新记录所做的任何更改。

（4）Delete 方法　删除当前记录或记录组。

（5）Move 方法　移动 Recordset 对象中当前记录的位置。

（6）MoveFirst、MoveLast、MoveNext 和 Moveprevious 方法　移动到指定 Recordset 对象中的第一个、最后一个、下一个或上一个记录，并使该记录成为当前记录。

（7）NextRecordset 方法　清除当前 Recordset 对象并通过提前命令序列返回下一个记录集。

（8）Open 方法　打开游标。使用语法如下：

```
recordset.Open source,activeconnection,cursortype,locktype,options
```

其中，source 参数可以是一个有效的 Command 对象的变量名，或是一个查询、存储过程或表名等；activeconnection 参数指明该记录集是基于哪个 Connection 对象连接的，必须注意这个对象应是已建立的连接；cursortype 指明使用的游标类型；locktype 指明记录锁定方式；options 指明 source 参数中内容的类型，如表、存储过程等。

（9）Requery 方法　通过重新执行对象所基于的查询来更新 Recordset 对象中的数据。

（10）Save 方法　将 Recordset 对象保存（持久）在文件中。该方法不会导致记录集的关闭，其使用语法如下：

```
recordset.Save filename
```

其中，filename 是要存储记录集的文件完整的路径和文件名。

说明　*该方法只有在记录集建立以后才可以使用。在第一次使用该方法存储记录集后，如果需要向同一文件存储同样的记录集，就应该省略该文件名。*

（11）Update 方法　保存对 Recordset 对象的当前记录所做的所有更改。

8.3.3　利用 ADO 访问数据库

一个典型的 ADO 应用的步骤是首先使用 Connection 对象建立与数据源的连接，然后用一个 Command 对象给出对数据库操作的命令，比如查询数据等，用 Recordset 对结果集数据进行维护或浏览等操作。对于关系型数据库，通常使用 SQL 作为 Command 命令所使用的命令语言。

在应用程序中添加了对 ADO 对象库的引用后，需要先声明一个 Connection 对象变量，再生成一个 Connection 对象的实例。例如：

```
Dim answ1 As ADODB.Connection
Set answ1=New ADODB.Connection
```

或者合二为一：

```
Dim answ1 As New ADODB.Connection
```

使用 ADO 编程一般要按照以下几个步骤操作。

（1）定义和创建 ADO 对象实例变量。

（2）设置连接参数并打开连接 Connection。

（3）设置命令参数并执行命令 Command。

（4）设置查询参数并返回记录集 Recordset。

（5）操作记录集（增加、删除、修改、查询）。

（6）关闭、回收有关对象。

【例8-3】 将我们前面建立的学生成绩管理.mdb 数据库打开，利用 SQL 语言中的 DELETE 语句从课程表中删除课程名为“大学英语”的课程记录（在窗体上添加一个命令按钮 Command0）。

程序如下：

```
Private Sub Command0_Click()
  Dim cn  As New ADODB.Connection
  Dim cmd  As New ADODB.Command
  Dim rs  As New ADODB.Recordset
  Dim sql As String
  Dim pstr As String
  pstr = "Provider=Microsoft.Jet.OLEDB.4.0;Data Source=E:\学生成绩管理.mdb;
_
          Persist Security Info=False"  '设置 ConnectionString，包含连接信息
  cn.Open pstr
  sql = "delete * from 课程信息表 where  课程名称='大学英语' "
  Set cmd.ActiveConnection = cn  'ActiveConnection 属性为命令指定 Connection 对象
  cmd.CommandText = sql         'CommandText 用于定义命令的可执行文本
  cmd.Execute                   '执行命令
End Sub
```

【例 8-4】 采用 ADO 实现【例 8-1】的功能。

将【例 8-1】所示窗体中的“确定”命令按钮（名称改为“命令 0”）对应的事件过程修改如下：

```
Private Sub 命令 0_Click()
  Dim sql As String
  Dim connstr As String
  Dim Conn As ADODB.Connection
  Dim rst As ADODB.Recordset
  '打开连接
  connstr = "Provider=Microsoft.Jet.OLEDB.4.0;Persist Security Info=False; _
                Data Source= E:\学生成绩管理.mdb"
  Set Conn = New ADODB.Connection
  Conn.Open connstr
  Set rst = New ADODB.Recordset
  sql = "SELECT * FROM 学生信息表"
  '打开一个记录集
  rst.Open sql, Conn, adOpenDynamic, adLockOptimistic
  '创建一条空的记录
  rst.AddNew
  '为新的记录赋值
  rst.Fields("学号") = "1112"
  rst.Fields("姓名") = "李萍"
```

```
    rst.Fields("性别") = "女"
    rst.Fields("年龄") = 21
    rst.Fields("专业") = "计算机科学"
    '刷新表，将记录加入表中
    rst.Update
    rst.Close
    Set rst = Nothing
    Set Conn = Nothing
End Sub
```

其他部分不作改变，其功能与【例 8-1】的功能相同。

小　结

本章主要介绍了 DAO 和 ADO 两个对象模型，对模型中的主要对象的功能和操作方法进行了详细介绍，并结合实例分别采用 DAO 和 ADO 对象模型进行 VBA 数据库编程。

DAO 和 ADO 是 VBA 数据库编程中对数据操作最常用的两个对象模型，几乎大部分数据的读取、修改和存储操作都与之息息相关。

实　验

【实验目的及要求】

1．了解数据库引擎及其编程接口。

2．掌握 DAO 和 ADO 两种 VBA 数据库编程方法。

【实验环境】

Windows 操作系统、Access 2010。

【实验内容】

1．设计一个“学生成绩表”窗体，以表格式显示成绩表中所有的成绩记录，在用户单击每条成绩记录之后的命令按钮时，显示该成绩对应的“学生姓名”和“专业”。要求采用 DAO 数据库编程实现（图 8-7）。

图 8-7 “学生成绩表”窗体

2．对于上述第 1 题，采用 ADO 数据库编程实现。

【实验步骤】

1.（1）设计一个“学生成绩表”窗体，其“记录源”属性为成绩表，将“允许编辑”、“允许删除”和“允许添加”等属性设置为“否”。其设计视图如图 8-8 所示。

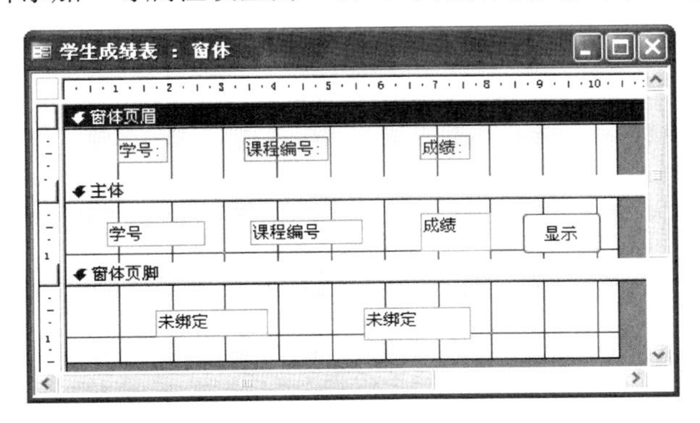

图 8-8 “学生成绩表”窗体设计视图

在“窗体页脚”节有两个文本框，分别为“文本 1”和“文本 2”，用于显示学生姓名和专业。在“主体”节有一个命令按钮（名称为“命令 1”）。

（2）设计如下事件过程：

```
Private Sub 命令1_Click()
  Dim ws As Workspace
  Dim rst As DAO.Recordset
Dim db As Database
'打开一个工作区
Set ws = DBEngine.Workspaces(0)
'打开一个数据库
Set db = ws.OpenDatabase("E:\学生成绩管理.mdb")
'打开一个表类型的 Recordset 对象
Set rst = db.OpenRecordset("学生信息表")
rst.MoveFirst
Do While Not rst.EOF()    '在 rst 记录集中查找
    If rst.Fields("学号") = Forms![学生成绩表].[学号] Then
        Forms![学生成绩表].[文本1] = rst.Fields("姓名")
        Forms![学生成绩表].[文本2] = rst.Fields("专业")
        Exit Do
    End If
    rst.MoveNext
Loop
  rst.Close
  db.Close
End Sub
```

（3）运行本窗体，单击对应成绩记录后的“显示”命令按钮，在下方的文本框中显示其姓名和专业，如图 8-7 所示。

2.（1）界面设计与 1.相同。

（2）将“命令 1”命令按钮的事件过程修改如下：

```
Private Sub 命令1_Click()
```

```
Dim connstr As String
Dim Conn As ADODB.Connection
Dim rst As ADODB.Recordset
'打开连接
connstr = "Provider=Microsoft.Jet.OLEDB.4.0;Persist Security Info=False; Data
            Source=E:\学生成绩管理.mdb"
Set Conn = New ADODB.Connection
Conn.Open connstr
Set rst = New ADODB.Recordset
'打开一个记录集
rst.Open "学生信息表", Conn, adOpenDynamic, adLockOptimistic, adCmdTable
Debug.Print rst.RecordCount
Do While Not rst.EOF()    '在 rst 记录集中查找
    If rst.Fields("学号") = Forms![学生成绩表].[学号] Then
        Forms![学生成绩表].[文本 1] = rst.Fields("姓名")
        Forms![学生成绩表].[文本 2] = rst.Fields("专业")
        Exit Do
    End If
    rst.MoveNext
Loop
rst.Close
Set rst = Nothing
Set Conn = Nothing
End Sub
```

练 习 题

一、选择题

1. ADO 对象模型中可以打开 RecordSet 对象的是（　　）。
   A. 只能是 Connection 对象　　B. 只能是 Command 对象
   C. 可以是 Connection 对象和 Command 对象　　D. 不存在
2. ADO 的含义是（　　）。
   A. 开放数据库互联应用编程接口　　B. 数据库访问对象
   C. 动态链接库　　D. ActiveX 数据对象

二、填空题

1. VBA 中主要提供了 3 种数据库访问接口：ODBC API、________和________。
2. DAO 对象模型采用分层结构，其中位于最顶层的对象是________。
3. ADO 的核心是________、________和________对象。

数据库管理与维护

通过前面对 Access 数据库的学习，我们已经有了一个完整的数据库系统，那么如何来管理好我们的数据库系统，并且保证它的安全性呢？本章介绍 Access 数据库系统的安全管理与维护，包括基本的数据库加密/解密、设置数据库密码、数据库的压缩与修复、数据库备份与还原、用户级安全设置以及 Access 数据库导入与导出等数据库管理维护的知识。

9.1 管理数据库

Access 具备比较完整的管理数据库，从基本的数据库属性设置、数据库的格式转换、压缩和修复数据库，到对数据库的备份和恢复，Access 都提供了丰富的工具来实现对数据库的管理和操作，使得用户能容易的管理数据库中的各种类型数据。

9.1.1 数据库属性设置

要想查看数据库属性，必须先启动 Access 2010，打开任意一个数据库文件。然后单击屏幕左上角的“文件”选项卡，在打开的 Backstage 视图中选择右上侧的“查看和编辑数据库属性”超链接，将弹出如图 9-1 所示的数据库属性对话框。在弹出的 Access 2010 数据库属性对话框的“常规”选项卡中就会显示文件类型、存储位置与大小等信息。需特别注意的是，为了便于以后对数据库的管理，要尽可能地填写“摘要”选项卡的信息，这样就会在其他人对数据库维护时，清楚数据库的内容。“内容”选项卡中的信息体现了数据库中各个对象的名称。

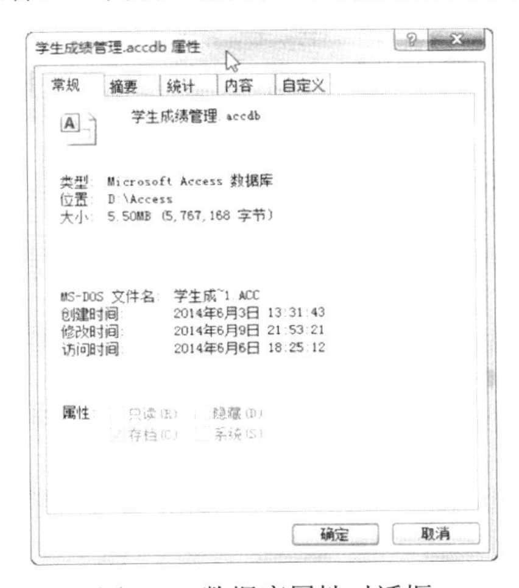

图 9-1　数据库属性对话框

要想查看数据库的各种设置并修改，可以通过“文件”选项卡下的“选项”命令，在弹出的如图 9-2 所示的“Access 选项”对话框中对其设置。

图 9-2 “Access 选项”对话框

（1）设置 Access 默认数据库文件格式及保存位置。

在 Access 2010 中创建数据库时，默认使用 Access 2007 文件格式，在“Access 选项”对话框中的“常规”选项中设置默认文件格式设置为 Access 2000，Access 2002-2003。如图 9-2 所示，还可以更改数据库文件的默认保存位置及文件的用户名信息。

说明 Access 2010 格式的文件只能在 Access 2007 或更高版本中打开。另外，默认文件格式只影响新建数据库，不会改变当前数据库的文件格式。

（2）设置最近使用文件的列表所显示的文件个数。

启动 Access 时，单击“文件”选项卡下的“最近所用文件”选项，即会显示最近用过的文件列表。可以单击该列表中的一个文件名，以其上次打开时所具有的相同选项设置打开该文件。可以更改该列表上显示的文件名的个数，在“Access 选项”对话框中选择“客户端设置”，如图 9-3 所示，通过“显示此数目的“最近使用的文档”选项来设置最近使用过的文件的数量。若要更改列表中显示文件的个数，则在右边的下拉列表中直接输入或选择要显示的文件个数。若要禁止在列表中显示任何文件，就在列表中输入 0。

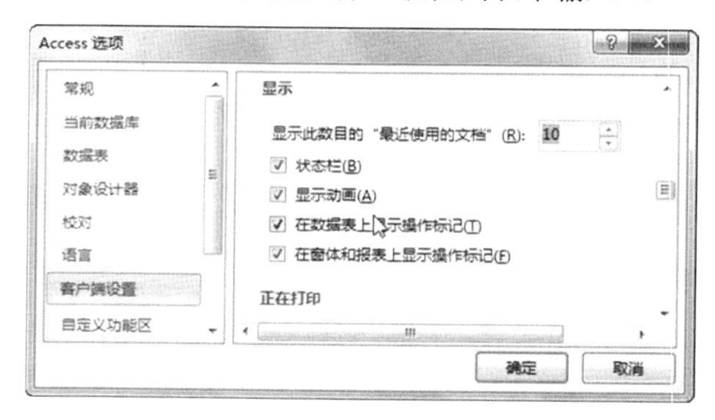

图 9-3 设置最近使用文件的列表所显示的文件个数

（3）设置删除个人或隐藏信息。

为其他人提供数据库、项目的副本之前，最好检查个人信息和隐藏信息，并确定将其包括在内是否合适。对于文件属性或者我们添加到文件中的任何自定义属性，其中包含的信息都是不会自动删除的。选择“文件”选项卡下的“选项”命令，在弹出的“Access 选项”对话框中，选择“当前数据库”选项，如图 9-4 所示，选中“保存时从文件属性中删除个人信息”复选框，即可将个人或隐藏信息删除。

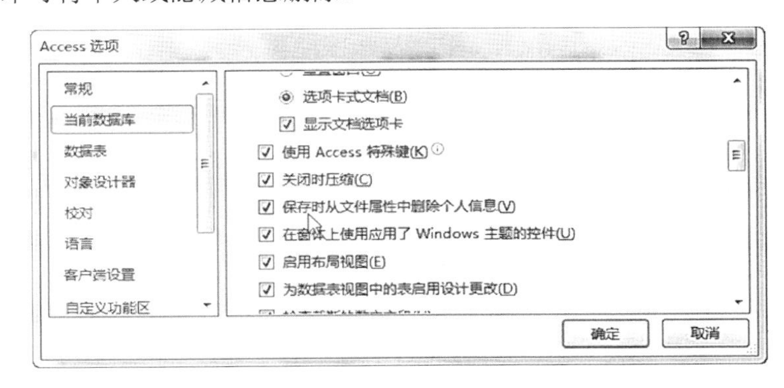

图 9-4　设置删除个人或隐藏信息

9.1.2　压缩和修复数据库

在 Access 数据库中删除数据或对象，或者在 Access 项目中删除对象，文件可能会变得支离破碎，并使磁盘空间的使用效率降低、数据库的访问性能变差。压缩 Access 文件将制作文件的副本，并重新组织文件在磁盘上的存储方式。压缩和修复数据库可以优化 Access 数据库和 Access 项目的性能，并可修复损坏的数据库。

在压缩 Access 数据库时，会重新对编号字段进行自动编号。压缩不会影响 Access 项目的表对象，因为它们存储在 Microsoft SQL Server 数据库中，而不是存储在 Access 项目中。压缩也不会影响 Access 项目中的自动编号。

说明

要压缩和修复 Access 数据库，用户必须对该数据库具有“打开/运行”和“以独占方式打开”的权限。如果当前要压缩的数据库是一个共享数据库，即位于某个服务器或共享文件夹中，应确保没有其他用户打开该数据库。

如果数据库的压缩过程失败，就有可能破坏数据库。这种情况下损坏的数据库被修复的希望很小，所以在压缩数据库前应该进行备份，以免不测。

9.1.2.1　压缩和修复未打开的数据库

【例 9-1】 压缩和修复“学生成绩管理.mdb”数据库。

（1）启动 Access2010，但不要打开数据库。

（2）单击“数据库工具”选项卡下“工具”组中的“压缩和修复数据库”命令，在弹出的“压缩数据库来源”对话框中，定位到要压缩和修复的数据库，如图 9-5 所示。

（3）单击右下角“压缩”按钮，出现“将数据库压缩为”对话框，为压缩以后的数据库选择保存的路径和文件名。最后点击“保存”按钮。若将压缩数据库使用相同的名称保存在相同位置，则会出现提示对话框，显示是否替换原文件或重新指定文件名。

9.1.2.2　压缩和修复已打开的数据库

Access 2010 允许对当前数据库执行压缩和修复操作，压缩和修复后的数据库仍与原数据库名称相同。打开要进行压缩和修复的数据库，选择“数据库工具”选项卡下“工具”组中的“压缩和修复数据库”命令，即可自动压缩和修复当前 Access 文件，并不出现对话框提示。

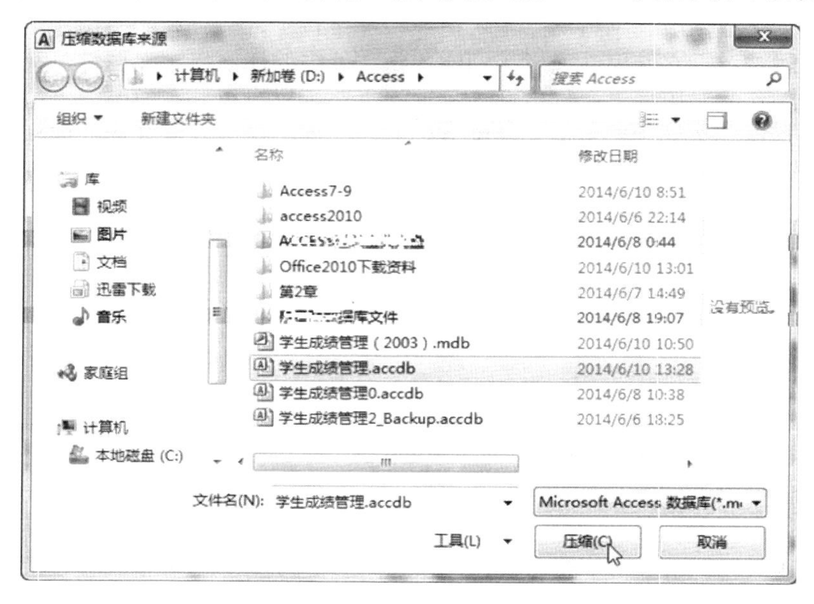

图 9-5 “压缩数据库来源”对话框

9.1.2.3 关闭数据库时自动压缩

可设置在每次关闭数据库时自动压缩数据库，我们不必每次关闭数据库时考虑手动进行压缩。操作步骤如下。

（1）打开任何一个 Access 数据库文件。

（2）选择“文件”选项卡下的“选项”命令，在弹出的“Access 选项”对话框中，选择“当前数据库”选项，如前面所示的图 9-4 中，选中“关闭时压缩”复选框。

（3）单击“确定”按钮，关闭对话框。

说明 在“Access 选项”对话框中设置“关闭时压缩”只对当前数据库有效，不影响其他的数据库。

多数情况下，在试图打开 Access 文件时，Microsoft Access 会检测该文件是否损坏，如果损坏，就会提供修复数据库的选项。Access 可以修复 Access 数据库中表的损坏，以及 Access 文件的 Visual Basic for Applications (VBA) 程序信息丢失的情况；也可修复窗体、报表或模块中的损坏。

防止 Access 文件受损，可遵循以下指导原则。

（1）定期压缩和修复 Access 文件。

（2）定期对 Access 文件进行备份。

（3）如果遇到网络问题，那么在问题解决之前，避免使用位于网络服务器上的共享 Access 数据库。如果可能，将 Access 数据库移到我们可以进行本地访问的计算机上，而不是网络上。

9.1.3 备份和恢复数据库

为了减少数据丢失的危险，有必要对数据库进行备份。在备份数据库之前，数据库必须是关闭的。如果处在一个多用户的环境下，必须确保所有的用户没有打开将要进行备份的数据库，否则将无法完成备份操作。有如下几种方法可以实现数据库的备份。

（1）将数据库文件从所在的磁盘复制到另一个磁盘中。

（2）使用“另存为”方式也可以作为数据库备份的手段，或者第三方的备份软件。有些软件提供了压缩的功能。

如果工作在一个多用户环境，并且采用了用户级安全机制，那么需要连同工作组信息文件进行备份。如果该文件丢失或损坏，就将无法启动 Microsoft Access，只有还原或更新该文件后才能启动。

说明 可以通过创建空数据库，然后从原始数据库中导入相应的对象来备份单个的数据库对象。

【例 9-2】 用 Access 自带的命令备份“学生成绩管理.mdb”数据库。

（1）打开要备份的“学生成绩管理.mdb”数据库，选择“文件”选项下“保存并发布”，打开“保存并发布”窗格。

（2）在右侧窗格中，双击“备份数据库”命令，如图 9-6 所示，在弹出的“另存为”对话框中，Access 选择存放的位置，输入备份数据库文件名。

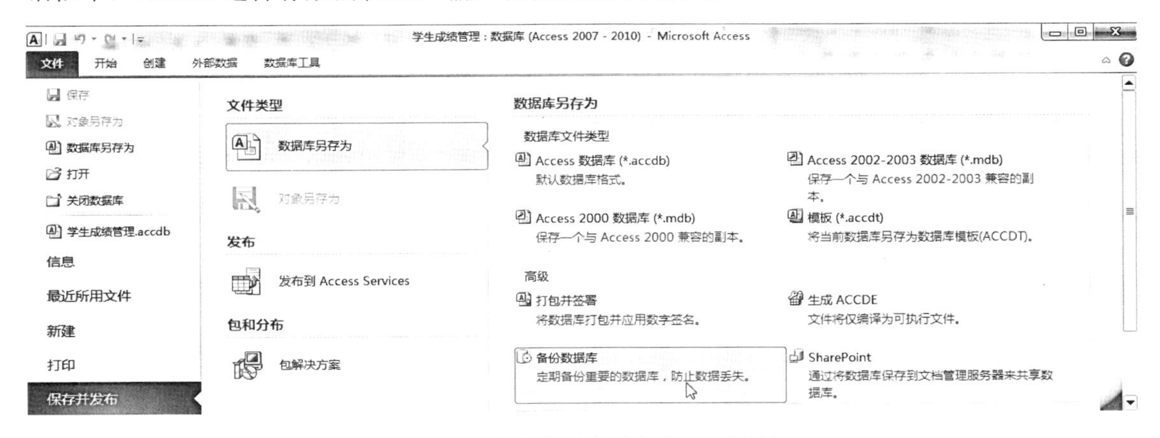

图 9-6 “备份数据库另存为”对话框

（3）单击“保存”按钮，Access 为原数据库创建了一份备份。

因为 Access 数据库的备份方法相对比较简单，所以其还原方法也简单。将 Access 数据库的备份复制到数据库文件夹，如果数据库文件夹中已有的 Access 数据库文件和备份副本有相同的名称，那么还原的备份数据库可能会替换已有的文件；如果要保存已有的数据库文件，应在复制备份数据库之前先为其重新命名。

9.2 数据库的导入与导出

9.2.1 从 Access 2010 中导出数据

使用 Access 2010 的导航窗格可以将数据库中的对象以各种形式导出数据库，包括 Excel、文本文件、XML 文件、PDF 或 XPS、电子邮件、Word 等形式，甚至可以把一个 Access 2010数据库导出到另一个 Access 2010 中，完成在不同的地点接力编辑。除了导出对象外，还可以导出在视图中选中的记录等。

导出包含子窗体、子报表或子数据表的窗体，在导出报表或数据表时，只能导出主窗体、主报表或主数据表。若导出全部子数据，必须对要导出到 Excel 中的每个字数据重复执行导出操作。一次导出操作中只能导出一个数据库对象。完成多次导出后，可以在 Excel 中合并多个工作表中的数据。

导出数据的操作步骤如下。

（1）在 Access 2010 导航窗口中，选择要导出的项（表、查询、窗体、报表等），如果没看到导航窗口，即被隐藏了，只需要点击工作区左上角双箭头就可以显示。

（2）在“外部数据”选项卡的“导出”组中，单击所需要的选项。如图 9-7 所示。如果导出的目标处于打开状态，要先将其关闭再继续操作。

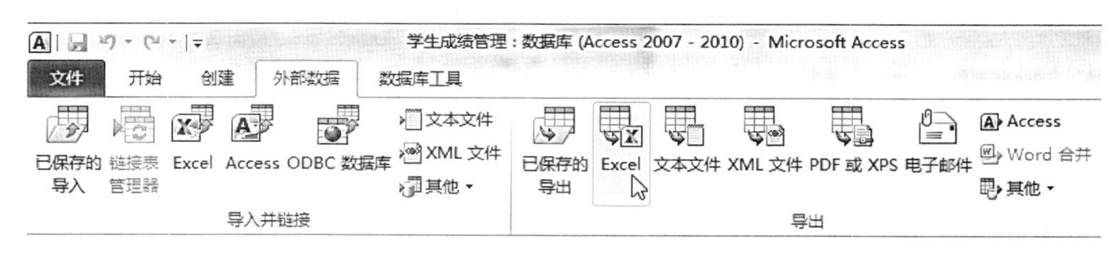

图 9-7 数据导入/导出选项

（3）根据选择的选项，将会弹出一个对话框或向导。例如：如果要将报表导出到 Excel 2010 中，则会出现“导出-Excel 电子表格”对话框。

（4）指定由对话框或向导提供的选项和设置，即可完成导出过程。

说明

不能将宏和模块导出到 Excel 中。

导出数据时，系统要检查源数据，以确保它不包含任何错误指示符或错误值，如有错误必须先解决，然后再将数据导出到 Excel。

如将当前数据库的查询、窗体或报表导出到其他数据库中，需要同时导出建立这些文件的数据源。

9.2.2 导入其他数据源中的数据

可以把 Access 2010 数据导出为其他格式，那么，就可以把其他格式的数据库文件、文本文件、Excel 文件等其他有效的数据源文件导入到 Access 2010 中。通过常用的“外部数据”选项卡“导入”组中的命令来导入数据，如图 9-7 所示。也可以通过右击导航窗格中的表来启动导入过程。具体的操作步骤如下。

（1）在 Access 2010 导航窗格中，右键单击一个数据表。

（2）在快捷菜单中，选择“导入”，然后选择导入的对象类型。

（3）此时即会出现获取外部数据向导。

（4）完成向导中的步骤，即可导入数据到数据库中。

9.2.3 链接数据表

在 Access 2010 中可以使用链接功能链接到其他数据库中的数据，而无须导入这些数据。这样不必创建和维护同一数据的两个副本，能在源和目标数据库中查看并修改最新数据。在数据库中对数据进行更新，外部数据源的格式不会改变。但是这个方法也有局限性，就是只能链接其他 Access 2010 数据库表，不能链接查询、窗体、报表、宏或模块。Access 使用不同的图标来表示链接表和存储在当前数据库中的表。删除链接表的图标时至少删除了对该表的链接而不并未删除外部表本身。链接数据表的方法和步骤如下：

（1）在 Access 2010 “外部数据”选项卡的“导入并链接”组中，单击“Access”按钮。

（2）系统弹出“获取外部数据- Access 数据库”对话框，在“文件名”文本框中，键入源数据库的名称，或单击“浏览”按钮显示“打开”对话框以选择导入的数据库。在“指定数据在当前数据库中的存储方式和存储位置”栏中选择“通过创建链接表来链接到数据源”单选按钮，然后单击“确定”按钮。

（3）在弹出的“链接表”对话框中，选择要链接的表，也可以按住 Ctrl 键去选择多个表。若要取消选择，再次单击即可。

（4）单击“确定”按钮完成操作。Access 2010 将创建链接表。并将它们显示在导航窗格中的“表”下，其中带箭头的表为链接表。在数据表视图中打开链接表，确保数据显示正确。

使用 Access 2010 链接其他数据库的数据可以节省大量的硬盘空间，对于商业用户来说非常有用。

9.3 维护数据库安全

Access2010 提供了设置数据库安全的两种传统方法：为数据库设置密码和设置用户级。

9.3.1 Access 安全性的新增功能

Access 提供了经过改进的安全模型，该模型有助于简化将安全性应用于数据库以及打开已启用安全性的数据库的过程。Access 2010 中的新增功能如下。

（1）即使不启用数据库内容也能查看数据的功能：在 Access 2003 中，如果将安全级别设置为“高”，则必须先对数据库进行代码签名并信任数据库，然后才能查看数据。而在 Access 2010 中无需决定是否信任数据库便可以直接查看数据。

（2）更高的易用性：如果将数据库文件放在受信任位置（例如，您指定为安全位置的文件夹或网络共享），那么这些文件将直接打开并运行，而不会显示警告消息或要求启用任何禁用的内容。此外，如果在 Access 2010 中打开由早期版本的 Access 创建的数据库（例如，.mdb 或 .mde 文件），并且这些数据库已进行了数字签名，而且已选择信任发布者，那么系统将运行这些文件而不需要用户决定是否信任它们。

（3）信任中心：信任中心为设置和更改 Access 的安全设置提供了一个集中的位置。使用信任中心可以为 Access 创建或更改受信任位置并设置安全选项。在 Access 实例中打开新的和现有的数据库时，这些设置将影响它们的行为。信任中心包含的逻辑还可以评估数据库中的组件，确定打开数据库是否安全，或者信任中心是否应禁用数据库，并让您判断是否启用它。

（4）更少的警告消息：默认情况下，如果打开一个非信任的 .accdb 文件，您将看到一个称为“消息栏”的工具，如图 9-8 所示。

图 9-8　安全警告消息栏

（5）新增了一个在禁用数据库时运行的宏操作子类：这些更安全的宏还包含错误处理功能。用户还可以直接将宏嵌入任何窗体、报表或控件属性。

9.3.2 设置数据库的密码

一种简单的保护 Access 数据库的方法就是为打开的 Access 数据库设置密码。设置密码后，打开数据库时将显示要求输入密码的对话框，只有输入了正确的密码，才可以打开数据库。

在独占模式下打开要加密的数据库。独占方式主要针对在网络中有可能有多个用户在同时使用一个数据库，这被称为共享，而在某个时刻若只允许一个用户打开数据库，则称为数据库独占。

为数据库设置用户密码的操作步骤如下：

（1）在“文件”选项卡上，单击“打开”。

（2）在“打开”对话框中，通过浏览找到要打开的文件，然后选中文件。单击“打开”按钮旁边的箭头，然后单击“以独占方式打开”。如图 9-9 所示。

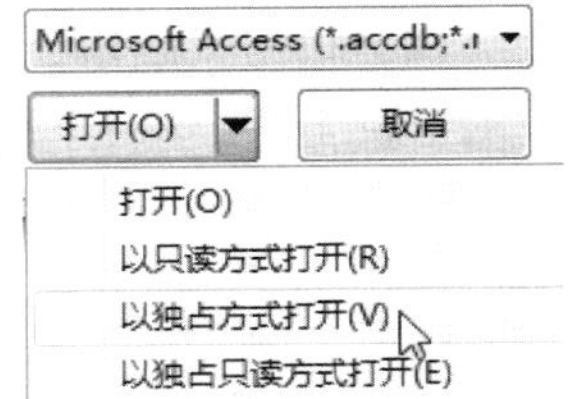

图 9-9　选择打开方式

（3）在“文件”选项卡下的左侧窗格中单击“信息”命令，在右侧窗格中单击“用密码进行加密”按钮，如图 9-10 所示，随即出现“设置数据库密码”对话框。

图 9-10　信息窗格

（4）在“密码”框中键入密码，然后在“验证”字段中再次键入该密码。单击“确定”。

如果忘记了密码，Microsoft 将无法找回。

密码设置完成后，以后在打开该数据库时，系统自动弹出“要求输入密码”对话框，只有输入正确的密码后才能打开数据库。

如果想取消设置的数据库密码，也必须是以独占方式打开数据库，通过选择“文件”选项卡下的“信息”命令，在右侧窗格中单击“解密数据库”，将出现“撤消数据库密码”对话框。在“密码”框中键入密码，然后单击“确定”。

为了安全，在设置数据库密码之前应该进行备份。

9.3.3　生成 ACCDE 文件

生成 ACCDE 文件又被称为打包。把现有数据库系统“打包”生成 ACCDE 文件的过程就是对数据库系统进行编译、自动删除所有可编辑的 VBA 代码并压缩数据库系统的过程。因此用户不能查看或修改 VBA 代码。也无权更改表单或报表设计。提高了数据库系统的安全性。

具体的操作步骤如下：

（1）用数据库备份功能将数据库系统生成一个备份文件。

（2）打开数据库文件，单击“文件”选项卡下的“保存并发布”命令，在打开的右侧窗格中双击“数据库另存为”选项下的“生成 ACCDE”按钮。系统弹出另存为对话框，保存即可。

9.3.4 设置或更改 Access 低版本用户级安全机制

Access 2010 仅为使用 Access 2003 和早期文件格式的数据库（.mdb 和 .mde 文件）提供用户级安全机制。在 Access 2010 中，如果打开一个在较低版本的 Access 中创建的数据库，并且该数据库应用了用户级安全机制，那么该安全功能对该数据库仍然有效。例如，用户必须输入密码才能使用该数据库。另外，可以启动和运行 Access 2003 和更低版本的 Access 提供的各种安全工具，例如“用户级安全机制向导”和各种用户和组权限对话框。在操作过程中，一定要注意只有打开 .mdb 或 .mde 文件时这些工具才可用。如果将文件转换为 Access 2010 文件格式，那么 Access 会删除所有现有的用户级安全功能。

9.3.4.1 启动“用户级安全机制向导”

在 Access 2010 中打开具有 Access 2003 文件格式或早期文件格式的数据库.mdb 或.mde 文件。在“文件”选项卡下的“信息”命令中，单击“用户和权限”下的箭头，然后单击“用户级安全机制向导”。如图 9-11 所示。按照每页上的步骤完成该向导。“用户级安全机制向导”会用相同名称和.bak 文件扩展名创建当前 Access 数据库的备份副本，然后对当前数据库中的所选对象应用安全措施。

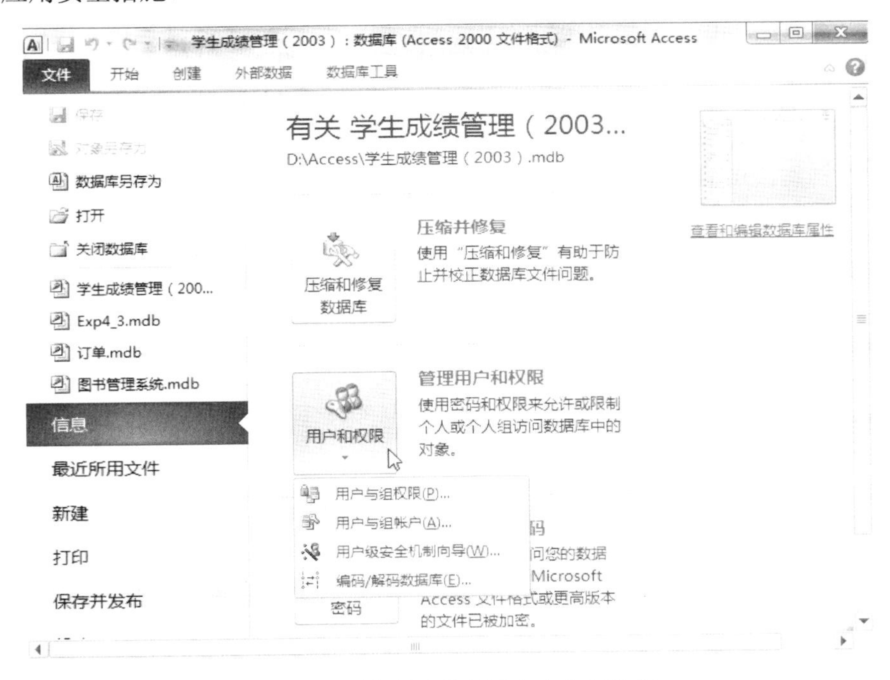

图 9-11 早期版本数据库安全机制选项

如果当前 Access 数据库是通过密码帮助保护 VBA 代码的，该向导会提示用户输入密码，而且只有输入该密码后向导才能成功完成其操作。

通过向导创建的所有密码都会打印在完成该向导时打印的“用户级安全机制向导”报告

中。应将该报告保存在安全位置。在工作组文件丢失或损坏时，还可以使用该报告重新创建该工作组文件。

9.3.4.2 建立用户与组的账号

在 Access 2010 中打开具有 Access 2003 文件格式或早期文件格式的数据库.mdb 或 .mde 文件。在“文件”选项卡下的“信息”命令中，单击“用户和权限”下的箭头，然后单击“用户与组权限”。来添加新的组和用户，如图 9-12 所示，在“用户”选项组中单击“新建”按钮就可以添加用户。

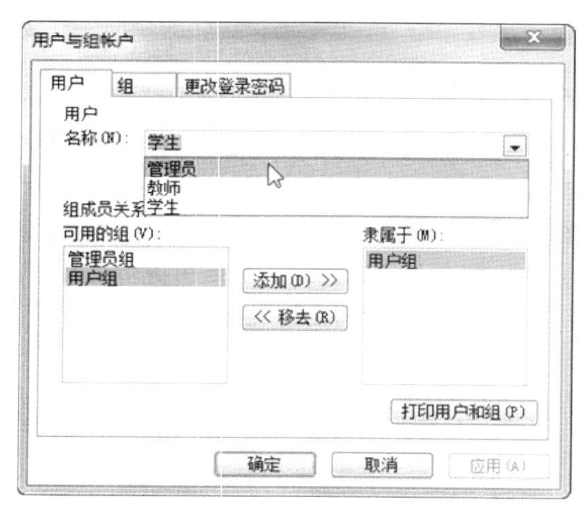

图 9-12　添加用户与组账户

例如，为了保护“学生成绩管理”数据库，可以为教师建立一个“教师”组，为学生建立一个“学生”组。然后可以将相应的权限设置给教师和学生，让教师具有读写等功能，学生只能读取或对部分表有写入的操作。当为新报到的学生创建账户时，可将其添加到适当的组中，以使该学生拥有与该组相关的权限。

管理员组不能被删除，其成员具有不可撤销的管理权限。可以通过菜单或代码删除管理员组的权限，但管理员组的任何成员都可以重新添加权限。此外，管理员组中必须始终至少有一个管理数据库的成员。对于没有进行安全设置的数据库，管理员组始终包含默认的管理员用户账户，也是所有用户默认登录的账户。

无论何时启动 Access，数据库引擎都要查找工作组信息文件（默认名称为 system.mdw，也可以使用扩展名.mdw 任意命名）。工作组信息文件包含组和用户信息（包括密码），这些信息决定了谁可以打开数据库，以及他们对数据库中的对象的权限。对单个对象的权限存储在数据库中。例如，可以赋予一个组的用户（而不是其他用户）使用特定表的权限，而赋予另一个组查看报表的权限，但不能修改报表的设计。

9.3.4.3 设置用户与组的权限

对数据库中对象的权限可以是显式的（直接分配给用户账户）或隐式的（从用户所属的组继承），也可以是两者的结合。Access 在权限问题上使用“最少限制”规则，即用户的权限包括其显式和隐式权限的总和。例如，用户 A 的账户具有限制权限，而用户 A 属于一个具有限制权限的组，同时也属于另一个具有管理（所有）权限的组，那么用户 A 将具有管理权限。鉴于此，通常最好不要为用户账户分配显式权限，而应创建具有不同权限的组，然后将用户分配给具有适当权限的组，这会减少数据库管理方面的麻烦。

图 9-13　设置用户与组的权限

通过单击“文件”选项卡下的“信息”命令中“用户和权限”下的箭头，选择“用户与组权限”。可以设置数据库对象的不同访问级别，如图 9-13 中，可以为教师设置对所有表拥有所有的权限；对学生用户，可以设置为只能读取数据。

表 9-1 中列出了可以为数据库及数据库中的对象设置的权限，并介绍了使用每个权限使

用的对象或结果。

表 9-1　数据库及对象的操作权限设置

权　　限	使用的对象	结　　果
打开/运行	整个数据库、窗体、报表、宏	用户可以打开或运行数据库对象，包括代码模块和宏
以独占方式打开	整个数据库	用户可以打开数据库，并使其他用户无法打开该数据库
读取设计	表、查询、窗体、模块和宏	用户可以在设计视图打开所列的对象
修改设计	表、查询、窗体、模块和宏	用户可以更改所列的设计
管理	整个数据库、表、查询、窗体、模块和宏	用户可以对这些对象分配权限
读取数据	表、查询	用户可以读取表和查询中的数据，用户还要授予读取父表、父查询中数据的权限
更新数据	表、查询	用户可以更新表和查询中的数据，用户必须具备更新父表、父查询的权限
插入数据	表、查询	用户可以从表和查询删除数据，用户必须具备向父表、父查询中插入数据的权限
删除数据	表、查询	用户可以从表和查询删除数据

9.3.4.4　删除用户级安全机制

要在使用 Access 2010 期间删除用户级安全机制，先将 .mdb 文件另存为.accdb 文件。以 Access 2007 格式保存该文件的副本，单击“文件”选项卡。在打开的 Backstage 视图中单击左侧的“保存并发布”命令。在右侧单击“数据库另存为”选项下的“Access 数据库(*.accdb)”，如图 9-14 所示。将显示“另存为”对话框。使用“保存位置”列表查找要保存转换后的数据库的位置。在“保存类型”列表中，选择“Microsoft Office Access 2007 数据库(*.accdb)”。单击“保存”。

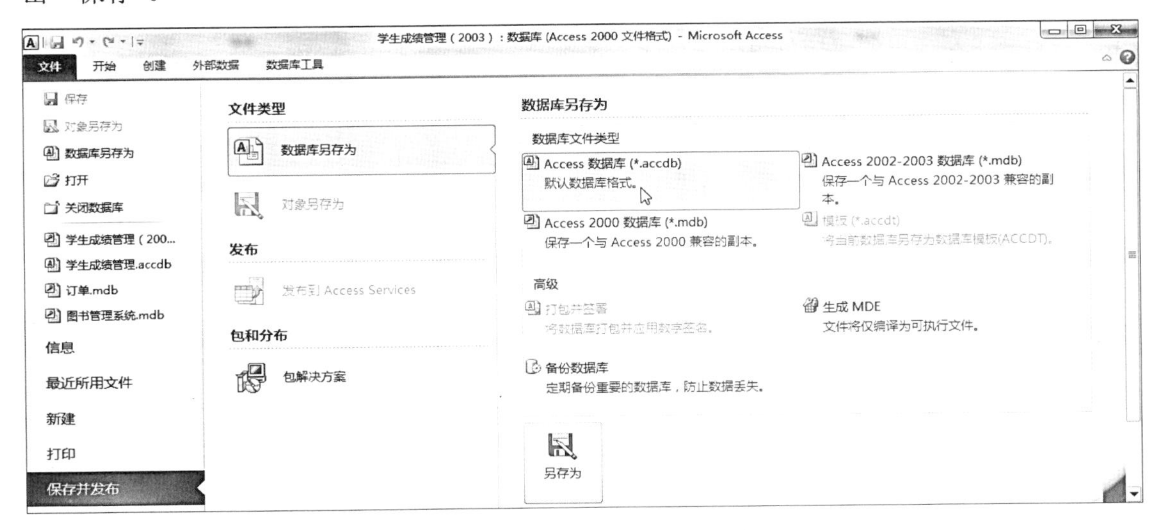

图 9-14　数据库“另存为”对话框

9.3.5　其他数据库安全措施

9.3.5.1　隐藏数据库对象

另外一种保护数据库对象被偶尔访问的用户来访问的方法是在数据库窗口中隐藏对象。

这种保护方法的安全级别最低，因为要显示隐藏对象是件相对容易的事情。Access 2010 以变灰的图标显示隐藏对象，隐藏数据库对象和解除隐藏的步骤如下：

（1）隐藏数据库对象。在导航窗格中选中要隐藏的对象，单击右键在弹出的快捷菜单中选择“在此组中隐藏”命令；或者在右键快捷菜单中选择“表属性”命令，弹出如图 9-15 所示对话框，勾选“隐藏”前面的复选框；这时所选的对象在导航窗格中消失了。如果在导航窗格中单击右键，在弹出的快捷菜单中选择“导航选项”命令，弹出如图 9-16 所示对话框，在该对话框的显示选项中勾选“显示隐藏对象”，确定后在导航窗格中显示出变灰的对象名称图标，如图 9-17 所示中的“学生信息表”图标。

图 9-15　表属性对话框中勾选隐藏对象

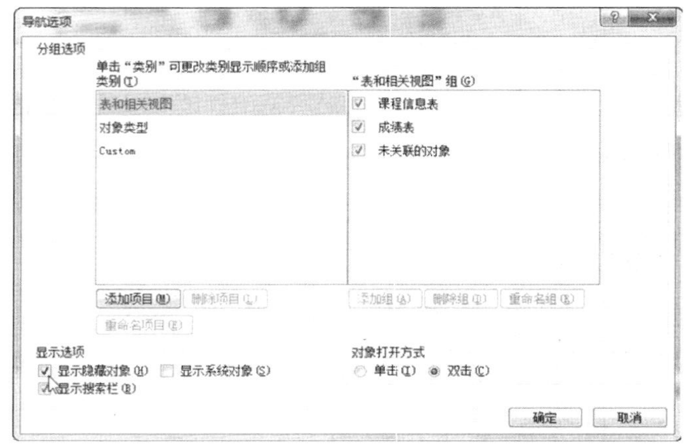

图 9-16　在“导航选项”对话框中设置显示选项

（2）恢复隐藏的对象。在导航窗格中选中变灰的对象图标并单击右键，在弹出的快捷菜单中选择“表属性”，在打开的属性对话框中取消勾选“隐藏”即可。

9.3.5.2　改变数据库文件的名称及扩展名

在数据库文件名前加上“#”等特殊符号；或者将数据库文件名命名得尽可能复杂；也可以将数据库扩展名修改为 ASP 或者 ASA 等不影响查询的名字，而不要使用数据库默认的扩展名 MDB，这些措施可以增加数据库文件名的模糊，避免使用 IE 浏览器下载。

图 9-17　隐藏了对象的导航窗格

9.3.5.3　通过第三方软件为数据库进一步加密，增加其安全性

通过网上提供的各种数据库加密软件也可以对数据库进一步加密。但是，这样的加密软件也有相应的解密软件对加密后的数据库解密。所以说数据库的安全是没有绝对的安全措施，只能是尽量将风险降到最低。

小　结

本章首先介绍了数据库的属性设置，压缩和修复数据库以及如何备份和恢复数据库。重点介绍了数据库的安全措施，包括 Access 2010 安全性的新功能介绍；设置数据库密码；生成 ACCDE 文件；设置或更改 Access 低版本数据库用户级安全机制等。

实　　验

【实验目的及要求】

1. 掌握数据库备份、压缩与修复的操作。
2. 掌握数据库的导入与导出。
3. 掌握数据库密码设置与删除。

【实验环境】

Windows7 操作系统、Access 2010。

【实验内容】

1. 以“学生成绩管理”数据库为数据源，对数据库设置打开密码“admin”。
2. 压缩“学生成绩管理”数据库，并为其在D盘根目录下创建一份备份。
3. 将“学生成绩管理”数据库中的“学生信息表”导出为Excel工作簿。
4. 建立一个新的用户以及用户组，并为新的用户分配对象访问的权限。

练　习　题

一、选择题

1. 在设置或撤销数据库密码前，一定要先使用（　　）方式打开数据库。
   A. 只读　　B. 独占　　C. 共享　　D. 独占只读
2. 在建立、删除用户和更改用户权限时，一定要先使用（　　）账户进入数据库。
   A. 管理员　　B. 具有读写权限的用户　　C. 普通用户　　D. 没有权限
3. 对数据库实施（　　）操作可以消除对数据库频繁更新带来的大小碎片。
   A. 备份　　B. 加密　　C. 压缩　　D. 另存为

二、填空题

1. 备份数据库，是将已有的Access数据库________成另一个文件，并且将其存放在________。

2. 对Access2010数据库保护可采用________、________来实现，这时，数据库需要以______方式打开。

3. ACCDE文件是________的特殊形式，用于实现________、________以及________的安全。

三、简答题

1. 为什么要对数据库进行压缩？有几种途径对数据库进行压缩？
2. 导入到数据库中的数据源有哪些？
3. 导出到数据表文件的格式有哪些？
4. 在Access中有几种方法保证数据库的安全？哪一种的级别更高？为什么？

第10章

实例开发——图书管理系统

本章运用前面各章所讲的 Access 数据库管理软件操作技巧和数据库设计知识，完成一个全面综合的数据库实例，以达到学以致用的效果。本章通过一个具体实例——图书管理系统，从软件工程的角度来详细介绍数据库应用系统开发的整个过程，包括如何进行系统的分析和设计，如何创建数据库和表，如何设计查询、窗体、报表以及界面等，直至完整地设计出一个可以使用的 Access 数据库应用系统。

10.1 系统的分析和设计

一个良好的数据库系统设计一般包括需求分析、概念模型设计、数据模型设计这几个主要的步骤。下面针对这几个主要步骤进行介绍。

10.1.1 需求分析

我们为图书管理员设计“图书管理系统”，主要从功能设计和模块设计两方面来进行分析。

10.1.1.1 功能设计

（1）要求能够对图书信息进行管理。实现图书信息的录入，当有新书进库时，就把该图书的信息录入系统。浏览各种图书的信息，包括各种书可借出量等信息。还可以根据多种条件从数据库中查询书目的详细信息。

（2）要求能对新读者信息进行登记，还可以查询读者的详细信息，以及读者借阅过的书目和正在借阅的书目。

在明确数据库系统需求的基础上，可以进行数据库应用系统的逻辑模型或规划模型的设计。在数据库应用系统开发的实施阶段，一般采用“自顶向下”的设计思路和步骤来开发系统，通过系统菜单或系统控制面板逐级控制低一层的模块，确保每一个模块完成一个独立的任务，且受控于系统菜单或系统控制面板。具体设计数据库应用系统时要做到每一个模块容易维护、易修改，并使每一个功能模块高内聚、低耦合，使模块间的接口数目尽量少。

10.1.1.2 模块设计

根据上面的分析，设计出“图书管理系统”的总体规划逻辑模块图，如图 10-1 所示。

“图书信息管理”功能模块用于管理图书相关的信息，包括图书编号、分类号、书名、出版社、作者等。可以进行新书信息登记，还可以浏览和查询图书信息。

“读者信息管理”功能模块用于设置读者相关的信息，包括读者编号、姓名、性别、联系方式、借书数量。可以登记新读者信息，还可以浏览和查询读者的具体信息。

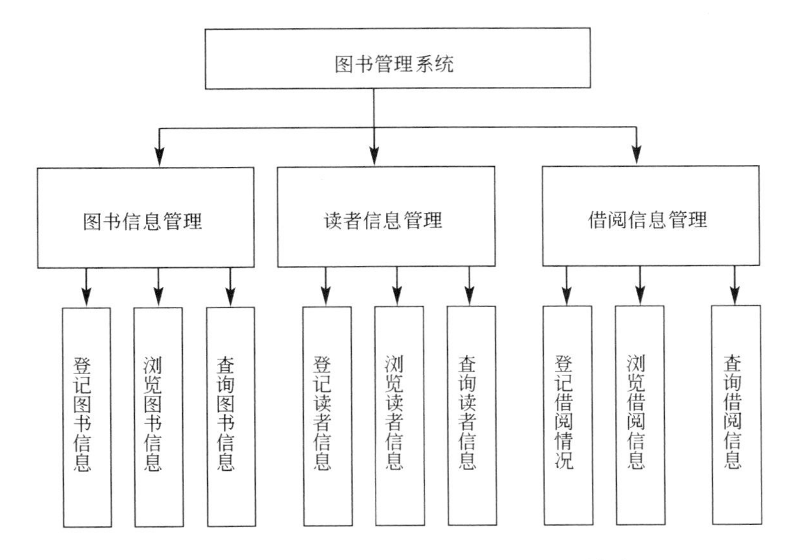

图 10-1 “图书管理系统”的总体规划逻辑模块图

“借阅信息管理”功能模块用于图书流通环节的相关操作，为图书馆管理员提供图书借阅情况查询的依据。可以登记借阅情况，查询浏览借阅情况。

10.1.2 概念模型设计

根据需求分析的结果设计概念模型，概念模型是真实地反映系统的现实形状。概念模型通过 E-R 图来表示，只保留需求分析中涉及的实体、属性与联系。图书管理系统 E-R 图设计如图 10-2 所示。

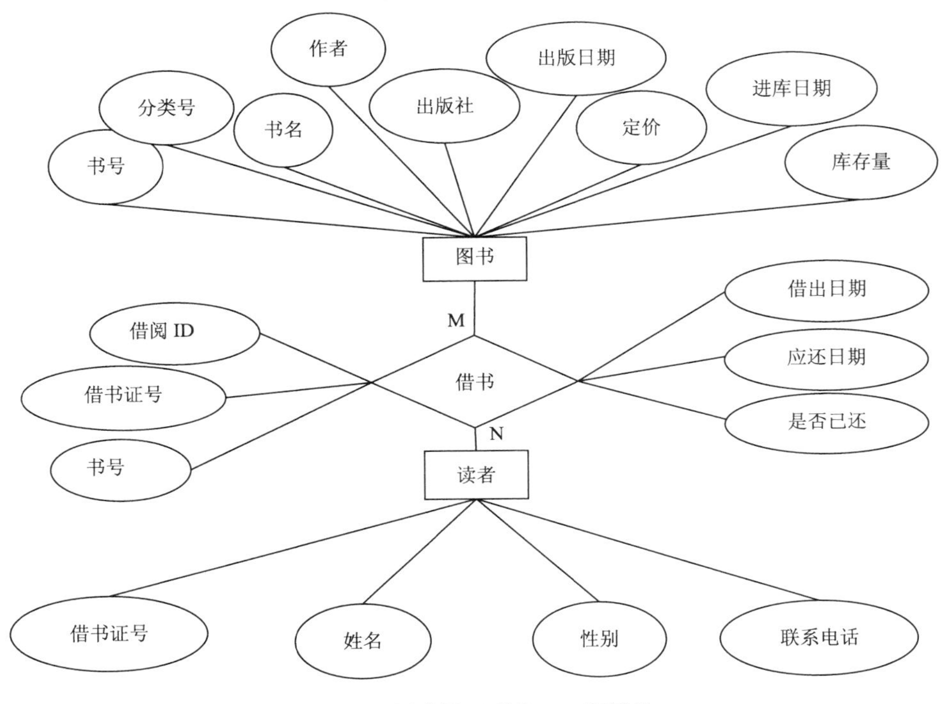

图 10-2 图书管理系统 E-R 图设计

10.1.3 关系数据模型设计

关系数据模型是建立在严格的数学概念基础上的，其概念单一，无论实体还是实体之间的联系都用关系（即表）来表示，每一个关系就是一张二维表，使得描述实体的数据本身能够自然地反映出它们之间的联系。上述的 E-R 图中包括有两个实体和一个实体之间的联系——图书、读者和借书。可以用下面的关系模型来表示，有下划线的属性表示主键。

图书（书号，分类号，书名，作者，出版社，出版日期，定价，进库日期，库存量）；

读者（借书证号，姓名，性别，联系电话）；

借书（借阅 ID，借书证号，书号，借出日期，应还日期，是否已还）。

10.2 创建数据库和表

使用 Access 数据库管理系统建立应用系统，首先需要创建一个数据库，然后在该数据库中添加所需要的表、查询、窗体、报表、宏等对象。

10.2.1 创建数据库

首先，创建一个“图书管理系统”文件夹，之后在该文件夹中创建“图书管理系统.accdb”数据库文件，如图 10-3 所示。

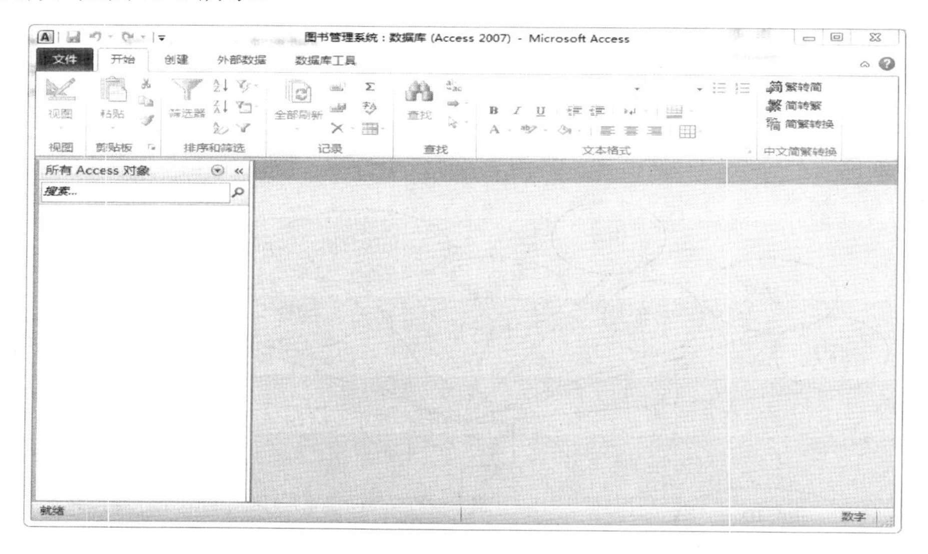

图 10-3 新建的图书管理系统数据库界面

10.2.2 创建表

根据前面的分析和 E-R 图，该系统共需要 3 张表，表 10-1 是这些表的用途说明。

表 10-1 系统中的表及其用途说明

表　名	用　途
图书信息表	保存图书的相关信息
读者信息表	保存读者的各种信息
借还书表	保存图书借阅记录

10.2.2.1 数据表的逻辑结构设计

为了确定表的字段，首先需要了解表中的属性信息，同时把字段看作表的属性。为此，我们应该注意：设计数据库的时候采用主关键字，主键用来区分在表中的每一条记录，作为该记录唯一的标识，从而有效地控制对存储数据中每一行的访问。

对以上 4 个表的逻辑结构描述分别如表 10-2～表 10-4 所示。

表 10-2 图书信息表的逻辑结构

字段名称	数据类型	字段大小	允许空值	是否主键
书号	文本	10	否	是
分类号	文本	6	否	否
书名	文本	20	否	否
作者	文本	10	是	否
出版社	文本	20	是	否
出版日期	日期/时间	短日期	是	否
定价	货币	默认	是	否
进库日期	日期/时间	短日期	是	否
库存量	数字	长整型	是	否

表 10-3 读者信息表的逻辑结构

字段名称	数据类型	字段大小	允许空值	是否主键
借书证号	文本	10	否	是
姓名	文本	10	否	否
性别	文本	2	是	否
联系电话	文本	11	是	否

表 10-4 借还书表的逻辑结构

字段名称	数据类型	字段大小	允许空值	是否主键
借阅 ID	自动编号	默认	否	是
借书证号	文本	10	否	否
书号	文本	10	否	否
借出日期	日期/时间	短日期	是	否
应还日期	日期/时间	短日期	是	否
是否已还	是/否	默认	是	否

10.2.2.2 数据表的创建

通过前面我们所学的创建表的知识来创建以上 3 个数据库表。下面通过创建“图书信息表”为例来说明创建数据表的具体步骤。

（1）在“创建”选项卡中单击“表设计”，系统进入表的设计视图，如图 10-4 所示。

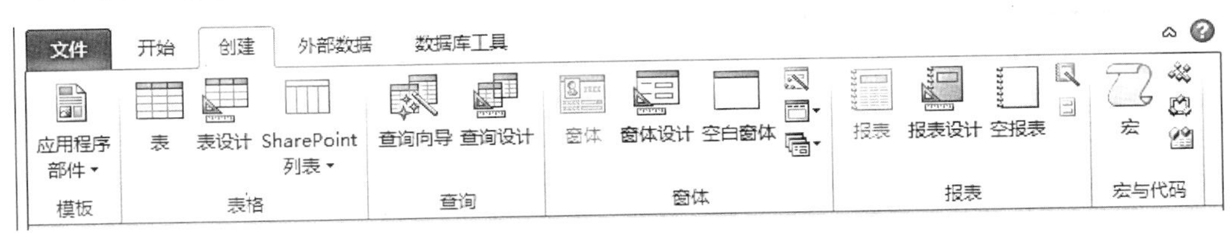

图 10-4 “创建”选项卡

（2）在“字段名称”列的第一行中输入第一个字段名“书号”，在“数据类型”列表框中选择“文本”，然后在下边的字段属性框中，在“字段大小”的文本框中把字节长度改为10，在“必需”的文本框中输入“是”，在“允许空字符串”的文本框中输入“否”。

（3）重复步骤（2），在设计视图窗口中再分别输入表10-2的其他字段名，并设计相应的字段属性，并设置“书号”为主键，结果如图10-5所示。

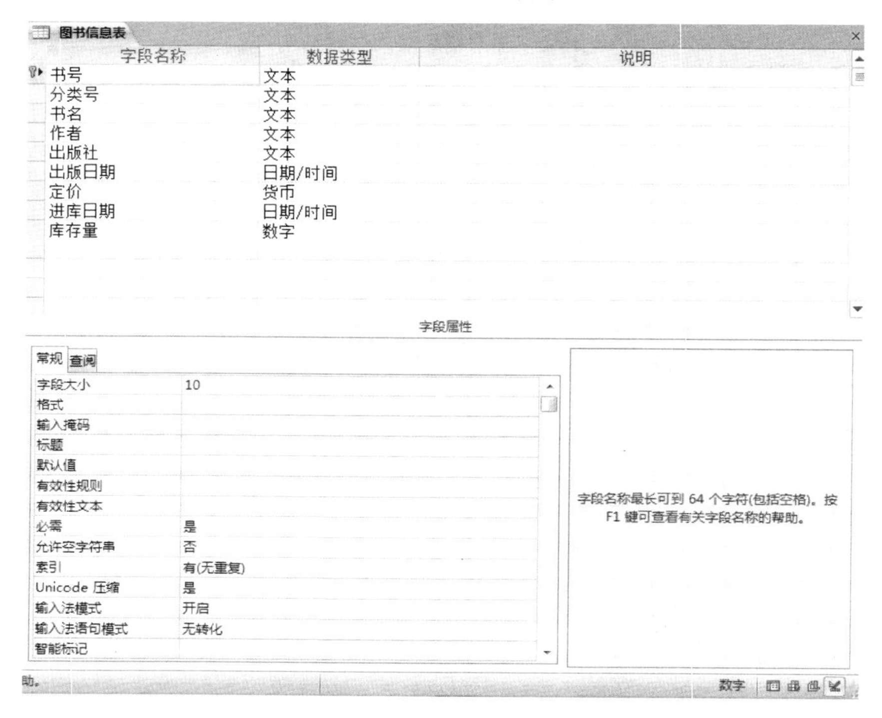

图 10-5　图书信息表的设计视图

（4）单击快速访问工具栏上的“保存”按钮（或按 Ctrl+S 组合键），系统弹出“另存为”对话框，输入表名“图书信息表”。

（5）单击“确定”按钮。

（6）关闭表设计视图窗口，在表对象选区中双击“图书信息表”，这时可在字段名下边的文本框中输入数据，这里输入数据的结果如图10-6所示。

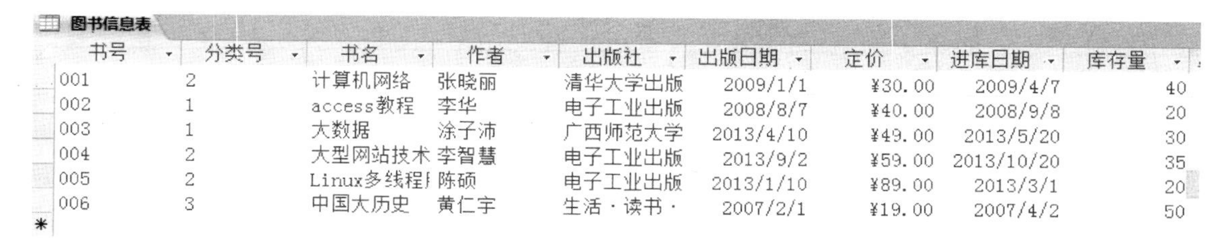

图书信息表

书号	分类号	书名	作者	出版社	出版日期	定价	进库日期	库存量
001	2	计算机网络	张晓丽	清华大学出版	2009/1/1	¥30.00	2009/4/7	40
002	1	access教程	李华	电子工业出版	2008/8/7	¥40.00	2008/9/8	20
003	1	大数据	涂子沛	广西师范大学	2013/4/10	¥49.00	2013/5/20	30
004	2	大型网站技术	李智慧	电子工业出版	2013/9/2	¥59.00	2013/10/20	35
005	2	Linux多线程	陈硕	电子工业出版	2013/1/10	¥89.00	2013/3/1	20
006	3	中国大历史	黄仁宇	生活·读书·	2007/2/1	¥19.00	2007/4/2	50

图 10-6　图书信息表

按照上述步骤，分别建立“读者信息表”、“借还书表”。注意设置表的属性，然后打开表输入数据。表的结果分别如图10-7、图10-8所示。

建立好的表会显示在导航窗格的表对象里，如图10-9所示。

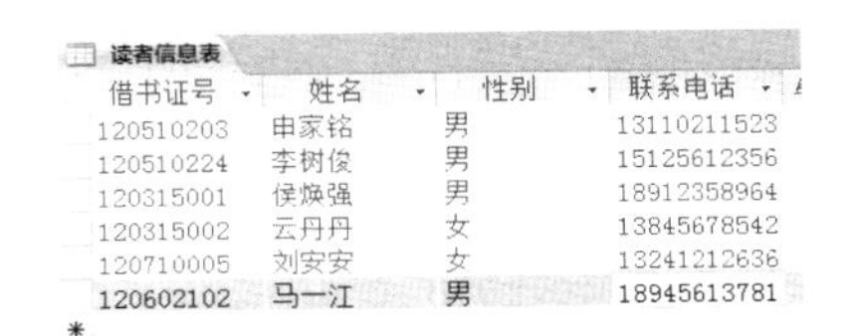

读者信息表

借书证号	姓名	性别	联系电话
120510203	申家铭	男	13110211523
120510224	李树俊	男	15125612356
120315001	侯焕强	男	18912358964
120315002	云丹丹	女	13845678542
120710005	刘安安	女	13241212636
120602102	马一江	男	18945613781

图 10-7　读者信息表

借还书表

借阅ID	借书证号	书号	借出日期	应还日期	是否已还
1	120315001	001	2013/10/10	2013/12/30	☑
2	120315002	001	2013/11/20	2014/3/10	☐
3	120602102	002	2013/6/7	2013/10/10	☑
4	120710005	003	2013/11/8	2014/3/1	☐
5	120510224	004	2013/3/1	2013/6/10	☑
6	120510224	005	2013/11/8	2014/4/4	☐
(新建)					☐

图 10-8　借还书表

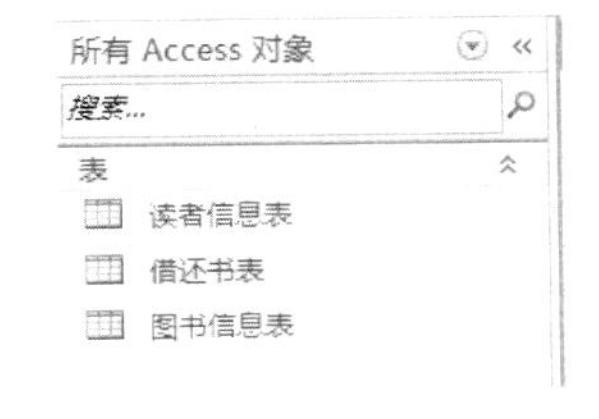

图 10-9　导航窗格的表对象

10.2.3　设定表之间的关系

建立以上 3 张表关系的步骤如下。

（1）在图 10-10 所示的“数据库工具”选项卡中，单击“关系”按钮，进入“关系”窗口。

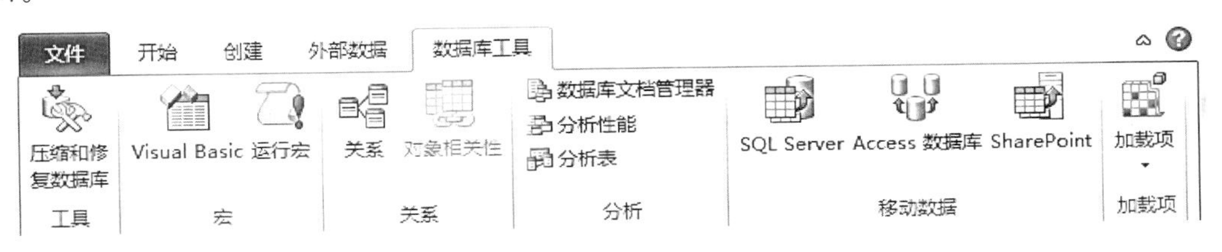

图 10-10　“数据库工具”选项卡

（2）将数据库窗口中的“读者信息表”、“图书信息表”、“借还书表”逐一添加到“关系”窗口中。

（3）从“读者信息表”中选定“借书证号”字段，按住鼠标左键将其拖动到“借还书表”中的“借书证号”字段，然后放开鼠标左键，会出现“编辑关系”对话框，如图 10-11 所示。

（4）将实施参照完整性，级联更新，级联删除复选框勾上，点击“确定”。

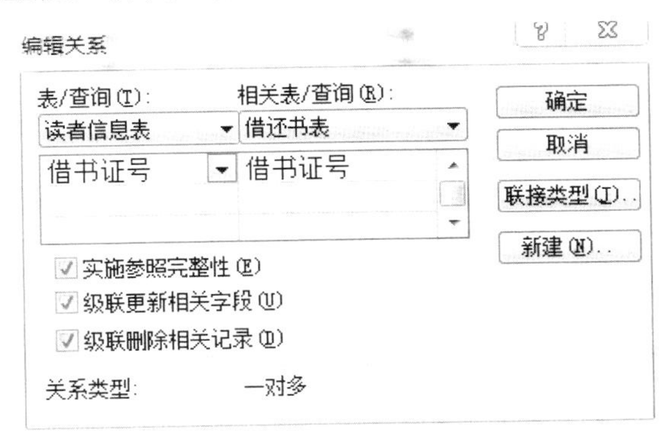

图 10-11　“编辑关系”对话框

（5）用同样的方法创建其他表间的关系，最后建立的关联关系如图 10-12 所示。

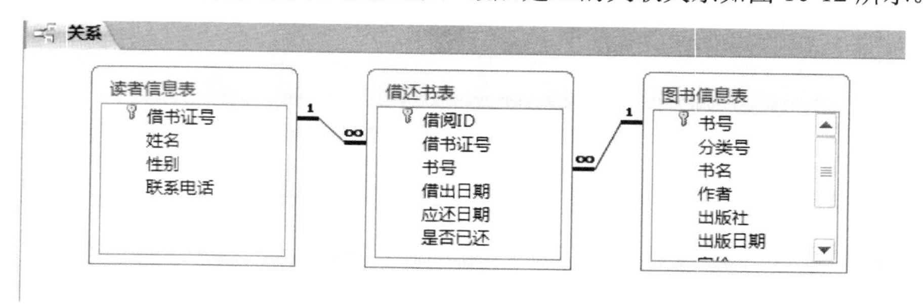

图 10-12　最后建立的关联关系

10.3　创建查询

根据图书管理系统的分析，需要创建几个查询，方便数据的检索。为了了解图书信息借还书的情况，可以为数据库“图书管理系统”创建“读书借阅查询”、“各种书可借出量”、“借阅书籍查询”等查询。

10.3.1　无条件的选择查询

“借阅书籍查询”是无条件的选择查询，操作步骤如下。

（1）打开数据库“图书管理系统”，在“创建”选项卡中单击“查询设计”按钮。弹出“显示表”对话框，如图 10-13 所示。

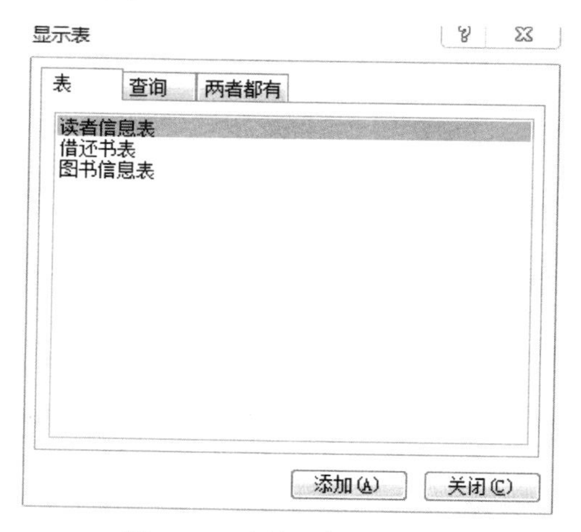

图 10-13　“显示表”对话框

（2）在“显示表”对话框中，选择可作为数据源的表“图书信息表”、“借还书表”，将其添加到查询设计视图窗口的上半部分，如图 10-14 所示。

（3）在这两个表的字段列表中双击所需的字段，加到查询设计视图下半部分的视图网格中。这里，在“图书信息表”字段列表选择“书号”、“书名”、“作者”、“出版社”和“库存量”，在“借还书表”字段列表中选择“借书证号”、“应还日期”和“是否已还”字段。

（4）在“应还日期”字段下方的“排序”行里的下拉列表框选择“升序”选项，让查询的结果按还书时间升序排列，以便知道读者想借的书如果现在没有，大概在什么时候会在图书馆里找到，如图 10-14 所示。保存查询为“借阅书籍查询”，注意查询的名称不能和已经有的表名相同。

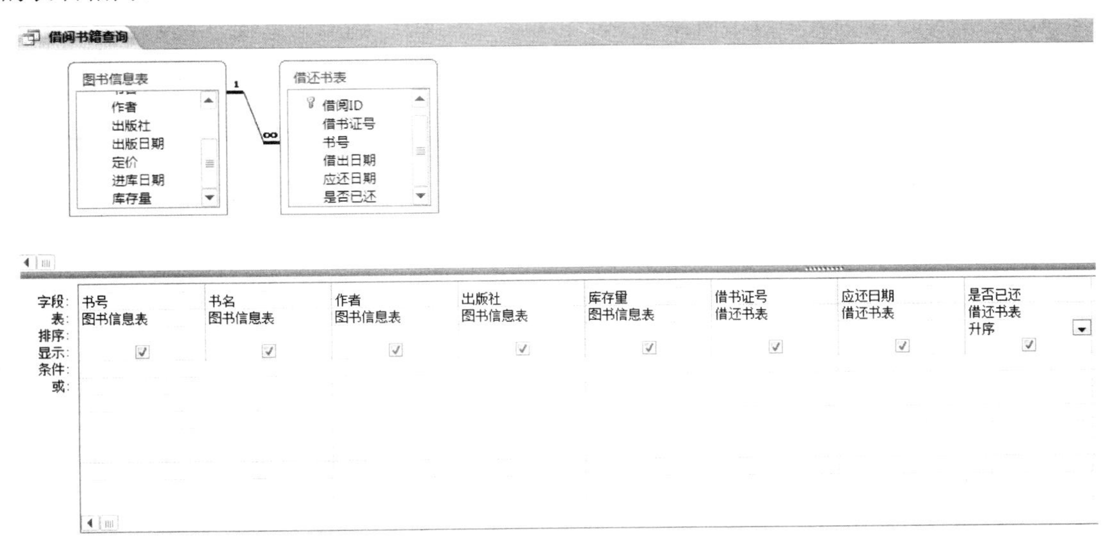

图 10-14　借阅书籍查询设计视图

（5）单击“确定”按钮，然后关闭查询设计视图窗口。

（6）用同样的方法创建“读者借阅查询”，在“读者信息表”字段列表中选择“借书证号”、“姓名”、“联系电话”、“借书数量”字段；在“图书信息表”字段列表中选择“书号”、“书名”、“作者”字段；在“借还书表”字段列表中选择“借出日期”、“应还日期”和“是否已还”字段。按“借书证号”升序排列，得到如图 10-15 所示的视图。

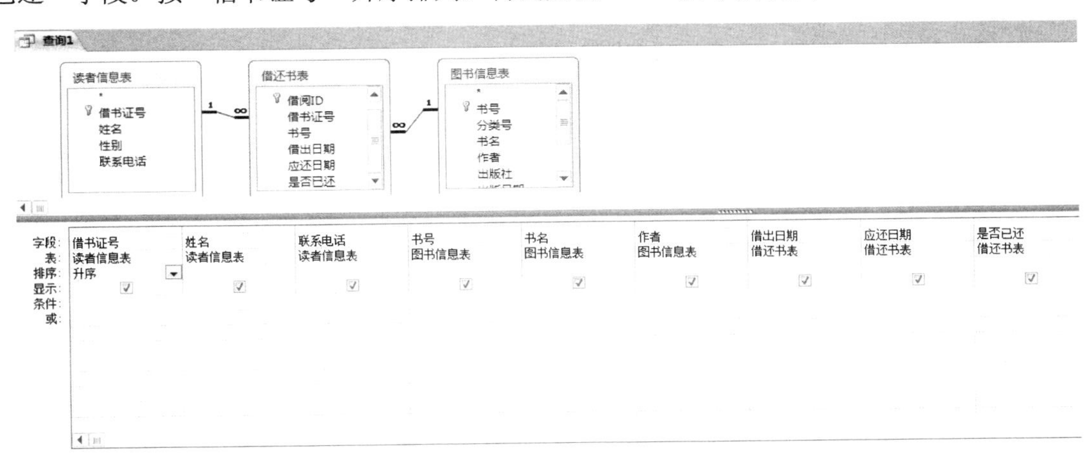

图 10-15　读者借阅查询设计视图

10.3.2　有条件的选择查询

建立查询时，我们往往是想看某一方面的信息，是有条件的，比如未还书信息查询，其创建步骤如下。

（1）打开数据库“图书管理系统”，在“创建”选项卡中单击“查询设计”按钮，弹出“显示表”窗口。

（2）在“显示表”对话框中，选择可作为数据源的表 “借还书表”和“图书信息表”，将其添加到查询设计视图窗口的上半部分。

（3）在表的字段列表中双击所需的字段，这里依次双击“图书信息表”字段列表中的“书号”、“书名”，和“借还书表”中的“借出日期”、“应还日期”和“是否已还”字段，加到查询设计视图下半部分的视图网格中。

（4）在字段“是否已还”的“条件”行输入“No”，如图 10-16 所示。

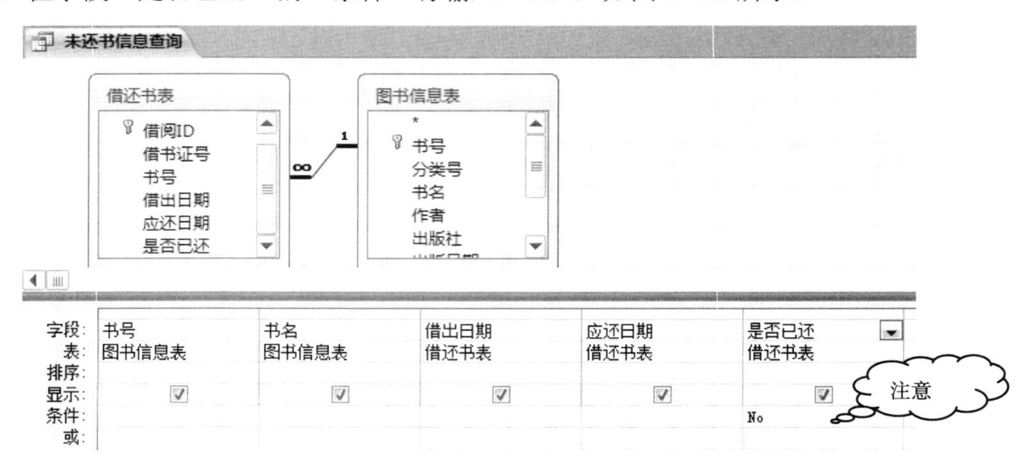

图 10-16　未还书信息查询设计视图

（5）保存为“未还书信息查询”。运行该查询，结果如图 10-17 所示。

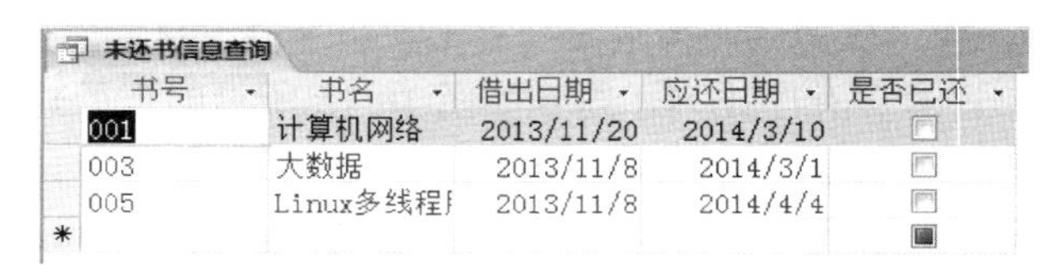

未还书信息查询

书号	书名	借出日期	应还日期	是否已还
001	计算机网络	2013/11/20	2014/3/10	☐
003	大数据	2013/11/8	2014/3/1	☐
005	Linux多线程	2013/11/8	2014/4/4	☐
*				

图 10-17 “未还书信息查询”结果

10.3.3　计算查询

在建立查询时，有时我们会关心记录的计算结果，比如未还书数量查询，其创建步骤如下。

（1）打开数据库“图书管理系统”，在“创建”选项卡中单击“查询设计”按钮，弹出“显示表”窗口。

（2）在“显示表”对话框中，选择之前建立好的“未还书信息查询”，将其添加到查询设计视图窗口的上半部分。

（3）双击所需的字段，这里依次双击字段列表中的“书号”和“书名”字段，将其添加到查询设计视图下半部分的视图网格中，注意这里要将“书号”重复添加一次。

（4）单击工具栏上的总计按钮 Σ 汇总，设计网格中会多一个“总计”行，并自动将已选字段的“总计”行设置成“分组”。

（5）单击第二个“书号”字段的“总计”行，并单击其右边的下三角按钮，选择“计数”选项，如图 10-18 所示。

（6）保存为“未还书数量查询”，运行结果如图 10-19 所示。

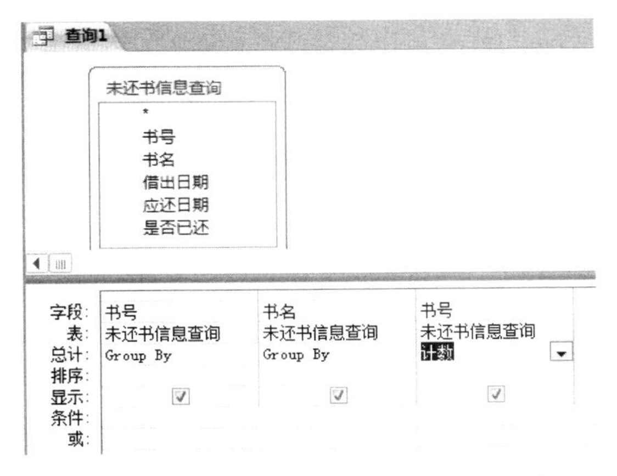

图 10-18 “未还书数量查询”设计视图　　图 10-19 “未还书数量查询”结果

图 10-19 中第三列名为“书名之计数”，可读性差，希望将其改成“数量”。下面对其进行进一步调整，操作步骤如下。

在如图 10-18 “未还书数量查询”设计视图的第三列字段中将原来的“书号”设置成“数量: 书号”，如图 10-20 所示。点击保存按钮进行保存，运行结果如图 10-21 所示。

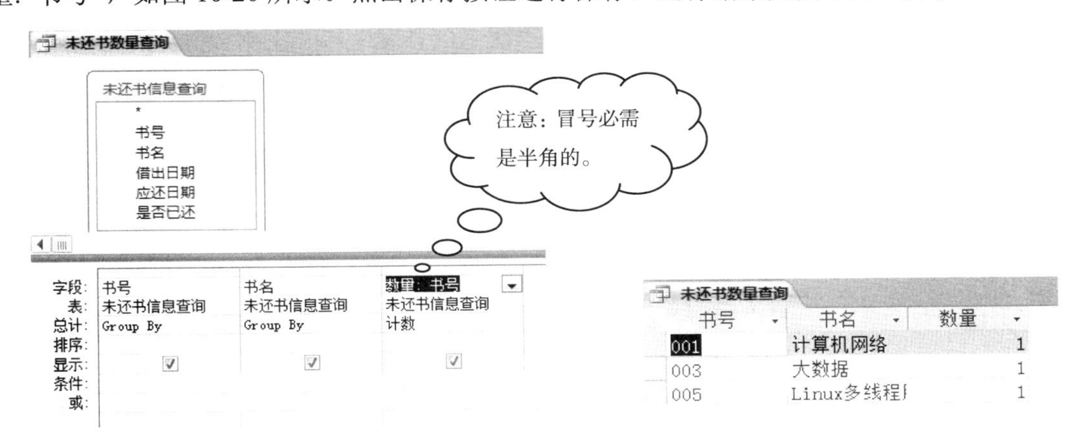

图 10-20 “未还书数量查询”设计视图　　图 10-21 “未还书数量查询”结果

接下来我们创建“各种书剩余量”查询，操作步骤如下。

（1）打开数据库“图书管理系统”，在“创建”选项卡中单击“查询设计”按钮，弹出“显示表”窗口。

（2）在显示表的“两者都有”选项中选择“图书信息表”和“未还书数量查询”，单击“添加”按钮，然后关闭窗口。

（3）在查询窗口的上半部分会显示“图书信息表”和“未还书数量查询”两者之间的联系，右键单击两者之间的联系线，选择“联接属性”，会显示联接属性对话框，在下面的三个单选框中选择第二个，如图 10-22 所示。这样才能把所有的信息显示出来。

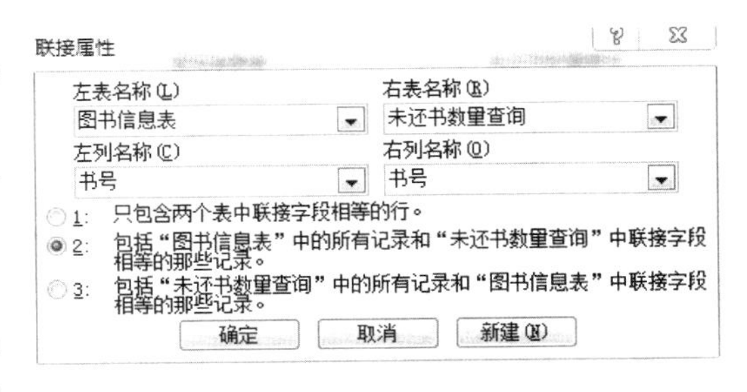

图 10-22 “联接属性”对话框

（4）在“图书信息表”中选择“书号”、“书名”、“作者”、“出版社”和“库存量”字段；

并新增一列，设置为“剩余量: IIf([数量] Is Not Null,[库存量]-[数量],[库存量])”，然后选中“显示”复选框。保存此查询为“各种书剩余量”。

（5）运行结果如图 10-23 所示。

各种书剩余量

书号	书名	作者	出版社	库存量	剩余量
001	计算机网络	张晓丽	清华大学出版	40	39
002	access教程	李华	电子工业出版	20	20
003	大数据	涂子沛	广西师范大学	30	29
004	大型网站技术	李智慧	电子工业出版	35	35
005	Linux多线程	陈硕	电子工业出版	20	19
006	中国大历史	黄仁宇	生活·读书·	50	50

图 10-23 “各种书剩余量”运行结果

10.3.4 参数查询

当用户希望根据不同的条件值来查询记录时，需要建立参数查询。下面以创建“按书名查询图书信息”为例说明参数查询的建立步骤。

（1）打开数据库“图书管理系统”，在“创建”选项卡中单击“查询设计”按钮，弹出“显示表”窗口。

（2）在显示表的“两者都有”选项中选择“图书信息表”和“各种书剩余量”，单击“添加”按钮，然后关闭窗口。

（3）选中“图书信息表”的所有字段以及“各种书剩余量”的“剩余量”字段。

（4）在“书名”字段的条件行中输入“[请输入书名：]”，如图 10-24 所示。

（5）保存为“按书名查询图书信息”，运行结果如图 10-25 所示。

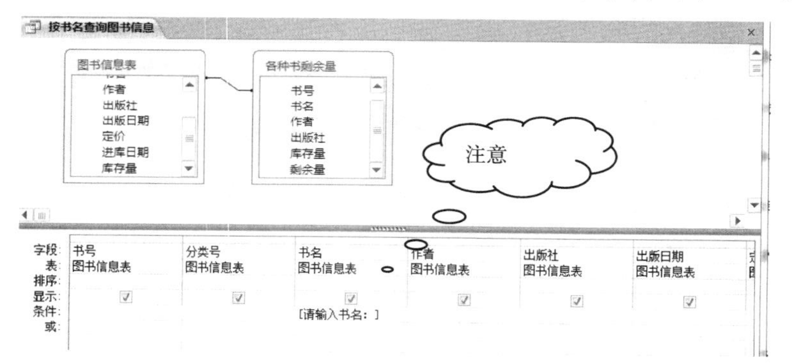

图 10-24 “按书名查询图书信息”设计视图

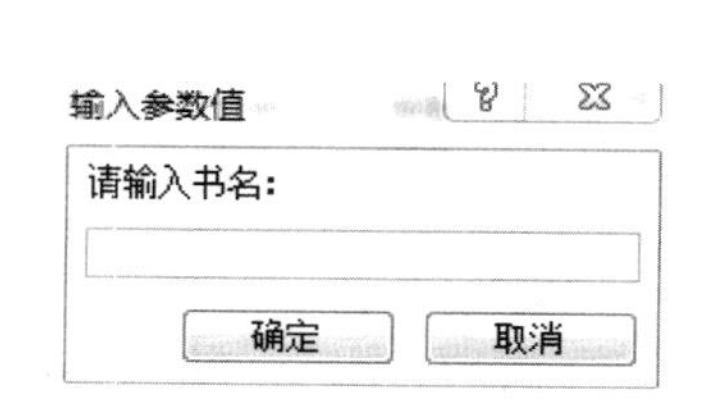

图 10-25 输入参数值

按照上述方法，创建“按书号查询图书信息”、“按出版社查询图书信息”、“按读者姓名查询”、“按借书证号查询借阅信息”、“出版社信息查询”。

10.3.5 生成表查询

生成表查询将查询的结果存为一张新的数据表，这里生成“可借图书信息”表，操作步骤如下。

（1）打开数据库“图书管理系统”，在“创建”选项卡中单击“查询设计”按钮，弹出“显示表”窗口。

（2）在显示表的“两者都有”选项中选择“图书信息表”和“各种书剩余量”，单击“添加”按钮，然后关闭窗口。

（3）在“图书信息表”中选择“书号”、“分类号”、“书名”、“作者”、“出版社”、“出版日期”、“定价”、“进库日期”字段；在“各种书剩余量”中双击“剩余量”字段。

（4）在“设计”选项卡中单击“生成表”按钮，会弹出“生成表”对话框。

（5）填入生成新表的名称，单击“确定”按钮，如图 10-26 所示。

图 10-26　填入生成新表的名称

（6）点击运行，运行结果将会在表对象中新生成一张名为“可借图书信息”的信息表。

10.4　创建窗体

本系统包括 3 个模块，分别是“图书信息管理”、“读者信息管理”和“借阅信息管理”。每个模块又包括 4 部分，比如“图书信息管理”模块包括“登记图书信息”、“浏览图书信息”、“查询图书信息”和“退出”。这里以“图书信息管理”模块为例说明窗体的创建过程。

10.4.1　登记图书信息

我们分两步来录入图书信息：首先用向导创建窗体，然后在设计视图中完善窗体。

10.4.1.1　用向导创建窗体

（1）在“创建”选项卡中点击 窗体向导 ，这时会弹出“窗体向导”的第一个对话框。在“表/查询”下拉列表框中选择“表：图书信息表”选项，然后单击 >> 按钮选择所有字段，如图 10-27 所示。

（2）单击“下一步”按钮，出现“窗体向导”的第二个对话框，要求选择窗体的布局，这里选择“纵栏表”。

（3）单击“下一步”按钮，出现最后一个对话框，要求为窗体指定标题，这里输入窗体的名称为“登记图书信息”。

（4）单击“完成”按钮，结果如图 10-28 所示。

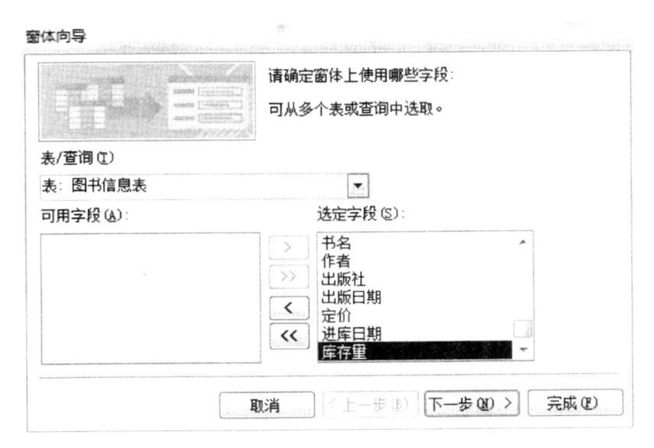

图 10-27 “窗体向导”第一个对话框

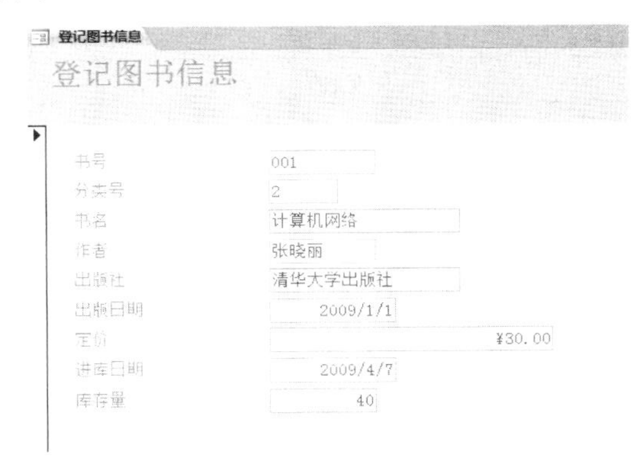

图 10-28 “登记图书信息”窗体

从图 10-28 中可以看到该界面并不美观，接下来在设计视图中对其进行美化。

10.4.1.2　在设计视图中完善窗体

（1）在“设计”选项卡中的“视图”中选择“设计视图”，将刚创建好的窗体切换到窗体设计视图，如图 10-29 所示。

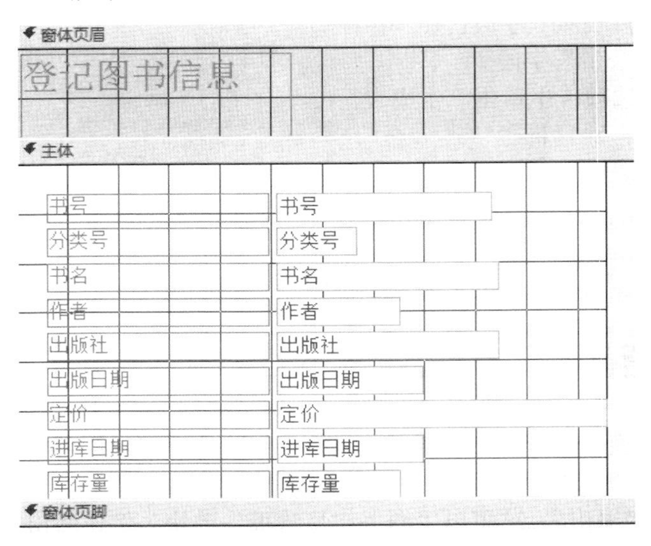

图 10-29 “登记图书信息”窗体设计视图

（2）适当调整各个控件的颜色、大小和位置，使窗体布局美观。

（3）调整后将窗体页眉处的窗体标题设置相关属性，如字体、字号、颜色等等。按照表 10-5 来进行设置。

表 10-5 “标签”属性

属 性 名	属 性 值
名称	Label18
标题	登记图书信息
字体名称	华文仿宋
字号	20
字体粗细	加粗
文本对齐	左对齐
可见性	是
字体颜色	红色

（4）为窗体加入“添加”、“保存”、“退出”按钮。

① 单击窗体设计工具上的 xxxx 按钮（注意：要确保控件向导按钮在按下的状态），在窗体页脚中放置命令按钮的位置单击，这时会弹出“命令按钮向导”的第一个对话框。在“类别”列中选择“记录操作”选项，在“操作”列中选择“添加新记录”选项。

② 单击“下一步”按钮，选择“文本”单选按钮，输入文本名称“添加”，然后单击“完成”按钮。按照同样的方式添加“保存”按钮。

③ 添加“退出”按钮时，要注意在“命令按钮向导”的第一个对话框中的“类别”列中选择“窗体操作”选项；在“操作”列中选择“关闭窗体”选项。

④ 调整这 3 个按钮的大小和位置。

（5）设置完毕后，打开该窗体，效果如图 10-30 所示。

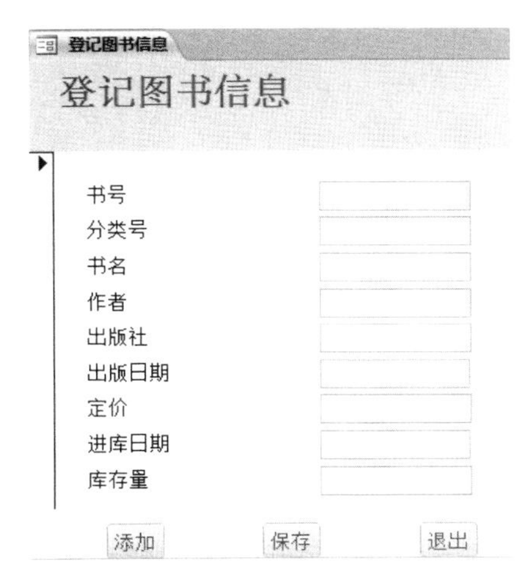

图 10-30 “登记图书信息”窗体

（6）按照上述方法创建其他 2 个窗体，“登记读者信息”和“登记借还书信息”。最后的效果分别如图 10-31、图 10-32 所示。

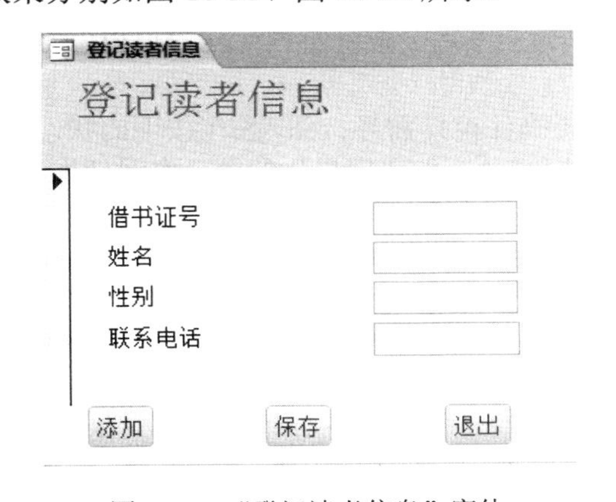

图 10-31 “登记读者信息”窗体

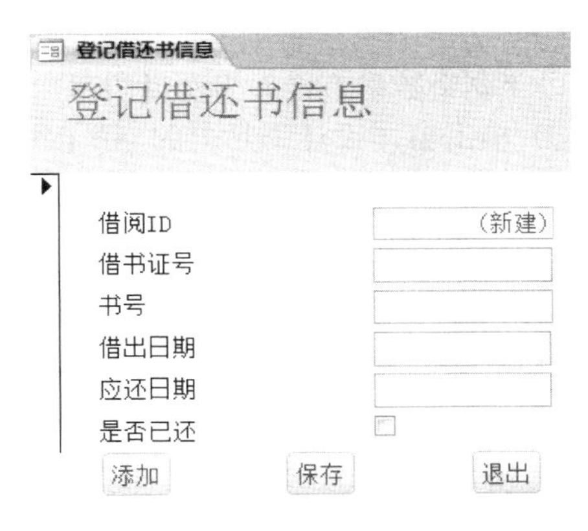

图 10-32 “登记借还书信息”窗体

10.4.2 浏览图书信息

10.4.2.1 创建主/子窗体

（1）在“创建”选项卡中点击窗体向导，这时会弹出“窗体向导”的第一个对话框。在“表/查询”下拉列表框中选择“表：图书信息表”，然后单击>>按钮选择所有字段；在“表/查询”下拉列表框中选择“表：借还书表”，然后单击>>按钮选择所有字段。

（2）单击“下一步”按钮，出现“窗体向导”的第二个对话框，要求查看数据的方式，这里选择“通过图书信息表”方式，在下边选择“带有子窗体的窗体”选项。

（3）单击“下一步”按钮，弹出第三个对话框，要求选择子窗体的布局，这里选择“数据表”选项。

（4）单击“下一步”按钮，弹出最后一个对话框，要求为窗体指定标题。在这里主窗体命名为“图书信息浏览”，子窗体命名为“借出情况”。

（5）单击“完成”按钮，完成创建主/子窗体。运行结果如图 10-33 所示。

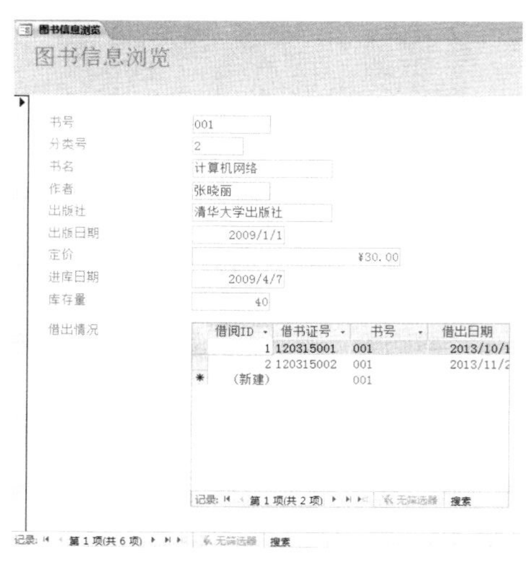

图 10-33 “图书信息浏览”窗体运行结果

10.4.2.2 在设计视图中完善窗体

（1）打开“图书信息浏览”窗体的设计视图，调整控件的字体、字号、大小和位置。

（2）为“图书信息浏览”窗体添加命令按钮，包括“剩余数量查询”和“退出”。这里我们以“剩余数量查询”为例说明添加过程。

① 单击窗体设计工具上的 按钮（注意：要确保控件向导按钮 在按下的状态），在窗体页脚中放置命令按钮的位置单击，这时会弹出“命令按钮向导”的第一个对话框。在“类别”列中选择“杂项”选项，在“操作”列中选择“运行查询”选项。

② 单击“下一步”按钮，出现“命令按钮向导”的第二个对话框，在请确定命令按钮运行的查询框中选择“各种书剩余量”。

③ 单击“下一步”按钮，选择“文本”单选按钮，输入文本名称“剩余数量查询”，然后单击“完成”按钮。

④ 添加“退出”按钮时，要注意在“命令按钮向导”的第一个对话框中的“类别”中选择“窗体操作”选项；在“操作”列中选择“关闭窗体”选项。

⑤ 调整这 2 个按钮的大小和位置。

（3）设置窗体属性。最后打开设计好的窗体，效果如图 10-34 所示。

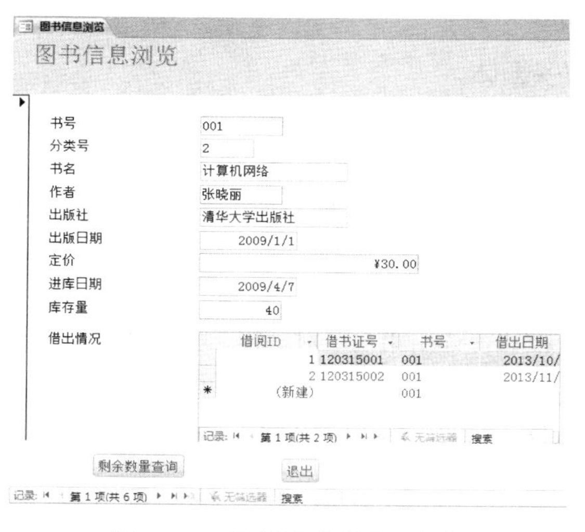

图 10-34 “图书信息浏览”窗体

用同样的方法创建“读者信息浏览”，“借还书信息浏览”窗体。效果图分别如图 10-35 和图 10-36 所示。

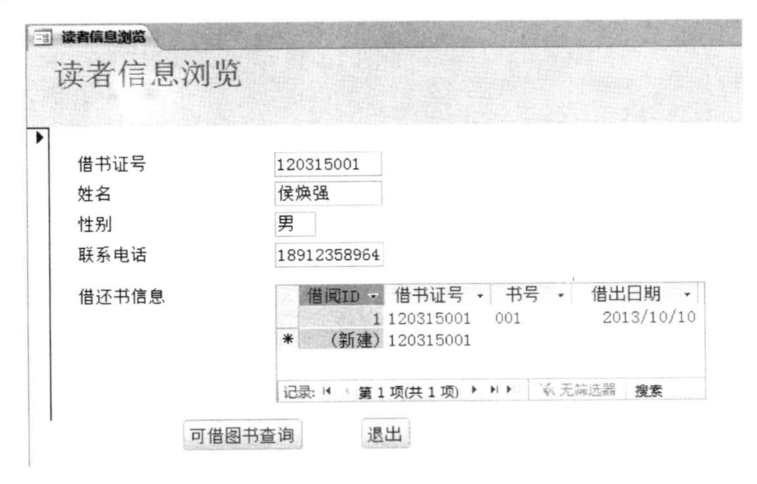

图 10-35 “读者信息浏览”窗体

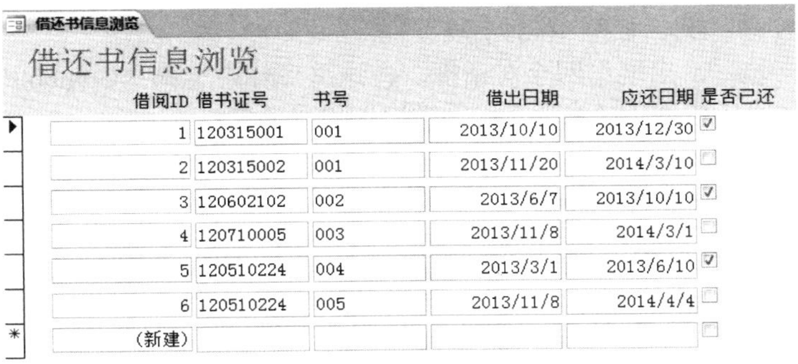

借还书信息浏览

借阅ID	借书证号	书号	借出日期	应还日期	是否已还
1	120315001	001	2013/10/10	2013/12/30	☑
2	120315002	001	2013/11/20	2014/3/10	☐
3	120602102	002	2013/6/7	2013/10/10	☑
4	120710005	003	2013/11/8	2014/3/1	☐
5	120510224	004	2013/3/1	2013/6/10	☑
6	120510224	005	2013/11/8	2014/4/4	☐
(新建)					☐

图 10-36 “借还书信息浏览”窗体

10.4.3 查询图书信息

在这里我们可以设计多种方式来查询图书信息，如按照书名来查询，按照作者名来查询，按照出版社来查询等等。在这里我们以按照书名来查询图书信息为例，操作步骤如下。

（1）在“创建”选项卡中点击窗体设计按钮。

（2）在窗体设计工具中单击组合框按钮，在窗体合适的位置单击，这时会弹出“组合框向导”的第一个对话框。这里有两个选项，“使用组合框获取其他表或查询中的值”和“自行键入所需的值”，这两个选项中按照需要选择一个，这里我们选择第一个。如图 10-37 所示。

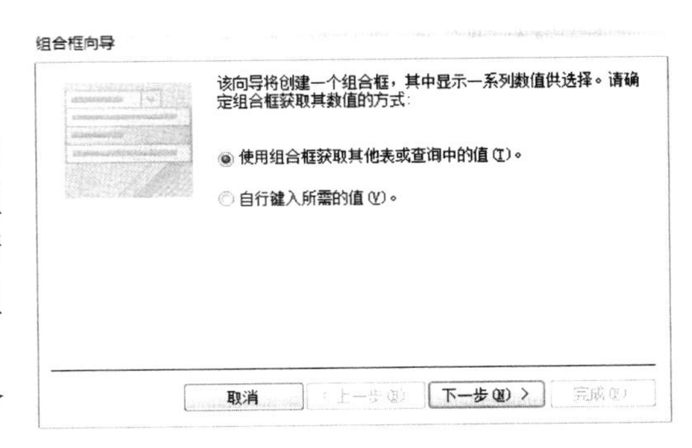

图 10-37 组合框向导 1

（3）点击下一步，进入组合框向导的第二个对话框，在这里选择“表：图书信息表”。

（4）点击下一步，进入组合框向导的第三个对话框，在可选字段中选择“书名”字段。

（5）点击下一步，这个对话框中可以选择对字段的排序，选择“书号”升序排序后点击下一步，这个对话框中显示从表里得到的所有书名列表，把隐藏键列（建议）复选框选上，如图 10-38 所示。

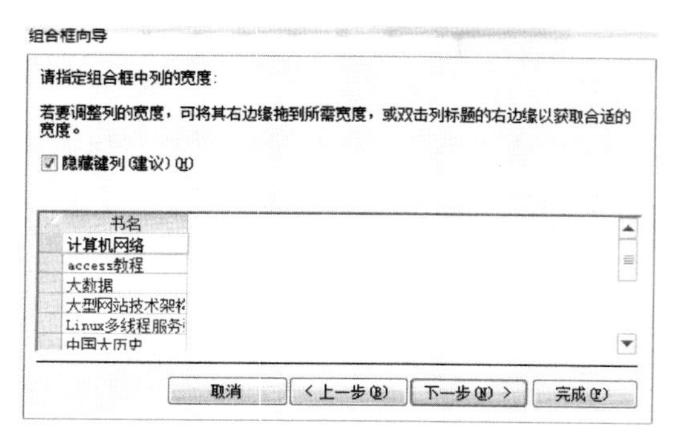

图 10-38　组合框向导 2

（6）点击下一步，为组合框指定标签名为“书名”，点击完成。

（7）创建好了书名组合框后，添加一个用于查询的命令按钮，步骤如下：

① 单击窗体设计工具上的 按钮（注意：要确保控件向导按钮 在按下的状态），在书名组合框后放置命令按钮的位置单击，这时会弹出“命令按钮向导”的第一个对话框。在“类别”列中选择“窗体操作”选项，在“操作”列中选择“打开窗体”选项。

② 单击“下一步”按钮，出现“命令按钮向导”的第二个对话框，在请确定命令按钮打开的窗体框中选择“图书信息浏览”。

③ 单击“下一步”按钮，出现第三个对话框，在这里选择第一个选项，打开窗体并查找要显示的特定数据（D），如图 10-39 所示。

④ 单击“下一步”，出现第四个对话框，在这里窗体中选择“Combo0”，图书信息浏览中选择“书名”后点击中间的<->按钮。如图 10-40 所示。

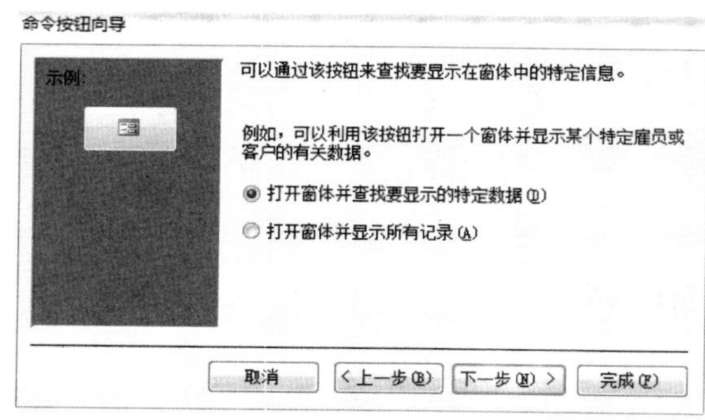

图 10-39　命令按钮向导 1

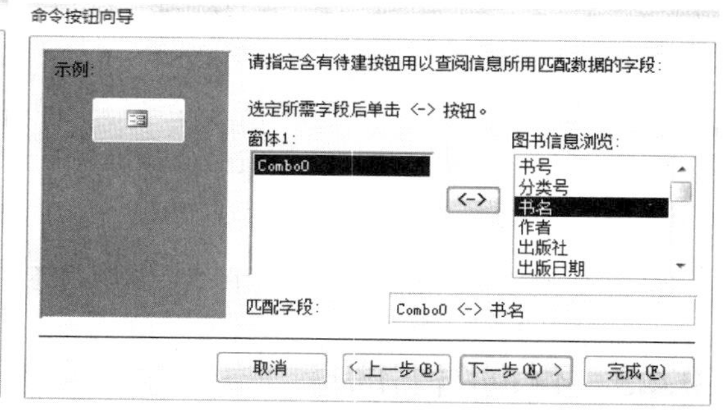

图 10-40　命令按钮向导 2

⑤ 点击“下一步”，选择“文本”单选按钮，输入文本名称“按照书名查询”，然后单击“完成”按钮。

（8）其余的按照作者查询和按照出版社查询等都与以上类似，在这里就不再重复了。运行结果如图 10-41 所示。

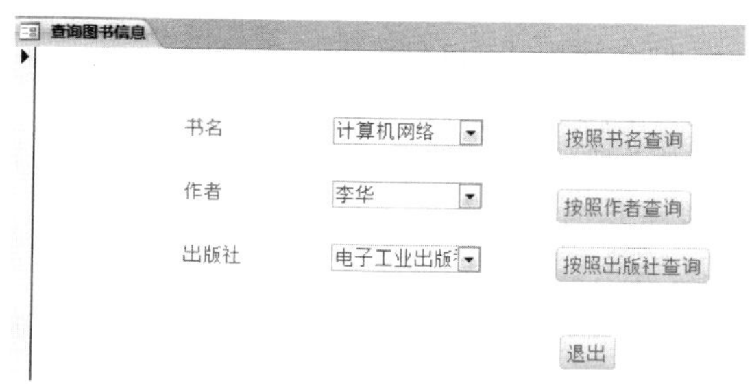

图 10-41　“查询图书信息”窗体

用同样的方法来创建其他几个查询信息窗体，包括“查询借阅信息”和“查询读者信息”2 个窗体。

10.4.4 设计总体界面

设计完了各个子系统的界面后，下面来介绍一下总体界面的设计。

（1）在“创建”选项卡中点击 窗体设计按钮。

（2）在窗体的上方添加一个标签，标签内输入标题“图书管理系统”，设置标签相应的字体、字号、字体颜色、位置、大小等等。

（3）单击窗体设计工具中的 选项卡按钮，在窗体的合适位置单击后调整大小，这是默认的选项卡只有两个选项，这个系统中需要三个，分别是“图书信息管理”、“读者信息管理”和“借阅信息管理”，选中其中一页复制后粘贴，这样就有了三个选项卡。如图 10-42 所示。

（4）下面就需要设置选项卡页面的属性了，以图书信息管理为例来进行说明。右键点击第一个选项卡，选择属性，在右边会出现属性框，如图 10-43 所示。设置标题为“图书信息管理”，按照同样的方式设置后面两个选项卡标题。设置整个选项卡属性，如字体，字号，颜色等。

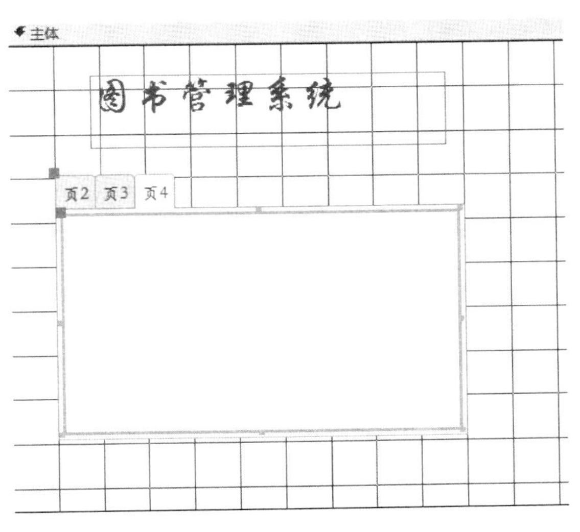

图 10-42　设计选项卡界面

图 10-43　属性表

（5）在“图书信息管理”选项卡中添加命令按钮，控件，分别输入文字：“登记图书信息”、“浏览图书信息”、“查询图书信息”、“退出”。操作步骤和前面在“图书信息浏览”窗体中添加按钮的方式相同。用同样的方法在后面两个选项卡中添加命令按钮。

（6）设置窗体的属性，如表 10-6 所示。

表 10-6 “图书信息管理”窗体属性

属性名	属性值
标题	图书信息管理
默认视图	单个窗体
允许编辑	否
允许删除	否
允许添加	否
记录选择器	否
滚动条	两者均无
分隔线	否
边框样式	细边框
导航按钮	否
最小最大化按钮	最小化按钮

（7）添加退出系统命令按钮，这里添加的“退出系统”按钮和前面各窗体中的“退出”按钮有一点小小的不同。在“命令按钮向导”对话框中的选项如图 10-44 所示。

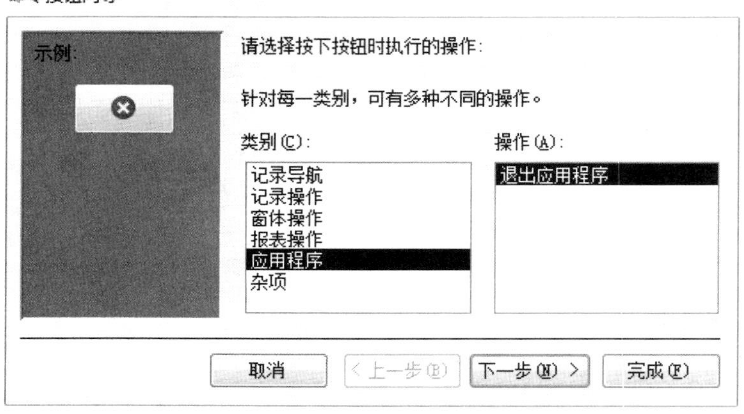

图 10-44 “命令按钮向导”对话框

（8）设置完成后的效果如图 10-45～图 10-47 所示。

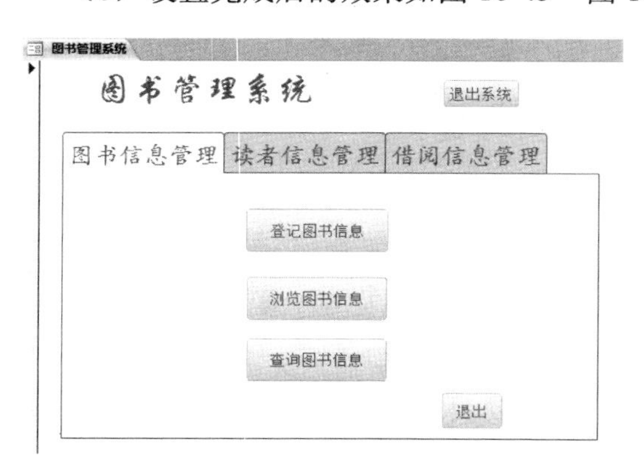

图 10-45 “图书信息管理”选项卡

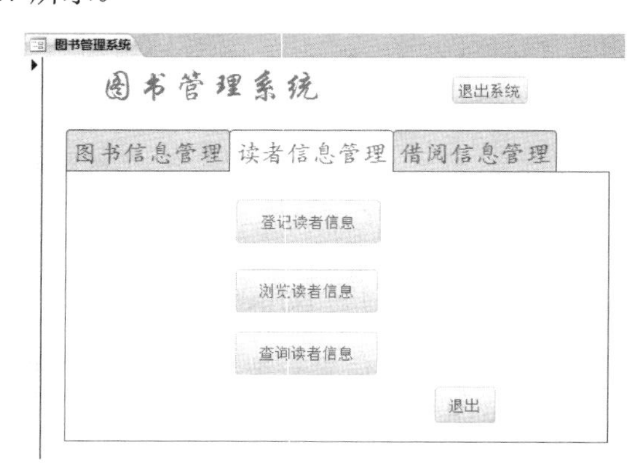

图 10-46 “读者信息管理”选项卡

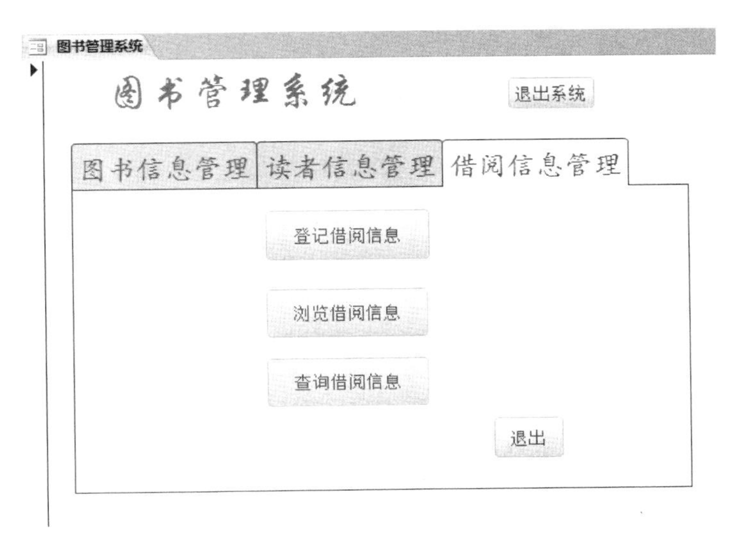

图 10-47 “借阅信息管理”选项卡

为了使系统美观，可以为主界面添加了一张背景图片，操作步骤是：在没有添加按钮前，单击工具箱上的图像按钮，在窗体上加一张准备好的图片，然后在图片上添加其他按钮。或者选择窗体的属性，在属性中的图片中选择一张准备好的图片作为背景。

10.5 创建报表

在 Access 数据库中，系统为创建报表提供了方便的向导功能，你可以利用“报表向导”和“自动创建报表”来快速创建报表，当然你也可以 “在设计视图中创建报表”。

10.5.1 自动创建报表

如果对报表没有特殊的要求，只是想针对某个表、查询或者是窗体对象创建报表，就可以使用自动创建报表快速创建一个报表。下面以“图书信息表”为数据源来自动创建报表。

（1）单击选中“图书信息表”。

（2）单击选项卡“创建”中的报表自动创建报表按钮即可，运行结果如图 10-48 所示。

图书信息表

图书信息表 2014年2月19日 14:22:10

书号	分类号	书名	作者	出版社	出版日期	定价	进库日期	库存量
001	2	计算机网络	张晓丽	清华大学出版社	2009/1/1	¥30.00	2009/4/7	40
002	1	access教程	李华	电子工业出版社	2008/8/7	¥40.00	2008/9/8	20
003	1	大数据	涂子沛	广西师范大学出版社	2013/4/10	¥49.00	2013/5/20	30
004	2	大型网站技术架构	李智慧	电子工业出版社	2013/9/2	¥59.00	2013/10/20	35
005	2	Linux多线程服务端编程	陈硕	电子工业出版社	2013/1/10	¥89.00	2013/3/1	20
006	3	中国大历史	黄仁宇	生活·读书·新知三联书店	2007/2/1	¥19.00	2007/4/2	50
						¥286.00		

共 1 页，第 1 页

图 10-48 “图书信息表”报表

10.5.2 报表向导创建报表

下面以创建“读者借阅情况”报表来说明一下利用向导创建报表具体步骤：

（1）选择“创建”选项卡中的 报表向导 按钮。

（2）在弹出的报表向导表/查询中选择“查询：读者借阅查询”，在可选字段中选择所有字段。

（3）单击“下一步”弹出第二个对话框，选择查看数据的方式，这里选择“通过 图书信息表”查看数据方式。

（4）单击“下一步”，这个对话框中选择是否增加分组级别，如不需要直接下一步，如需要就添加，这里直接点击“下一步”。

（5）出现的这个对话框要求设置排序，在这里我们选择按“借出日期”升序排序，单击下一步调整报表的布局方式。

（6）单击“下一步”到达最后一个对话框，为报表指定标题，这里输入“借阅信息统计”。单击完成按钮。运行结果如图 10-49 所示。

借阅信息统计

书号	书名	作者	借出日期	借书证号	姓名	联系电话	应还日期	是
001	计算机网络	张晓丽						
			2013/10/10	120315001	侯焕强	189123589	2013/12/30	☑
			2013/11/20	120315002	云丹丹	138456785	2014/3/10	☐
002	access教程	李华						
			2013/6/7	120602102	马一江	189456137	2013/10/10	☑
003	大数据	涂子沛						
			2013/11/8	120710005	刘安安	132412126	2014/3/1	☐
004	大型网站技术架构	李智慧						
			2013/3/1	120510224	李树俊	151256123	2013/6/10	☑
005	Linux多线程服务端	陈硕						
			2013/11/8	120510224	李树俊	151256123	2014/4/4	☐

2014年2月19日　　　　共 1 页，第 1 页

图 10-49 “借阅信息统计”报表

10.5.3 在设计视图中完善报表

前面介绍的都是通过报表向导来创建报表，报表向导虽然可以快速创建报表，但是创建的报表一般不能完全达到用户所要求的。因此，需要对已产生的报表进行再设计。如上述的“读者借阅情况”报表中列出了每本书的借阅情况，如果我们想要查看每本书的库存量和每本书的未归还量，那么我们就需要进入到设计视图中进行再设计。下面介绍对“读者借阅情况”报表进行再设计的过程如下。

（1）选择“设计”选项卡中的视图按钮，选择设计视图进入到“读者借阅情况”的设计视图中。

（2）调整各个控件的位置，单击工具栏上面的添加现有字段按钮，这时候会在右边出现字段列表，如图 10-50 所示。

（3）将“图书信息表”中的“库存量”字段拖到报表的书号页眉中，再将库存量的标签剪切粘贴到页面页眉中，调整位置直至合适，如图 10-51 所示。

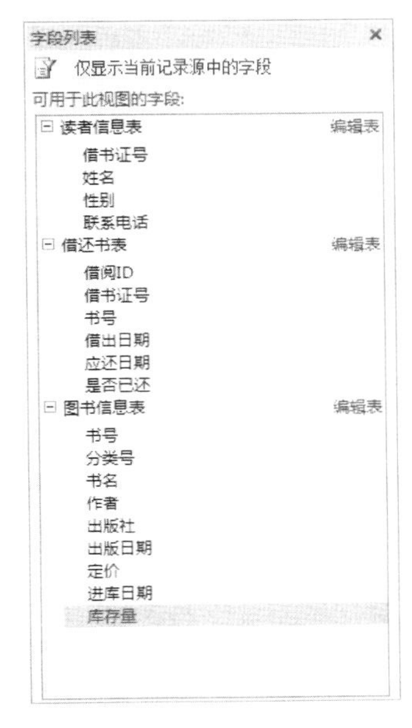

图 10-50　字段列表

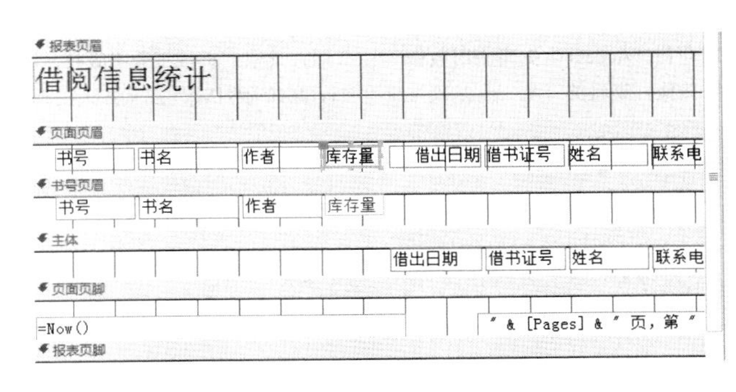

图 10-51　添加库存量字段

（4）下面就需要统计每本书的未归还量了，在“设计”选项卡中单击分组和排序按钮，在下方会出现如图 10-52 所示的分组、排序和汇总框，在书号的页脚节中选择有页脚节。

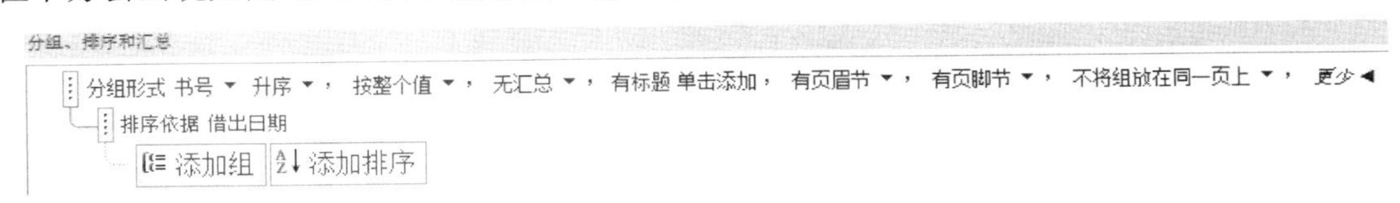

图 10-52　分组、排序和汇总框

（5）这时报表的设计视图中会多出来“书号页脚”节，在该节出画一条横线以用做分离组。

（6）在横线下添加文本框，将标签设置为“未归还量:”，在文本框中填入表达式“=Sum(IIf([是否已还]=No,1,0))”，计算未会还的书本的数量。

（7）保存，运行结果如图 10-53 所示。

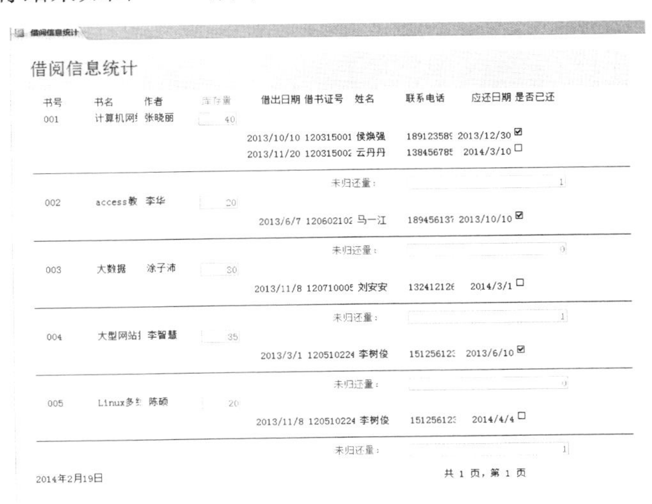

图 10-53　“借阅信息统计“报表

参考文献

[1] 段雪丽，邵芬红，史迎春. 数据库原理及应用（Access 2003）[M]. 北京：北京邮电大学出版社，2010.
[2] 教育部考试中心. 全国计算机等级考试二级教程——Access 数据库程序设计（2012 年版）[M]. 北京：高等教育出版社，2011.
[3] 新思路教育科技研究中心. 全国计算机等级考试新版上机考试题库（新教程版）二级 Access[M]. 北京：电子科技大学出版社，2009.
[4] 莫德举，夏涛，靳丽. Visual Basic 程序设计[M]. 北京：北京邮电大学出版社，2010.
[5] 姜增如. Access 2010 数据库技术及应用[M]. 北京：北京理工大学出版社，2012.
[6] 张强，杨玉明. Access2010 入门与实例教程[M]. 北京：电子工业出版社，2011.
[7] 申莉莉. Access 数据库应用教程[M]. 2 版. 北京：机械工业出版社，2012.
[8] 陈薇薇，巫张英. Access 基础与应用教程(2010 版) [M]. 北京：人民邮电出版社，2013.